D1668389

Evolution

John Maynard Smith und Eörs Szathmáry

Evolution

Prozesse, Mechanismen, Modelle

Aus dem Englischen übersetzt
von Ina Raschke

Spektrum Akademischer Verlag Heidelberg · Berlin · Oxford

Originaltitel: The major transitions in evolution
Aus dem Englischen übersetzt von Ina Raschke

Englische Originalausgabe bei W. H. Freeman/Spektrum
Oxford · New York · Heidelberg

Die Deutsche Bibliothek – CIP-Einheitsaufnahme

Maynard Smith, John:
Evolution : Prozesse, Mechanismen, Modelle / John Maynard
Smith und Eörs Szathmáry. Aus dem Engl. übers. von
Ina Raschke. – Heidelberg; Berlin; Oxford:
Spektrum, Akad. Verl., 1996
Einheitssacht.: The major transitions in evolution <dt.>
ISBN 3-8274-0022-8
NE: Szathmáry, Eörs:

Lektorat: Frank Wigger, Marion Handgrätinger (Ass.)
Fachliche Beratung: Prof. Axel Lezius, Münster
Produktion: Susanne Tochtermann
Reihengestaltung: Zembsch' Werkstatt, München
Einbandgestaltung: Kurt Bitsch, Birkenau
Satz: Typo Design Hecker GmbH, Heidelberg
Druck und Verarbeitung: Druckerei Bitsch, Birkenau

Unseren Eltern

Inhalt

Liste der Tabellen

Vorwort

In diesem Buch geht es um den Ursprung des Lebens, des genetischen Codes, der Zellen, der geschlechtlichen Fortpflanzung, der vielzelligen Organismen sowie um die Entstehung von Gesellschaften und Sprache. Ein solches Buch ist zwangsläufig spekulativ, da es eine Reihe einmaliger Ereignisse behandelt, die sehr lange zurückliegen. Doch über diese Ereignisse muß man einfach Spekulationen anstellen. Warum sonst erforschen wir die Evolution? Natürlich hat die Evolutionsbiologie auch praktische Relevanz – etwa für die Tierzucht oder hinsichtlich der Entwicklung von Antibiotikaresistenzen –, aber im Grunde befassen wir uns damit, weil wir uns für Ursprünge interessieren. Wir wollen wissen, woher wir kommen.

Obwohl dieses Buch spekulativ ist, betrachten wir es als einen Beitrag zu den Naturwissenschaften und nicht zur Fantasy-Literatur. Der Spekulation haben wir auf zweierlei Art Grenzen gesetzt. Erstens muß jedes Ereignis auf eine Weise erklärt sein, die mit einer allgemeinen Theorie über evolutionäre Veränderungen in Einklang steht: der Theorie der Evolution durch natürliche Auslese. Zweitens ist der Ursprung eines Systems nur dann akzeptabel dargestellt, wenn sich aus dieser Darstellung auch die Eigenschaften des Systems in seiner heutigen Form ableiten lassen: Beispielsweise sollte eine Theorie über die Entstehung des genetischen Codes unter anderem erklären, warum dieser aus Tripletts besteht, warum er redundant ist und warum ähnliche Codons chemisch ähnliche Aminosäuren codieren. Mit anderen Worten, Theorien über Ursprünge lassen sich anhand der heutigen Verhältnisse überprüfen.

Das bedeutet, daß wir intensiv über die grundlegenden Eigenschaften der verschiedenen Organisationsstufen nachdenken mußten, deren Ursprünge wir zu erklären versuchen. Um dieses Buch zu schreiben, mußten wir nicht nur unser biologisches Wissen – beispielsweise über Molekulargenetik – erweitern, sondern uns auch mit der Sprachwissenschaft auseinandersetzen. Wer immer es liest, wird vermutlich ebenfalls hinzulernen.

Barry Cox schulden wir Dank für die Vermittlung unseres ersten Treffens anläßlich der Tagung ICSEB III im Jahre 1985 in Brighton. Die diesem Buch zugrundeliegenden Ideen keimten in den Jahren 1987 und 1988, als E. S. einige Zeit bei J. M. S. an der University of Sussex verbrachte. Der Plan, ein Buch zu schreiben, reifte jedoch erst 1991, während eines Aufenthalts von E. S. am National Institute for Medical Research in London. Eine Zusammenarbeit erschien uns vielversprechend, weil wir einerseits gemeinsam der Überzeugung sind, daß Vererbung und Selektion von zentraler Bedeutung für das Verständnis der Evolution sind, andererseits aber biologische Probleme in der Regel aus unterschiedlichen Richtungen angehen – aus dem chemisch-physikalischen respektive dem naturgeschichtlichen Blickwinkel.

Während wir an dem Manuskript arbeiteten, hielten wir uns meist in verschiedenen Ländern auf. Den Vorentwurf haben wir kapitelweise untereinander aufgeteilt, aber die endgültige Fassung jedes einzelnen Kapitels wurde bei zahlreichen Treffen intensiv diskutiert und ist somit das Ergebnis gemeinsamer Anstrengungen. Zwar waren wir uns nicht immer darüber einig, welche Fakten Eingang in das Buch finden sollten – E. S. wünschte sich stets mehr Chemie, als J. M. S. verstehen konnte –, aber bezüglich der Ideen herrschte weitgehende Übereinstimmung.

Während der Arbeit an dem Buch war E. S. Gast an verschiedenen Forschungsinstituten. Tom Kirkwood, damals Leiter des Labors für Biomathematik am National Institute for Medical Research, zeigte für diese wenig institutstypische Arbeit viel Verständnis und war ein scharfsinniger Diskussionspartner. Im Wissenschaftskolleg zu Berlin wurden E. S. zehn Monate lang hervorragende Arbeitsbedingungen und großzügige finanzielle Mittel gewährt, und er konnte viele Themen mit Peter Hammerstein und James Griesemer erörtern. Schließlich hatte er im Rahmen einer Gastprofessur am Zoologischen Institut der Universität Zürich Gelegenheit, eine Vorlesung über theoretische Biologie zu halten, die sich weitgehend auf das Manuskript dieses Buches stützte. Rüdiger Wehner, der Leiter des Instituts, unterstützte ihn dabei sehr. Die Kollegen, mit denen wir einzelne Probleme diskutiert haben, sind zu zahlreich, als daß wir alle namentlich erwähnen könnten, doch einige von ihnen müssen genannt werden. Bevor wir die Kapitel über Entwicklung in Angriff nahmen, hatten wir ein großartiges zweitägiges Tutorium bei Jonathon Cooke. Laurence Hurst, Stephen Kearsey und Mark Ridley lasen einen Entwurf, dem die beiden letzten Kapitel noch fehlten. Ihre Kommentare waren von unschätzbarem Wert, und zwar nicht nur die Hinweise auf Irrtümer, sondern auch ihre Vorschläge für verständlichere Erklärungen. Wir sind ihrem Rat nicht immer gefolgt und können der Versuchung nicht widerstehen, einen dieser Fälle hier zu erwähnen. Wir hatten eine Parallele zwischen Eigens Begriff „Fehlerschwelle“ und einem Phasenübergang gezogen. Einer der drei schrieb: »Dies erinnert mich nicht an einen Phasenübergang. Es kann gar nicht oft genug hervorgehoben werden, daß mich nichts an einen Phasenübergang erinnert.« In der Ansicht, daß diesem Kommentator zum perfekten Evolutionsbiologen nur noch die Liebe zu Phasenübergängen fehlt, haben wir unseren Text unverändert stehengelassen.

Michael Rodgers leistete uns zuverlässige Hilfe, nicht zuletzt indem er drei so kluge und kenntnisreiche Gutachter fand. Außerdem verdanken wir ihm den Kontakt zu Sarah Bunney, die das Manuskript sehr sorgfältig redigiert hat und zu einigen wichtigen Punkten hilfreiche Vorschläge machte, sowie zu Jane Templeman, die unsere oft ziemlich groben Skizzen in Abbildungen verwandelte.

Die Übersetzung eines Buches, das ein derart weites Themenspektrum überstreicht, ist kein triviales Unterfangen. Wir sind drei Leuten verpflichtet, die sich außerordentlich intensiv um die deutsche Ausgabe bemüht haben: Ina Raschke, der exzellenten Übersetzerin, Frank Wigger, dem beharrlichen und kompetenten Lektor, sowie Prof. Axel Lezius, der an etlichen Stellen sehr wertvolle klärende Hinweise geliefert hat.

Den größten Dank schulden wir jedoch den beiden Männern, die uns ausgebildet haben: J. B. S. Haldane und Tibor Gánti. Auf einige ihrer Ideen wird im Text ausdrücklich Bezug genommen, ihr Einfluß ist jedoch auf jeder Seite gegenwärtig. Wenn sie nicht unsere Lehrer gewesen wären, hätten wir vielleicht nie versucht, dieses Buch zu schreiben.

John Maynard Smith
Eörs Szathmáry

1. Einführung

1.1 Einleitung

Lebewesen sind hochkomplexe Systeme, zusammengesetzt aus Teilen, die so funktionieren, daß das Überleben und die Fortpflanzung des Ganzen sichergestellt sind. Das vorliegende Buch handelt davon, wie und warum diese Komplexität im Laufe der Evolution zugenommen hat. Die Zunahme war weder universell, noch erfolgte sie zwangsläufig. Die heutigen Bakterien beispielsweise sind vermutlich nicht komplizierter aufgebaut als ihre Vorfahren vor zwei Milliarden Jahren. Wir können höchstens sagen, daß einige Nachfahren im Laufe der Zeit komplexer wurden. Es ist nicht leicht, Komplexität zu definieren oder zu messen, aber sicherlich sind Elefanten oder Eichen in gewisser Hinsicht komplizierter aufgebaut als Bakterien und diese wiederum komplizierter als die ersten sich replizierenden Moleküle.

Unserer Ansicht nach war die Komplexitätssteigerung die Folge einer geringen Anzahl entscheidender Übergänge oder Neuerungen in der Art und Weise, wie die genetische Information von einer Generation an die folgende weitergegeben wird. Einige dieser Übergänge waren einmalige Ereignisse, etwa das Hervorgehen der Eukaryoten aus den Prokaryoten, die Entwicklung der Meiose oder der Ursprung des genetischen Codes selbst. Andere Übergänge, wie die Entstehung der Vielzeller oder die von Tiergesellschaften, ereigneten sich unabhängig voneinander mehrmals.

Es gibt keinen Grund, die einmaligen Übergänge für die unvermeidliche Folge eines allgemeingültigen Gesetzes zu halten; vielmehr ist durchaus vorstellbar, daß die Evolution auf dem Stadium der Prokaryoten oder der Protisten stehengeblieben wäre.

Die Erörterung einmaliger, lange zurückliegender Ereignisse ist mit offensichtlichen Schwierigkeiten verbunden. Natürlich können wir nicht sicher sein, daß die von uns vorgeschlagenen Erklärungen zutreffen. Schließlich können sich die Historiker nicht einmal über die Ursachen des Zweiten Weltkrieges einigen. Wir wissen, daß Gewißheit nicht zu erlangen ist, aber aus einer Reihe von Gründen halten wir unser Unternehmen für lohnend. Erstens haben wir gegenüber den Historikern einen großen Vorteil: Wir besitzen anerkannte Theorien sowohl über die Chemie als auch über den Mechanismus evolutionärer Veränderungen. Deshalb können wir von unseren Erklärungen fordern, daß sie chemisch plausibel sind und mit der Theorie der natürlichen Selektion in Einklang stehen. Dem Spektrum der möglichen Theorien sind dadurch deutliche Grenzen gesetzt. Tatsächlich besteht die Schwierigkeit oft nicht darin, zwischen rivalisierenden Theorien auszuwählen, sondern darin, überhaupt eine Theorie zu finden, die chemisch und evolutionstheoretisch plausibel ist. Zudem lassen sich Theorien oft überprüfen, indem man die heute lebenden Organismen betrachtet.

Ein zweiter Punkt, der die Erforschung von Ursprüngen lohnend macht, ist die Tatsache, daß man den Ursprung einer Struktur nur verstehen kann, wenn man begriffen hat, welches die grundlegenden Eigenschaften dieser Struktur sind – welche Eigenschaften sie haben muß, um überhaupt funktionieren zu können. Durch die Arbeit an diesem Buch waren wir gezwungen, eine Menge hinzuzulernen: angefangen bei der Natur des genetischen Codes bis hin zum Wesen der menschlichen Sprache. Aber das entscheidende Motiv für unser Nachdenken über Ursprünge ist weniger faßbar: Wir wollen einfach mehr über diese Ursprünge selbst erfahren.

In dieser Einleitung geben wir einen Überblick über den Rest des Buches. In Abschnitt 1.2 erklären wir, warum wir den Prozeß der Evolution nicht für einen Prozeß zwangsläufigen Fortschritts halten; in Abschnitt 1.3 fragen wir, wie Komplexität definiert und gemessen werden könnte. Leider gibt es auf diese Frage keine wirklich befriedigende Antwort. Leser, denen bereits bewußt ist, daß Evolution nicht gleichbedeutend mit Fortschritt ist und daß man Komplexität schwer messen kann, können ohne weiteres zum Anfang von Abschnitt 1.4 weiterblättern.

In Abschnitt 1.4 listen wir die wichtigsten Übergänge auf. Die Erörterung dieser scheinbar so unterschiedlichen Veränderungen in ein und demselben Buch läßt sich dadurch rechtfertigen, daß sie einige Gemeinsamkeiten aufweisen. Die wichtigste Übereinstimmung besteht darin, daß Einheiten, die sich vor einem Übergang selbständig vermehren konnten, danach nur noch als Teil eines größeren Ganzen dazu in der Lage sind. Entsprechend stellt sich ein gemeinsames Problem: Warum verhindert die Selektion zwischen den Einheiten der tieferen Ebene nicht die Integration auf der höheren Ebene? Diese Punkte werden in Abschnitt 1.5 genauer erklärt. Abschnitt 1.6 beschreibt andere Eigenschaften, die den verschiedenen Übergängen gemeinsam sind.

1.2 Die irrige Ansicht vom Fortschritt

Evolutionsbiologen schätzen den Begriff Fortschritt nicht. Lamarck übernahm die Vorstellung einer Stufenleiter der Natur und vertrat die Ansicht, den Lebewesen wohne eine Neigung inne, die Leiter emporzusteigen. Darwin wandte sich mit der Äußerung, seine Theorie habe nichts mit der von Lamarck gemein, vor allem gegen dessen Vorstellung von einer naturgegebenen Neigung und weniger gegen Lamarcks Glauben an die Vererbung erworbener Eigenschaften: Er hatte erkannt, daß die Erklärung der Evolution durch eine Neigung so nichtssagend ist wie die Aussage, daß jemand dick ist, weil er zur Fettsucht neigt. Heutzutage bereitet uns das Bild von der Evolution, in dem wir selbst an der Spitze stehen und alle anderen Organismen hinter uns aufgereiht sind, Unbehagen: Auf welche Eigenschaft könnten wir unseren Stolz gründen? Gerechterweise muß man sagen, daß der Mensch in der mittelalterlichen *scala naturae* keineswegs an der Spitze stand; über uns gab es die Engel und Erzengel, so wie unter uns die Würmer standen.

Natürlich existieren gewichtigere – empirische und theoretische – Gründe, die einfache Vorstellung von einem linearen Fortschritt abzulehnen. Zu den empirischen Gründen gehört die Tatsache, daß ein sich verzweigender Baum die Geschichte des Lebens besser darstellt als eine einzelne ansteigende Linie. Wie fossile Zeugnisse zeigen, haben sich viele Lebewesen, etwa Pfeilschwanzkrebse, Quastenflosser oder Krokodile, in mehreren hundert Millionen Jahren wenig verändert, weder im Sinne eines Fortschrittes noch anderweitig. Für kürzere Zeiträume belegen Zwillingsarten den gleichen Sachverhalt. Die Taufliegen *Drosophila melanogaster* und *D. simulans* sind morphologisch schwer voneinander zu unterscheiden, aber molekularbiologische Daten deuten darauf hin, daß ihre Evolution bereits seit mehreren Millionen Jahren getrennt verläuft. Folglich haben sich die beiden Arten entweder morphologisch nahezu parallel weiterentwickelt – was unwahrscheinlich ist –, oder keine von ihnen hat sich verändert.

Es gibt auch keine theoretischen Gründe für die Annahme, die Evolution durch natürliche Auslese müsse zu einer Komplexitätssteigerung führen – falls es das ist, was wir unter Fortschritt verstehen. Die Theorie besagt allenfalls, daß die Fähigkeit der Organismen, ihre Lebensumstände zu meistern, zunehmen oder jedenfalls nicht nachlassen sollte. Eine Zunahme der aktuellen „Fitneß", das heißt der zu erwartenden Anzahl von Nachkommen, kann jedoch unter Umständen ebensogut durch den Verlust von Augen oder Beinen zustande kommen wie durch deren Erwerb. Selbst wenn eine Steigerung der Fitneß nicht mit einer Komplexitätszunahme oder mit Fortschritt gleichzusetzen ist, könnte man auf den ersten Blick meinen, daß R. A. Fishers (1930) „fundamentales Prinzip der natürlichen Auslese" zumindest einen Gewinn an Fitneß garantiert. Dieses Prinzip besagt, daß die Steigerungsrate der durchschnittlichen Fitneß einer Population der genetischen Varianz der Fitneß entspricht. Da Varianzen nicht negativ sein können, kann die Fitneß dem Prinzip zufolge nur zunehmen. Wenn dies zutrifft, ist die biologische „mittlere Fitneß" dem physikalischen Entropiebegriff analog: Sie gibt der Zeit einen Richtungspfeil. In der

Physik kennzeichnet die unweigerliche Zunahme der Entropie den Unterschied zwischen Vergangenheit und Zukunft; wenn die mittlere Fitneß nur zunehmen kann, ist damit der Evolution eine Richtung gegeben. Es scheint, als habe Fisher tatsächlich geglaubt, sein Theorem könne eine derartige Rolle spielen: Warum sonst nannte er es „fundamental“? Leider gilt das Theorem nur, wenn die relative Fitneß der verschiedenen Genotypen konstant und unabhängig von deren Häufigkeit in der Population ist. Bei vielen Eigenschaften ist eine solche Konstanz aber nicht gegeben.

1.3 Die Messung von Komplexität

Auch wenn Fortschritt kein universelles Prinzip der Evolution ist, sagt uns der gesunde Menschenverstand, daß die Komplexität zumindest in einigen Abstammungslinien zugenommen hat. Wie könnte man diese Zunahme messen? Eine mögliche Antwortet lautet: anhand der Größe des Genoms. Man kann sich die DNA als Konstruktionsanleitung für den jeweiligen Organismus vorstellen; für komplexere Organismen sind umfangreichere Anweisungen erforderlich. Betrachten wir die Gesamtmenge der DNA, so kommen wir zu dem ziemlich erniedrigenden Schluß, daß ein Lungenfisch oder ein Liliengewächs etwa 40mal so komplex ist wie ein Mensch (Tabelle 1.1). Ein sinnvolleres Ergebnis erhalten wir bei Berücksichtigung der Tatsache, daß nur ein Teil der DNA codierende Funktion hat. Es scheint, daß Eukaryoten mehr codierende DNA besitzen als Prokaryoten (wenngleich der Unterschied zwischen Hefe und *Escherichia coli* gering ist), höhere Pflanzen und wirbellose Tiere mehr als Einzeller, Wirbellose mit Flügeln, Beinen und Augen mehr als Nematoden und Wirbeltiere mehr als Wirbellose. Letztere Beobachtung ist eher verwirrend, aber möglicherweise macht das große Gehirn der Vertebraten ein umfangreiches Genom erforderlich.

Tabelle 1.1: Genomgröße und DNA-Gehalt

	Genomgröße (in 10^9 bp)	codierende DNA (in Prozent)
Bakterium *(Escherichia coli)*	0,004	100
Hefe *(Saccharomyces)*	0,009	70
Nematode *(Caenorhabditis)*	0,09	25
Taufliege *(Drosophila)*	0,18	33
Molch *(Triturus)*	19,0	1,5–4,5
Mensch	3,5	9–27
Lungenfisch *(Protopterus)*	140,0	0,4–1,2
Kreuzblütler *(Arabidopsis)*	0,2	31
Liliengewächs *(Fritillaria)*	130,0	0,02

Daten aus Cavalier-Smith 1985.

Diese Daten sind in sich schlüssig, geben jedoch nur wenig Aufschluß über strukturelle oder funktionelle Komplexität. Zur Zeit können wir nur wenig darüber sagen, wieviel genetische Information erforderlich ist, um eine bestimmte morphologische Struktur zu programmieren.

1.4 Die wichtigsten Übergänge

Tabelle 1.2 liefert eine vorläufige Liste der wichtigsten Stadien in der Evolution der Komplexität sowie der Übergänge zwischen ihnen. Dabei haben wir uns vor allem auf Veränderungen in der Art der Informationsübermittlung von einer Generation auf die folgende beschränkt und wichtige phänotypische Veränderungen, die auf die Informationsübermittlung keinen Einfluß hatten, unberücksichtigt gelassen, etwa die Eroberung des Festlandes durch Pflanzen und Tiere oder die Entwicklung des Sehvermögens, der Flugfähigkeit oder der Warmblütigkeit.

Eine Eigenschaft findet sich bei vielen dieser Übergänge: Einheiten (*entities*), die sich vor dem Übergang selbständig fortpflanzen konnten, sind danach nur noch als Teil eines größeren Ganzen dazu in der Lage. Einige Beispiele sollen dies verdeutlichen:

- *Der Ursprung der Chromosomen.* Zunächst gab es Nucleinsäuremoleküle, die sich selbständig replizierten; nach dem Übergang mußten sich miteinander gekoppelte Moleküle gemeinsam replizieren.
- *Der Ursprung der Eukaryoten.* Mitochondrien und Chloroplasten stammen von freilebenden Prokaryoten ab; sie selbst können sich nur noch innerhalb von Wirtszellen vermehren.
- *Der Ursprung der geschlechtlichen Fortpflanzung.* Die ersten Eukaryoten konnten sich wahrscheinlich ungeschlechtlich vermehren; heute sind die meisten Eukaryoten nur als Teil einer Population mit sexueller Vermehrung in der Lage, sich fortzupflanzen.
- *Der Ursprung der mehrzelligen Organismen.* Die Zellen von Tieren, Pflanzen und Pilzen stammen von einzelligen Protisten ab, die jeder für sich überleben

Tabelle 1.2: Die wichtigsten Übergänge

sich replizierende Moleküle	→	Molekülpopulationen in Kompartimenten
unabhängige Replikatoren	→	Chromosomen
RNA als Gen und als Enzym	→	DNA und Proteine (genetischer Code)
Prokaryoten	→	Eukaryoten
asexuelle Klone	→	sexuelle Populationen
Protisten	→	Tiere, Pflanzen, Pilze (Zelldifferenzierung)
solitäre Individuen	→	Kolonien (sterile Kasten)
Primatengesellschaften	→	menschliche Gesellschaften (Sprache)

konnten. Heutzutage existieren sie (außerhalb von Labors) nur als Teile größerer Organismen.

- *Der Ursprung der sozialen Gruppen.* Einzelne Ameisen, Bienen, Wespen und Termiten können nur als Teil einer sozialen Gruppe überleben und Gene weitergeben (ihre eigenen oder diesen ähnliche); das gleiche gilt *de facto* auch für den Menschen.

Man könnte fragen, warum wir den Ursprung der Ökosysteme nicht in unsere Liste aufgenommen haben. Dafür gibt es zwei Gründe: Zum einen sind Ökosysteme nicht das letzte einer Reihe zeitlich aufeinanderfolgender Stadien – es gibt sie, seit es sich replizierende Moleküle gibt. Zum anderen sind Ökosysteme keine voneinander getrennten Individuen, während bei den von uns aufgeführten Stadien (einschließlich der Arten mit sexueller Fortpflanzung und der Insektenstaaten) die einzelnen Einheiten ein mehr oder weniger hohes Maß an Individualität und Abgeschlossenheit aufweisen. Deshalb können Ökosysteme keine Objekte der Selektion sein.

Angesichts dieser gemeinsamen Eigenschaft der wichtigsten Übergänge stellt sich eine gemeinsame Frage: Warum hat die Selektion, die auf die Einheiten der jeweils tieferen Ebene (sich replizierende Moleküle, freilebende Prokaryoten, Protisten mit ungeschlechtlicher Fortpflanzung, Einzeller, Einzelorganismen) wirkt, nicht die Integration auf der jeweils höheren Ebene (Chromosomen, eukaryotische Zellen, Arten mit sexueller Fortpflanzung, mehrzellige Organismen, Gesellschaften) verhindert? Da diese Frage in allen Fällen aufkommt, schien es uns aufschlußreich, die verschiedenen Übergänge miteinander zu vergleichen. Tatsächlich wurde der Versuch, dieses Buch zu verfassen, unter anderem durch die folgende Feststellung angeregt: Ein Modell, das einer von uns entwickelt hatte, um den Ursprung Molekülpopulationen enthaltender Kompartimente zu analysieren, glich formal und mathematisch einem Modell, das der andere entwickelt hatte, um die Evolution kooperativen Verhaltens bei höheren Tieren zu untersuchen.

Zunächst müssen wir klarstellen, daß es sich nicht um ein hypothetisches Problem handelt: Tatsächlich besteht die Gefahr, daß die Selektion auf der tieferen Ebene die Integration auf der höheren verhindert. Dies illustrieren einige heutzutage beobachtbare Beispiele (Tabelle 1.3) für derartige Prozesse:

Tabelle 1.3: Konflikte zwischen verschiedenen Selektionsebenen

Form der Kooperation	Ausnahmen
symmetrische Meiose	*meiotic drive* (asymmetrische Segregation), Transposition
sexuelle Fortpflanzung	Parthenogenese
Differenzierung somatischer Zellen	Zellen, die sich der Wachstumskontrolle entziehen
sterile Kasten bei sozialen Insekten	eierlegende Bienenarbeiterinnen

- Wenn die Mendelschen Gesetze strikt befolgt werden, kann ein Gen seine eigene Häufigkeit in zukünftigen Generationen nur steigern, indem es für den Erfolg der Zelle, in der es sich befindet, sowie der anderen Gene in dieser Zelle sorgt. Die Mendelschen Gesetze gewährleisten also die Evolution kooperativer oder „koadaptierter" Gene. Doch diese Gesetze werden gebrochen, und zwar durch „Segregationsverzerrer" (die den sogenannten *meiotic drive* bewirken) und durch transponierbare Elemente. Dabei handelt es sich um Beispiele für das Phänomen des intragenomischen Konflikts, der Gegenstand von Kapitel 10 ist.
- Populationen mit sexueller Fortpflanzung sind hinsichtlich der Evolutionsgeschwindigkeit und der Eliminierung schädlicher Mutationen gegenüber Populationen mit ungeschlechtlicher Vermehrung im Vorteil. Aber parthenogenetische Weibchen haben kurzfristig gesehen einen zweifachen Vorteil gegenüber sexuellen Weibchen, und parthenogenetische Organismen sind nicht selten.
- Ein Gen in einer Pflanzenzelle sorgt unter Umständen am besten für die Weitergabe von Kopien seiner selbst, indem es die Ausbildung einer Blütenknospe veranlaßt, selbst wenn dies den Erfolg der gesamten Pflanze beeinträchtigt.
- Ein Bienenvolk produziert mehr Geschlechtstiere, wenn die Arbeiterinnen die Brut der Königin aufziehen. Aber Arbeiterinnen legen auch selbst Eier (die unbefruchtet sind und zu männlichen Tieren werden).

Wir können nicht hoffen, die Übergänge, von denen dieses Buch handelt, durch die Vorteile zu erklären, die sie letztendlich mit sich brachten. Beispielsweise kann es sein, daß der langfristig wichtigste Unterschied zwischen Prokaryoten und Eukaryoten darin besteht, daß letztere einen Mechanismus der Chromosomenverteilung bei der Zellteilung entwickelt haben, der den gleichzeitigen Beginn der DNA-Replikation an mehreren Replikationsstartpunkten ermöglicht, während Prokaryoten nur einen einzigen Replikationsstartpunkt besitzen. Zumindest war dies eine notwendige Voraussetzung für die darauffolgende Zunahme der DNA-Menge, ohne die eine Komplexitätssteigerung nicht möglich gewesen wäre. Doch das ist nicht der Grund für das ursprüngliche Auftreten der Veränderung: Wie wir in Kapitel 6 erläutern werden, wurde der neue Segregationsmechanismus bei den frühen Eukaryoten durch den Verlust der festen Zellwand erzwungen, die bei der Segregation prokaryotischer Chromosomen eine entscheidende Rolle spielt. Die meiotische Sexualität – um ein zweites Beispiel zu nennen – war eine wichtige Voraussetzung für die evolutionäre Ausbreitung (Radiation) der Eukaryoten, aber sie kann sich nicht zu diesem Zweck entwickelt haben.

Die Übergänge müssen sich durch unmittelbare Selektionsvorteile für individuelle Replikatoren erklären lassen: Wir sind Anhänger des genzentrierten Ansatzes, der von Williams (1966) entworfen und von Dawkins (1976) weiter ausgearbeitet wurde. Tatsächlich besitzen die in Tabelle 1.2 aufgeführten Übergänge eine Eigenschaft, die zu dieser Schlußfolgerung führt: An irgendeinem Punkt des Lebenszyklus gibt es nur eine oder einige wenige Kopien des genetischen Materials. Folglich ist die genetische Verwandtschaft zwischen den Einheiten, aus denen sich der höhere Organismus zusammensetzt, sehr eng. Die Bedeutung dieses Prinzips wurde zuerst von Hamilton (1964) in seiner Erklärung der Evolution des Sozialverhaltens hervorgehoben, aber unserer Ansicht nach ist es ziemlich universell. Dazu zwei weitere Beispiele: Mehrzellige Organismen entwickeln sich aus einem einzigen befruchteten Ei, so daß ihre Zellen, abgesehen von somatischen Mutationen, genetisch identisch sind. Die meisten Eukaryoten erben ihre Zellorganellen von nur einem Elternteil, so daß die Organellen eines Individuums fast immer genetisch identisch sind. Wir glauben, daß ein ähnliches Prinzip bei der Entwicklung der ersten Zellen wirksam war.

Das Prinzip der genetischen Ähnlichkeit, die durch eine kleine Anzahl von Gründereinheiten gegeben ist, ist zum Zeitpunkt des Übergangs wichtig. Zwei andere Faktoren – zufallsbedingte Irreversibilität und zentrale Kontrolle – tragen dazu bei, daß höher organisierte Einheiten, wenn sie erst einmal entstanden sind, erhalten bleiben, während sie für den Ursprung solcher Einheiten weniger bedeutsam sind.

1.4.1 Zufallsbedingte Irreversibilität

Wenn sich eine Einheit über lange Zeit hinweg als Teil eines größeren Ganzen repliziert hat, kann es sein, daß sie ihre einstige Fähigkeit zur selbständigen Replikation verloren hat, und zwar aufgrund zufälliger Entwicklungen, die wenig mit den Selektionskräften zu tun haben, welche ursprünglich zur Evolution der höher organisierten Einheit führten. Beispielsweise können Mitochondrien keine selbständige Existenz wiedererlangen, und sei es nur, weil die meisten ihrer Gene in den Zellkern aufgenommen worden sind; Krebszellen können sich unkontrolliert vermehren, haben aber keine eigenständige Zukunft als Protisten; Bienenarbeiterinnen können Eier legen, aus denen Männchen schlüpfen, sind aber nicht in der Lage, ein neues Volk zu gründen.

Die Zufallsbedingtheit der Irreversibilität wird vielleicht am besten durch die Rückkehr von der geschlechtlichen Fortpflanzung zur Parthenogenese illustriert. Bei Säugern gibt es keine Parthenogenese, vermutlich weil in bestimmten Geweben an einigen Genloci nur das vom Vater ererbte Allel aktiv ist; folglich würden einem Embryo ohne Vater eine Reihe wichtiger Genaktivitäten fehlen. Ebensowenig gibt es parthenogenetische Gymnospermen; der Grund dafür liegt vielleicht darin, daß die Chloroplasten mit den Pollen weitergegeben werden. Bei den Anamniern (Fischen und Amphibien) gibt es zwar parthenogenetische Arten, jedoch benötigen sie zur Einleitung der Embryonalentwicklung stets Sperma von Männchen einer anderen Art, vielleicht weil die Spermien Centriolen liefern. Diese Beispiele von Organismen, bei denen eine Rückkehr von der sexuellen Fortpflanzung zur Parthenogenese unmöglich ist – und es gibt noch viele andere –, sollen zeigen, wie verschiedenartig und zufallsabhängig die Gründe sein können, die eine evolutionäre Umkehr schwierig oder unmöglich machen.

Im Zusammenhang mit der Irreversibilität sind drei Punkte wichtig:

- Für den Fortbestand höher organisierter Formen können andere Mechanismen verantwortlich sein als für ihren Ursprung. Es wäre absurd, die These aufzustellen, sexuelle Prägung habe zur Entwicklung der sexuellen Fortpflanzung beigetragen oder der Gentransfer in den Zellkern zum symbiotischen Ursprung der Mitochondrien.
- Die Irreversibilität ist nicht absolut. Schließlich gibt es viele erfolgreiche parthenogenetische Organismen ohne Meiosezyklus. Um nur ein zweites Beispiel zu nennen: Viren und Transposons sind wahrscheinlich Abkömmlinge braver chromosomaler Gene. Irreversibilität ist also nicht nur irrelevant für den Ursprung höher organisierter Stufen, sie ist außerdem auch keine hinreichende Erklärung für deren Fortbestand.
- Die Tatsache, daß ein ehemals unabhängiger Replikator seine Eigenständigkeit nicht zurückerlangen kann, bedeutet nicht, daß in den Genen solcher Replikatoren keine egoistischen Mutationen auftreten können.

1.4.2 Zentrale Kontrolle

Durch Analogieschluß von der menschlichen Gesellschaft auf biologische Systeme im allgemeinen könnte man die These aufstellen, daß zur Aufrechterhaltung von Ordnung eine wie auch immer geartete Form zentraler Kontrolle erforderlich ist: Man zahlt Steuern, weil man andernfalls bestraft würde. Tatsächlich besteht jedoch keine besonders enge Analogie. In menschlichen Gesellschaften ist die zentrale Kontrolle entweder von der Existenz einer bewaffneten Gruppe innerhalb der Gesellschaft – etwa in einer Feudalaristokratie – abhängig oder von einem mehrheitlich gefaßten Konsens (beziehungsweise von einer Kombination dieser beiden Bedingungen). Die Vorstellung von einem bewaffneten Stand läßt sich schlecht auf die Biologie übertragen – es gibt keine bewaffneten und unbewaffneten Gene. Zwar erlangt und erhält bei manchen primitiven sozialen Insektenarten die fortpflanzungsfähige Königin ihre Position durch Gewalt, aber bei höherentwickelten, staatenbildenden Arten ist dies nicht der Fall. Auch die Vorstellung von einem mehrheitlichen Konsens ist nicht besonders brauchbar, denn Gene stimmen nicht ab. Es gibt jedoch einen Zusammenhang, in dem das Bild von einer zentralen Kontrolle hilfreich sein kann. Wenn eine „egoistische“ Mutation in einem chromosomalen Gen auftritt, begünstigt die Selektion Suppressormutationen an jedem beliebigen anderen Genlocus. Der Rest des Genoms kann also den Wettkampf gewinnen – nicht weil hier irgendeine Analogie zur Abstimmung durch die Mehrheit bestünde, sondern wegen der großen Anzahl an Genloci und damit an möglichen Suppressormutationen, die jeder egoistischen Mutation gegenüberstehen. Vielleicht ist in diesem Zusammenhang bedeutsam, daß Versuche, „egoistisch“ segregierende Chromosomen zur biologischen Schädlingsbekämpfung zu nutzen, wegen der schnellen Evolution der Suppression bisher fehlgeschlagen sind. In diesem Sinne sollte man Leighs (1971) Bild von einem »Parlament der Gene« verstehen.

1.5 Duplikation, Symbiose und Epigenese

In den Abbildungen 1.1 bis 1.3 sind drei Wege illustriert, auf denen die genetische Komplexität zunehmen kann:

- *Duplikation und Divergenz.* Die auf die Entstehung der Eukaryoten folgende Vermehrung der genetischen Information ist vermutlich auf diese Weise erfolgt. Durch die bloße Duplikation eines Genes entsteht keine neue Information, wohl aber durch die Divergenz der beiden Kopien. Dieser Prozeß, den Genfamilien wie die Familie der Hämoglobingene illustrieren, war zwar für die spätere Evolution der Eukaryoten wichtig, dürfte aber unserer Meinung nach bei den wichtigsten Übergängen selbst keine entscheidende Rolle gespielt haben.
- *Symbiose.* Wie wichtig die Symbiose für den Ursprung der Eukaryoten war (Margulis 1970), ist inzwischen allgemein bekannt. Wir sind der Ansicht, daß sie überdies den Mechanismus darstellt, der zur Evolution der Chromosomen führte; danach sind die Chromosomen durch Kopplung zunächst unabhängiger Gene entstanden und nicht durch Duplikation und Divergenz. Die Rolle der Symbiose bei einigen anderen evolutionären Neuerungen wird in Kapitel 11 diskutiert. Es gibt allerdings auch wichtige Übergänge, die auf andere Weise zustande kamen. Die differenzierten Zellen eines mehrzelligen Organismus stammen nicht von verschiedenen Vorfahren ab; das gleiche gilt für die verschiedenen Kasten der staatenbildenden Insekten.
- *Epigenese.* Für die Differenzierung somatischer Zellen oder die Kastenbildung bei sozialen Insekten sind keine genetischen Veränderungen im Sinne von Änderungen der DNA-Sequenz erforderlich. Statt dessen sind in den verschiedenen Zellen beziehungsweise bei den verschiedenen Kasten unterschiedliche Gene aktiv.

1.6 Weitere Charakteristika der wichtigsten Übergänge

Die Vorstellung von Organisationsstufen und damit auch von Selektionsstufen hat in diesem Buch zentrale Bedeutung. Jedoch lassen sich nicht alle wichtigen Übergänge auf diese Weise analysieren. Der vielleicht wichtigste Übergang ist der zwischen Organismen, in denen sowohl das genetische Material als auch die Enzyme aus RNA bestehen („RNA-Welt"), und den modernen Organismen, in denen das genetische Material DNA ist und die Enzyme Proteine sind. Für eine solche Arbeitsteilung sind Codierung und Translation erforderlich. Ein zweiter Übergang, bei dem ebenfalls die Sprache, durch die Information übermittelt wurde, und das physikalische Medium, das diese Sprache transportierte, verändert wurden, war die Ent-

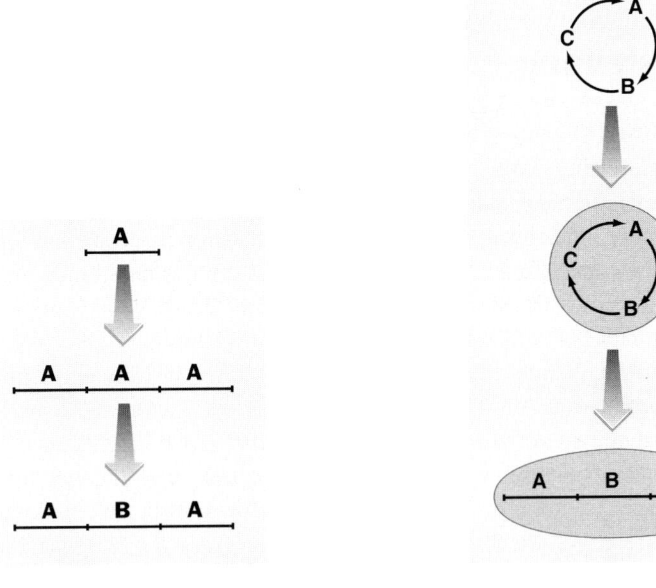

1.1 Zunahme der Komplexität durch Duplikation, gefolgt von Divergenz.

1.2 Zunahme der Komplexität durch Symbiose, gefolgt von Kompartimentierung und synchronisierter Replikation.

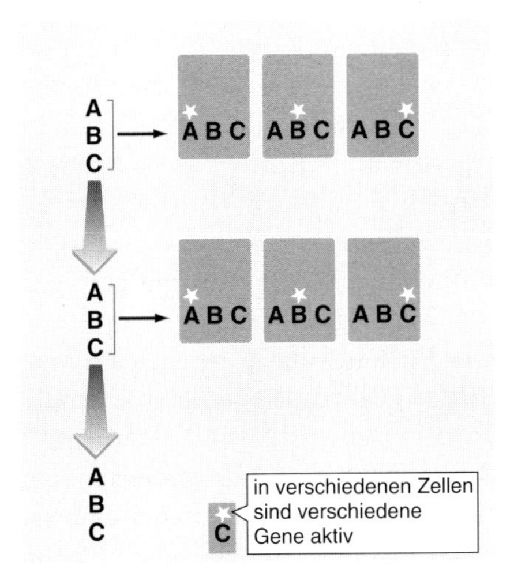

1.3 Zunahme der Komplexität durch Epigenese.

wicklung des menschlichen Sprechvermögens. Wir halten dies für den entscheidenden Schritt bei der Entstehung der spezifisch menschlichen Gesellschaft.

Auf diese beiden Charakteristika – Arbeitsteilung und Veränderung von Sprache – werden wir noch wiederholt stoßen.

1.6.1 Arbeitsteilung

Um zu überleben, müssen Organismen vielfältige Aufgaben bewältigen. Jeder Organismus besteht aus zahlreichen Komponenten, beispielsweise aus Molekülen, Zellen, Segmenten und Organen. In der Evolutionsgeschichte vieler dieser Bestandteile kam es innerhalb einer Gruppe zunächst identischer Objekte zur Differenzierung und Spezialisierung auf verschiedene Funktionen. Auch innerhalb von Populationen kann eine Arbeitsteilung existieren. Warum könnte die Selektion dies begünstigen? Das grundlegende Prinzip läßt sich anhand der Entwicklung der Getrenntgeschlechtlichkeit aus dem Hermaphroditismus illustrieren (Genaueres dazu in Maynard Smith 1978). Der Hermaphroditismus besitzt offensichtliche Vorteile, warum also ist die Getrenntgeschlechtlichkeit so verbreitet? Es seien R_m und R_f der Fortpflanzungserfolg männlicher beziehungsweise weiblicher Individuen, αR_m und βR_f der Fortpflanzungserfolg eines Zwitters in männlicher respektive weiblicher Funktion. Offensichtlich ist Getrenntgeschlechtlichkeit günstiger, wenn $\alpha + \beta < 1$. Der Hauptgrund, aus dem dies tatsächlich der Fall sein könnte, ist die Existenz spezialisierter Organe, die nur für jeweils eines der Geschlechter nützlich sind. Man stelle sich beispielsweise einen hermaphroditischen Rothirsch vor, der halb soviel wie ein durchschnittliches Männchen in Geweih und zusätzliche Körpermasse investiert und halb soviel wie ein durchschnittliches Weibchen in das Säugen der Jungen. Ein solcher Zwitter würde höchstwahrscheinlich Vater von weniger als halb soviel Jungen wie ein durchschnittliches Männchen ($\alpha < 1/2$) und Mutter von weniger als halb soviel Jungen wie ein durchschnittliches Weibchen ($\beta < 1/2$). $\alpha + \beta$ wäre also < 1, das heißt, die Zwittrigkeit würde sich nicht auszahlen. Der Fortbestand der Getrenntgeschlechtlichkeit ist auf die Effizienz spezialisierter Organe zurückzuführen.

Bei Molnár finden sich weitere Beispiele mit ähnlichen Erklärungen. Im folgenden unsere Liste:

- Aus einer Reihe multifunktioneller Enzyme mit geringer Effizienz sind zahlreiche spezifische Enzyme hervorgegangen.
- In der RNA-Welt diente RNA sowohl als genetisches Material wie auch als Katalysator; in unserer Welt ist DNA das genetische Material, und die meisten Enzyme sind Proteine.
- Die Prokaryotenzelle ist nicht in Kompartimente unterteilt, während in der Eukaryotenzelle der Zellkern mit der genetischen Information vom Cytoplasma, in dem die Stoffwechselvorgänge ablaufen, getrennt ist. Außerdem haben sich in der Evolution zusätzliche Organellen entwickelt, von denen einige aus Symbionten hervorgegangen sind.

- In Populationen mit geschlechtlicher Fortpflanzung hat sich mehrfach Anisogamie – bei der die Geschlechtszellen in Spermien und Eizellen differenziert sind – aus Isogamie – mit morphologisch gleichartigen Gameten – entwickelt.
- Es ist wiederholt zur Differenzierung in Keimbahn und sterbliche Somazellen gekommen: Der Kerndualismus der Ciliaten hat eine ähnliche Funktion wie die Keimbahnsegregation bei Tieren.
- Zwitter wurden durch getrennte Geschlechter ersetzt.
- Bei eusozialen (staatenbildenden) Insekten entwickelten sich Kasten, von denen einige steril sind. Zwischen einer sterilen Kaste und den Somazellen eines Organismus besteht eine offensichtliche Analogie. In manchen Fällen gibt es mehrere verschiedene sterile Kasten.

1.6.2 Neue Wege der Informationsübermittlung

Vererbung bedeutet, daß Gleiches Gleiches hervorbringt; dazu ist ein Mittel zur Informationsübertragung erforderlich. Ein entscheidender Unterschied (siehe Abschnitt 4.2) besteht zwischen Systemen mit „begrenzter Heredität", in denen nur eine limitierte Anzahl verschiedener Zustände übermittelt werden kann, und Systemen mit „unbegrenzter Heredität", welche die Übermittlung einer unlimitierten Anzahl von Botschaften erlauben. Wir werden die folgenden Ereignisse erörtern:

- den Ursprung einfacher autokatalytischer Systeme (Netzwerke, kurze Oligonucleotidanaloga) mit begrenzter Heredität (Abschnitt 5.2);
- den Ursprung der Matrizenreplikation polynucleotidartiger Moleküle mit der Möglichkeit unbegrenzter Heredität (Abschnitte 5.3 und 5.4);
- den Ursprung des genetischen Codes im Kontext der RNA-Welt, bevor es die Translation gab. Die Codierung diente nur dazu, Aminosäuren mit unverwechselbaren Trinucleotid-"griffen" auszustatten (Abschnitt 6.3);
- den Ursprung der Translation und der codierten Proteinsynthese (Abschnitt 6.3);
- die Entstehung erblicher Ordnungszustände bei Prokaryoten und einfachen Eukaryoten (Abschnitt 13.2);
- die Evolution der epigenetischen Vererbung mit unbegrenzter Heredität: die Entwicklung von Tieren, Pflanzen und Pilzen (Abschnitt 13.2);
- die Entstehung einer Protosprache bei *Homo erectus* – eines kulturellen Systems der Vererbung mit begrenztem Potential, in dem nur bestimmte Arten von Aussagen möglich sind;
- die Entwicklung der menschlichen Sprache mit einer universellen Grammatik und unbegrenzter semantischer Repräsentation.

Sicherlich werden wir nicht alle von uns aufgeworfenen Fragen beantworten, aber manchmal ist es genauso nützlich, eine neue Frage zu stellen, wie eine alte zu beantworten.

2. Was ist Leben?

2.1 Definition des Lebens

Stellen Sie sich vor, die ersten Astronauten, die einen der Jupitermonde betreten, sehen sich beim Verlassen ihres Raumschiffes einem Objekt gegenüber, das so groß ist wie ein Pferd, auf Rädern auf sie zurollt und auf seinem Rücken eine Art Schüssel trägt, die auf die Sonne ausgerichtet ist. Die Besucher werden sofort den Schluß ziehen, daß das Objekt lebt oder von Lebewesen hergestellt wurde. Wenn sie dagegen lediglich einen violetten Schleim auf der Oberfläche der Felsen vorfinden, wird es sie mehr Arbeit kosten, eine Entscheidung zu fällen. Der phänotypische Ansatz zur Definition des Lebens lautet: Etwas ist lebendig, wenn es Teile oder „Organe" besitzt, die Funktionen erfüllen. William Paley erklärte die maschinenartige Natur des Lebens mit der Existenz eines Schöpfers; heutzutage würden wir die natürliche Auslese zur Erklärung heranziehen.

Es wäre jedoch falsch anzunehmen, daß jedes Objekt, das mit den Eigenschaften einer sich selbst steuernden Maschine ausgestattet ist, lebt oder von Lebewesen hergestellt wurde. Im folgenden Abschnitt (2.2) schildern wir die Entstehung eines sich selbst regulierenden Atomreaktors, des Reaktors von Oklo, auf den weder das eine noch das andere zutrifft. Mit seiner Geschichte können wir auf dreierlei Art und Weise umgehen. Erstens zeigt sie uns, daß es gefährlich ist, das Leben phänotypisch zu definieren: Nicht alle komplexen Dinge leben. Zweitens illustriert sie, wie durch erdgeschichtliche Zufälle spontan erstaunlich komplexe maschinenartige Einheiten entstehen können. Die Bedeutung dieser Tatsache für den Ursprung des Lebens ist offensichtlich. Das Problem ist im wesentlichen das folgende: Wie könnten durch chemische und physikalische Prozesse, ohne das Wirken einer Selektion, Einheiten entstanden sein, die zur Replikation ihrer selbst in der Lage waren und sich infolgedessen fortan durch natürliche Auslese weiterentwickelten? Der Reaktor von

Oklo ist ein Beispiel für eine mögliche Entwicklung. Drittens könnte man Abschnitt 2.2 auch einfach auslassen: Die darin beschriebenen Ereignisse sind zwar interessant, doch im Detail unterscheiden sie sich von den Vorgängen, die zum Ursprung des Lebens auf der Erde führten.

Zur phänotypischen Definition des Lebens gibt es eine Alternative: Man definiert jede Einheit als lebendig, bei der man Vermehrung, Variabilität und Vererbung findet. Dieser zuerst von Muller (1966) vorgeschlagenen Definition liegt die folgende Überlegung zugrunde: Eine Population von Einheiten mit diesen Eigenschaften wird sich durch natürliche Auslese entwickeln und dadurch voraussichtlich die zum Überleben und für die Fortpflanzung erforderlichen komplexen Anpassungen erwerben, die für Lebewesen charakteristisch sind. Eine solche Definition reicht jedoch nicht aus, um den Ursprung des Lebens zu verstehen. Das zeigen zum Beispiel die Experimente von Spiegelman (1970) und anderen zur Evolution von RNA-Molekülen im Reagenzglas. In solchen Experimenten, die in Kapitel 4 genauer beschrieben sind, wird eine Mischung der vier Ribonucleosidtriphosphate zusammen mit dem Enzym $Q\beta$-Replikase in einem Reagenzglas mit RNA-Molekülen geimpft. Die RNA-Moleküle werden repliziert, und zwar teilweise fehlerhaft, wodurch es zu einer Evolution der Population kommt. Durch Übertragung von Stichproben der Population in andere Reagenzgläser lassen sich Moleküle gewinnen, die daran angepaßt sind, sich unter bestimmten Umweltbedingungen zu replizieren, etwa in Gegenwart inhibitorischer Substanzen. Mullers Definition zufolge sind diese Moleküle lebendig, aber es ist unwahrscheinlich, daß sie einem frühen Stadium in der Entwicklung des Lebens entsprechen: Wir sind nämlich ziemlich überzeugt davon, daß es auf der jungen Erde keine programmierten Proteinreplikasen gab. Um den Ursprung des Lebens verstehen zu können, müssen wir nicht nur die Entwicklung des Stoffwechsels, sondern auch die Entstehung der Replikation erklären.

Uns stehen also zwei alternative Definitionen des Lebens zur Verfügung: die phänotypische und die hereditäre. Die grundlegende phänotypische Eigenschaft der ersten Lebewesen war der Stoffwechsel – eine Reihe miteinander verknüpfter chemischer Reaktionen, angetrieben von einer externen Energiequelle. Bei allen heute existierenden Organismen beruht die Vererbung auf der Matrizenreplikation von Polymeren. Wir halten es für wahrscheinlich, daß dies schon bei den ersten Lebewesen so war. Worin bestanden die Verbindungen zwischen den beiden Prozessen Stoffwechsel und Vererbung? Bei den heutigen Organismen gibt es zwei derartige Verbindungen:

- Der Stoffwechsel liefert die monomeren Vorstufen, aus denen die Replikatoren entstehen, und
- die Replikatoren verändern die Art der chemischen Reaktionen im Stoffwechsel; nur wenn dies zutrifft, kann die natürliche Auslese, die auf die Replikatoren wirkt, die Evolution des Stoffwechsels beeinflussen.

Wie konnte sich eine solche Wechselbeziehung entwickeln? Die einfachste Annahme lautet, daß der Stoffwechsel anfangs lediglich aus abiotischen chemischen Reaktionen bestand, wie sie von Miller und Urey untersucht wurden und im nächsten Kapitel beschrieben sind. Ein solcher abiotischer Stoffwechsel lieferte die Monomere, aus denen die ersten sich replizierenden Polymere synthetisiert wurden, aber diese Replikatoren beeinflußten ihrerseits nicht den Stoffwechsel. Die natürliche Auslese selektierte lediglich jene Replikatoren, die sich – in einer chemischen Umwelt, die sie nicht beeinflussen konnten – am stärksten vermehrten. In diesem Modell stehen also Replikatoren oder Gene am Anfang des Lebens. Erst später entwickelten sie die Fähigkeit, ihre chemische Umwelt zu verändern.

Ein alternatives Szenario verzichtet auf spezifische sich replizierende Moleküle und geht davon aus, daß das Stoffwechselsystem selbst eine Art Heredität erwarb. Wir halten diese Möglichkeit nicht für besonders wahrscheinlich, besprechen sie aber in Kapitel 5 eingehender, weil sie die wichtigste Alternative zu der von uns favorisierten Sichtweise ist.

In Abschnitt 2.3 beschreiben wir das einfachste bisher vorgeschlagene System, das sowohl ein Stoffwechselsystem als auch eine sich replizierende Matrize sowie eine Wechselbeziehung zwischen beiden enthält: das Chemoton.

2.2 Der Reaktor von Oklo

Der erste künstliche Kernspaltungsreaktor, der von Enrico Fermi und seinen Kollegen entwickelt wurde, nahm im Jahre 1942 in Chicago den Betrieb auf. Als Brennstoff wird in solchen Reaktoren ein Isotop des Urans, ^{235}U, verwendet. Durch Absorption eines Neutrons gerät der Kern eines Atoms ^{235}U in einen angeregten, instabilen Zustand. Das Atom befreit sich aus diesem Zustand, indem es in zwei Tochteratome zerfällt; dabei werden hochenergetische Neutronen und Gammastrahlen emittiert. Trifft wenigstens eines der Neutronen auf ein weiteres Atom ^{235}U, das daraufhin ebenfalls zerfällt und wiederum Neutronen emittiert, und setzt sich dieser Prozeß fort, so spricht man von einer Kettenreaktion. Dabei entsteht Wärme, die man zum Aufheizen von Wasser und zur Stromproduktion nutzen kann.

Eine Ladung Uranerz, die Frankreich im Jahre 1972 aus dem westafrikanischen Staat Gabun bezog, enthielt (bezogen auf den Gesamturangehalt) statt der üblichen 0,7202 Prozent ^{235}U nur 0,7171 Prozent. Man vermutete zunächst Sabotage oder Diebstahl, doch dieser Verdacht bestätigte sich nicht. Es stellte sich heraus, daß am Herkunftsort des Erzes, in Oklo, vor etwa zwei Milliarden Jahren ein natürlicher Kernspaltungsreaktor aktiv gewesen war (Kuroda 1983, Cowan 1976). Wie konnte dieser Naturreaktor (Abbildung 2.1) entstanden sein?

Am Anfang stand die weiträumige Verteilung von reduziertem Uran in plutonischem Gestein. Durch Verwitterung sammelte sich das Uran – immer noch in reduzierter Form – im Bett von Flüssen und Bächen. Vor rund zwei Milliarden Jahren

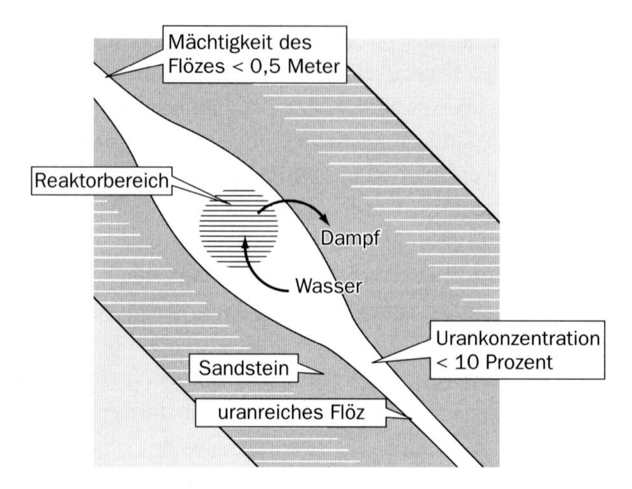

2.1 Ein natürlicher Kernreaktor. In Oklo liegt innerhalb einer Sandsteinschicht ein uranreiches Flöz. Der Prozeß, durch den es dort zu einer kontrollierten Kernspaltungsreaktion kam, wird im Text erklärt.

begann die Sauerstoffkonzentration in der Atmosphäre infolge der Photosynthese von Cyanobakterien rapide anzusteigen. Ein großer Teil des Urans wurde daraufhin oxidiert. Da oxidiertes Uran besser löslich ist, wurde es in das Delta eines urzeitlichen Flusses transportiert. Durch die Zersetzung organischer Sedimente herrschen in Flußdeltas oft reduzierende Bedingungen, und so wurde das Uran ausgefällt und von jüngeren Sedimentschichten bedeckt. Der Fluß ist inzwischen verschwunden, aber das Delta existiert noch.

Die bloße Anreicherung des Urans reichte nicht aus, um einen Reaktor entstehen zu lassen. In Oklo lag in Sandstein eingebettetes Uran auf einer Granitschicht. Diese Granitschicht wurde zusammen mit dem darüberliegenden Sandstein um etwa 45 Grad gekippt. Im Sandstein bildeten sich Risse, und (oxidierendes) Sickerwasser sorgte an bestimmten Stellen für eine weitere Anreicherung des Urans. Als sich genügend Uran angesammelt hatte, konnte die Kettenreaktion einsetzen. Damit dies geschieht, muß die Gesamturankonzentration im Erz mehr als zehn Prozent betragen. Die ^{235}U-haltige Schicht kann nicht allzu dünn gewesen sein, weil sonst zu viele Neutronen entwichen wären. Außerdem durften darin – wie es in den fraglichen Schichten tatsächlich der Fall ist – keine Elemente enthalten sein, die als Reaktorgifte wirken, indem sie Neutronen absorbieren. Ein Moderator war erforderlich, um die Neutronen abzubremsen, so daß sie nicht von ^{238}U absorbiert wurden; diese Aufgabe erfüllte Wasser. Vor allem aber mußte die Reaktion selbstregulierend sein. Auch diese Regulation wurde von Wasser übernommen. Wenn der Reaktor zu schnell arbeitete, verdampfte Wasser, das daraufhin als Moderator fehlte, so daß die Kettenreaktion sich verlangsamte; arbeitete der Reaktor langsamer, kondensierte Wasser und verhinderte die Absorption von Neutronen durch ^{238}U, wodurch die Kettenreaktion beschleunigt wurde.

Zwei grundsätzliche Punkte sind offensichtlich:

- Die Entstehung und der Fortbestand des Reaktors erforderten Glück. Beispielsweise wäre das Uran ohne die Neigung um 45 Grad nicht angereichert worden; die chemische Zusammensetzung des Gesteins vergiftete den Reaktor nicht; der einmal gebildete Reaktor wurde nicht durch geologische Prozesse zerstört.
- Der Reaktor von Oklo sieht nicht aus wie ein von Menschen konstruierter Kernreaktor, er funktionierte aber nach dem gleichen Prinzip wie die künstlichen, komplizierter aufgebauten Reaktoren.

Außerdem sind einige Parallelen zum Ursprung des Lebens erkennbar:

- Damit sich Leben entwickeln konnte, waren ganz bestimmte geologische Bedingungen erforderlich. Ohne Wasser in flüssiger Form und andere Voraussetzungen, die für die Bildung organischer Verbindungen günstig sind, wäre das Leben nicht entstanden.
- Chemische Zyklen, die formal als Katalysatoren wirken, sind für das Leben von grundlegender Bedeutung. An dem Ort, wo das Leben seinen Anfang nahm, kann es keine natürlichen Katalysatorgifte gegeben haben.
- Die ersten Lebensformen besaßen möglicherweise Mechanismen, die den heutigen Organismen fehlen, aber sie müssen nach demselben Grundprinzip funktioniert haben.
- Vielleicht waren die ersten biologischen Systeme im Vergleich zu den heutigen Organismen sehr wenig effizient.

2.3 Das Chemoton

Gánti (1974, 1975, 1979, 1987) entwarf ein Modell – das Chemoton –, das mit Hilfe eines Stoffwechsels wächst, sich durch Teilung im biologischen Sinne vermehrt und eine rudimentäre Form erblicher Variation aufweist (Abbildung 2.2). Das Chemoton besteht aus drei Subsystemen, die wir der Reihe nach besprechen werden: einem autokatalytischen Netzwerk für den Stoffwechsel, einer Doppelschichtmembran und einem replizierbaren Informationsträgermolekül.

Das metabolische Netzwerk ist ein autokatalytischer, nichtenzymatischer chemischer Zyklus. Der in Abbildung 2.2 dargestellte Kreislauf verbraucht das Rohmaterial X (das durch weiter unten beschriebene abiotische Prozesse gebildet wird) und produziert die folgenden Moleküle:

- Y als Abfallprodukt,
- V', das Monomer des genetischen Materials,

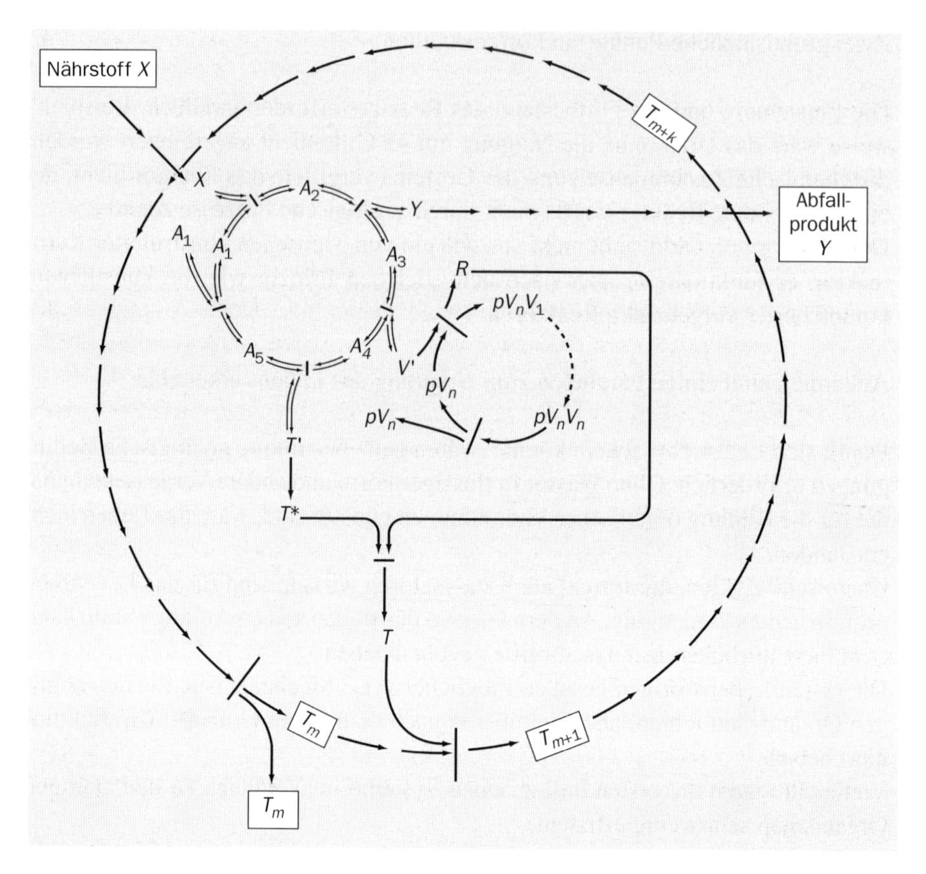

2.2 Das Chemoton (Gánti 1984). Das metabolische Subsystem mit dem Zwischenprodukt A_1 ist ein autokatalytischer chemischer Zyklus, der X als Nährstoff verbraucht und Y als Abfallprodukt liefert; pV_n ist ein Polymer aus n Molekülen V', das eine Matrizenreplikation durchmacht; R ist ein Kondensationsnebenprodukt dieser Replikation, das nötig ist, um T' in das membranogene (membranbildende) Molekül T umzuwandeln; T_m steht für eine Doppelschichtmembran, bestehend aus m Einheiten, die aus T-Molekülen aufgebaut sind. Man kann zeigen, daß ein solches System fähig ist, zu wachsen und sich spontan zu teilen.

- T', den Vorläufer des membranbildenden Moleküls T, sowie zwei Moleküle A_1 für ein eingesetztes A_1.

Dieser letzte Schritt macht den gesamten Zyklus autokatalytisch: Das System katalysiert seine eigene Produktion.

Über die Plausibilität der Entstehung autokatalytischer Zyklen werden wir im nächsten Kapitel mehr sagen. Momentan ist es wichtig, hervorzuheben, daß Autokatalyse nicht das gleiche ist wie Replikation. Um von Replikation sprechen zu können, reicht es nicht aus, wenn aus einem A zwei A hervorgehen. Vielmehr muß der Zyklus, wenn A durch B (beziehungsweise C oder D) ersetzt wird, auch zwei B (beziehungsweise C oder D) produzieren. Bei der Autokatalyse gibt es keine Variation und somit auch keine Vererbung. Sie ist ein wichtiger erster Schritt in Richtung Replikation, aber sie ist nicht der gesamte Weg.

Natürlich ist niemand der Meinung, daß ein derart kleiner Zyklus tatsächlich so viele verschiedene Verbindungen produzieren würde. In der belebten Welt sind autokatalytische Zyklen sehr viel komplizierter, und zwar in dreierlei Hinsicht: 1. Jede Reaktion wird von einem Enzym katalysiert. 2. Die Zahl der Reaktionen ist groß. 3. Meist handelt es sich um Netzwerke und nicht um Kreisläufe. Beispiele sind der Calvin-Zyklus, über den Pflanzen Kohlendioxid fixieren, und der reduktive Tricarbonsäurezyklus (Citratzyklus) bei bestimmten Bakterien. Diese autokatalytischen Prozesse bilden die chemische Grundlage des biologischen Wachstums. Nichtsdestoweniger werden wir uns zunächst mit der idealisierten Version befassen.

Im Chemoton integriert sich T, das in einer einfachen Reaktion aus T' hervorgeht, spontan in die Membran, und zwar aus dem folgenden Grund. Das Molekül T ist amphipathisch, das heißt, es besitzt einen hydrophoben und einen hydrophilen Pol. Die Membran ist keine starre Struktur, vielmehr bilden sich in ihr immer wieder Öffnungen und schließen sich wieder. Der hydrophobe Schwanz eines ankommenden Moleküls T gleitet in eine solche Lücke hinein, da seine Integration in die Doppelmembran energetisch günstig ist. Die umgekehrte Reaktion tritt selten auf, denn sie ist energetisch ungünstig. Der autokatalytische Zyklus sorgt also durch die Produktion von T' für das Wachstum der Membran.

Unsere bisherigen Überlegungen setzen eine wichtige Annahme über die Permeabilität der Membran voraus: Während X und Y ungehindert durch die Membran diffundieren, sind die anderen Moleküle dazu nicht in der Lage. Wir werden auf diesen Punkt später zurückkommen.

Es gibt noch ein anderes Problem: Wenn die innere Schicht der Membran T-Moleküle aufnimmt, wächst sie im Vergleich zu der äußeren Schicht; schließlich wird die Membran dadurch verformt. In lebenden Zellen wird dies durch „Flippasen" verhindert, welche die sogenannte Flip-Flop-Reaktion katalysieren – das Hinüberwechseln von Molekülen aus einer Schicht in die andere. Weil dabei immer ein energetisch ungünstiger Zwischenzustand auftritt, bedarf dieser Vorgang der enzymatischen Katalyse. Ohne Enzyme wäre das Membranwachstum ein eigenartiger Prozeß, den wir nun genauer betrachten werden.

Zunächst dringt Wasser in die von der Membran umschlossene Mikrosphäre ein, bis die Membranspannung dem osmotischen Druck der eingeschlossenen Lösung entspricht: Es entsteht ein kugelförmiges Stadium im Gleichgewichtszustand. Wir wenden nun Kochs (1985) Ideen auf das Verhalten der Mikrosphäre an. Der autokatalytische Zyklus produziert innerhalb der Mikrosphäre chemische Verbindungen, wodurch der osmotische Druck steigt. Die daraus resultierende Dehnung der Membran erleichtert den Einbau von T-Molekülen in die innere Schicht, doch da es keine Enzyme gibt, wechseln diese Moleküle nicht in die äußere Schicht hinüber, sondern bilden statt dessen durch Einstülpung eine innere Membran (Abbildung 2.3). Einigen Molekülen gelingt jedoch auch der Wechsel in die äußere Schicht der Membran, so daß das Volumen der Mikrosphäre geringfügig zunimmt. Der Übertritt erfolgt meistens an der Stelle, an der das durch die Einstülpung entstehende Sep-

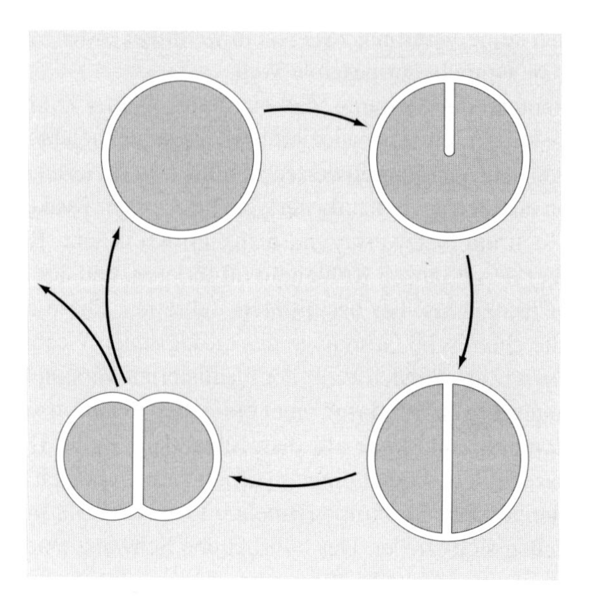

2.3 Durch interne Phospholipidbiosynthese angetriebene Zellteilung. Die Dicke der Lipiddoppelschicht ist nicht maßstabsgetreu.

tum entspringt, da die energetischen Bedingungen dort günstiger sind. Das Volumen kann jedoch nur zunehmen, wenn – getrieben durch den steigenden osmotischen Druck – T-Moleküle in ausreichender Anzahl in die äußere Schicht der Membran überwechseln. Nach Kochs (1985) Berechnungen ist eine spontane Teilung der Mikrosphäre energetisch möglich. Tatsächlich könnte es sein, daß Mycoplasmen und zellwandlose Bakterien (L-Formen) einen sehr ähnlichen Teilungsmechanismus besitzen. In Kapitel 7 werden wir auf das Problem der Zellteilung zurückkommen.

Wir haben gesehen, daß Gántis Mikrosphäre durch Stoffwechsel wächst und sich durch Teilung vermehrt. Aber wie steht es mit der erblichen Variation?

pV_n steht für die replikative Matrize, die ein Polymer aus n Molekülen vom Typ V ist. Das Modell ist so konzipiert, daß die Membran nur wächst, wenn die Matrize repliziert wird: Das membranbildende T wird nur dann aus T' gebildet, wenn R, ein Nebenprodukt der Replikation, vorhanden ist. Zur Replikation müssen sich die beiden Stränge von pV_n voneinander lösen und durch Polymerisation von V' neue Stränge gebildet werden. Wenn die Konzentration von V' zu gering ist, wird dieser Prozeß nicht abgeschlossen. Da die Konzentration bei einer Zunahme des Volumens abnimmt, sind Replikation und Membranbildung aneinander gekoppelt.

Die Frage, inwieweit man beim Chemoton von Vererbung sprechen kann, ist damit noch nicht beantwortet. In einem System ohne sequentiell codierte Informationen sind genetische Veränderungen auf die folgende Weise möglich. Angenommen, die Matrize pV_n wird durch homologe Anlagerung von V repliziert. Wenn während des Kopiervorgangs einer der Tochterstränge kürzer oder länger wird als die Matrize, erbt eines der Tochterchemotone diese Veränderung. Wegen der Kopplung von Stoffwechsel und Matrizenreplikation verändert die Gegenwart eines Moleküls pV_{n-1} die Dynamik des Stoffwechselkreislaufs und damit die Generationsdauer des gesamten Systems. Diese Schlußfolgerung wird durch Simulationen bestätigt (Gánti 1979). Die Menge der weitergegebenen Erbinformation steigt, wenn das Polymer zwei verschiedene Monomere – V und Z – enthält. In einer Matrize der Form pV_nZ_m ist Information nicht nur durch die Anzahl von n und m codiert, sondern auch durch den Quotienten n/m. Obwohl die Sequenz weder zur Codierung noch zu katalytischen Zwecken genutzt wird, wird sie vererbt und steht für die Nutzung zu einem späteren Zeitpunkt bereit. In weiterentwickelten Versionen des Chemotons trägt die Sequenz zu einer katalytischen Funktion des genetischen Materials bei, in analoger Weise wie bei den RNA-Enzymen (Ribozymen).

Um wachsen und sich replizieren zu können, braucht das Chemoton einen autokatalytischen Zyklus und eine externe Energiequelle. Ein schwer zu lösendes Problem besteht natürlich darin, daß die heute lebenden Organismen zur Katalyse Enzyme benötigen und diese wiederum von der genetischen Information abhängig sind, die in den Nucleinsäuren gespeichert ist. Dennoch sind wir der Ansicht, daß das abstrakte System aus Abbildung 2.2 ein hervorragendes geistiges Sprungbrett ist, um zu einem Verständnis der Anfänge des Lebens zu gelangen. Wir wenden uns nun der Frage zu, wie die Komponenten lebender Systeme auf der jungen Erde entstanden sein könnten.

3. Chemische Evolution

3.1 Einführung

Auch wenn wir davon ausgehen, daß das Leben mit Replikatoren begann, müssen wir erklären, auf welche Weise eine chemische Umwelt entstanden ist, die vielfältig genug war, um deren Bildung zu ermöglichen. Das mindeste, wofür wir eine Erklärung finden müssen, ist die abiotische Bildung von Zuckern und Aminosäuren sowie von Nucleotiden oder einfacheren zur Basenpaarung fähigen Molekülen, die eine Matrizenreplikation erlaubten. Lipide waren für die Entstehung sich replizierender Moleküle nicht erforderlich, spielten aber eine wichtige Rolle für die weitere Evolution. Ihre Bedeutung zeigt das Chemoton: Durch die Bildung von Membranen ermöglichen sie die Entstehung von Protozellen und damit einer Einheit der Selektion, die komplexer ist als sich replizierende Moleküle. Dies fördert wiederum die Evolution der Zusammenarbeit von Replikatoren, wie im nächsten Kapitel erörtert wird.

Das vorliegende Kapitel beschreibt, wie sich eine solche chemisch vielfältige Umwelt entwickeln konnte. In Abschnitt 3.2 führen wir den bekannten Begriff der Ursuppe ein und geben einen Überblick über die experimentellen Daten zu der Frage, welche Verbindungen sich in ihr bilden konnten und welche nicht. In entsprechenden Experimenten wurde zwar eine erstaunliche Vielfalt organischer Verbindungen synthetisiert, aber leider gibt es auch einige entscheidende Lücken. Abschnitt 3.3 beschreibt die neuere und vielversprechendere Idee, daß die entscheidenden chemischen Ereignisse zwischen Substanzen auftraten, die an eine Oberfläche mit positiven Ladungen gebunden waren. Diese Idee ist aus verschiedenen Gründen attraktiv. Zwischen Molekülen, die sich auf einer Oberfläche bewegen, treten chemische Reaktionen sowohl häufiger als auch spezifischer auf als im dreidimensionalen Raum. Überdies werden dabei bestimmte Reaktionen energetisch begünstigt. Insbesondere erfordert die Bildung von Biopolymeren (Proteinen, Nucleinsäuren) die Eliminierung eines Moleküls Wasser – eine Reaktion, die für Moleküle in wäßriger Lösung schwierig ist, auf einer Oberfläche hingegen leichter abläuft.

Zum Chemoton gehört ein autokatalytischer Zyklus, in dem unter Einsatz eines Moleküls einer bestimmten Verbindung zwei Moleküle dieser Verbindung gebildet werden. Solche Zyklen werden in Abschnitt 3.4 besprochen. Sie sind ein essentieller Bestandteil von Stoffwechselsystemen. Dabei sei nochmals erwähnt, daß autokatalytische Zyklen keine Replikatoren sind; auf den Unterschied wird in Kapitel 4 noch genauer eingegangen.

In Abschnitt 3.5 geht es um die Frage, ob es sich bei der chemischen „Evolution" in der Ursuppe oder an einer Oberfläche tatsächlich um Evolution handelt. Unserer Ansicht nach gehört zur Evolution erbliche Variabilität, eine Eigenschaft, die den in diesem Kapitel behandelten Reaktionen fehlt. Falls allerdings die ersten Stoffwechselvorgänge an einer Oberfläche auftraten, ergäben sich daraus hochinteressante Implikationen für die Entstehung von Einheiten der Selektion, die komplexer sind als einzelne Moleküle. Wie wir in Kapitel 7 ausführen, vereinfacht dies die Vorstellung, wie sich von Lipidmembranen umschlossene Protozellen entwickelt haben könnten. Unmittelbarer gesehen bedeutet es, daß sich chemische Reaktionen zwischen Molekülen ereigneten, die über längere Zeiträume hinweg Nachbarn waren, statt sich nur kurz zu begegnen, wie es in einer Lösung der Fall wäre. Dies erinnert spontan an die Rolle der Verwandtschaftsselektion (*kin selection*) in der Evolution der Zusammenarbeit zwischen einander benachbarten Organismen. In Abschnitt 3.5 werden wir jedoch erläutern, daß dieser Vergleich irreführend ist, zumindest bezogen auf den Zeitraum vor der Existenz sich replizierender Moleküle. Mit der Entstehung von Replikatoren werden Interaktionen zwischen Nachbarn wichtig, wie in Kapitel 4.5 dargelegt ist.

Auch wenn es vor der Entstehung der Replikatoren keinen Ansatzpunkt für das Wirken der Verwandtschaftsselektion gab, könnten Interaktionen zwischen benachbarten autokatalytischen Zyklen für die Zunahme der chemischen Diversität von Bedeutung gewesen sein. Diese Möglichkeit wird in Abschnitt 3.6 diskutiert. Abschließend beschreiben wir in Abschnitt 3.7 zwei alternative Quellen organischer Verbindungen – Meteoriten und chemische Reaktionen in den Wolken –, denen wir einen zusätzlichen Beitrag zur Diversität zuschreiben.

3.2 Experimente: Die Ursuppe

Schon 1924 beziehungsweise 1929 äußerten Oparin und Haldane unabhängig voneinander die Ansicht, daß sich in der Uratmosphäre – vorausgesetzt, sie war reduzierend und es gab eine Energiequelle, etwa Blitze oder ultraviolettes Licht – ein breites Spektrum organischer Verbindungen gebildet haben könnte. Miller (1959) versuchte auf Anregung von Harold Urey, die Bedingungen auf der Urerde zu simulieren. Außer Wasser mußten einige andere einfache Verbindungen sowie eine Energiequelle vorhanden sein (Abbildung 3.1). Damals nahm man an, die Uratmosphäre sei reduzierend gewesen, daher enthielt der Versuchskolben eine Mischung aus Methan, Ammoniak und Wasserdampf. Elektrische Funkenentladungen zwischen zwei Elektroden simulierten Blitze. Die Ergebnisse dieser Versuche waren erstaunlich: Es bildeten sich mehrere der in Proteinen vorkommenden Aminosäuren sowie

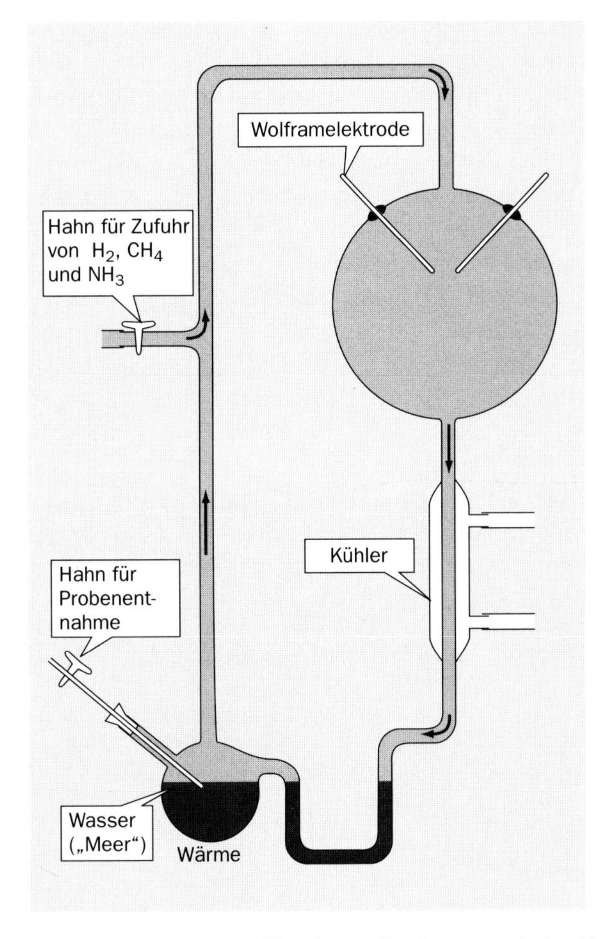

3.1 Die Versuchsanordnung von Miller und Urey für die Synthese organischer Verbindungen unter präbiotischen Bedingungen.

Tabelle 3.1: Im Miller-Urey-Experiment gebildete proteinogene Aminosäuren (molare Verhältnisse standardisiert auf Glycin gleich 100)

Aminosäure	$CH_4/N_2/NH_4Cl$ (1 : 1 : 0,05 Mol)	$CO/N_2/H_2$ (1 : 1 : 3)	$CO_2/H_2/N_2$ (1 : 3 : 1)
Glycin	100	100	100
Alanin	180	2,4	0,87
Valin	4,4	0,005	<0,001
Leucin	2,6	–	–
Isoleucin	1,1	–	–
Prolin	0,3	–	–
Asparaginsäure	7,7	0,09	0,14
Glutaminsäure	1,7	0,01	<0,001
Serin	1,1	0,15	0,23
Threonin	0,2	–	–

Aus Ferris 1987.

eine Reihe weiterer organischer Verbindungen. Seither wurden viele ähnliche Experimente durchgeführt; die Tabellen 3.1 und 3.2 zeigen die dabei gebildeten proteinogenen und nichtproteinogenen Aminosäuren. Interessanterweise besteht zwischen dieser Liste und den im Murchison-Meteoriten – einem sogenannten kohligen Chondriten, der 1969 in Australien niederging – gefundenen Aminosäuren eine frappierende Übereinstimmung.

Wie stand es nun, nachdem Aminosäuren existierten, mit der Bildung von Polypeptiden? Fox und Dose (1977) hielten eine Aminosäuremischung mit einem Überschuß an Asparaginsäure und Glutaminsäure sieben Tage lang unter wasserfreien Bedingungen bei 120 Grad Celsius, bevor sie die Mischung in Wasser gaben. Das Ergebnis waren Proteinoide – durch thermale Kondensation entstandene Polypep-

Tabelle 3.2: Im Miller-Urey-Experiment gebildete nichtproteinogene Aminosäuren (molare Verhältnisse standardisiert auf Glycin gleich 100)

Aminosäure	$CH_4/N_2/NH_4Cl$ (1 : 1 : 0,05 Mol)	Aminosäure	$CH_4/N_2/NH_4Cl$ (1 : 1 : 0,05 Mol)
Sarcosin	12,5	*N*-Methyl-β-alanin	1,0
N-Ethylglycin	6,8	*N*-Ethyl-β-alanin	0,5
N-Propylglycin	0,5	Pipecolinsäure	0,01
N-Isopropylglycin	0,5	α-Hydroxy-γ-aminobuttersäure	17
N-Methylalanin	3,4	α,β-Diaminobuttersäure	7,6
β-Alanin	4,3	α,β-Diaminopropionsäure	1,5
α-Amino-*n*-buttersäure	61	Isoserin	1,2
α-Aminoisobuttersäure	7	Norvalin	14
β-Amino-*n*-buttersäure	0,1	Isovalin	1
β-Aminoisobuttersäure	0,1	Norleucin	1,4
γ-Aminobuttersäure	0,5	Allothreonin	0,2

Aus Ferris 1987.

tide – mit schwacher katalytischer Aktivität. Die Tätigkeit von Vulkanen könnte auf der Urerde durchaus physikalische Bedingungen wie die in diesem Experiment gewählten geschaffen haben. Wie Fox (1984) hervorhob, sind die gebildeten Aminosäuresequenzen nicht zufallsbedingt. Dies ist jedoch nicht besonders bedeutsam – aufregend wären Sequenzen mit erblicher Variation, bloße Nicht-Zufälligkeit ist es nicht. Wichtiger ist vielleicht, daß die Aminosäuren durch eine Reihe verschiedener chemischer Bindungen miteinander verknüpft sind und nicht nur durch Peptidbindungen wie in biologischen Proteinen.

Die abiogene Synthese von Nucleinsäuren erfordert zunächst die Bildung von Nucleotiden. In entsprechenden Experimenten bildeten sich verschiedene Purine und Pyrimidine, darunter auch Adenin, Guanin, Cytosin und Uracil (nicht jedoch Thymin). Bei diesen Prozessen scheint Cyanwasserstoff (HCN) eine Schlüsselrolle zu spielen; in der Tat kann man sich Adenin als ein Polymer dieser Verbindung vorstellen (Abbildung 3.2).

Die Entstehung der Zucker einschließlich der Ribose läßt sich scheinbar leicht durch das präbiotische Auftreten der Formosereaktion erklären, die im Jahre 1861 von Butlerow erstmals beschrieben wurde. Tatsächlich haben wir es hier mit einem komplizierten Netzwerk von Reaktionen zu tun, in denen Zucker aus bereits exi-

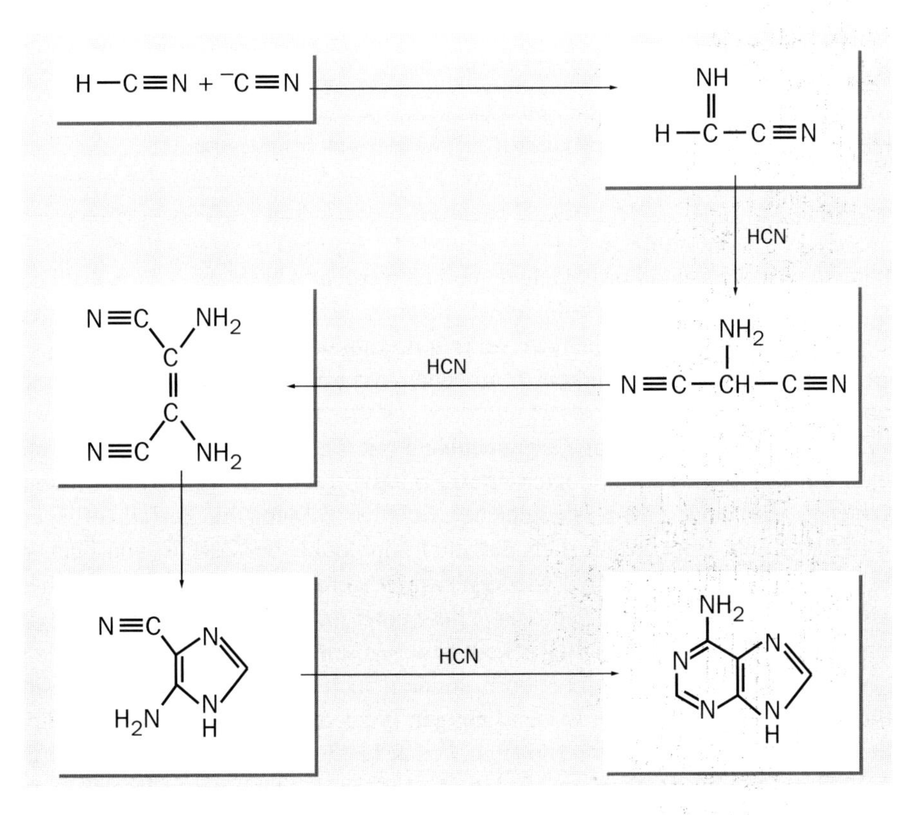

3.2 Adenin als HCN-Polymer.

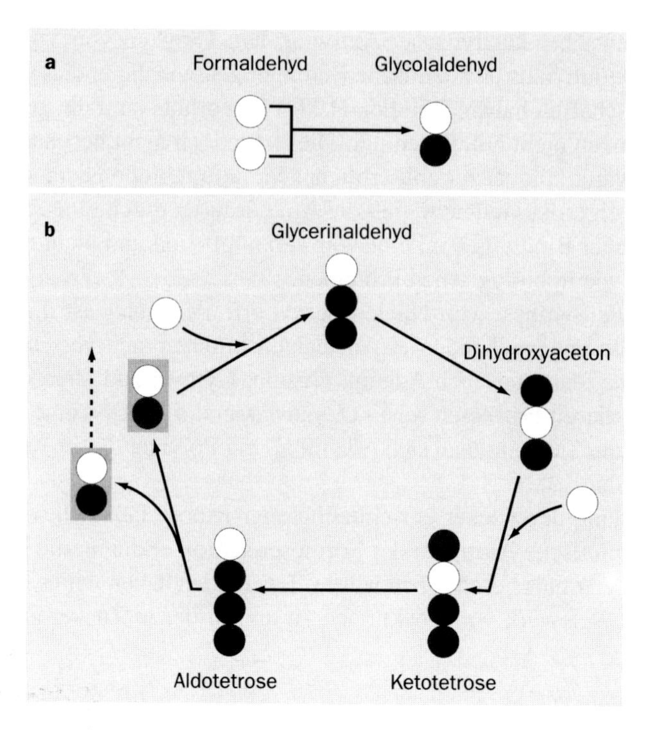

3.3 Das autokatalytische Kernstück von Butlerows (1861) „Formosereaktion". a) Spontane, langsame Bildung von Glykolaldehyd aus Formaldehyd. b) Nach einem Durchlauf des Zyklus wird ein neues Molekül Glykolaldehyd gebildet. Die Strukturisomere der Zucker $(CH_2O)_n$ sind durch das Kohlenstoffskelett und die Position der Carbonylgruppe (C=O; weiße Kreise) charakterisiert.

stierenden Zuckern und Formaldehyd gebildet werden (Abbildung 3.3). Sobald das erste Zwischenprodukt, Glykolaldehyd, in einer langsamen Reaktion, die zwei Formaldehydmoleküle miteinander verknüpft, gebildet ist, beginnt das Netzwerk mit wachsender Geschwindigkeit zu arbeiten, da die Synthese dieser Zucker autokatalytisch abläuft.

Zwei Probleme müssen im Zusammenhang mit diesem Netzwerk erwähnt werden. Zum einen sind die gebildeten Zucker relativ instabil, in signifikanter Menge können sie also nur in einem Fließgleichgewicht von Bildung und Zerfall vorliegen. Es ist daher unbedingt erforderlich, daß die Endprodukte des Zerfalls von Zuckern zur Synthese von Formaldehyd wiederverwertet werden. Zum anderen ist keineswegs klar, aufgrund welcher Faktoren Ribose unter präbiotischen Bedingungen der dominierende unter mehr als 40 Zuckern gewesen sein könnte.

Nicht nur die Entstehung der Ribose, sondern auch die Synthese der Nucleoside (Basen und Zucker, die wie in den heutigen Nucleotiden miteinander verknüpft sind) bereitet Erklärungsschwierigkeiten. Purine reagieren mit Ribose, wobei geringe Mengen der entsprechenden Nucleoside entstehen. Die analoge Reaktion mit Pyrimidinen scheint jedoch aussichtslos zu sein.

Die Phosphorylierung von Nucleosiden zu Nucleotiden ist unter wasserfreien Bedingungen mit relativ hoher Ausbeute möglich, doch entstehen dabei alle möglichen Isomere, die in verschiedenem Ausmaß phosphoryliert sind. Diese Tatsache ist wichtig, weil die genaue Replikation eines Polymers chemische Reinheit erfordert. In Abschnitt 5.4 werden wir auf die Bildung und Replikation von Nucleinsäuren, vor allem von RNA, zurückkommen.

Auch der Bildung von Lipiden könnte die Entstehung ihrer Bausteine – Fettsäuren, Glycerin und Phosphat – vorausgegangen sein. Die abiogene Reaktion zwischen diesen drei Komponenten erscheint möglich, allerdings bereitet uns die Entstehung der membranbildenden Lipide Probleme: In Simulationsexperimenten mit elektrischen Entladungen wurden keine langkettigen (C6 bis C18) linearen (unverzweigten) Fettsäuren synthetisiert; diese waren aber für die Bildung präbiotischer Membranen unerläßlich.

Insgesamt bietet der derzeitige Kenntnisstand Anlaß für gemischte Gefühle. Auf der positiven Seite steht die erstaunlich problemlose Bildung verschiedener biologisch wichtiger Verbindungen, entmutigend ist jedoch die Tatsache, daß viele bedeutsame Moleküle sich unter präbiotischen Bedingungen nicht in ausreichender Menge synthetisieren lassen.

Schließlich wurde die Annahme, die Uratmosphäre sei reduzierend gewesen, kürzlich in Frage gestellt. Falls, wie wir in Abschnitt 3.3 vorschlagen, die ersten Lebensformen auf der Oberfläche von Pyrit (FeS_2) entstanden, spielen die Eigenschaften der Atmosphäre praktisch keine Rolle, da sich die entscheidenden Ereignisse in der Tiefsee abspielten, nämlich in der Nähe von Hydrothermalschloten. Für die Ansammlung organischer Verbindungen in Wolken dagegen, wie sie in Abschnitt 3.7 diskutiert wird, wäre eine neutrale oder reduzierende Atmosphäre erforderlich gewesen.

3.3 Die Hypothese vom Oberflächenmetabolismus – die „Ur-Pizza"

Ein alternatives und in mancher Hinsicht vielversprechenderes Bild von der chemischen Evolution stammt von Wächtershäuser (1988). Die von ihm vorgeschlagenen Reaktionen sind so spezifisch, daß es möglich sein müßte, sie im Labor zu prüfen. Wächtershäusers zentrale Idee ist, daß die chemische Evolution, die zur Entstehung des Lebens führte, mit einem oberflächengebundenen, autokatalytischen chemischen Netzwerk begann, das aus polyanionischen organischen Verbindungen bestand. Dabei sind drei Aspekte wichtig, die wir der Reihe nach besprechen werden: 1. die Thermodynamik, 2. die Kinetik und 3. die Chemie der Oberflächenbindung.

Der thermodynamische Aspekt ist der folgende: Wenn A und B sich in Lösung zu einem Komplex vereinigen, führt dies zu einer starken Abnahme der Bewegungsfreiheit jedes Reaktionspartners, wodurch auch die Entropie des Systems abnimmt. Sind dagegen A und B an eine Oberfläche gebunden, ist ihre Bewegungsfreiheit ohnehin stark eingeschränkt: Sie können sich auf der Oberfläche langsam in zwei Dimensionen bewegen und nur um eine Achse rotieren. Aufgrund dessen nimmt die Entropie nicht besonders stark ab, wenn sie sich verbinden, wodurch diese Reaktion begünstigt ist. Thermodynamische Überlegungen zeigen außerdem, daß die Bildung von Peptiden aus Aminosäuren begünstigt wird, wenn die Aminosäuren an eine Oberfläche gebunden sind. Bei der Bildung einer Peptidbindung wird ein Molekül Wasser eliminiert; auf Oberflächen steigert die Eliminierung von Wassermolekülen die Entropie, deshalb läuft die Reaktion dort mit größerer Wahrscheinlichkeit ab.

Die kinetischen Vorteile der Oberflächenbindung sind offensichtlich. Beispielsweise erfordern viele enzymatische Reaktionen den Zusammenstoß von drei Molekülen. Die Wahrscheinlichkeit solcher Kollisionen ist an Oberflächen höher als in Lösung, wo sie extrem gering ist.

Wie läßt sich eine solche Oberflächenbindung realisieren? Die Bindung muß stark sein, aber flexibel genug, um eine langsame Wanderung auf der Oberfläche zu erlauben; diese Bedingungen erfüllt nur die Ionenbindung.

In der Biochemie sind organische Stickstoffbasen die häufigsten Kationen. Allerdings sind keine unlöslichen Salze dieser Verbindungen bekannt. Damit bleibt uns die Möglichkeit einer mineralischen Oberfläche mit positiven Ladungen und organischer Moleküle mit anionischen „Ankern“. Überraschenderweise scheidet Ton damit als die gesuchte Oberfläche aus. Wächtershäuser favorisiert Pyrit (Eisenkies) als Oberfläche, an der sich die ersten Stoffwechselvorgänge ausbildeten, da es sich dabei um ein unlösliches Mineral mit positiv geladener Oberfläche handelt.

Den Gesetzen der Chemie zufolge müssen die organischen Anionen mindestens eine Gruppe mit wenigstens zwei negativen Ladungen (wie $-PO_3^{2-}$) oder mindestens zwei Gruppen mit wenigstens einer negativen Ladung (wie $-COO^-$) tragen, damit eine feste Bindung an Pyrit gewährleistet ist. Das bedeutet, daß diejenigen Moleküle des Intermediärstoffwechsels, die heute noch solche Anker besitzen, möglicherweise sehr alt sind. Vielleicht bestand die ursprüngliche Funktion der Phosphatgruppen in der Bindung an Oberflächen.

3.4 Warum Autokatalyse?

Das Chemoton kann nur funktionieren, wenn es einen autokatalytischen Zyklus enthält. Es ist wichtig zu verstehen, warum dies so ist. Angenommmen, der Zyklus in Abbildung 2.2 wäre nicht autokatalytisch, würde also kein zweites Molekül A_1 produzieren. Ausgehend von 100 Molekülen A_1 würde ein Durchgang des Kreislaufs jeweils 100 Moleküle T' und V' liefern, die für das Wachstum des Systems erforderlich sind, sowie außerdem 100 Moleküle A_1, die als Ausgangsmaterial für den nächsten Durchgang dienen würden. Diese Vorstellung ist insofern irrig, als sie von einer perfekten Spezifität aller Reaktionen ausgeht. In der Realität würden zahlreiche Nebenreaktionen auftreten. Man könnte von Glück sagen, wenn nach einem Durchgang des Kreislaufs noch 90 Moleküle A_1 übrig wären: Der Zyklus würde sich schnell erschöpfen. Die Autokatalyse – die Produktion von zwei Molekülen A_1 aus einem eingesetzten – ist nötig, um Fehler zu kompensieren.

Abbildung 3.4 zeigt drei abstrakte Zyklen, von denen nur die beiden letzten autokatalytisch sind. Wie einleuchtend ist die Entstehung solcher Zyklen? Wie King (1982) gezeigt hat, ist sie wahrscheinlicher als man meinen könnte. Er kommt zu dem grundlegenden Schluß, daß für Autokatalyse in einem sich selbst erneuernden Netzwerk die folgenden Bedingungen ausreichen:

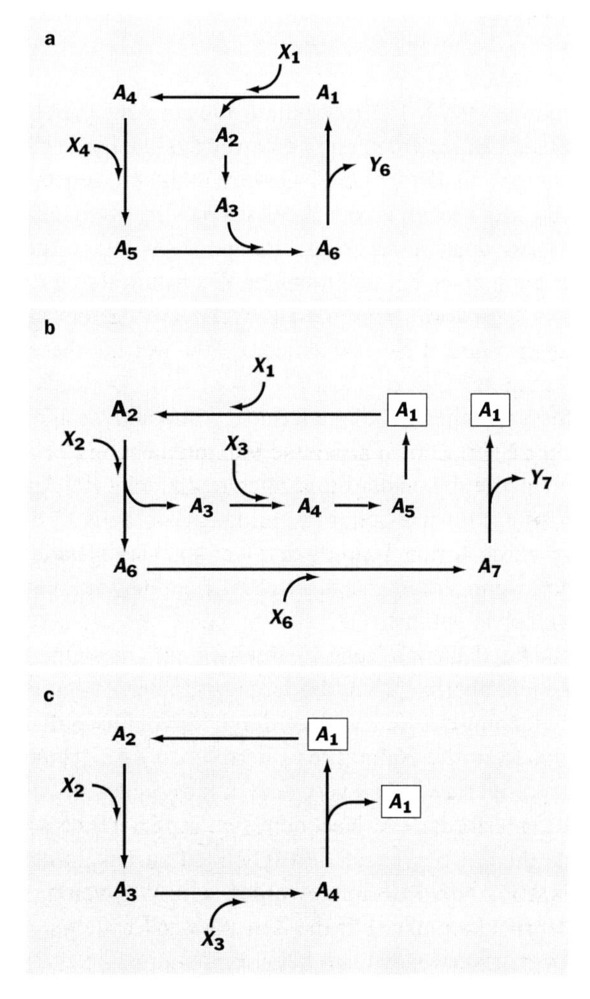

3.4 Drei verschiedene chemische Zyklen in abstrakter Form. a) Dieser Zyklus ist nicht autokatalytisch. b) Ein asymmetrischer autokatalytischer Zyklus. c) Ein symmetrischer autokatalytischer Zyklus. A_i steht für Zwischenprodukte, X_i für Ausgangsstoffe, Y_i für das Abfallprodukt.

- Das Netzwerk muß ein verzweigtes Subsystem enthalten, das sich zu einem Kreislauf schließen kann, ohne daß die Zwischenprodukte (etwa A_1 und A_3 in Abbildung 3.4c) reagieren, und
- es muß mindestens zwei bimolekulare Reaktionen enthalten (in Abbildung 3.4 gibt es drei derartige Reaktionen).

Diese Bedingungen sind nicht schwer zu erfüllen – Autokatalyse ist in sich selbst erneuernden Systemen relativ wahrscheinlich.

3.5 Ist chemische „Evolution“ wirklich Evolution?

Als erster machte Gánti (1974, 1979) auf die Rolle autokatalytischer Zyklen in der Evolution aufmerksam. Er legte dar, daß von zwei Zyklen, die in derselben Umwelt vorkommen, derjenige mit der höheren Geschwindigkeitskonstante den anderen verdrängen kann. Dieser Prozeß ist der Konkurrenz von Arten analog. Wie bei der Verdrängung einer Art durch eine andere (Gause 1934) wird auch ein Kreislauf einen anderen nur dann ersetzen, wenn beider Wachstum durch dieselben aus der Umwelt bezogenen Nährstoffe begrenzt ist. Wenn zwei Kreisläufe verschiedene Nährstoffe benötigen, können sie koexistieren. Wir werden diese Möglichkeit in Abschnitt 3.6 diskutieren.

Um von Evolution sprechen zu können, reicht Autokatalyse allerdings nicht aus. Vielmehr müssen dazu von Zeit zu Zeit neue Varianten chemischer Verbindungen – Mutanten – entstehen, die sich in der Folge auch replizieren. Bei Autokatalyse müßte demnach in einem Zyklus wie dem in Abbildung 3.4c, falls A_1 durch ein anderes Molekül A_z ersetzt würde, fortan A_z produziert werden. Das ist natürlich in der Regel nicht der Fall, auch wenn Wächtershäuser (1992) einige hypothetische, aber chemisch plausible Beispiele anführt.

Ist also die Tatsache, daß chemische Reaktionen auf einer Oberfläche auftraten, aus evolutionärer Sicht überhaupt von Bedeutung? In der Evolution höherer Organismen ist die Entwicklung der Kooperation durch Verwandtschaftsselektion begünstigt, wenn Individuen in der Nähe ihrer Eltern leben oder wenn es, allgemeiner ausgedrückt, Interaktionen zwischen verwandten Individuen gibt. Dazu sind jedoch erbliche Replikatoren erforderlich. Nachdem sich replizierende Moleküle entstanden waren, könnte die auf begrenzte Beweglichkeit zurückzuführende Verwandtschaft zwischen Nachbarn bedeutsam geworden sein. Wir werden in Abschnitt 4.5 auf diesen Punkt zurückkommen. Für die Zeit vor der Entstehung der Replikation dagegen hat der Begriff Verwandtschaft keine Bedeutung.

3.6 Evolution metabolischer Netzwerke durch chemische Symbiose

King (1982, 1986) machte auf ein ernsthaftes Problem im Zusammenhang mit der Zunahme der chemischen Komplexität in der Ursuppe aufmerksam. Gegeben sei ein autokatalytischer Zyklus mit n Schritten. Die Wahrscheinlichkeit, daß das Zwischenprodukt a_i in den nächsten Schritt des Zyklus eingeht und nicht in eine Nebenreaktion, betrage im i-ten Schritt p_i. Dann beträgt die Ausbeute des Zyklus $g = 2 \cdot p_1 \cdot p_2 \cdots p_n$ oder, wenn alle p gleich sind, $g = 2p^n$. Damit gilt als Bedingung für das Wachstum eines autokatalytischen Zyklus

$$p^n > 0{,}5. \tag{3.1}$$

Die Spezifität der Reaktionen ist also äußerst wichtig. Spezifischere Reaktionen ermöglichen längere Zyklen. In lebenden Zellen ist eine hohe Spezifität durch die Selektivität der Enzyme sowie durch den abschirmenden Effekt der Zellmembran gewährleistet – zwei Faktoren, die bei abiogen entstandenen autokatalytischen Zyklen nicht gegeben waren. Die im Vergleich zum chemischen Chaos in der Ursuppe geringere Zahl chemischer Spezies im Oberflächenmetabolismus bedingt zwar eine höhere Spezifität der Reaktionen, dennoch besteht in diesem Punkt ein ernsthaftes Problem.

Selbst wenn wir davon ausgehen, daß der Oberflächenmetabolismus die Bedingung aus Gleichung 3.1 erfüllen konnte, bleibt die Frage, wodurch die chemische Komplexität weiter zunehmen konnte. Glücklicherweise kommt uns hier Kings (1980) Idee von einer chemischen Symbiose zwischen autokatalytischen Zyklen zu Hilfe. Man denke sich zwei Zyklen A und B, die unter anderem die Nährstoffe X_A beziehungsweise X_B benötigen und die Abfallprodukte Y_A respektive Y_B produzieren. Nun sei $X_A = Y_B$ und $X_B = Y_A$, das heißt, das Abfallprodukt des einen Zyklus dient dem jeweils anderen als Nährstoff. Dann besteht zwischen den beiden Zyklen eine stöchiometrische Kopplung – eine chemische Symbiose.

Im Oberflächenmetabolismus würde sich eine solche Symbiose ausbilden, wenn sich zwei Zyklen A und B in benachbarten Gebieten angesiedelt hätten. Wechselbeziehungen zwischen Nachbarn könnten also, obwohl sie für die Evolution bis zum Auftreten von Replikatoren keine Bedeutung hatten, für die Aufrechterhaltung der chemischen Vielfalt wichtig gewesen sein.

3.7 Chemische Evolution in Wolken und der extraterrestrische Beitrag

Woese (1979) schlug eine weitere Alternative zur Ursuppe vor: die Möglichkeit, daß die chemische Evolution an der Oberfläche von Wassertröpfchen in Wolken stattfand. Dafür führte er zwei Hauptargumente an:

- Die Erdoberfläche könnte für die Existenz von Meeren zu heiß gewesen sein. Allerdings betrug die Oberflächentemperatur der jungen Erde einer neueren Einschätzung von Kasting und Ackerman (1986) zufolge nicht mehr als 100 Grad Celsius. Es besteht jedoch noch die Möglichkeit, daß häufige Zusammenstöße mit Meteoriten (Maher und Stevenson 1988) dafür sorgten, daß die Meere nicht lange genug existierten, um die Entwicklung hoher Konzentrationen chemischer Verbindungen zu erlauben. Sollte dies der Fall gewesen sein, gab es immer noch Tröpfchen flüssigen Wassers in der Atmosphäre, und möglicherweise ist es leichter, organische Verbindungen in Tröpfchen anzureichern, als die Meere in eine Ursuppe zu verwandeln.
- Wassertröpfchen in Wolken hätten eine große Oberfläche für chemische Reaktionen geboten. Überdies kondensieren Tröpfchen häufig an festen Partikeln. Da die Polymerisation eine Kondensationsreaktion ist, würde die abwechselnde Bildung und Verdunstung von Tropfen die Polymerisation fördern, wie bei Fox′ oben beschriebener experimenteller Bildung von Proteinoiden.

Diese Idee ist reizvoll, beschreibt aber wie Wächtershäusers Idee von einem Oberflächenmetabolismus einen Mechanismus für die Entwicklung einer vielfältigen chemischen Umwelt und nicht für die Entstehung sich replizierender Einheiten. Wassertröpfchen sind keine primitiven Zellen – sie teilen sich nicht. Ihre Bedeutung liegt darin, daß sie eine Oberfläche bieten, an der chemische Reaktionen ablaufen können. Oberbeck et al. (1991) haben weitere Einzelheiten einer solchen Wolkenchemie ausgearbeitet.

Abschließend sei zur präbiotischen Chemie die erstmals von Oró (1961) geäußerte These erwähnt, daß Kometen und Meteoriten wichtige Verbindungen auf die junge Erde brachten. Das Ausmaß dieser Zufuhr hängt von den Eigenschaften der damaligen Atmosphäre ab. Der heutige Atmosphärendruck würde nicht ausreichen, um den Einschlag von Meteoriten mit nur 100 Metern Radius und Geschwindigkeiten unter zehn Kilometern pro Sekunde zu verhindern. Wechselwirkungen mit der Atmosphäre und der Aufprall auf die Erdoberfläche würden eventuell vorhandene organische Verbindungen zerstören. Gehen wir dagegen von einer Kohlendioxidatmosphäre mit zehn Bar Druck aus, wie sie vor 4,5 Milliarden Jahren mit größerer Wahrscheinlichkeit existierte, so hätte die Erde jährlich einige tausend Tonnen organische Verbindungen aus dem Weltall empfangen (Chyba et al. 1990).

3.8 Schlußfolgerungen

Im vorliegenden Kapitel ging es um die Entstehung einer chemisch vielfältigen Umwelt, in der sich die ersten zur Matrizenreplikation fähigen Polymere entwickelt haben könnten. Die experimentelle Überprüfung der von Haldane und Oparin stammenden Idee einer Ursuppe hat gezeigt, daß sich unter sehr einfachen Versuchsbedingungen zahlreiche Verbindungen bilden können. Einige Prozesse bleiben jedoch schwer erklärlich, vor allem die Bildung von Ribose und von Pyrimidinen sowie die Polymerisation in wäßriger Lösung. Die Idee von einem Oberflächenmetabolismus bietet eine mögliche Lösung dieser Probleme. Diese Idee sollte nun, ähnlich wie früher die Hypothese von Haldane und Oparin, experimentell überprüft werden.

Die Theorien der Wolkenchemie und des Oberflächenmetabolismus widersprechen einander nicht. Organische Verbindungen, die in Wolken synthetisiert wurden und ins Meer regneten, könnten von Pyrit abgefangen worden sein. Auch das Pyrit selbst könnte sich innerhalb von Tröpfchen in der Atmosphäre durch Reaktionen an Kondensationskernen gebildet haben. Ein und dasselbe Pyritpartikel könnte mit seiner kostbaren Fracht, der „Ur-Pizza", einige Zeit im Meer und einige Zeit in der Atmosphäre verbracht haben.

4. Die Evolution von Matrizen

4.1 Einführung

In diesem Kapitel erörtern wir den Ursprung und die anfängliche Entwicklung der genetischen Replikation. Die Zusammenhänge sind komplex, deshalb beginnen wir mit einem kurzen Überblick. In Abschnitt 4.2 geht es um das Wesen der Replikation. Wir unterscheiden zwischen einfachen Replikatoren, erblichen Replikatoren mit begrenzten Möglichkeiten und solchen mit unbegrenzten Möglichkeiten. Für eine fortgesetzte Evolution sind erbliche Replikatoren mit unbegrenzten Möglichkeiten erforderlich; diese Eigenschaft ist offenbar an die Replikation von Matrizen geknüpft. In Abschnitt 4.3 zeigen wir, daß es eine Fehlerschwelle für die Genauigkeit der Replikation gibt: Für eine gegebene Gesamtmenge an genetischer Information – etwa für eine bestimmte Basenzahl – gibt es eine Obergrenze für die Fehlerrate der Replikation. Wenn die Fehlerrate diese Grenze übersteigt, kann die natürliche Auslese die Information nicht erhalten. Dies führt zu dem Phänomen, das wir als Eigens Paradoxon bezeichnen. Wo es keine spezifischen Enzyme gibt, ist die Replikationsgenauigkeit niedrig. Folglich muß die Gesamtgröße des Genoms gering sein – fast mit Sicherheit weniger als 100 Nucleotide. Ein solches Genom ist zu klein, um einen genau arbeitenden Replikationsapparat zu codieren. Die Situation erscheint ausweglos: ohne großes Genom keine Enzyme, ohne Enzyme kein großes Genom.

In den folgenden drei Abschnitten geht es um Lösungen des Paradoxons. Abschnitt 4.4 befaßt sich mit Populationen sich replizierender RNA-Moleküle. Wir zeigen, daß die Dynamik der Replikation zwangsläufig zur stabilen Koexistenz einer polymorphen Population führt, aber wir sind nicht der Ansicht, daß darin eine Lösung des Paradoxons liegt. Gegenstand von Abschnitt 4.5 ist der Hyperzyklus, eine bestimmte Beziehung zwischen Replikatoren, die es ermöglicht, daß eine größere Informationsmenge mit einer bestimmten Replikationsgenauigkeit erhalten bleibt. Wir erläutern, daß die weitere Evolution von Hyperzyklen nur möglich ist, wenn diese in Kompartimenten eingeschlossen sind, weil sie sonst durch parasitische Replikatoren geschädigt werden. Außerdem diskutieren wir – ohne dabei zu einem abschließenden Ergebnis zu kommen – die Möglichkeit, daß es, selbst ohne das Vorhandensein von Kompartimenten, zur Evolution von Zusammenarbeit kommen könnte, wenn die Komponenten des Hyperzyklus an eine Oberfläche gebunden wären, und zwar durch einen der Verwandtschaftsselektion analogen Prozeß. Schließlich erörtern wir als alternative Denkmöglichkeit das „Modell der stochastischen Korrektur" (*stochastic corrector model*). Auch in diesem Modell spielen Kompartimente eine entscheidende Rolle, aber es betont außerdem die Bedeutung stochastischer (zufälliger) Effekte, die auftreten, wenn es in einem Kompartiment nur jeweils wenige Moleküle bestimmter Verbindungen gibt. Auf diese Weise entsteht eine Variabilität, an der die Selektion angreifen kann.

4.2 Replikation und Polymerisationskeime

Der Begriff „Replikator" wird in verschiedenen Bedeutungen gebraucht. Er kann eine Struktur bezeichnen, die nur in der Nachbarschaft einer gleichartigen Struktur entstehen kann. Solche Strukturen bezeichnen wir im folgenden als „einfache Replikatoren"; Peroxisomen beispielsweise, die in Kapitel 8 erwähnt werden, scheinen einfache Replikatoren zu sein. Manche Replikatoren können jedoch in verschiedenen Formen – A, B, C und so weiter – auftreten, und wenn sie sich replizieren, ähnelt die neue Struktur der alten. Wir werden solche Strukturen als „erbliche Replikatoren" bezeichnen. Ein DNA-Molekül ist ein solcher erblicher Replikator, und die mögliche Anzahl verschiedener replizierbarer Strukturen ist unendlich groß; DNA-Moleküle sind daher „erbliche Replikatoren mit unbegrenzten Möglichkeiten" (*unlimited hereditary replicators*). Es sind aber auch Strukturen denkbar, die nur in einer begrenzten Anzahl erblicher Zustände existieren können; wir bezeichnen sie als „erbliche Replikatoren mit begrenzten Möglichkeiten" (*limited hereditary replicators*). Bei der Besprechung der Evolution mikrotubuliartiger Strukturen in Kapitel 8 werden wir auf diese Variante stoßen.

Bekanntlich fallen Stoffe in übersättigter Lösung aus, wenn man die Lösung mit einem kleinen Kristall des gelösten Stoffes – einem Kristallisationskeim – impft. Ein Modell dieses Prozesses, übertragen auf die Bildung von Polymeren aus Monomeren, zeigt Abbildung 4.1. Wenn wir zusätzlich annehmen, daß ein Polymer bei Erreichen einer bestimmten Länge auseinanderbricht, erhalten wir eine Population von

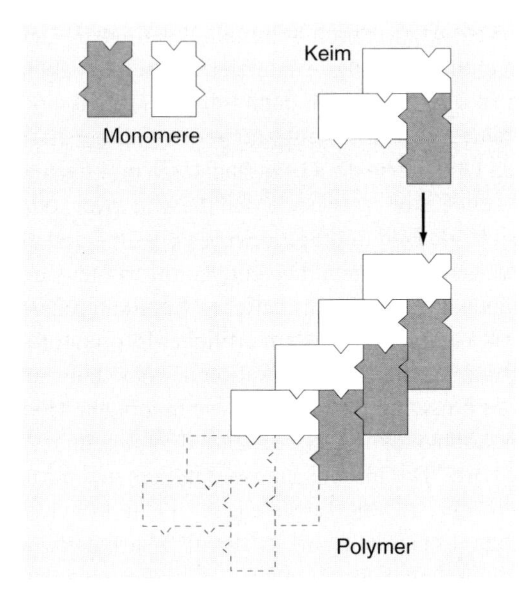

4.1 Polymerisation an „Keimen". Angenommen, zwei Monomere verbinden sich nur miteinander, wenn zwei „Bindungen" zwischen ihnen gebildet werden. Dann gehen freie Monomere untereinander keine Bindungen ein, aber ein Keim aus mehreren Monomeren bindet weitere Monomere, und ein Polymer entsteht.

einfachen Replikatoren, wie sie oben definiert sind. Dabei kann jedoch nur ein Replikatortyp entstehen. Abbildung 4.2 zeigt an einem (tatsächlich existierenden!) Sperrholzmodell (Penrose 1959) eine einfache Form der „Reproduktion". Der Keim rechts ist in der Lage, die Bildung eines zweiten (zu seiner Linken) aus den Grund-

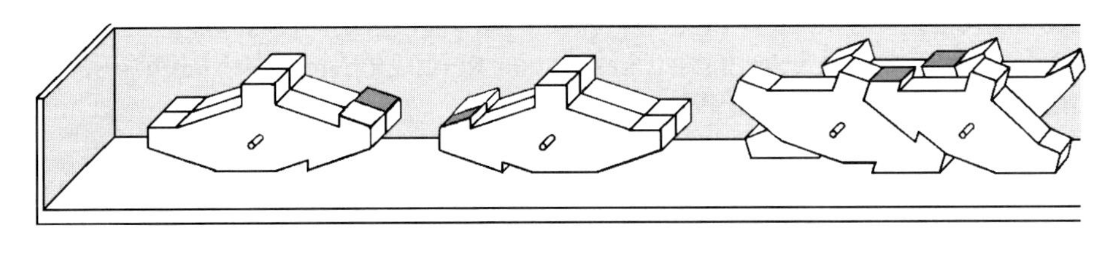

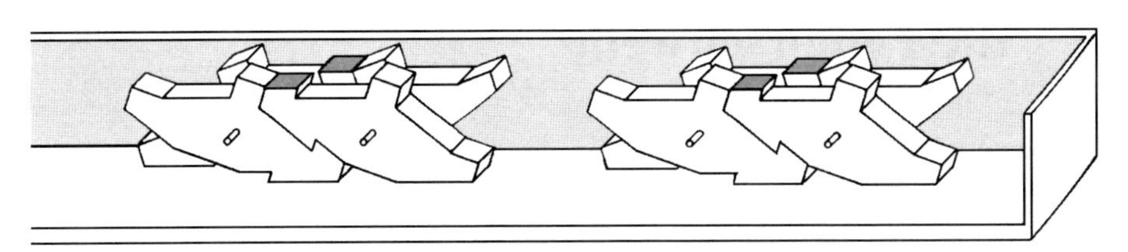

4.2 Eine einfache Form der „Reproduktion" – im Sperrholzmodell. Der Keim rechts vermag die Bildung seinesgleichen zu induzieren, indem er seinen aktivierten (gekippten) Zustand auf die Grundbausteine (Monomere) links „überträgt" (Nach Penrose 1959).

bausteinen zu bewirken. Allein durch Schütteln des Kastens, der die Grundbausteine und den Keim enthält, gelingt es letzterem, seinen aktivierten (gekippten) Zustand auf erstere zu übertragen, die dann mit einer gewissen Wahrscheinlichkeit einen neuen Keim bilden können. Ein spontaner Zerfall der Keime ist aufgrund der speziell entwickelten Geometrie der Grundbausteine praktisch ausgeschlossen. Bei näherer Betrachtung der Keime zeigt sich, daß diese in zwei „chiralen“ Formen auftreten können, die sich wie Bild und Spiegelbild verhalten und nicht durch Drehung ineinander überführt werden können. Da jede Keimform jeweils die Bildung ihresgleichen bewirkt, haben wir es hier mit erblichen Replikatoren mit begrenzten Möglichkeiten zu tun. Das komplexere System erblicher Replikatoren mit unbegrenzten Möglichkeiten ist Biologen aus der Replikation der Nucleinsäuren vertraut.

Eine abschließende Frage lautet: Wenn es, wie im obigen Modell, zwei potentielle Replikatoren gibt, können dann Gene Einfluß darauf nehmen, welcher von ihnen tatsächlich gebildet wird? Die als Ausgangspunkt dienenden Monomere stehen für Proteine, deren Form durch Gene festgelegt ist. Gene könnten außerdem ein zur Selbstorganisation fähiges Gerüst codieren, das als Matrize für die Bildung eines der beiden Keimtypen dient. Die Antwort auf die obige Frage lautet also „ja“.

Wie diese Modelle zeigen, können Einheiten Replikatoren sein, ohne variabel oder erblich zu sein, oder ihre Variabilität und Erblichkeit kann auf relativ wenige Typen beschränkt sein. Für eine fortgesetzte Evolution sind allerdings erbliche Replikatoren mit unbegrenzten Möglichkeiten erforderlich. Dies ist bislang allein durch Matrizenreproduktion mit Hilfe der komplementären Basenpaarung verwirklicht worden.

Den ersten künstlichen Replikator, der zur Replikation keine Enzyme benötigte, synthetisierte – auf der Grundlage sorgfältiger chemischer Überlegungen – von Kiedrowski (1986). Inzwischen gibt es ein ganze Familie derartiger Moleküle (siehe Übersichtsartikel von Rebek 1994). Zwar sind sie aufgrund ihrer Beschaffenheit nicht von unmittelbarer Bedeutung für den Ursprung des Lebens, aber sie zeigen, daß es erbliche Replikatoren mit begrenzten Möglichkeiten geben kann. Eine ausführlichere Erörterung der Klassifikation von Replikatoren findet sich bei Szathmáry und Maynard Smith (1993b).

4.3 Die Genauigkeit der Replikation und die Fehlerschwelle

Die ersten wichtigen experimentellen Ergebnisse zur molekularen Evolution beschrieb Spiegelman (1970). Der wesentliche Schritt war die Replikation von RNA *in vitro*. Dazu benötigt man lediglich eine RNA-Matrize, aktivierte Ribonucleotide sowie eine Replikase aus dem RNA-Phagen $Q\beta$. Abbildung 4.3 zeigt die Methode der seriellen Überimpfung.

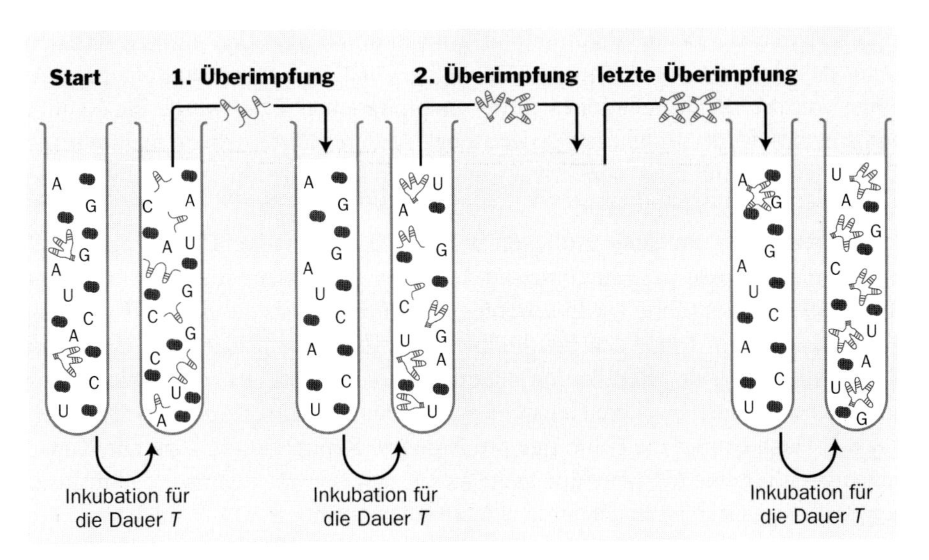

4.3 Evolution *in vitro*. Das erste Reagenzglas enthält die vier Nucleotide, aus denen RNA synthetisiert wird, die Replikase aus dem Phagen $Q\beta$ und ein Molekül RNA als „Primer". Dieses Molekül wird viele Male kopiert, dabei treten einige Fehler auf. Nach Inkubation über einen Zeitraum T wird ein Tropfen der Lösung in ein neues Reagenzglas mit Nucleotiden und Replikase (aber natürlich ohne RNA) überführt. Dieser Vorgang läßt sich unbegrenzt oft wiederholen, und dabei kann man evolutionäre Veränderungen in der Population der RNA-Moleküle beobachten.

Die RNA des Wildtyp-Phagen besteht aus mehr als 4 000 Nucleotiden. Wenn man sie als Primer verwendete, waren nach mehreren Replikationsrunden nur noch RNA-Moleküle mit einer Länge von einigen hundert Nucleotiden übriggeblieben. Dies läßt sich folgendermaßen erklären: Bei der Replikation werden verschiedene RNAs gebildet, darunter Mutanten, die durch Bruch oder Deletion entstanden sind. Diejenigen Moleküle, die sich am schnellsten reproduzieren, haben die größte Chance, in die übertragene Stichprobe zu gelangen und sich im nächsten Reagenzglas weiter zu replizieren. Das einzige Kriterium für Fitneß ist die Replikationsgeschwindigkeit. Da kürzere Moleküle sich schneller replizieren, werden sie selektiert. Warum nimmt die Länge der RNA nicht noch weiter ab, beispielsweise auf 50 Nucleotide? Die Antwort darauf liegt in der Beziehung zwischen der Struktur und der Replizierbarkeit der RNA. Die RNA-Moleküle bilden durch Paarung komplementärer Sequenzen innerhalb eines Stranges („Haarnadelschleifen") quasi-globuläre Strukturen (ähnlich den tRNA-Molekülen), die von der Replikase erkannt werden, bevor sie mit der RNA-Synthese beginnt. Zu kurze Moleküle würden nicht erkannt und damit auch nicht repliziert.

Welches RNA-Molekül die größte Fitneß besitzt, hängt von der jeweiligen Umgebung ab. Fügt man der Inkubationslösung Hemmstoffe bei, die mit der RNA-Matrize in Wechselwirkung treten, so wird die Replikation nahezu aller RNAs verhindert. Dann können nur noch einige wenige mit sehr geringer Geschwindigkeit repliziert werden. Deren Abkömmlinge können durch Mutation größere Resistenz gegen den Hemmstoff erwerben. Tatsächlich geschah im Experiment folgendes: Als Folge von drei Punktmutationen in der ursprünglichen RNA wurde die Replikationsrate des Wildtyps nahezu wiedererlangt. Andere RNAs wurden nicht nur resistent gegen den Inhibitor, sondern sogar von ihm abhängig: In seiner Abwesenheit replizierten sie sich langsamer.

Manfred Eigen und seine Kollegen haben eine quantitative Theorie entwickelt, welche die Prozesse der Mutation und Selektion von RNA-Molekülen beschreibt (Eigen 1971). Dies führte zur Entdeckung eines Paradoxons der präbiotischen Evolution, das wir im folgenden beschreiben. Der Einfachheit halber lassen wir die Komplementarität der Replikation außer acht und tun so, als würde die Matrize unmittelbar kopiert. q sei die Genauigkeit, mit der eine Base kopiert wird, wobei $0 < q < 1$. Dann beträgt die Fehlerrate pro Base pro Replikation $(1 - q)$. Die Kopiergenauigkeit für eine N Nucleotide lange Matrize ist $Q = q^N$, wenn wir davon ausgehen, daß Kopierfehler unabhängig voneinander auftreten. Da N im Exponenten steht, ergibt sich bei einem großen N ein kleines Q, selbst wenn q nahe bei 1 liegt.

Gegeben sei eine Population von Molekülen, in der jede Sequenz mit einer Zahl i bezeichnet ist, also $i = 1$ bis n. Die Konzentration der Moleküle mit der Sequenz i sei x_i. Dann ist die Veränderungsrate bei der Konzentration x_i:

$$\dot{x}_i = (A_i Q - E)x_i + \sum_{j=1}^{n} w_{ij} x_j. \tag{4.1}$$

In dieser von Eigen aufgestellten Gleichung ist A_i die Gesamtkopierrate der Sequenz i ohne Ansehen der Kopiergenauigkeit, w_{ij} ist die Mutationsrate, die angibt, mit welcher Wahrscheinlichkeit die Sequenz i durch fehlerhaftes Kopieren der Sequenz j entsteht, und E ist eine Variable, die eingeführt wurde, damit die Gesamtkonzentration konstant bleibt – dieser Zwang unterwirft die Molekülpopulation der Selektion. Der Einfachheit halber gehen wir davon aus, daß alle Moleküle gleich lang sind; Q ist also konstant.

Wenn wir den zweiten Term, der den Effekt von Mutationen mißt, ignorieren, dann verdrängt die Sequenz mit dem höchsten Wert für $A_i Q$ alle anderen. Die Fitneß einer Sequenz ist also das Produkt zweier Faktoren: der Gesamtkopierrate und der Kopiergenauigkeit. Allerdings kann man die Mutation im allgemeinen nicht außer acht lassen. Wir untersuchen dies unter der der folgenden vereinfachenden Annahme (Maynard Smith 1983a). Die Population wird in zwei Subpopulationen unterteilt: die Sequenz mit der höchsten Fitneß – die sogenannte Mastersequenz – (mit der Kopienzahl m) und alle Mutanten. Letztere ersetzen wir durch eine durchschnittliche Sequenz (Anzahl j). Rückmutationen zur Mastersequenz können unberücksichtigt bleiben, da die Mutation einer Mutante zu einer anderen Mutante sehr viel wahrscheinlicher ist als die Rückmutation. Wir erhalten folgende Gleichungen:

$$\dot{x}_m = A_m Q_m x_m - x_m(A_m x_m + A_j x_j), \tag{4.2a}$$

$$\dot{x}_m = A_j x_j + A_m(1 - Q)x_m - x_j(A_m x_m + A_j x_j), \quad (4.2b)$$

wobei der Selektionszwang

$$x_m + x_j = 1 \quad (4.3)$$

besteht: Eine Sequenz kann sich nur auf Kosten einer anderen vermehren. Der letzte in Klammern stehende Faktor in beiden Gleichungen entspricht E in Gleichung 4.1, der Variablen, die eingeführt wurde, damit die Gesamtkonzentration konstant bleibt.

Uns interessiert die Koexistenz von Mastersequenz und Mutanten. Die Alternative zu diesem Zustand ist ein Gleichgewicht, in dem es ausschließlich Mutanten gibt, weil die Selektion nicht dafür sorgen kann, daß die Mastersequenz dem Aussterben durch Mutationen widersteht. Wir setzen daher beide Veränderungsraten gleich null und fragen, ob es einen Gleichgewichtszustand geben kann, in dem x_m nicht gleich null ist. Es zeigt sich, daß in einem solchen Gleichgewichtszustand

$$Q > A_j/A_m = 1/s \quad (4.4)$$

sein muß, wobei s der Selektionsvorteil der Mastersequenz ist. Wir wissen jedoch, daß

$$Q = q^N \approx e^{-N(1-q)}. \quad (4.5)$$

Eine Kombination der beiden letzten Gleichungen ergibt

$$N < \ln s/(1 - q). \quad (4.6)$$

Dies bedeutet, daß die stabil selektierbare Menge an Information (N) durch q, die Kopiergenauigkeit pro Baustein, beschränkt ist (Eigen 1971).

Abbildung 4.4 zeigt die durch Gleichung 4.6 beschriebene Beziehung. Je genauer die Replikation, desto länger ist die stabil selektierbare Mastersequenz. Wüchse die Mastersequenz auf einen Wert jenseits der Fehlerschwelle an, so würde sie schnell untergehen. Unterhalb der Fehlerschwelle besteht die Population aus der Mastersequenz und den ihr ähnlichsten Mutanten; diese Molekülverteilung wird als Quasispezies bezeichnet (Eigen und Schuster 1977).

Untersuchungen am Phagen $Q\beta$ sowie am Maul-und-Klauenseuche-Virus lieferten mit diesem Modell übereinstimmende Ergebnisse (Domingo et al. 1980). Bei $Q\beta$ beträgt die Mutationsrate pro Base $1 - q = 5 \cdot 10^{-4}$; mit $N = 4\,500$ operiert das Virus damit nahe an seiner Fehlerschwelle.

Wenn die Fehlerschwelle der Größe des Genoms eine Obergrenze setzt, könnte man annehmen, daß zwischen Genomgröße und Mutationsrate pro Base eine gegenläufige Beziehung besteht. Grob gesehen ist dies sicherlich richtig; bei RNA-Viren beispielsweise ist die Replikation ungenau und das Genom klein. Drake (1991) fand

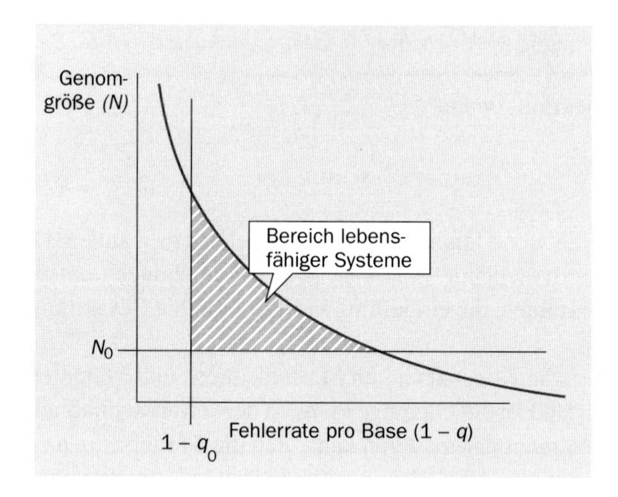

4.4 Zulässige Genomgröße als Funktion der Replikationsgenauigkeit. N ist die Anzahl der Basenpaare und q die Wahrscheinlichkeit für die korrekte Replikation der einzelnen Basen. Die Hyperbel ist für $\ln s = 1$ gezeichnet, wobei s der Selektionsvorteil der „Master-Kopie" gegenüber ihren Mutanten ist. Nur unterhalb der Hyperbel gelegene Systeme sind lebensfähig (siehe Gleichung 4.6). Darüber hinaus gibt es weitere Zwänge. Die Genomgröße muß über einem Schwellenwert N_0 liegen, damit genügend Information codiert sein kann; die Fehlerrate läßt sich nicht unter einen Schwellenwert $1 - q_0$ senken, weil sonst der Zeit- und Energieaufwand für die Replikation zu hoch wird. Lebensfähige Systeme sind also nur in dem schraffierten Bereich möglich.

für eine Reihe von Organismen – von DNA-Phagen über Prokaryoten bis hin zu sehr einfachen Eukaryoten – einen auffälligen derartigen Zusammenhang (Tabelle 4.1). Dennoch ist kaum anzunehmen, daß sich darin die Fehlerschwelle widerspiegelt,

Tabelle 4.1: Spontane Mutationsraten bei Mikroorganismen mit DNA-Genom

Organismus	Genomgröße (in bp)	Zielgen	Mutationsrate	
			pro bp	pro Genom
Bakteriophage M13	$6{,}41 \times 10^3$	*lacZα*	$7{,}2 \times 10^{-7}$	0,0046
Bakteriophage λ	$4{,}85 \times 10^4$	*cI*	$7{,}7 \times 10^{-8}$	0,0038
Bakteriophage T2	$1{,}60 \times 10^5$	*rII*	$2{,}7 \times 10^{-8}$	0,0043
Bakteriophage T4	$1{,}66 \times 10^5$	*rII*	$2{,}0 \times 10^{-8}$	0,0033
Escherichia coli	$4{,}70 \times 10^6$	*lacI*	$4{,}1 \times 10^{-10}$	0,0019
			$6{,}9 \times 10^{-10}$	0,0033
		his GDCBHAFE	$5{,}1 \times 10^{-10}$	0,0024
Saccharomyces cerevisiae	$1{,}38 \times 10^7$	*URA3*	$2{,}8 \times 10^{-10}$	0,0038
		SUP4	$(7{,}9 \times 10^{-9})$	(0,11)
		CANI	$1{,}7 \times 10^{-10}$	0,0024
Neurospora crassa	$4{,}19 \times 10^7$	*ad-3AB*	$4{,}5 \times 10^{-11}$	0,0019
		mtr	$(4{,}6 \times 10^{-10})$	(0,019)
			$1{,}0 \times 10^{-10}$	0,0042

und zwar aus zwei Gründen. Erstens liegt die Mutationsrate pro Genom und Generation mit durchschnittlich 0,0033 sehr niedrig; die Fehlerschwelle würde einen wesentlich höheren Wert erlauben. Zweitens findet man bei höher entwickelten Eukaryoten in der Tat sehr viel höhere Werte. So gleicht die Mutationsrate pro Zellgeneration bei Säugetieren vermutlich der von *E. coli*, wenn sie auch nicht so genau bekannt ist wie diese. Das Genom der Säuger ist jedoch um zwei bis drei Zehnerpotenzen größer, und im Laufe eines Säugerlebens gibt es nicht nur eine Zellgeneration. Wir vermuten, daß die Genomgröße bei Prokaryoten dadurch begrenzt ist, daß sie nur einen Replikationsstartpunkt besitzen (siehe Abschnitt 8.4), und nicht durch die Fehlerschwelle. Sollte dies zutreffen, so bliebe die konstante Mutationsrate pro Genom in Tabelle 4.1 allerdings ohne Erklärung.

Interessant ist, wie die Fehlerschwelle sich für die Originalgleichung (4.1) mit vielen Sequenzen darstellt. Abbildung 4.5 zeigt die Verteilung der Sequenzen innerhalb einer Quasispezies für $N = 50$ und verschiedene Werte von q. Die Sequenzen sind nach der Anzahl der mutierten Basen klassifiziert: Alle Mutanten mit k Abweichungen von der Mastersequenz gehören der Klasse k an. Die Werte für die Replikationsrate A_j aller Sequenzen außer der Mastersequenz sind identisch und kleiner

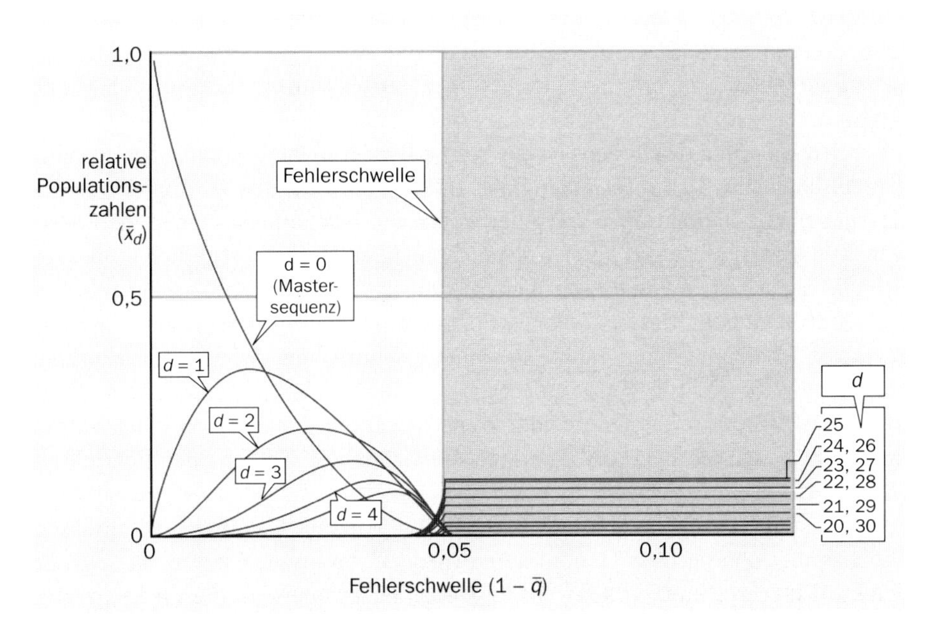

4.5 Die Fehlerschwelle (Swetina und Schuster 1982). *d* ist die Anzahl der Unterschiede zwischen einer bestimmten Sequenz und der „Mastersequenz", die die höchste Fitneß aufweist. Die Kurve für $d = 3$ zeigt also den Anteil der Sequenzen, die sich durch genau drei Mutationen von der Mastersequenz unterscheiden. In dieser Simulation bestand die Sequenz aus 50 Bausteinen, die jeweils eine von zwei verschiedenen Basen enthielten. Die Fitneß aller Sequenzen außer der Mastersequenz war gleich. Jenseits des Schwellenwertes waren alle Sequenzen gleich häufig. Da die Anzahl der Sequenzen mit beispielsweise $d = 23$ und $d = 27$ gleich hoch ist, sind die beiden Klassen, wie hier gezeigt, auch gleich häufig.

als die der Mastersequenz. Der katastrophenartige Charakter des Übergangs, der an einen Phasenübergang erinnert, ist in logarithmischer Darstellung besonders gut zu erkennen (Swetina und Schuster 1982).

Ein Aspekt, der für das $Q\beta$-Replikase-System bereits untersucht wurde, ist seine „Fitneßlandschaft" oder sein „Fitneßprofil": Gibt es in Abhängigkeit von den physikalischen Bedingungen jeweils ein einzelnes Optimum – einen Fitneßgipfel –, den die Evolution stets erreicht, oder gibt es viele lokale Gipfel, auf denen eine Population „gefangen" werden kann? Wie Sumper und Luce (1975) herausfanden, ist die $Q\beta$-Replikase erstaunlicherweise in der Lage, RNA-Moleküle *de novo* zu synthetisieren, also ohne die Gegenwart von Matrizen. Dazu kommt es, weil das Enzym eine hohe Affinität zu bestimmten Tetranucleotiden besitzt. Wenn Mononucleotide in geeigneter Reihenfolge auf der Oberfläche des Enzyms eintreffen, können sie unter Umständen miteinander verknüpft werden, auch wenn keine komplementäre Matrize vorhanden ist. Bei derartigen Experimenten war das Endergebnis über viele Wiederholungen hinweg das gleiche: Es etablierte sich die sogenannte Midivariante (MDV); mit anderen Worten, es gab ein einzelnes Optimum. Allerdings stellte sich später heraus, daß einzelne Gipfel speziell bei Experimenten entstehen, die bei hoher Salzkonzentration durchgeführt werden. Biebricher et al. (1981) führten vergleichbare Versuche durch, bei denen sich in verschiedenen Reagenzgläsern verschiedene Optima einstellten oder ein und dasselbe Optimum auf sehr unterschiedlichen Wegen erreicht wurde, selbst wenn die Ausgangsbedingungen identisch waren. Sie fanden also eine zerklüftete Fitneßlandschaft mit vielen lokalen Fitneßgipfeln.

Für den Ursprung des Lebens ist der Wert q bei der nichtenzymatischen Replikation entscheidend, also die Genauigkeit, mit der die Einzelbasen kopiert werden. Messungen der Interaktionen zwischen gepaarten Nucleotiden zeigen, daß dieser Wert 0,99 nicht übersteigen kann. Entsprechend kann N nicht wesentlich größer sein als 100 (Eigen 1971). Um diesen Wert zu steigern, ist eine Replikase erforderlich. Das kleinste Genom, das ein solches Enzym sowie den dazugehörigen Translationsapparat codieren könnte, müßte so viele Gene enthalten, daß seine Gesamtlänge wesentlich mehr als 100 Nucleotide betragen würde. Wären diese Gene nicht gekoppelt, so würden sie untereinander konkurrieren, und einige von ihnen würden eliminiert; wären sie gekoppelt, so läge die Größe des Genoms deutlich jenseits der Fehlerschwelle.

Damit stellt uns die präbiotische Evolution vor einen schwer aufzulösenden Widerspruch: ohne großes Genom keine Enzyme, und ohne Enzyme kein großes Genom (Maynard Smith 1983a). Im folgenden bezeichnen wir diesen Sachverhalt als Eigens Paradoxon (Szathmáry 1989a, b), und in den Abschnitten über den Hyperzyklus und das Modell der stochastischen Korrektur diskutieren wir ernsthafte Versuche zu seiner Lösung. Zunächst jedoch legen wir Gründe für die Annahme dar, daß verschiedene RNA-Spezies koexistiert haben, bevor es irgendwelche speziellen Mechanismen gab.

4.4 Ökologie und Koexistenz von RNA-Molekülen

In diesem Abschnitt besprechen wir die Ökologie von Populationen sich replizierender Moleküle. Aufgrund der Details ihrer Dynamik neigen solche Populationen dazu, polymorph zu werden, aber wir werden zeigen, daß diese Tatsache nicht die Lösung für Eigens Paradoxon liefert.

Bei Untersuchungen der Replikation von kurzen Oligonucleotidanaloga (von Kiedrowski 1986; Zielinski und Orgel 1987) zeigte sich eine kinetische Besonderheit: Die Konzentration der Matrizen nahm nicht exponentiell zu, sondern mit geringerer Geschwindigkeit. Diese Art der Vermehrung hat wichtige Konsequenzen für die Selektion (einen Überblick gibt auch von Kiedrowski 1993).

Normalerweise verläuft die Vermehrung sich replizierender Einheiten exponentiell, das heißt

$$\mathrm{d}x/\mathrm{d}t = kx, \tag{4.7}$$

dabei ist k die Geschwindigkeitskonstante (des Wachstums). Bei zwei Spezies mit verschiedenen Konstanten k_1 und k_2 erfolgt das exponentielle Wachstum mit unterschiedlicher Geschwindigkeit. In einer endlichen Welt gibt es jedoch stets einen Faktor, der das Wachstum begrenzt. Wenn dieser Faktor für beide Spezies identisch ist, wird nur die Spezies mit der höheren Vermehrungsrate überleben, die andere stirbt aus.

Bei subexponentiellem Wachstum sind die Verhältnisse völlig anders: Selbst wenn für beide Spezies dieselbe Ressource limitierend ist, können sie dauerhaft koexistieren (Szathmáry und Gladkih 1989). Auf den ersten Blick scheint dies im Widerspruch zu Gauses Prinzip zu stehen, demzufolge eine Koexistenz von zwei Spezies mit derselben limitierenden Ressource unmöglich ist. Es handelt sich jedoch nur um einen scheinbaren Widerspruch. Die Vermehrung einer Spezies mit subexponentiellem Wachstum ist nämlich auch durch ihre eigene Individuenzahl begrenzt. Dies hat den folgenden Grund. Zur Replikation gehört die Bildung eines komplementären Stranges. Mit zunehmender Konzentration steigt der Anteil an Matrizen, die mit den komplementären Strängen gepaart sind und daher nicht repliziert werden können. Man beachte, daß die Vermehrung einer Spezies bei diesem Prozeß durch ihre eigene Konzentration limitiert ist und nicht durch die ihrer Konkurrenten.

Demnach ist zu erwarten, daß eine Population von Replikatoren, in der die Replikation über komplementäre Basenpaarung erfolgt, aus vielen Spezies besteht, und nicht nur aus dem sich am schnellsten vermehrenden Typ, selbst wenn die Replikatoren um dieselben Monomere konkurrieren. Warum beobachtete Spiegelman (1970) dann keine polymorphe Population, sondern eine einzige optimale Sequenz? Die Antwort liegt in den von ihm gewählten Versuchsbedingungen, zu denen ein

Überschuß an Replikase gehörte. In Abwesenheit dieses Enzyms ist die Doppelstrangbildung sehr effektiv, aber während der Replikation hält die $Q\beta$-Replikase die komplementären Stränge auseinander und unterdrückt so die Duplexbildung. Infolgedessen war die Selbstinhibition in Spiegelmans Experimenten stark herabgesetzt. Ist dagegen die Konzentration der Matrize so hoch, daß das Enzym gesättigt ist, so kommt es in erheblichem Maße zur Doppelstrangbildung; das Ergebnis sind polymorphe Molekülpopulationen (Biebricher et al. 1985).

Dieses Phänomen, »das Überleben aller« (Szathmáry 1991a), hat möglicherweise zur Diversität früher Replikatorpopulationen beigetragen, ändert aber nichts an der Gültigkeit von Eigens Paradoxon. Erstens ist eine Koexistenz in Gegenwart von Replikasen, selbst wenn diese nur geringe Effizienz haben, nur bei Matrizenkonzentrationen möglich, die so hoch sind, daß das Enzym gesättigt ist. Der Preis dieser Art der Koexistenz ist jedoch der letztlich dauerhafte Verlust der Doppelstränge. Es fällt schwer sich vorzustellen, daß eine besonders konkurrenzstarke Spezies sich in einem solchen System nicht weiterentwickelt hätte. Zweitens würden sich mit zunehmender Diversität der Sequenzen heterologe Doppelstränge bilden, die eine stabile Koexistenz gefährden würden. Wir kommen zu dem Schluß, daß subexponentielles Wachstum zwar eine größere Diversität der Sequenzen erlaubt, aber keine Lösung für Eigens Paradoxon darstellt, denn es bietet keine Möglichkeit für die Evolution einer Einheit, die mehr genetisches Material besitzt, als die Fehlerschwelle zuläßt.

4.5 Der Hyperzyklus

Auch Eigen selbst hat versucht, das nach ihm benannte Paradoxon zu lösen. Da es wegen der Fehlerschwelle unmöglich ist, die gesamte (zum Aufbau einer Protozelle) erforderliche Information in einem einzigen Riesenchromosom zu speichern, muß eine Möglichkeit zur stabilen Koexistenz von mehreren kooperierenden Informationsträgern gefunden werden. Konkurrenz darf nicht die einzige Wechselbeziehung zwischen Genen bleiben. Eigen und Schuster (1977) haben die Kriterien für den Zusammenschluß von Information wie folgt zusammengefaßt:

- Die einzelnen RNA-Moleküle müssen fehlerhaften Kopien ihrer selbst überlegen bleiben.
- Die Gene, die die verschiedenen einander ergänzenden Funktionen repräsentieren, dürfen nicht miteinander konkurrieren.
- Das neue, durch Zusammenschluß entstandene System muß in der Konkurrenz mit anderen Systemen und einzelnen Sequenzen bestehen.

Eigen (1971) vertritt die Ansicht, daß es eine Wechselwirkung zwischen den verschiedenen RNAs geben muß; diese Wechselwirkung ist seiner Meinung nach

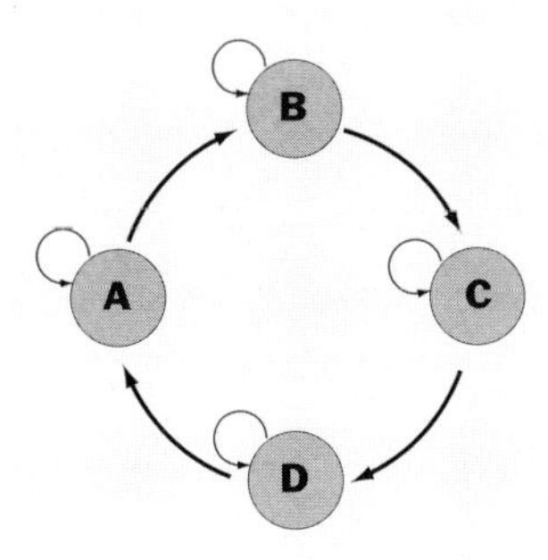

4.6 Der Hyperzyklus. Jede der Einheiten A, B, C und D ist ein Replikator. Die Replikationsrate jeder Einheit ist eine wachsende Funktion der Konzentration der unmittelbar vorangehenden Einheit. Die Replikationsrate von B beispielsweise ist also eine wachsende Funktion der Konzentration von A.

dadurch gegeben, daß RNAs eine gewisse Replikaseaktivität aufweisen. Eine Replikase, die jedes Mitglied des Systems kopiert, wäre allerdings nicht die Lösung des Problems, denn sie würde, wie es in Spiegelmans Experimenten der Fall war, den Wettbewerb zwischen den verschiedenen Sequenzen nicht ausschalten. Statt dessen muß ein Mitglied des Systems spezifisch ein anderes replizieren, dieses ein drittes, das dritte ein viertes und so weiter, bis schließlich das letzte Glied die Replikation des ersten katalysiert – der Hyperzyklus ist geschlossen (Abbildung 4.6). Es leuchtet intuitiv ein (und läßt sich mathematisch überprüfen; eine einfache Ableitung findet sich bei Szathmáry 1989a, b), daß keine der beteiligten Sequenzen eine andere ausschalten kann. Die Unterstützung, die ein Molekül dem nächsten gewährt, wirkt im geschlossenen Kreislauf auf es selbst zurück. (Zum Originalmodell gehören Translation und codierte Replikaseproteine, doch sind dies keine notwendigen Voraussetzungen: Die Glieder des Hyperzyklus könnten ebensogut Ribozyme mit Replikaseaktivität sein.)

Dem Biologen erscheinen Hyperzyklen vielleicht weniger mysteriös, wenn er sich klarmacht, daß Ökosysteme voll von solchen Systemen sind. Abbildung 4.7 zeigt ein Beispiel mit zwei Mitgliedern: Eichen und Regenwürmer sind Replikatoren, und die Gegenwart des einen fördert das Wachstum des anderen. Ökologen sprechen zwar in der Regel von Nahrungsketten, doch darf man nicht vergessen, daß tote Organismen letztlich Nährstoffe für das Pflanzenwachstum liefern.

Der Hyperzyklus funktioniert gut, solange man Mutationen außer acht läßt. Zwei Arten von Mutanten sind in diesem Zusammenhang von Bedeutung (Maynard Smith 1979a):

- Mutanten, die eine bessere oder eine schlechtere Zielstruktur für die Replikase darstellen als die ursprüngliche Sequenz (Abbildung 4.8a), und
- Mutanten, die eine bessere oder eine schlechtere Replikase sind (Abbildung 4.8b) als die ursprüngliche Sequenz.

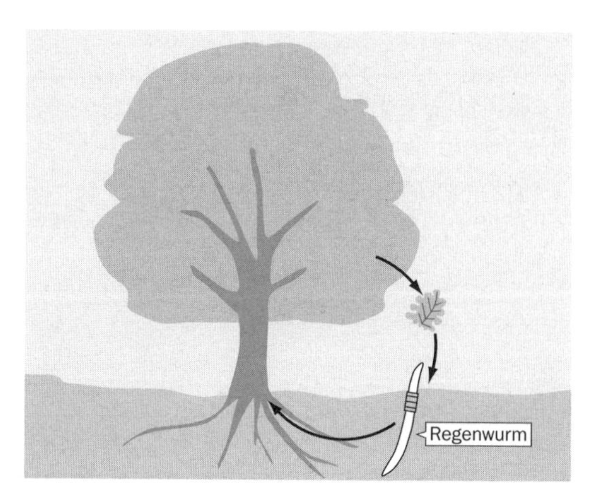

4.7 Ein ökologischer Hyperzyklus.

Das durch die natürliche Auslese bedingte Schicksal dieser beiden Typen ist sehr unterschiedlich, wie Abbildung 4.8 zeigt. Die Tatsache, daß Mutanten vom Typ 2 sich nicht ausbreiten, bedeutet, daß die Selektion nicht zur Evolution immer effizienterer Hyperzyklen führt.

Auch in bezug auf die Beständigkeit von Hyperzyklen wurden Probleme aufgezeigt. So wird die Eignung als Zielstruktur nicht immer optimiert (Szathmáry und Demeter 1987). Hyperzyklen können durch „Parasiten" zerstört werden, nämlich durch Mutanten, die hervorragende Ziele, aber schlechte Replikasen sind (Bresch et al. 1987). Großen Zyklen droht die Zerstörung durch Abkürzungen (Niesert et al. 1981). Schließlich werden in Zyklen mit mehr als vier Mitgliedern die Konzentrationen der einzelnen Mitglieder stark schwanken; diese Aussage ist der Behauptung (Pimm und Lawton 1977) vergleichbar, daß ökologische Nahrungsketten kurz sind, weil lange Ketten dynamisch instabil sind.

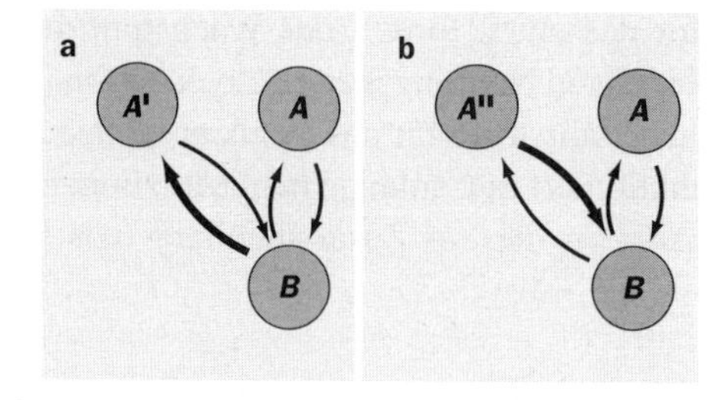

4.8 Mutanten in Hyperzyklen. Zunächst existiert ein Hyperzyklus mit zwei Einheiten, $A \leftrightharpoons B$. a) Eine „egoistische" Mutante A' ist ein besseres Ziel für B; b) eine „altruistische" Mutante A'' ist ein besserer Replikator von B. Mutanten vom Typ A' breiten sich in einer homogenen Lösung durch natürliche Selektion aus, während Mutanten vom Typ A'' sich nur ausbreiten, wenn die Systeme in Kompartimenten isoliert sind.

Man führe sich jedoch vor Augen, daß all diese Punkte auch auf Ökosysteme zutreffen. Dennoch gibt es komplexe Ökosysteme, und vielleicht verdanken sie ihre dauerhafte Existenz sogar zum Teil hyperzyklischen Wechselbeziehungen der Art, wie sie Abbildung 4.7 zeigt. Es erscheint denkbar, daß polymorphe Populationen von Replikatoren aufgrund hyperzyklischer Wechselbeziehungen sowie infolge der im letzten Abschnitt diskutierten Selbstinhibition des Wachstums stabil sein können.

Zu beachten ist, daß es sich bei einem Hyperzyklus nicht um ein Lebewesen in dem Sinne handelt, wie ein Bakterium ein Lebewesen ist. Hyperzyklen sind vielmehr Populationen von Molekülen, zwischen denen ökologische Wechselbeziehungen bestehen. Da sie keine Individuen sind, können sie keine Einheiten der Evolution sein (Szathmáry 1989b). Moleküle, die sich „opfern", indem sie Replikasen produzieren, die dem Wohl des Hyperzyklus dienen, sind im soziobiologischen Sinne „Altruisten". Um Hyperzyklen zu stabilisieren, benötigt man Bedingungen, unter denen Altruisten sich verbreiten oder zumindest mit „Betrügern" koexistieren können.

Eine naheliegende Lösung (Eigen et al. 1981) besteht darin, Hyperzyklen in Kompartimenten einzuschließen, das heißt, sie mit einer Membran zu umgeben. Unter diesen Bedingungen ist sogar eine Selektion von Mutanten mit verbesserter Replikasefunktion möglich (Abbildung 4.9). Angenommen, in einem Kompartiment entsteht eine solche Mutante. Wenn das Kompartiment sich teilt, wird eines der Tochterkompartimente die Mutante übernehmen. Wenn die Teilungsrate des Kompartiments der Wachtumsrate der hyperzyklischen Population proportional ist, wird das Kompartiment mit der mutierten RNA mehr Nachkommen haben als andere Kompartimente.

Der Einschluß von Hyperzyklen in Kompartimenten bedeutet praktisch die Schaffung von Individuen mit vertikaler Weitergabe genetischer Information von einer Generation zur nächsten. Bei vertikaler Weitergabe ist die Evolution von Zusammenarbeit zwischen den Teilen eines Individuums zu erwarten. Wenn jedoch, wie wir in Kapitel 3 vermutet haben, die frühen chemischen Reaktionen an Oberflächen abliefen, können wir uns fragen, ob sich Kooperation nicht auch ohne Kompartimente entwickelt haben könnte, da unter diesen Bedingungen benachbarte Moleküle genetisch miteinander verwandt waren. Dieselbe Frage stellt sich natürlich in der Soziobiologie: Kann Verwandtschaftsselektion die Entstehung eines Superorganismus bewirken? Diese Frage ist schwer zu beantworten. Wegen der relativen Einfachheit der Wechselbeziehungen innerhalb von Hyperzyklen lohnt es sich, in diesem Kontext über eine Antwort nachzudenken.

Einen Anfang machten Boerlijst und Hogeweg (1991), die spontane Replikation und Zerfall, katalytische Replikation und Diffusion simulierten. Wie in morphogenetischen Systemen vom Turing-Typ (siehe Abschnitt 14.2) beobachteten sie räumliche Muster, insbesondere Spiralwellen. Innerhalb der Spiralwellen dominieren Mitglieder des Hyperzyklus, und Parasiten (Moleküle, die dem auf sie folgenden Glied des Zyklus ihre Unterstützung verweigern, aber selbst von dem ihnen vorangestellten Glied ungewöhnlich stark unterstützt werden) können sich nicht ausbreiten.

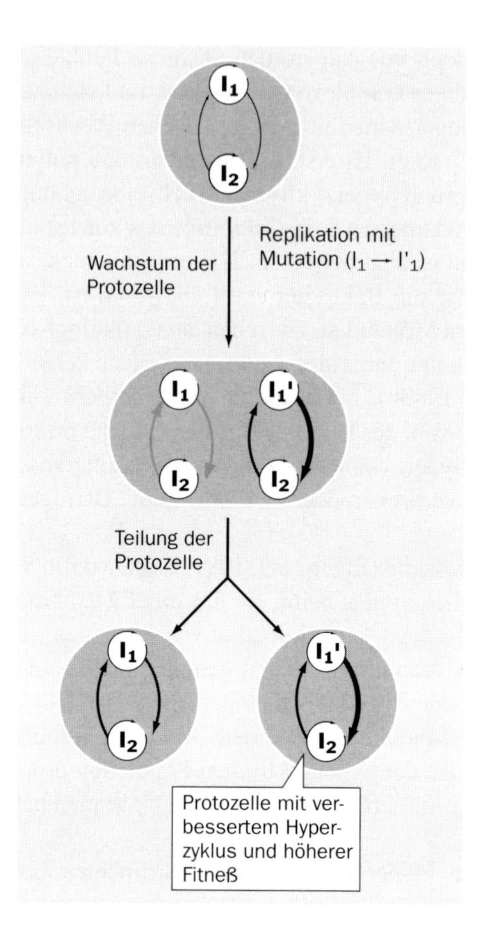

4.9 Selektion verbesserter Replikasemutanten durch Kompartimentierung von Hyperzyklen. Molekül I′ entsteht durch Mutation von I und ist eine bessere Replikase.

Diese Simulationen deuten darauf hin, daß Kooperation zwischen Molekülen sich an einer Oberfläche leichter entwickeln könnte als in Lösung. Auf jeden Fall ist die Kompartimentierung mit vertikaler Weitergabe der genetischen Information eine zufriedenstellende Lösung von Eigens Paradoxon, allerdings nur, wenn die einzelnen Kompartimente relativ wenige RNA-Moleküle enthalten. Andernfalls wird die Selektion überwiegend dahingehend wirken, daß egoistische Mutanten innerhalb der Kompartimente begünstigt werden. Der umschlossene Hyperzyklus kann im Gegensatz zum freien nicht nur von vorteilhaften Mutationen profitieren, sondern sich auch vor schädlichen Mutationen schützen, nämlich vor der Entstehung von Parasiten und alternativen Hyperzyklen. Im kompartimentierten Hyperzyklus ist Information effizient zusammengefaßt.

Im nächsten Abschnitt stellen wir die folgende Frage: Kompartimentierte Hyperzyklen scheinen zu funktionieren, aber wenn es erst einmal Kompartimente gibt, ist dann überhaupt noch ein Hyperzyklus in ihnen erforderlich?

4.6 Das Modell der stochastischen Korrektur

Wie Soziobiologen seit einiger Zeit wissen, erleichtert die Bildung von strukturierten Populationen das Überleben von Altruisten. Michod (1983) übertrug diesen Gedanken auf präbiologische Verhältnisse. Er ging von einem Modell aus, das Wilsons (1980) Modell der „Gruppenselektion" ähnelt (Abbildung 4.10). RNA-Moleküle, die sich zunächst in einer gut durchmischten homogenen Lösung befinden, werden nach dem Zufallsprinzip in kleinen Gruppen an eine Oberfläche adsorbiert. Dort replizieren sie sich einige Male (das ursprüngliche Modell von Wilson erlaubte keine Reproduktion innerhalb der Gruppen). Es gibt zwei Arten von RNA: Die eine codiert auf Kosten ihrer eigenen Replikationsgeschwindigkeit eine Replikase, die andere ist ein Parasit – sie wird repliziert, hat aber selbst keine Funktion, die dem System nützt. Es liegt auf der Hand, daß in einer homogenen Lösung zunächst die replikasecodierende RNA aussterben würde, dann der Parasit. Anders auf einer Oberfläche mit getrennten Populationen: Die kleinen Gruppen auf der Oberfläche – etwa einem Felsen – sind zufällig zusammengesetzt und enthalten unterschiedliche Anteile der beiden RNA-Arten. In Gruppen mit einem höheren Anteil der nützlichen Moleküle läuft die Replikation schneller ab, auch wenn sich

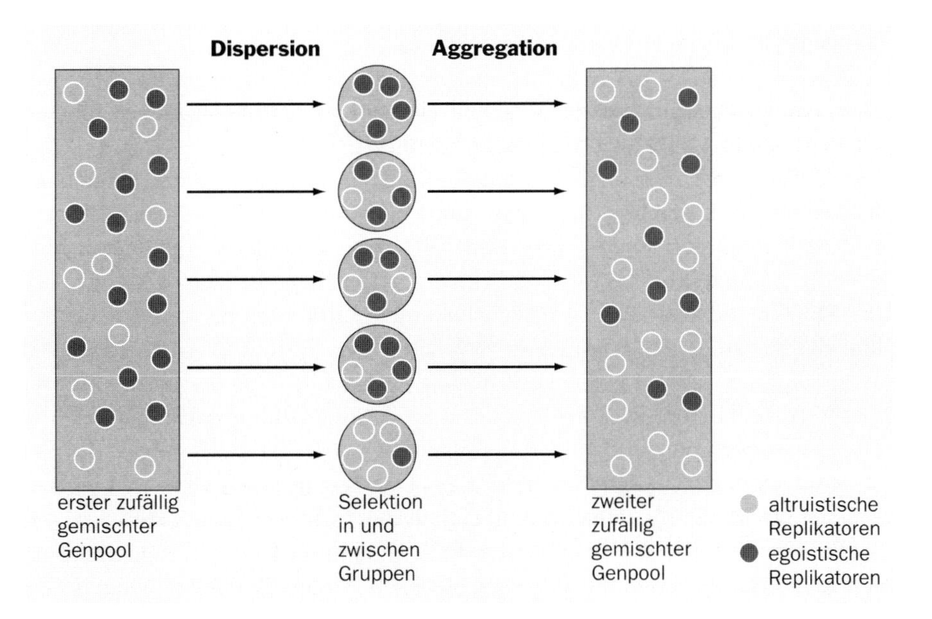

4.10 Wilsons (1980) „Merkmalsgruppenmodell" (*trait group model*). Wenn die Häufigkeit altruistischer Replikatoren wie abgebildet zunehmen soll, müssen sich entweder altruistische Replikatoren nichtzufällig zusammenfinden, oder es muß synergistische Effekte auf die Fitneß geben, so daß eine Gruppe altruistischer Replikatoren überproportional zur nächsten Generation beiträgt.

innerhalb dieser Gruppen die egoistischen Moleküle schneller replizieren als die nützlichen. Angenommen, die Populationen in einem bestimmten Gebiet werden bei Flut regelmäßig von dem Felsen abgespült und gründlich durchmischt, und danach bilden sich neue Gruppen, die kleine Zufallsstichproben aus der Molekülmischung darstellen. Dann wird die Mehrheit der Nachkommen-RNAs von Gruppen mit einem hohen Anteil von Replikasegenen abstammen. Zwischen Gruppen, welche die Replikasegene begünstigen sowie innerhalb von Gruppen, die egoistische Gene begünstigen, wird eine natürliche Auslese erfolgen. Es läßt sich zeigen, daß es, vorausgesetzt neue Gruppen bestehen aus sehr wenigen Molekülen, auf der Ebene der Gesamtpopulation einen stabilen Gen/Parasit-Polymorphismus geben wird.

Am ausgeprägtesten ist die Aufteilung in Populationen bei replizierbaren Kompartimenten, die jeweils nur wenige Moleküle enthalten: Die Varianz zwischen den Gruppen ist dann am höchsten. Michod (1983) schrieb: »Somit war der Organismus zunächst ein Extrem der Populationsbildung der Makromoleküle des Lebens. In ihm erreichte die Evolutionsphase der Abtrennung von der Außenwelt, an deren Anfang die passive räumliche Fixierung stand, ihren Höhepunkt.« Mit anderen Worten, die ersten Stadien der Kooperation zwischen Replikatoren sind vielleicht schlicht deshalb entstanden, weil diese nahe beieinander auf einer Oberfläche angesiedelt waren. Erst später bildeten sich Kompartimente oder Protozellen, in denen sich die Kooperation weiterentwickeln konnte.

Wir kommen nun zu einem Modell, in dem Kompartimente sich reproduzierende Gengruppen enthalten (Abbildung 4.11). Dieses „Modell der stochastischen Korrektur“ (*stochastic corrector model*; Szathmáry 1986; Szathmáry und Demeter 1987) geht von folgenden Voraussetzungen aus:

- Zwei Arten sich replizierender Moleküle sind in Kompartimente eingeschlossen.
- Die Anzahl der Moleküle pro Kompartiment ist gering.
- Die Teilungsrate eines Kompartiments hängt von den darin enthaltenen Molekülen ab. Es gibt „altruistische“ und „parasitische“ Moleküle; die „Parasiten“ replizieren sich innerhalb der Kompartimente schneller als die „Altruisten“, aber die Gesamtreplikationsrate ist bei Kompartimenten, die gleiche Mengen beider Molekülarten enthalten, am höchsten und bei Kompartimenten, in denen nur eine der beiden Arten vorkommt, gleich null.

Das Verhalten dieses Systems hängt von zwei Arten zufälliger Ereignisse ab: 1. Da jedes Kompartiment nur wenige Replikatoren enthält, ist das Ergebnis, das eine bestimmte Ausgangskombination liefert, nicht vorhersagbar. Es kann vorkommen, daß diejenige Molekülvariante, die eigentlich die geringere Fitneß aufweist, sich schneller repliziert als die Variante mit der höheren Fitneß. Konstant ist lediglich die Wahrscheinlichkeitsverteilung der verschiedenen Molekülkombinationen. 2. Bei der Teilung eines Kompartiments verteilen sich die Moleküle nach dem Zufallsprinzip.

Wie Computeranalysen zeigen, können sich nützliche, aber „altruistische“ Mutanten ausbreiten: Kompartimente, die Kopien solcher Mutanten beherbergen,

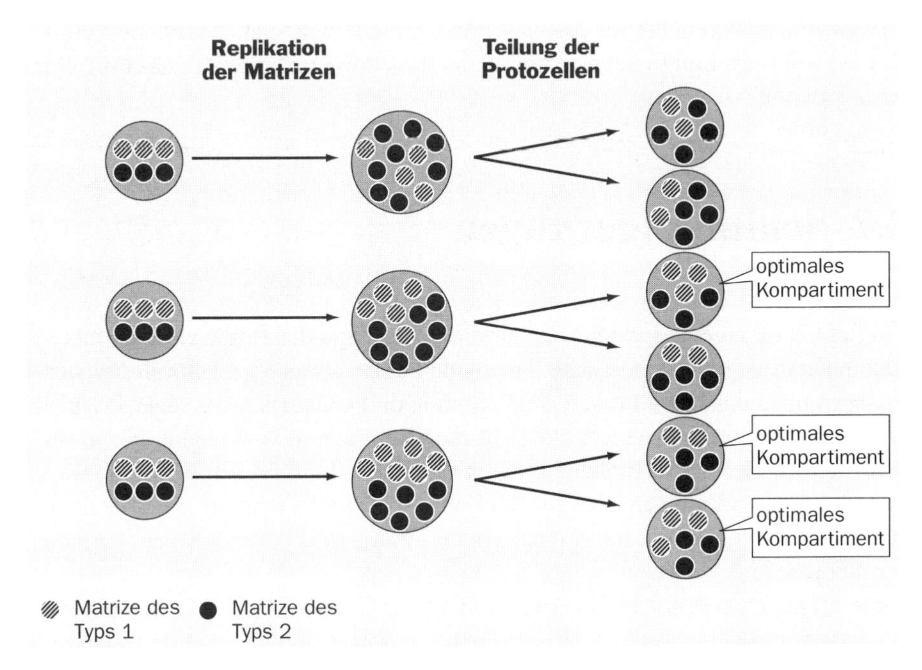

4.11 Das Modell der stochastischen Korrektur. Die Ausgangskompartimente enthalten je drei Kopien der Matrizen 1 und 2. Die „schwarzen" Matrizen zeigen eine Tendenz, sich schneller zu replizieren als die „schraffierten", aber wegen der geringen Anzahl der Matrizen pro Kompartiment ist dieser Vorgang nicht deterministisch. Bei der Teilung der Protozellen werden die Matrizen zufällig verteilt. Die stochastische Natur von Replikation und Neuverteilung gewährleistet, daß der optimale Kompartimenttyp in der nächsten Generation wieder auftaucht. Die Population erreicht einen Gleichgewichtszustand mit einem konstanten Anteil optimaler Kompartimente.

teilen sich öfter. Zudem wirkt die natürliche Auslese auf der Ebene der Kompartimente gegen Parasiten. Von Bedeutung ist auch die Tatsache, daß die Selektion Kompartimente mit synchronisierter Replikation der Gene begünstigt, da die Synchronisierung dazu beiträgt, daß die Molekülkombination der Tochterzellen derjenigen der Mutterzelle ähnelt.

Alles in allem beschreibt das Modell der stochastischen Korrektur eine Möglichkeit zur effizienten Integration von Information; damit ist es eine zufriedenstellende Lösung von Eigens Paradoxon. Wie wir gesehen haben, gilt dies jedoch auch für in Kompartimente eingeschlossene Hyperzyklen. Zwischen den beiden Modellen besteht die folgende Beziehung: Ein Hyperzyklus ist eine Gruppe von Replikatoren, die trotz der oben angeführten Schwierigkeiten auch ohne räumliche Fixierung oder Kompartimente eine gewisse Dauerhaftigkeit haben könnte. Sobald es aber Kompartimente gibt, zeigt das Zufallskorrekturmodell, wie sich ein sehr viel breiteres Spektrum möglicher Molekülkombinationen replizieren läßt. Beispielsweise müssen nicht alle Gene in einem Kompartiment Replikaseaktivität besitzen, wie es im Hyperzyklus der Fall ist. Eine Replikase würde ausreichen; die anderen Gene könnten Enzyme codieren, die für das Gesamtsystem nützlich sind. Das Modell der stochastischen Korrektur bietet also umfangreichere Möglichkeiten für das Fortschreiten der Evolution.

4.7 Schlußfolgerungen

Ein Replikator ist eine Einheit, die nur durch Teilung oder Kopie einer bereits existierenden Einheit entstehen kann. Die bloße Existenz von Replikatoren gewährleistet noch nicht das Fortschreiten der Evolution durch natürliche Auslese. Dazu sind vielmehr die von uns so genannten „erblichen Replikatoren mit unbegrenzten Möglichkeiten" erforderlich: Einheiten, die in einer unendlich großen Anzahl replizierbarer Formen vorkommen können. Bei Lebewesen findet man nur eine Art derartiger Replikatoren, nämlich die Nucleinsäuren – zumindest galt dies bis zur Erfindung von Sprache und Musik.

Ein erhebliches Problem bei der Entwicklung von Theorien über den Ursprung des Lebens bezeichnen wir als Eigens Paradoxon. Wieviel Information weitergegeben und durch natürliche Auslese erhalten werden kann, hängt von der Replikationsgenauigkeit ab. Bei den heutigen Organismen sorgen von Genen codierte Enzyme für eine hohe Genauigkeit, aber deren Produktion erfordert wiederum ein große Menge an Information. Ohne solche Enzyme wäre die Replikationsgenauigkeit gering. Wie konnte die Gesamtmenge an Information zunehmen? Bevor es Kompartimente oder Protozellen gab, könnte die Interaktion von Replikatoren in einem Hyperzyklus eine gewisse Zunahme ermöglicht haben, deren Umfang aber begrenzt war – zum einen, weil Hyperzyklen von Parasiten zerstört werden können, zum anderen, weil große Hyperzyklen dynamisch instabil sind.

Ein weiterer Informationszuwachs ist unter Umständen möglich, wenn Moleküle an einer Oberfläche interagieren. Der entscheidende Schritt erfolgte jedoch, als sich replizierende Moleküle in Kompartimente eingeschlossen wurden. Wenn die Anzahl der Moleküle pro Kompartiment gering ist, entsteht durch stochastische Effekte eine Variabilität, an der die natürliche Auslese ansetzen kann. Bei Kompartimenten, deren Wachstums- und Teilungsrate von der Art der in ihnen enthaltenen Moleküle abhängt, ist damit zu rechnen, daß sich Arbeitsteilung und Kooperation zwischen den Molekülen entwickeln.

5. Das Problem von Henne und Ei

5.1 Einführung

Die grundlegendste Unterscheidung in der Biologie ist die zwischen den Nucleinsäuren als Trägern von Information und den Proteinen, die den Phänotyp erzeugen. Bei den heute existierenden Organismen setzt die Existenz von Nucleinsäuren die von Proteinen voraus und umgekehrt. Erstere sind aufgrund ihrer Funktion als Matrizen Speicher für die Erbinformation, letztere lesen und exprimieren als Enzyme diese Information. Es hat den Anschein, als könnten die einen nicht ohne die anderen existieren. Wer war zuerst da, die Nucleinsäuren oder die Proteine? Drei Antworten sind möglich: 1. die Nucleinsäuren, 2. die Proteine, 3. beide haben sich gemeinsam entwickelt.

Im vorliegenden Kapitel diskutieren wir eine Reihe möglicher Antworten auf diese Frage, die dem bekannten Problem von Henne und Ei gleicht. In Abschnitt 5.1 erörtern wir die unserer Ansicht wahrscheinlichste Antwort, nämlich daß zunächst RNA beide Funktionen – als Replikator und als Enzym – erfüllte. Abschnitt 5.2 beschreibt eine alternative Sichtweise, der zufolge Proteine entweder vor den ersten Nucleinsäuren existierten oder gleichzeitig mit diesen. In Abschnitt 5.3 stellen wir die Frage, ob die ersten Replikatoren möglicherweise keine Nucleinsäuren waren. In Abschnitt 5.4 schließlich fragen wir – ausgehend von der Tatsache, daß Nucleinsäuren die Träger der genetischen Botschaft sind –, warum es nur vier verschiedene Nucleotide und zwei Basenpaare gibt.

5.2 RNA als Enzym

Bisher sind wir stillschweigend davon ausgegangen, daß es Nucleinsäuren früher gab als Proteine, ohne den wesentlichen Grund für diese Annahme zu nennen. Nucleinsäuren waren zuerst da, weil sie beide Funktionen erfüllen können: Sie sind replizierbar, und sie können enzymatische Aktivität aufweisen. Jahrelang war die Ansicht verbreitet, Replizierbarkeit sei nahezu gleichbedeutend mit der Fähigkeit zur Selbstreplikation, es sei aber weit hergeholt, entsprechenden Molekülen auch enzymatische Aktivität zuzuschreiben. Heutzutage mehren sich die Belege dafür, daß RNA als Enzym wirken kann, und gleichzeitig sind uns ist die Schwierigkeiten der Selbstreplikation bewußter geworden.

Die Erkenntnis, daß RNA als Enzym wirken kann, kam im Grunde nicht überraschend: Diesbezügliche theoretische Überlegungen hatten bereits Woese (1967), Crick (1968) und Orgel (1968) angestellt. Betrachten wir zunächst, warum Proteine als Enzyme wirken können. Ein Enzym hat eine dreidimensionale Struktur, die sich meist automatisch aus seiner Primärstruktur ergibt. Seine Substrate werden von den funktionellen Gruppen an seiner Oberfläche gebunden. Das bedeutet, daß die Reaktionspartner in geringe räumliche Distanz zueinander gebracht werden und damit einer wesentlich höheren lokalen Konzentration des jeweils anderen ausgesetzt sind als in Lösung. Allein dadurch wird die Reaktionsrate bereits gesteigert. Enzyme beschleunigen Reaktionen jedoch noch auf andere Weise. Im Verlauf einer chemischen Reaktion entsteht ein Zwischenstadium mit hoher Energie, der sogenannte aktivierte Zustand oder Übergangszustand. Je höher die Aktivierungsenergie, desto langsamer verläuft die Reaktion. Wie Linus Pauling bereits vor 50 Jahren vermutete, senken Enzyme die Aktivierungsenergie, indem sie die Reaktionspartner binden und unter Umständen auch deformieren. Überdies haben Enzyme keine starre Struktur; durch Verdrehen und Verbiegen können sie die Reaktion steuern. Die Wirkung all dieser Faktoren kann die Reaktionsgeschwindigkeit unter Umständen um den Faktor eine Million erhöhen. Nach Beendigung der Reaktion verlassen die Reaktionsprodukte das Enzym, das dann für einen neuen katalytischen Zyklus zur Verfügung steht.

Wie steht es nun mit den Nucleinsäuren? RNA bildet häufig wohldefinierte, flexible dreidimensionale Strukturen, an deren Oberfläche verschiedene funktionelle Gruppen liegen. Im Prinzip ist daher zu erwarten, daß manche RNA-Moleküle als Enzyme wirken. Bei der ersten eindeutigen Demonstration einer solchen Wirkung zeigten Kruger et al. (1982), daß das Spleißen eines Prä-rRNA-Transkripts im Makronucleus des Protozoen *Tetrahymena* ohne Hilfe erfolgen kann: Das Intron schneidet sich selbst aus dem Molekül heraus, und die beiden Exons werden miteinander verbunden (Abbildung 5.1). Allerdings durchläuft das biochemische Agens – das Intron – bei diesem Beispiel keinen vollständigen Kreislauf: Es erscheint am Ende des Prozesses nicht wieder in seiner ursprünglichen Form. Strenggenommen kann man es daher nicht als Katalysator bezeichnen.

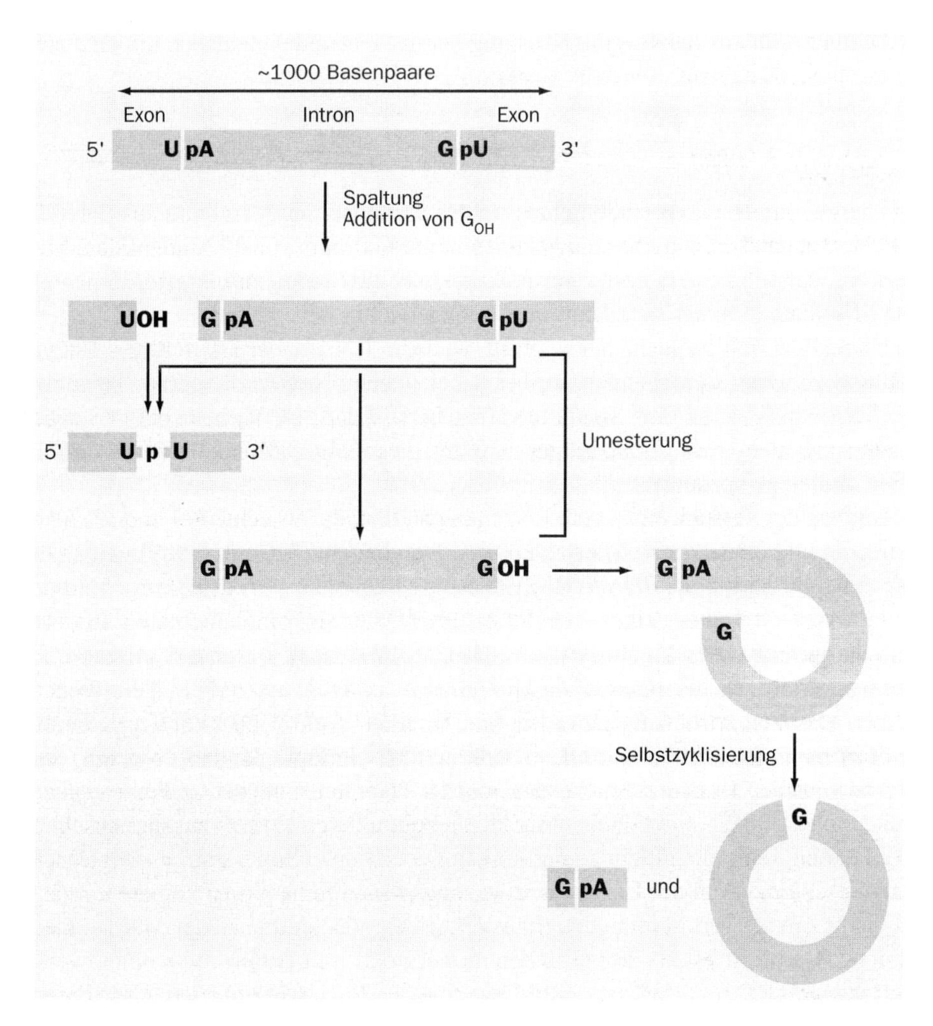

5.1 Selbstspleißen von *Tetrahymena*-Prä-rRNA (nach Darnell et al. 1986). Die Hydroxylgruppe von Guanosin (G_{OH}) greift die U-pA-Bindung am 5′-Exon-Intron-Übergang an und wird an das Intron angehängt. Das Intron durchläuft dann weitere selbstkatalysierte Transformationen.

Wirkliche enzymatische Aktivität wurde wenig später von Zaug und Cech (1986) entdeckt. Das Endprodukt des eben beschriebenen Spleißprozesses ist ein Intron (*intervening sequence*, IVS), das 19 Nucleotide kürzer ist als das ursprüngliche Intron. Diese IVS-RNA wirkt in den folgenden Reaktionen mit Oligocytidylat (hier Pentacytidylat, C_5) als echtes Enzym:

$$\begin{array}{c} \text{IVS} + C_5 \rightarrow (\text{IVS–C}) + C_4, \\ \underline{(\text{IVS–C}) + C_5 \rightarrow \text{IVS} + C_6} \\ C_5 + C_5 \rightarrow C_4 + C_6. \end{array}$$

Die IVS fällt aus der Gesamtgleichung heraus; es handelt sich also um eine echte Katalyse. Katalysiert wird die Reaktion

$$C_i + C_j = C_{i+1} + C_{j-1},$$

mit $i \geq 3$ und $j \geq 4$. Das Endergebnis der Reaktion ist eine Mischung aus poly(C)-Molekülen unterschiedlicher Länge, mit einem Maximum von 30 Nucleotiden. Man beachte, daß für diese Umesterungsreaktionen keine Energiezufuhr erforderlich ist, die Mischung befindet sich daher im Gleichgewicht.

Diese Reaktion ist nicht nur wichtig, weil die RNA dabei als richtiges Enzym (Ribozym) wirkt, sondern auch, weil es dabei zu einer Nettoverlängerung bestimmter RNA-Substrate kommt. Später fand man heraus, daß eine Variante der IVS in der Lage ist, C und U an C_5 anzufügen und auf diese Weise Moleküle aus bis zu 20 Monomeren zu produzieren.

Nun lag der Versuch nahe, eine RNA herzustellen, die als echte Polymerase agieren kann und eine externe Matrize kopiert. Doudna und Szostak (1989) gelang es, durch Modifikation der *Tetrahymena*-IVS eine Sequenz zu produzieren, die in der Lage war, die Synthese eines zu einer externen Matrize komplementären Stranges zu katalysieren. Dieses Ribozym arbeitet allerdings nicht besonders effizient. Es kann nur Matrizen aus maximal 40 Monomeren kopieren, und lediglich ein Prozent dieser Matrizen wird vollständig kopiert. Doudna et al. (1991) konstruierten ein Ribozym aus drei Untereinheiten, indem sie das selbstspleißende Intron *sunY* des Bakteriophagen T4 in drei Stücke zerschnitten. Dahinter stand der Gedanke, daß die Untereinheiten sich durch Nebenbindungen zum aktiven Enzym zusammenschließen können, selbst aber klein genug sind, um noch kopierbar zu sein. Es zeigte sich, daß dieses Enzym in der Lage war, eine seiner Untereinheiten zu kopieren, indem es die kovalente Verknüpfung bereitgestellter Oligonucleotide an der Matrize katalysierte. Damit ist es aus drei Gründen immer noch weit entfernt von einem wirklich selbstreplizierenden Ribozym: 1. Nur eine der drei Untereinheiten wird kopiert, 2. die Bausteine sind keine Monomere, 3. sowohl der (+)- als auch der (–)-Strang der Matrize müßte repliziert werden. Trotz dieser Schwachpunkte darf man darauf hoffen, daß es bald gelingen wird, eine wirklich autokatalytische RNA herzustellen, wodurch die von uns vermutete autonome RNA-Koevolution *in vitro* möglich würde. Für die Diskussion über die präbiologische Evolution ist bedeutsam, daß aktivierte Nucleotide in Abwesenheit von Matrizen zu Ketten aus 20 bis 40 Monomeren kondensieren können (Joyce 1989).

Auch andere Ribozymaktivitäten sind bekannt; beispielsweise ist die aktive Komponente der RNAse P, die das 5′-Ende von Prä-tRNAs entfernt, ein Ribozym (Guerrier-Takada et al. 1983).

Zu beachten ist, daß all diese enzymatischen Aktivitäten Nucleinsäuren zum Substrat haben und daß die Interaktion zwischen Substrat und Enzym jeweils über Basenpaarungen erfolgt. Daraus ergibt sich die Frage, ob es überhaupt Ribozyme geben kann, die andere Substrate als Nucleinsäuren haben. Es versteht sich von selbst, daß die Antwort darauf von enormer Bedeutung für unsere Überlegungen ist.

Bisher hat man noch keine endgültige Antwort gefunden, aber neuere Forschungsergebnisse deuten auf die Existenz solcher Ribozyme hin. Nach Shvedova et al. (1987) ist die katalytisch wirksame Komponente des Polyglucan-Verzweigungsenzyms bei Säugern eine RNA mit vielen modifizierten Basen. Yanagawa et al. (1990) fanden heraus, daß 5-Hydroxycytidin bei Hefe ohne Mitwirkung einer Proteinkomponente Redoxreaktionen katalysieren kann. Eine Zusammenfassung neuerer Ergebnisse findet sich bei Szathmáry und Maynard Smith (1996).

White (1976) machte darauf aufmerksam, daß viele Coenzyme Nucleotidanteile besitzen, und äußerte die Ansicht, diese seien Überreste ehemaliger Ribozyme. Diese Vermutung wird durch die Tatsache gestützt, daß die Nucleotidsequenzen bei der eigentlichen Katalyse keine entscheidende Rolle spielen; ihre Aufgabe besteht in der Bindung des Coenzyms an das Enzym. Benner et al. (1989) weisen darauf hin, daß es enzymatische Reaktionen gibt, an denen in manchen Fällen Nucleotidcofaktoren beteiligt sind, während diese in anderen Fällen durch einfachere Cofaktoren ersetzt werden, die ebensogut funktionieren (Abbildung 5.2). Dies veranlaßt sie zu der Annahme, die Cofaktoren seien Überbleibsel eines urzeitlichen, komplexen Ribozymmetabolismus. Diesem Ansatz zufolge haben die meisten der wenigen heute noch existenten Ribozyme deshalb Nucleinsäuren als Substrate, weil die Möglichkeit der komplementären Basenpaarung sie für solche Reaktionen besonders effektiv macht. Früher, vor der Evolution der Translation, waren Ribozyme an einem sehr viel breiteren Spektrum von Reaktionen beteiligt. Die verbliebenen Nucleotidcofaktoren legen davon Zeugnis ab und erlauben Rückschlüsse auf die Natur der primitiven Riboorganismen.

Vor einigen Jahren schlug Szathmáry (1984, 1989b, 1990) eine Methode vor, um die enzymatischen Fähigkeiten von RNAs systematisch zu testen. Wählen wir zunächst die Reaktion, die katalysiert werden soll. Wir müssen die Struktur des in ihrem Verlauf gebildeten Übergangskomplexes kennen, und es muß möglich sein, ein ihm ähnliches, stabiles Analogon zu synthetisieren. Wie man weiß, können Antikörper, die gegen solche Analoga gebildet werden, die ursprüngliche Reaktion katalysieren (Tramontano et al. 1986; Pollack et al. 1986). Wenn es uns – *mutatis mutandis* – gelingt, RNAs herzustellen, die fest an diese Analoga binden, werden wir vielleicht feststellen, daß sie ebenfalls als Ribozyme wirken können.

Wie können wir aber eine RNA produzieren, deren Struktur wir noch nicht kennen? Die Antwort lautet: Diese Aufgabe können wir der natürlichen Auslese überlassen. Man bedenke, daß die katalytischen Antikörper ebenfalls mit Hilfe einer evolutionären Strategie gebildet werden: Das Immunsystem produziert sie durch Variation und selektive Vervielfältigung.

Wie wir aus Spiegelmans Experimenten wissen, lassen sich RNA-Phänotypen selektieren. Orgel (1979) vermutete, man könne *in vitro* RNAs selektieren, die kleine Moleküle binden. In unserem Fall sind diese kleinen Moleküle die Analoga zum Übergangszustand. Die Selektion läßt sich mit Hilfe der Affinitätschromatographie durchführen, wobei das Analogon als Ligand verwendet wird. Szathmáry (1989b, 1990) sagte voraus, daß unabhängige Replikation und Selektion zur Bildung fest

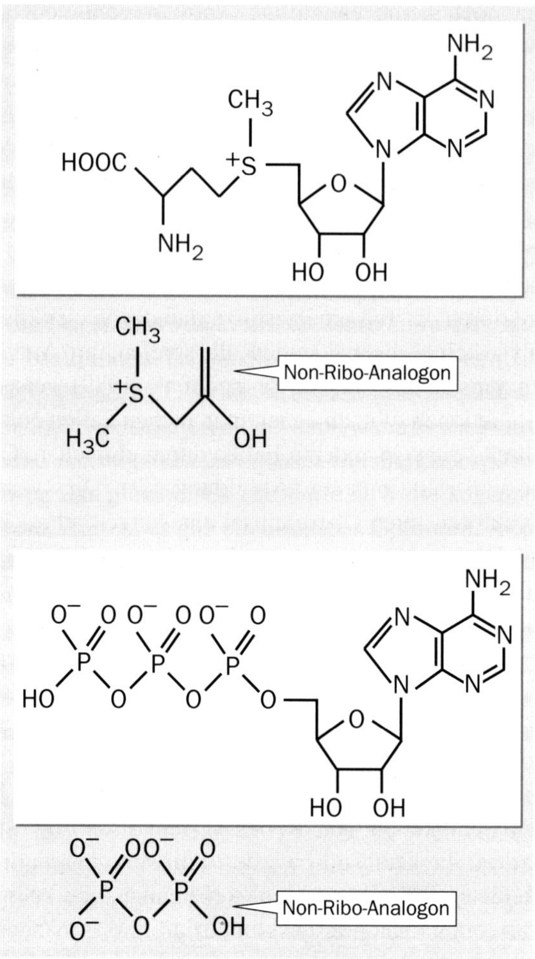

5.2 Cofaktoren mit und ohne RNA-Fragmente. Die Existenz der einfacheren Varianten deutet darauf hin, daß die RNA-Fragmente ein historisches Relikt sind und keine wichtige Funktion haben (nach Benner et al. 1987).

gebundener Komplexe aus RNA und kleinen Molekülen führen würden und daß diese RNAs möglicherweise als Ribozyme wirken könnten.

Dieses ehrgeizige Forschungsprojekt ist in zwei Labors bereits teilweise realisiert worden. Tuerk und Gold (1990) versuchten RNAs zu selektieren, die eng an das Protein DNA-Polymerase des Phagen T4 binden können (Abbildung 5.3). Normalerweise bindet ein bestimmter Abschnitt der mRNA dieses Proteins an das Protein und trägt damit zur Translationskontrolle bei. Tuerk und Gold beschlossen, die acht Nucleotide in der Schleife der Bindungsstelle zu variieren, und synthetisierten sämtliche 65 536 (4^8) möglichen RNAs. Die Selektion erfolgte mit einer Säule, die das Protein enthielt, und die Amplifikation wurde auf der DNA-Ebene mit Hilfe der

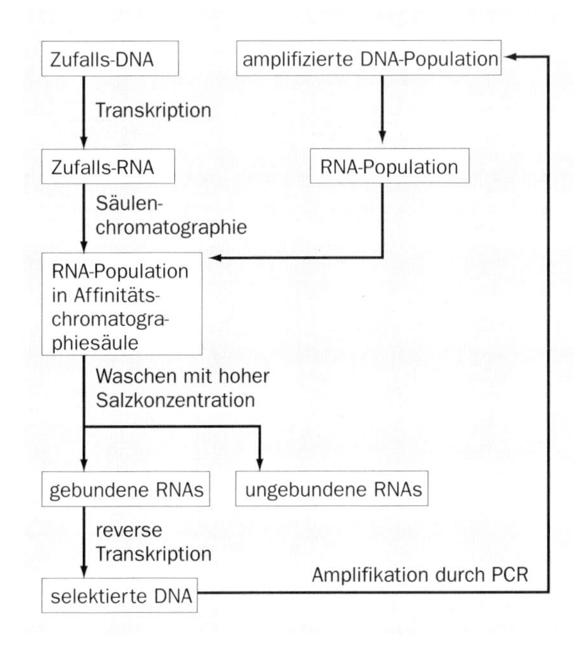

5.3 Versuchsschema für die Selektion von RNA. Man beginnt mit einer DNA-Bibliothek aus Zufallssequenzen. Der Zyklus aus Selektion und Amplifikation wird wiederholt, bis man stark bindende RNAs erhält. Es wird auf der DNA-Ebene amplifiziert, weil es dabei keine Konkurrenz zwischen verschiedenen Sequenzen gibt, wie es bei der Amplifikation von RNA der Fall wäre.

Polymerasekettenreaktion (PCR) durchgeführt, um eine möglichst hohe Kopiergenauigkeit zu erzielen und Konkurrenz zwischen den Oligomeren zu verhindern (Abbildung 5.3). Die beiden am besten bindenden RNAs wurden selektiert: Die eine war mit dem Wildtyp identisch, die andere unterschied sich durch vier Mutationsschritte von ihr.

Ellington und Szostak (1990) wollten RNAs selektieren, die kleine Moleküle wie Reactive Blue und Cibacron Blue binden. Sie synthetisierten 10^{13} verschiedene RNA-Zufallssequenzen von jeweils etwa 100 Nucleotiden Länge. Dies entspricht eher (als die Bedingungen in dem eben beschriebenen Versuch von Tuerk und Gold) der biologischen Realität: Es gibt wesentlich weniger Individuen als mögliche Sequenzen. Die RNAs wurden durch Affinitätschromatographie selektiert; Abbildung 5.4 zeigt eines der gefundenen Moleküle. Auf diese Weise erhielten Ellington und Szostak fest bindende RNAs mit hoher Spezifität, die kaum an verwandte Moleküle banden. Überdies fanden sie mehrere verschiedene Lösungen für das Bindungsstellenproblem. Schätzungen zufolge können von den 10^{60} möglichen Sequenzen jeweils 100 bis einige tausend sehr unterschiedliche Nucleotidfolgen relativ gut an ein bestimmtes kleines Molekül binden. Bei Einbeziehung aller bindungsfähigen Mutanten beläuft sich die Schätzung sogar auf eindrucksvolle 10^{49} bis 10^{52} Sequenzen.

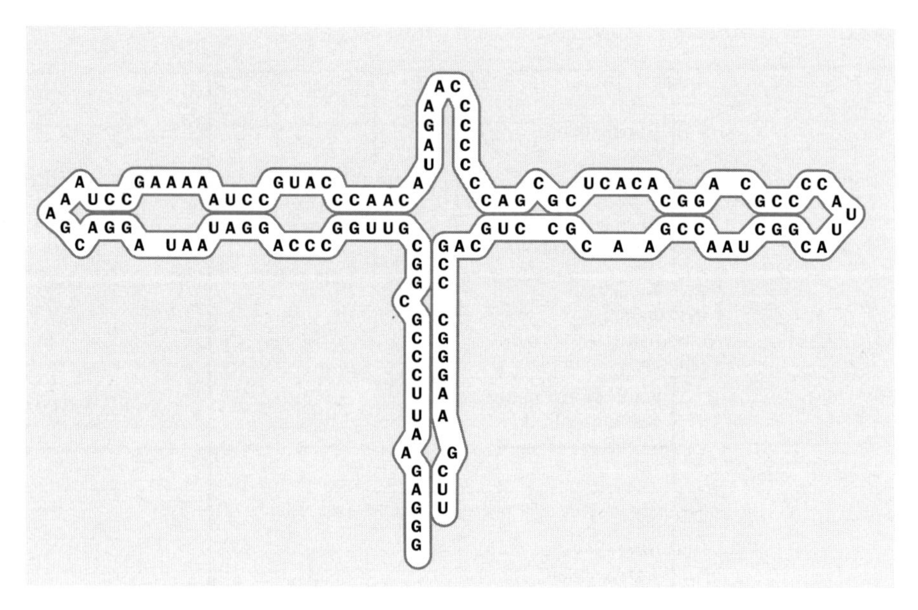

5.4 Ein RNA-Molekül, das selektiert wurde, um an ein bestimmtes Substrat zu binden.

Eine erfreuliche Nachricht ist der offenbar von Prudent et al. (1994) erzielte Durchbruch. Mit Hilfe der oben beschriebenen Versuchsanordnung gelang es ihnen, unter Verwendung eines Übergangszustandanalogons ein Ribozym zu selektieren, das die Isomerisierung eines überbrückten Biphenyls katalysiert.

5.3 Autokatalytische Proteinnetze

Fox (1984) hat vehement die Ansicht vertreten, die Proteine hätten in der präbiotischen Evolution die Vorreiterrolle gespielt. Seine durch thermale Kondensation gebildeten Proteinoide besitzen interessanterweise schwache spontane katalytische Aktivität. Zu den katalysierten Reaktionen gehören Esterspaltung, Phosphatabspaltung, Decarboxylierung, Desaminierung, Oxidation und photochemische Decarboxylierung. Aminosäurezusammensetzung und -sequenz der Proteinoide sind nicht vollkommen zufallsbedingt, da während der Polymerisation die bereits in der Kette vorhandenen Bausteine Einfluß darauf haben, welche Aminosäure als nächste gebunden wird.

Der Nachweis der katalytischen Aktivität von Proteinoiden war zwar wichtig, aber nur wenn diese Moleküle zur Evolution durch natürliche Auslese fähig sind, kommen sie auch für weitergehende Überlegungen in Betracht. Es hat jedoch den Anschein, daß sie die erste wichtige Voraussetzung dafür nicht erfüllen: Sie replizieren sich nicht. Zwar können sie die Bildung sehr kurzer Oligopeptide aus freien

Aminosäuren katalysieren, doch ist dies noch sehr weit entfernt von der Fähigkeit zur Selbstreproduktion.

Gehen wir dennoch davon aus, daß einige Proteinoide in der Lage sind, die weitergehende Verknüpfung von Peptiden zu katalysieren. Eigen (1971) äußerte die Vermutung, daß sich unter diesen Umständen ein katalytischer Zyklus bilden könnte, in dem jedes Enzym die Bildung des nächsten Mitglieds im Kreislauf aus einfachen Peptiden katalysiert, ohne daß eine Replikation von Matrizen erfolgt (Abbildung 5.5). Keines der Mitglieder des Zyklus wäre also autokatalytisch, *das System als Ganzes jedoch würde sich autokatalytisch vermehren.* Derartige Zyklen unterscheiden sich stark von den in Abschnitt 3.4 besprochenen autokatalytischen Zyklen. Sie produzieren zwar wie diese unter Einsatz eines Moleküls *A* zwei *A*, aber die einzelnen Schritte im Zyklus selbst sind nicht katalysiert. Im Gegensatz dazu denken wir uns nun ein System, in dem alle Reaktionen katalysiert sind und die Katalysatoren vom System selbst produziert werden.

Dabei ist zu betonen, daß heutzutage kein derartiges System existiert. Man kennt lediglich sehr entfernt daran erinnernde Beispiele. Bei der Synthese des Antibiotikums Gramicidin S beispielsweise, das ohne Translation einer Nucleinsäuresequenz aus zehn Aminosäuren gebildet wird, sind die Enzyme selbst die Träger der benötigten Information. Man beachte, daß in diesem Fall fünf große Enzyme erforderlich sind, um ein bestimmtes Oligopeptid zu synthetisieren.

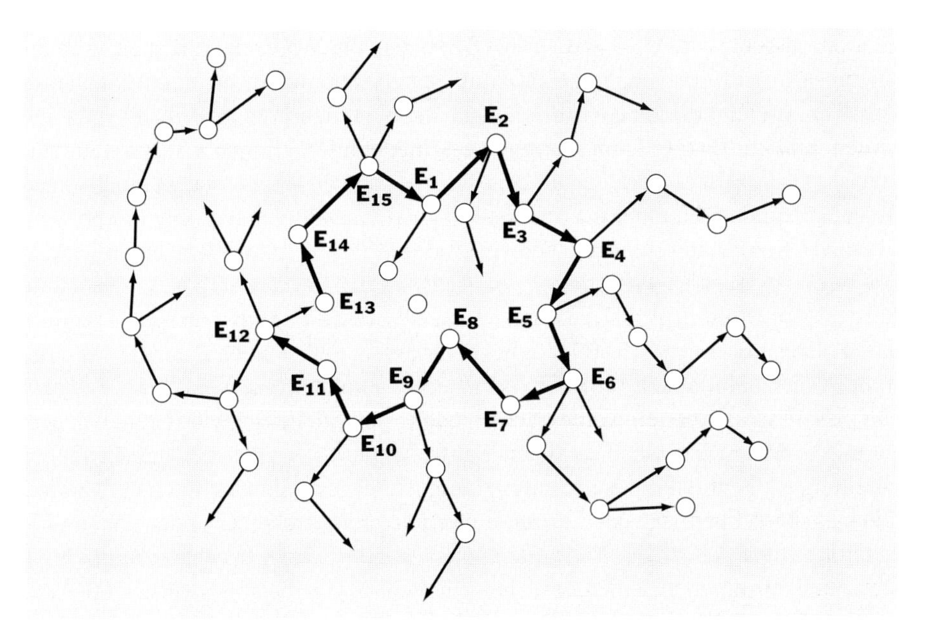

5.5 Ein reflexiv autokatalytisches Proteinnetzwerk (nach Eigen 1971). Die beteiligten Proteine katalysieren mehrere verschiedene Reaktionen (Spaltung und Kondensation). In einer autokatalytischen Gruppe wird die Bildung jedes Gruppenmitglieds (aus kürzeren Oligopeptiden) von anderen Mitgliedern katalysiert. Die Proteine E_1 bis E_{15} bilden eine solche Gruppe; andere Proteine im Netzwerk sind nicht am Zyklus beteiligt und stellen letztlich Abfallprodukte dar.

Es ergeben sich die folgenden Fragen:

- Besteht überhaupt eine ausreichende Wahrscheinlichkeit für die Entstehung eines solchen katalytischen Zyklus?
- Wenn ja, kann er spontan aus einem ungeordneten Zustand entstehen?
- Wenn ja, besteht die Möglichkeit der Vererbung?

Wir werden diese Fragen der Reihe nach erörtern.

Kauffman (1986) zufolge lautet die Antwort auf die erste Frage „ja". Er argumentiert wie folgt: Angenommen, Peptide werden aus freien Aminosäuren gebildet. Obwohl bei dieser Kondensationsreaktion Wasser freigesetzt wird, können sich bei hohen Aminosäurekonzentrationen spontan Peptide von ausreichender Größe bilden. Als grobes Beispiel dient die sogenannte Plasteinreaktion. Dabei katalysieren die Verdauungsenzyme Pepsin und Trypsin wie andere Proteasen auch Transpeptidierungsreaktionen: In einer konzentrierten Lösung von Oligopeptiden katalysieren sie die Bildung längerer Peptide, bis ein Gleichgewichtszustand erreicht ist. Werden einige der längeren Peptide entfernt, so wird das Gleichgewicht durch ihre Neubildung wiederhergestellt. Für diese Reaktion ist keine Energiezufuhr erforderlich. Dies ist analog zur Bildung längerer Oligonucleotide aus kürzeren, für die, wie wir bereits gesehen haben, ebenfalls keine Energiezufuhr nötig ist.

Der Einfachheit halber ging Kauffman von Peptiden aus, die aus nur zwei verschiedenen Aminosäuren gebildet werden, und zwar durch einfache Spaltung und Ligation, also etwa AAB + BB $\rightarrow$ AABBB. Für die Wahrscheinlichkeit, daß ein beliebiges Peptid eine beliebige Reaktion katalysiert, nahm er einen konstanten Wert P an. Ein und dieselbe Reaktion kann also von mehreren Enzymen katalysiert werden, und ein Enzym kann mehrere verschiedene Reaktionen katalysieren. Wie groß ist nun die Wahrscheinlichkeit bei einem bekannten Wert P, daß in einem Netzwerk aus Peptiden mit einer maximalen Länge M eine autokatalytische Gruppe enthalten ist? Kauffman errechnete selbst für kleine P eine hohe Wahrscheinlichkeit, vorausgesetzt, Austauschreaktionen wie AABA + BBBB $\rightarrow$ AABB + A + BBB sind zulässig. Angenommen, die maximale Länge M eines Peptids beträgt 13 Aminosäuren, dann gibt es etwa 16 500 mögliche Varianten. Selbst wenn P nur 10^{-9} beträgt, ist die Wahrscheinlichkeit für die Existenz einer autokatalytischen Gruppe 0,999.

In diesem Grundmodell werden verschiedene potentielle Schwierigkeiten ausgeklammert. Was wäre, wenn es einen Schwellenwert M gäbe, bei dessen Unterschreitung ein Peptid nicht zur Katalyse fähig ist, wie es wahrscheinlich der Fall ist? Man kann berechnen, daß das Auftreten von autokatalytischen Gruppen annehmbarer Größe selbst bei einem Schwellenwert von 50 noch recht wahrscheinlich ist. Berechnungen ergeben außerdem, daß ein Peptid von beispielsweise 100 Aminosäuren Länge ohne sich zu irren ein Substratpeptid aus 200 Aminosäuren erkennen kann. Dies ist offensichtlich Unsinn. Kauffman erkannte dieses Problem und legte dar, daß jedes Enzym in Wirklichkeit wahrscheinlich einige grundlegende, bei vielen Peptiden vorhandene Eigenheiten erkennt und mit all diesen Peptiden reagiert. Infolgedessen werden viele falsche Reaktionen auftreten, aber das ändert nichts an der Schlußfolgerung, daß es reflexiv autokatalytische Untergruppen geben wird.

Von Orgel (1987) stammt ein schwerwiegenderer Einwand gegen das Modell. Wenn beispielsweise die maximale Länge eines Peptids 13 Aminosäuren beträgt, sind etwa 16 500 verschiedene Peptide aus bis zu 13 Bausteinen möglich, es gibt aber über 100 000 verschiedene Bindungen. Es ist nicht plausibel, daß ein so kurzes Peptid fünf bis zehn verschiedene Reaktionen katalysieren kann.

Es ist daher unklar, ob autokatalytische Gruppen chemisch möglich sind. Und selbst wenn sie möglich sind – sind sie auch einfach genug, um die Chance zu haben, tatsächlich zu entstehen? Wenn alle Peptide unterhalb der kritischen Länge vorhanden sind, kommt der Zyklus logischerweise in Gang. Mit dieser Ausgangsbedingung zu rechnen, ist jedoch zu optimistisch, vor allem wenn die kritische Länge groß ist. Wahrscheinlicher ist der Fall, daß einige zum Funktionieren des autokatalytischen Zyklus notwendige Mitglieder der Gruppe fehlen. Besteht die Möglichkeit, daß die Mischung gleichsam einen Sprung vom Chaos zur Ordnung tut? Ein „Spielzeugmodell“ von Dyson (1985) läßt eine positive Antwort vermuten: Ein Übergang von chaotischer zu geordneter Komplexität ist möglich.

Dyson geht von einer Population von Tröpfchen oder Kompartimenten aus, die Aminosäuren und Peptide enthalten. Anfangs teilen sich diese Tröpfchen weder noch sterben sie, es gibt also keine natürliche Auslese. Ein Elementarschritt ist der Austausch einer Aminosäure in einem Peptid gegen eine andere. Jede Aminosäure ist entweder „aktiv“ oder „inaktiv“. Die Definition eines aktiven Monomers ist zirkulär: Ein Peptid, das aktive Monomere enthält, verursacht mit erhöhter Wahrscheinlichkeit den Einbau aktiver Monomere in andere Peptide. Man beachte, daß Dyson mit dieser Definition voraussetzt, daß eine autokatalytische Gruppe von Peptiden chemisch möglich ist, während Kauffman an diesem Punkt auf der Grundlage von Wahrscheinlichkeiten argumentierte.

Angenommen, der Anteil der aktiven Monomere beträgt jederzeit x, und $y = F(x)$ ist die Wahrscheinlichkeit, daß ein aktives Monomer eingebaut wird. Dyson zufolge ist der Graph von y gegen x aus kinetischen Gründen eine S-förmige Kurve, die die Gerade $x = y$ in drei Punkten schneidet (Abbildung 5.6). An diesen Schnittpunkten herrscht ein Gleichgewichtszustand. Ist $y > x$, dann nimmt x zu, ist $y < x$, so nimmt x ab. Damit herrscht an den Punkten A und C ein stabiles Gleichgewicht; dazwischen liegt ein instabiles Gleichgewicht bei B. Dyson bezeichnet die Punkte A und C als „tot“ respektive „lebendig“.

Kann das System spontan von A nach C springen? Wenn die Anzahl N der Aminosäuren in einem Tröpfchen groß ist, wird sich das System deterministisch verhalten, und ein Sprung von A nach C ist nicht möglich. Der Übergang kann nur erfolgen, wenn stochastische Ereignisse Gewicht haben, das heißt, nur wenn N nicht zu groß ist. Ausgehend von plausiblen Parametern schätzt Dyson, daß ein Sprung bei $2\,000 < N < 20\,000$ wahrscheinlich ist.

Eine bemerkenswerte Eigenschaft dieses Modells ist seine Fehlertoleranz. Nach einem Sprung in den Zustand C kann die Wahrscheinlichkeit für den Einbau einer richtigen Aminosäure immer noch bei nur 0,75 liegen. Ein derart niedriger Wert

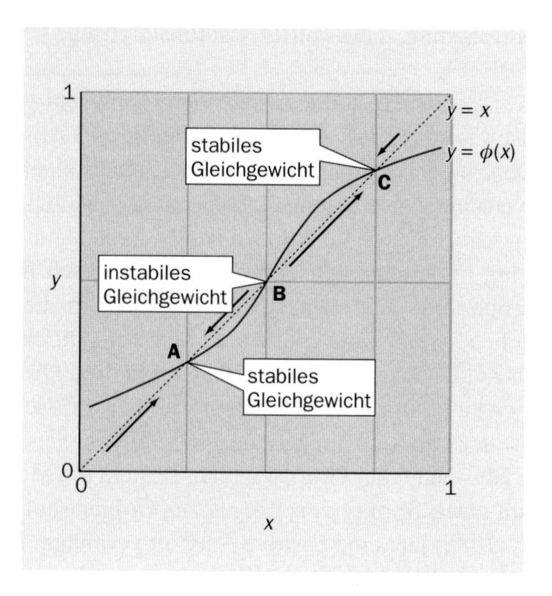

5.6 Die Dynamik des Modells von Dyson (1985). x ist der Anteil der in Peptide eingebauten Monomere, die „aktiv" sind, das heißt, den Einbau anderer aktiver Monomere in Peptide fördern. $y = \phi(x)$ ist die Wahrscheinlichkeit, daß ein neues Monomer, das in ein Peptid eingebaut wird, aktiv ist. Wenn $x = \phi(x)$, befindet sich der Wert von x im Gleichgewicht. Der obere (C) und der untere (A) Gleichgewichtszustand sind stabil, der mittlere ist instabil. Der Übergang vom unteren „toten" zum oberen „lebendigen" Zustand hängt von Zufallsereignissen ab.

wäre für ein System, in dem Matrizen reproduziert werden, nicht ausreichend, während er hier akzeptabel ist. Tatsächlich ist diese hohe Toleranz für die Entstehung einer autokatalytischen Gruppe sogar erforderlich.

Vorausgesetzt ein Sprung von A nach C ist möglich, kann das System dann auch in die umgekehrte Richtung springen? Die Antwort lautet „ja": Sprünge von C nach A können vorkommen, müssen das System aber nicht unbedingt zerstören. Daher wird das System, sobald C erreicht ist, autokatalytisch wachsen, und durch Teilung werden mehr und mehr Kompartimente im Zustand C entstehen. Wir sehen also, daß ein Sprung vom Chaos zur Ordnung unter Umständen möglich ist. Allerdings lassen sich die Modelle von Dyson und Kauffman nicht ohne weiteres miteinander in Einklang bringen: Dysons Schätzung zufolge liegt die Obergrenze für das Auftreten eines Sprunges bei 20 000 Aminosäuren, während Kauffman überschlägt, daß etwa 20 000 *Peptide* erforderlich sind, um die Bildung einer autokatalytischen Gruppe wahrscheinlich zu machen. In Anbetracht dessen, daß die beiden Modelle stark vereinfachend sind, bedeutet diese Diskrepanz jedoch keinen unüberwindlichen Gegensatz. Der verfügbare Zeitraum war jedenfalls so groß, daß auch recht unwahrscheinliche Sprünge auftreten konnten, Dysons Obergrenze von 20 000 Aminosäuren ist also möglicherweise unnötig niedrig angesetzt.

Selbst wenn autokatalytische Netzwerke aus Proteinen chemisch möglich und außerdem einfach genug sind, um in den Zustand „lebendig" zu springen, bleibt die

Frage offen, ob sie zur Evolution fähig sind. Es war das offensichtliche Fehlen von Vererbung, das Eigen (1971) veranlaßte, von seiner eigenen Idee Abstand zu nehmen. Abbildung 5.7 illustriert das Problem: Es gibt keine Garantie dafür, daß ein „mutiertes" Enzym E_1' einen kompletten mutierten Zyklus initiiert, in dem es letztlich selbst neu gebildet wird.

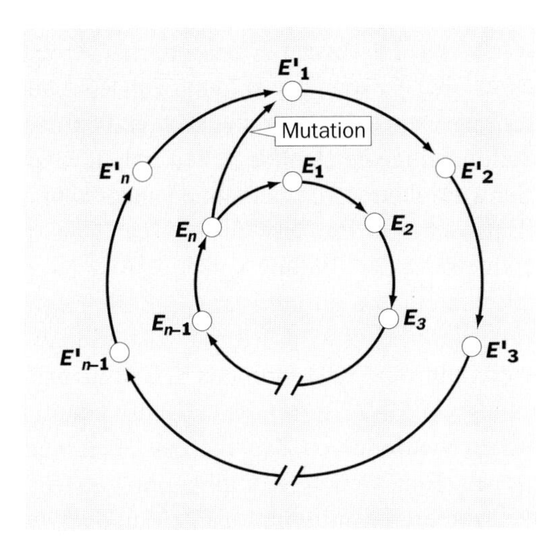

5.7 Eine Mutation in einem autokatalytischen Zyklus. Der innere Zyklus ist der ältere. Bei einer typischen Mutation geht aus E_n nicht E_1, sondern E_1' hervor. Vererbung und damit Selektion sind nur möglich, wenn E_1' einen neuen in sich geschlossenen Zyklus (in der Abbildung außen dargestellt) initiiert. Leider ist jedoch nicht sicher, daß dies geschieht.

Vorausgesetzt, autokatalytische Gruppen können überhaupt entstehen, so ist das Auftreten von Alternativen innerhalb großer Proteinnetzwerke plausibel. Solche Alternativen wären vermutlich dynamisch stabil. Folglich gäbe es bei den alternativen Gruppen Vererbung und zwischen ihnen Selektion. Unbegrenzte Evolution wäre wegen der Begrenztheit der erblichen Variation jedoch ausgeschlossen. Die Besonderheit der Nucleinsäuren liegt in der potentiell unbegrenzten Anzahl einander ähnlicher, chemisch stabiler und replizierbarer Sequenzen.

Sollten jedoch jemals autokatalytische Proteingruppen der Art, wie Kauffman und Dyson sie sich vorstellen, existiert haben, dann dürften sie zahlreiche chemische Verbindungen produziert haben, die für den Fortbestand des Systems keine Bedeutung hatten, darunter möglicherweise auch Nucleinsäuren. Diese wären im autokatalytischen System zunächst Parasiten gewesen, doch falls sich Kompartimente entwickelt hätten, wären diejenigen, in denen RNA entstand, bald anderen gegenüber im Vorteil gewesen. Schließlich wären die RNA-Sequenzen von Parasiten zu Symbionten geworden und hätten als genetisches Material agiert (Dyson 1985).

5.4 Das Urgen: RNA, Ton oder was sonst?

Bisher sind wir stillschweigend davon ausgegangen, daß das erste genetische Material RNA war. Die Ergebnisse der Selektionsexperimente erlauben uns anzunehmen, daß wir die chemischen Abläufe gefunden haben, welche die Verbindung zwischen der Welt der Chemie und der Welt der Biologie herstellen können. Es bleibt jedoch die Frage bestehen, ob die chemische Evolution überhaupt zur Replikation fähige RNAs produzieren konnte. Die interessanten theoretischen Arbeiten zur RNA-Selektion lassen fast vergessen, daß die spontane Bildung von RNA äußerst problematisch ist. Wie wir in Kapitel 3 gesehen haben, bereitete schon die Entstehung von Nucleotiden Probleme: Pyrimidinhaltige Nucleotide ließen sich nicht synthetisieren.

Lassen wir diese Schwierigkeiten vorübergehend außer acht und nehmen an, daß es Nucleotide gibt. Ein wichtiges Problem besteht darin, daß bei der chemischen Synthese von Nucleotiden mit der Bildung verschiedener Isomere zu rechnen ist. Joyce et al. (1987) machten darauf aufmerksam, daß die Replikation leicht durch isomere Verunreinigungen blockiert wird. Ribose existiert in zwei Stereoisomeren, die sich in der Orientierung der –OH-Gruppen wie Bild und Spiegelbild unterscheiden. An der Bildung von RNA ist nur die D-Ribose beteiligt, doch bei Experimenten zur präbiotischen Synthese von Zuckern entstehen beide Stereoisomere in gleichen Konzentrationen. Eine weitere Komplikation entsteht dadurch, daß auch die Nucleoside in zwei isomeren Konfigurationen – α und β – vorkommen, die sich in der relativen Orientierung der Base unterhalb beziehungsweise oberhalb des Zuckerringes unterscheiden (und ein sogenanntes Anomerenpaar bilden). In der Natur vorkommende Nucleotide haben β-Konfiguration. Man stelle sich vor, eine RNA-Matrize solle in einer Mischung aus aktivierten D- und L-Nucleotiden vollständig und korrekt repliziert werden. Wie Abbildung 5.8 zeigt, wird die Replikation unter diesen Bedingungen blockiert.

Schwierigkeiten dieser Art veranlaßten Cairns-Smith (1971) zu der Vermutung, die ersten Gene hätten nicht aus RNA, sondern aus Ton bestanden. Diese Idee, die aus der Bibel entlehnt sein könnte, ist nicht gänzlich aus der Luft gegriffen. In einer gesättigten Lösung der entsprechenden Ionen entstehen leicht Tonkristalle. Sie bilden sich an Kristallisationskeimen und können, wenn sie eine gewisse Größe erreicht haben, in mehrere Stücke zerfallen, die wiederum in der Lage sind zu wachsen. Doch ist in einem solchen System Evolution möglich?

Zur Vermehrung sind Tonkristalle also offensichtlich fähig, schwerer zu beantworten ist jedoch die Frage nach der Vererbung. Kristalle können Information in Form von Fehlern in ihrer Gitterstruktur speichern. Von Vererbung können wir dann – und nur dann – sprechen, wenn das Fehlermuster repliziert wird. Es lassen sich auch Umstände denken, unter denen eine Selektion zwischen verschiedenen Kristallen erfolgen könnte. Angenommen, die erwähnte gesättigte Lösung sickert in porösen Sandstein, und Ton beginnt darauf auszukristallisieren. Möglicherweise wachsen Kristalle je nach der Art ihrer Fehler unterschiedlich schnell. Zu lockere Kristalle könnten leicht von dem Sandstein abgespült werden, zu dichte könnten das

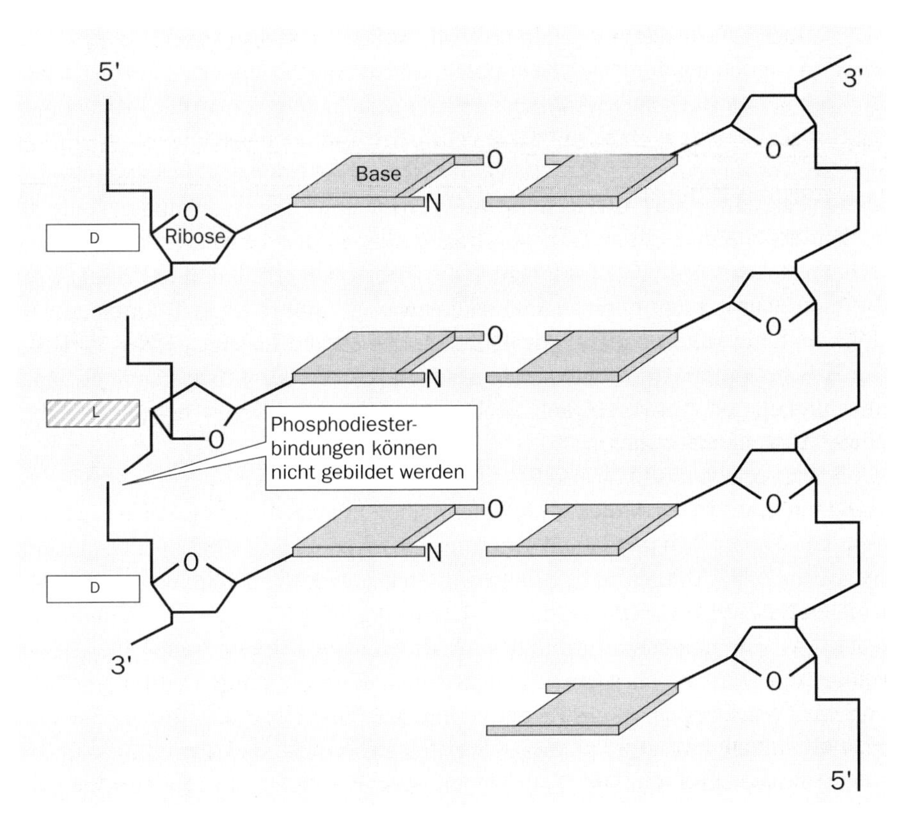

5.8 Abbruch der RNA-Replikation durch isomere Verunreinigungen (nach Joyce et al. 1987). In biologischen Systemen werden nur D-β-Isomere wie die rechts dargestellten verwendet. Ein L-Isomer (das sich vom D-Isomer in der Orientierung der –OH-Gruppen und der relativen Orientierung von Ribose und Base im Nucleosid unterscheidet) kann sich zwar mit dem komplementären D-Nucleotid in der Matrize paaren, wie links gezeigt. Die Ausbildung der Phosphodiesterbindungen ist aber unmöglich, und die Replikation wird blockiert.

Nachsickern der gesättigten Lösung verhindern. Die Existenz von Tonkristallen mit erblichen, die Fitneß beeinflussenden Unterschieden ist also denkbar. Solche Kristalle könnten Einheiten der Evolution sein.

Angenommen, es wäre tatsächlich so gewesen, warum und auf welche Weise wurden dann Gene aus Ton durch Gene aus RNA ersetzt? Die Frage nach dem Grund ist rückblickend leicht zu beantworten: Die molekulare Speicherung und Wiedergewinnung von Informationen ist bei RNA wesentlich effizienter. Die Art und Weise des Übergangs ist nur als Aufeinanderfolge kleiner Schritte denkbar. Manche organischen Verbindungen können von Tonmineralien gebunden werden, und einige von ihnen fördern vielleicht das Kristallwachstum. Falls Tongene in der Lage waren, ihre organische Umwelt zu beeinflussen, könnte früher oder später auch die Synthese von RNA möglich geworden sein. Zunächst bestand die Wirkung der RNA vielleicht in der Stabilisierung des Tones.

Diese Idee ist vor allem deshalb reizvoll, weil es schwierig zu erklären ist, wie sich RNAs spontan gebildet haben könnten. Cairns-Smith zieht einen Torbogen zum Vergleich heran. Bei seinem Anblick ist man versucht zu glauben, der Erbauer habe zunächst ein Gerüst errichtet, mit dessen Hilfe den Torbogen gebaut und es dann entfernt. Der Torbogen ist die RNA, das Gerüst ist der Ton. Ein gutes Gerüst sollte allerdings so beschaffen sein, daß es freistehend errichtet werden kann, und es sollte das Gewicht der Steine für den Torbogen tragen können. Leider gibt es keine schlagkräftigen Belege dafür, daß Tonminerale diese Kriterien erfüllen. Ihre Fähigkeit zur Vererbung wurde nicht überzeugend nachgewiesen. Selbst wenn Tonminerale zur Evolution fähig sind, ist nicht gewährleistet, daß sie die für einen RNA-Vorläufer erforderliche Komplexität entwickeln konnten. Es erscheint daher sinnvoll, nach konventionelleren Antworten auf die Frage, woraus das Gerüst bestanden haben könnte, Ausschau zu halten.

Von Schwartz und Orgel (1985) stammt die Idee, daß das Urgen anstelle von Ribose ein einfacheres Molekül enthalten haben könnte, beispielsweise Glycerinphosphat. Andere Möglichkeiten wurden von Joyce et al. (1987) vorgeschlagen. Solche Analoga (Abbildung 5.9) hätten die entscheidende Fähigkeit zur komplementären Basenpaarung besessen, und gleichzeitig wäre – wegen der freien Rotation der C–C-Bindungen (aufgrund des fehlenden Ringschlusses) – das gravierende Problem der oben beschriebenen enantiomeren Kreuzhemmung entfallen. Allerdings wies Wächtershäuser (1992) darauf hin, daß diese Übergangsformen nicht mit seiner Vorstellung von einer präbiotischen Pizza vereinbar sind. Er schlug statt dessen „Tribonucleinsäuren" vor, in denen das Rückgrat des doppelsträngigen Moleküls aus kovalent verknüpften Phosphotriosen besteht, die sich leicht an einer Oberfläche gebildet haben könnten. Des weiteren entwarf er, um das Problem der Nichtbildung von Pyrimidinnucleotiden zu umgehen, eine reine Purinversion der Nucleinsäuren, bei der die vom heutigen Muster abweichenden Nucleoside über ihr Stickstoffatom in Position 3 gebunden sind statt wie üblich über Position 9. Dennoch bleibt ein Problem bestehen: Bisher ist es niemandem gelungen, ein sich replizierendes RNA-Analogon herzustellen, das unter präbiotischen Bedingungen existiert haben könnte.

Zusammenfassend ist also festzuhalten, daß wir nicht wissen, was das genetische Urmaterial war. In einem stimmen jedoch alle oben erörterten Hypothesen überein: Das Urgen wurde ohne maßgebliche Beteiligung von Proteinen gebildet.

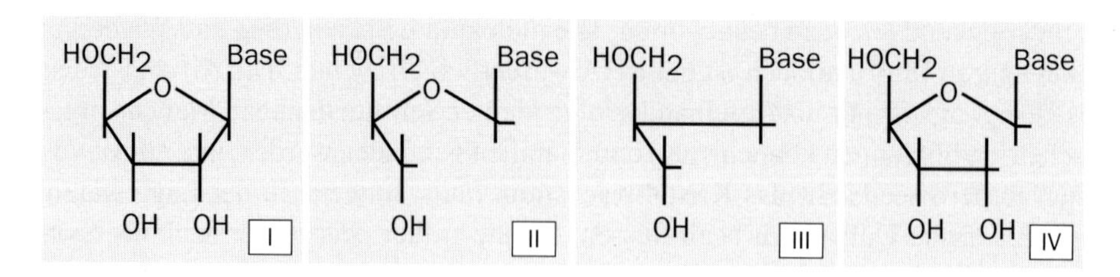

5.9 Einige Alternativen zu Ribose.

5.5 Wodurch ist der Umfang des genetischen Alphabets bedingt?

Das genetische Alphabet besteht bekanntlich aus vier Buchstaben, wenn wir U und T als prinzipiell äquivalent ansehen. Was ist der Grund dafür? Das Argument, es gebe nur zwei mögliche Basenpaare, ist nicht stichhaltig, denn wie Piccirilli et al. (1990) gezeigt haben, ist es möglich, neuartige Paare zu entwerfen und sogar zu synthetisieren (Abbildung 5.10). Isocytosin und Isoguanin sind bereits seit einiger Zeit bekannt. Sie sind allerdings als neuartiges Basenpaar unbrauchbar, weil die Wasserstoffbrücken, die sie ausbilden, nicht stabil genug sind, sondern sich durch Tautomerisierung relativ häufig umlagern. Daher werden diese beiden Basen oft als Mutagene eingesetzt. Für die anderen Basenpaare aus Abbildung 5.10 gilt dies jedoch nicht. Piccirilli J. A. et al. (1990) gelang es, das Paar κ-χ mit Verfahren der Organischen Chemie zu synthetisieren. RNA- und DNA-Polymerase akzeptieren und kopieren dieses neue Paar.

Welchen Unterschied macht es, ob das genetische Alphabet viele oder wenige Buchstaben enthält? Orgel (1990) schlägt zwei Möglichkeiten vor: 1. Die Evolution „entdeckte" nicht mehr als zwei Basenpaare. 2. Sie „beschloß", daß zwei Basenpaare genug sind. Die erste Möglichkeit ist schwer zu überprüfen, aber man kann sich fragen, wodurch die zweite eingetreten sein könnte. Vielleicht wären drei Paare zuviel und ein Paar zuwenig. Das hieße, daß genetische Alphabete aus zwei Basenpaaren evolutionär gesehen optimal wären, entsprechend ausgestattete Organismen also die höchste Fitneß hätten.

Szathmáry entwickelte eine Theorie darüber, auf welche Weise ein solcher für die Evolution optimaler Zustand sich eingestellt haben könnte. Die zugrundeliegende Idee ist sehr einfach. Versetzen wir uns zurück in die RNA-Welt, in der RNA-Sequenzen sowohl als genetisches Material als auch als Ribozyme dienten. Es leuchtet intuitiv ein, daß die katalytische Wirksamkeit von Makromolekülen um so höher sein kann, je mehr verschiedene Monomere es gibt. Die Stoffwechseleffizienz und damit auch die Wachstumsrate von Riboorganismen würde mit zunehmendem Umfang des genetischen Alphabets ansteigen. Dies allein würde jedoch nicht zu einem optimalen Zustand führen; es muß einen anderen Effekt geben, der den durch eine höhere Anzahl von Buchstaben bedingten Vorteil aufhebt. Dieser entgegengesetzte Effekt entsteht durch abnehmende Kopiergenauigkeit: Je mehr Buchstaben es gibt, desto höher ist die Mutationsrate und damit die Mutationsbelastung (auch Mutationsbürde oder Mutationslast genannt).

Die Auswirkungen des Alphabetumfangs auf die Mutationsrate lassen sich anhand des folgenden einfachen Beispiels abschätzen. Man betrachte ein Purin mit dem Wasserstoffbrückenmuster Akzeptor-Donor-Akzeptor (A-D-A). Das komplementäre Pyrimidin hätte das Muster D-A-D:

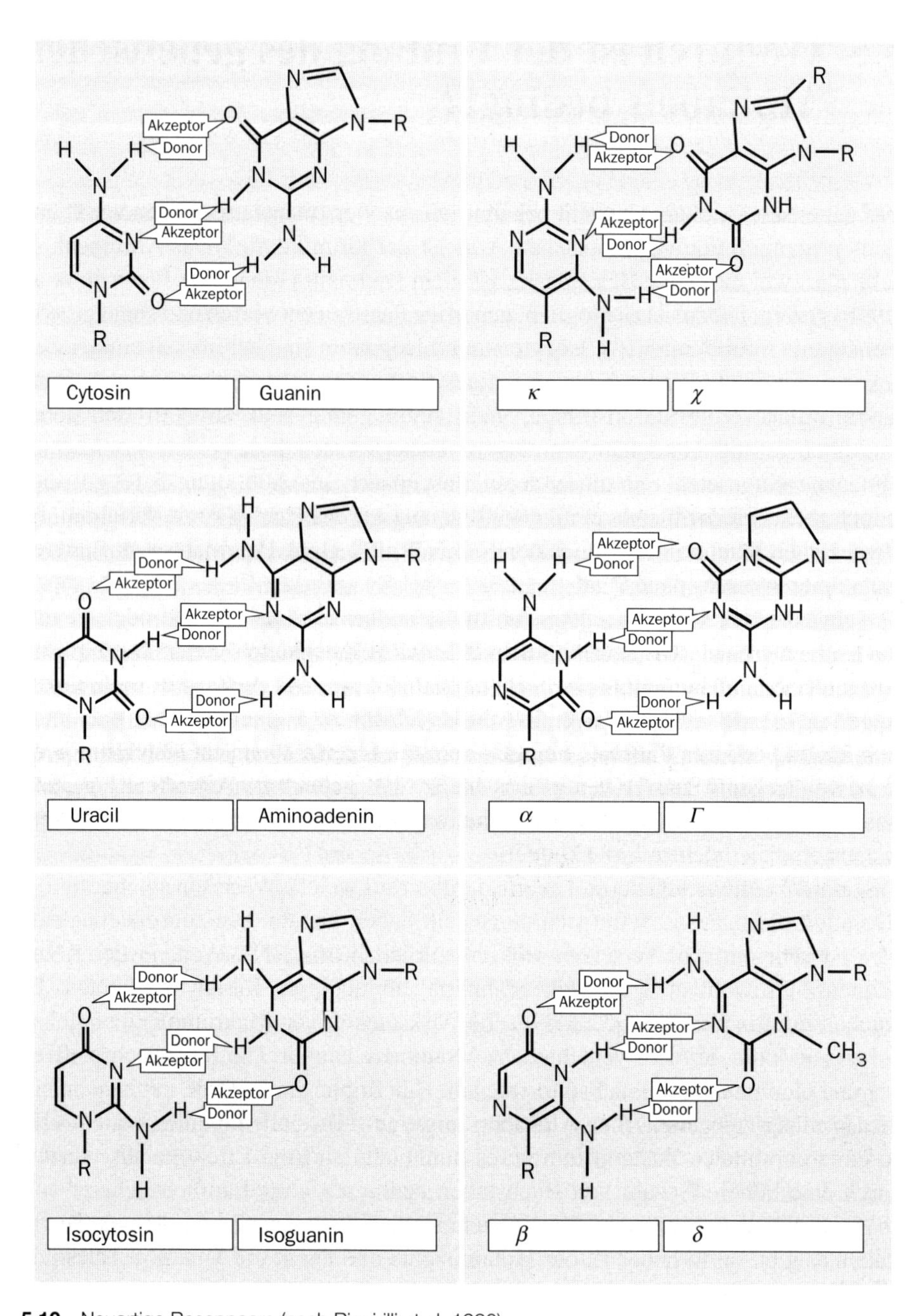

5.10 Neuartige Basenpaare (nach Piccirilli et al. 1990).

A – D – A Purin
I I I
D – A – D Pyrimidin

Wollte man ein weiteres Paar hinzunehmen, so wäre es sinnvoll, ein Purin mit der Konfiguration D-A-D und ein komplementäres Pyrimidin mit A-D-A zu wählen:

D – A – D Purin
I I I
A – D – A Pyrimidin

Es ist leicht erkennbar, daß diese Wahl die Wahrscheinlichkeit von Fehlpaarungen minimiert. Zwischen den falsch zusammengestellten Paaren

A – D – A D – A – D Purin
* * *
A – D – A D – A – D Pyrimidin

gibt es keinerlei komplementäre Akzeptor-Donor-Interaktion; an den durch Sterne bezeichneten Positionen herrscht vielmehr aktive Abstoßung zwischen zwei Wasserstoffdonoren aufgrund sterischer Effekte.

Wenn es nur zwei Basenpaare gibt, kann die Replikationsgenauigkeit also hoch sein. Kommt jedoch ein drittes Paar hinzu, so besteht auch zwischen falsch gepaarten Basen zwangsläufig ein gewisser Grad an Komplementarität. Ein drittes Purin mit der Konfiguration A-D-D beispielsweise bildet mit den obigen Pyrimidinen die folgenden Fehlpaarungen:

A – D – D A – D – D
I I * * I
D – A – D A – D – A

Die Folge ist eine dramatische Abnahme der Kopiergenauigkeit, denn zwischen diesen falsch gepaarten Basen besteht aufgrund teilweiser Komplemetarität eine gewisse Anziehung. Wie Szathmáry feststellte, nimmt die Kopiergenauigkeit daher mit zunehmendem Umfang des Alphabets stärker als exponentiell ab.

Die Einbuße an Fitneß infolge ungenauer Replikation hängt von der Größe des Genoms ab: Je größer das Genom, desto höher der Fitneßverlust. Es ist anzunehmen, daß es in der RNA-Welt, für die unsere Überlegungen gelten, weder Fehlpaarungsreparatur noch Korrekturlesen gab; die Genomgröße dürfte daher auf 10^3 bis 10^4 Basen begrenzt gewesen sein.

Davon ausgehend kann man abschätzen, wie stark die Fitneß bei einer Erweiterung des Alphabets beeinträchtigt würde. Wesentlich schwieriger ist es, die Beziehung zwischen Alphabetumfang und Stoffwechseleffizienz zu ermitteln. Der Versuch einer solchen Berechnung findet sich bei Szathmáry (1992). Wenn, wie es wahrscheinlich der Fall ist, ein aktives Zentrum aus vier Monomeren besteht, beträgt die Anzahl der möglichen aktiven Zentren m^4, wobei m die Anzahl der verfügbaren Monomertypen ist. Ribozyme aus vier Monomertypen können also 256 verschiedene aktive Zentren haben, Proteinenzyme aus 20 verschiedenen Aminosäuren dagegen $1{,}6 \times 10^5$. Diese Zahlen geben eine ungefähre Vorstellung von dem Unterschied zwischen den beiden Enzymtypen hinsichtlich der Anzahl möglicher aktiver Zentren und damit auch hinsichtlich der Genauigkeit, mit der sich solche Sequenzen im Laufe der Evolution an die verschiedenen Substrate anpassen konnten. Die tatsächlichen Zahlen liegen aufgrund von posttranskriptionalen Modifikationen und wegen der oben erwähnten Verwendung von Cofaktoren allerdings höher.

Diese Zahlen vermitteln uns zwar einen gewissen Eindruck von der relativen Effizienz verschieden großer Alphabete, aber den optimalen Alphabetumfang können wir erst abschätzen, wenn wir eine Vorstellung von der absoluten Effizienz haben: Ein Alphabet welcher Größe ist wirklich von Nutzen? Wie wir wissen, sind zumindest einige Proteinenzyme insofern „perfekt", als die Geschwindigkeit der von ihnen katalysierten Reaktionen der Geschwindigkeit entspricht, mit der die Reaktionspartner an das Enzym und von ihm weg diffundieren. Die Tatsache, daß bei der Translation modifizierte Aminosäuren mitunter eine wichtige Rolle für die Steigerung der katalytischen Effizienz spielen, deutet jedoch darauf hin, daß ein Alphabet mit 20 Aminosäuren nicht ausreicht, um für jedes Substrat ein perfektes Enzym zu garantieren. Daraus folgt, daß 20 Aminosäuren dem Alphabetumfang, der für die Produktion eines Enzymsatzes mit optimaler Effizienz erforderlich ist, nahekommen, ihn aber nicht ganz erreichen. Die Berechnungen werden dadurch weiter kompliziert, daß man nicht nur eine Reaktion einbeziehen muß, sondern ein metabolisches Netzwerk. Trotz dieser Schwierigkeiten zeigt sich jedoch, daß es ein relativ sicheres Optimum gibt: ein Alphabet aus vier Monomeren oder zwei Basenpaaren.

Wir sind daher der Ansicht, daß vier Basen für Riboorganismen optimal waren. Für die heutigen Organismen mit ihren Proteinenzymen ist eine entsprechende Argumentation nicht möglich. Im genetischen Alphabet ist ein Zustand „eingefroren", der sich entwickelte, als die Enzyme Ribozyme waren. Nachdem sich die Proteinsynthese und der genetische Code entwickelt hatten, konnte das katalytische Repertoire durch Hinzufügung neuer Aminosäuren erweitert werden, ohne die Genauigkeit der Replikation zu senken.

Abschließend sei noch erwähnt, daß die Theorie vom optimalen Umfang des genetischen Alphabets sich testen läßt. Die Kopiergenauigkeit ist nicht besonders schwer zu messen, und durch RNA-Herstellung *in vitro* könnte man Ribozyme produzieren, die ein und dieselbe Reaktion katalysieren, aber aus einer verschiedenen Anzahl von Monomertypen bestehen, und ihre Effizienz vergleichen.

6. Der Ursprung der Translation und der genetische Code

6.1 Einführung

Die Frage nach dem Ursprung des genetischen Codes ist vielleicht das schwierigste Problem in der Evolutionsbiologie. Der heute existente Translationsapparat ist so komplex, so universell und spielt gleichzeitig eine so essentielle Rolle, daß es schwer ist, sich vorzustellen, wie er entstanden sein könnte oder wie es ohne ihn Leben gegeben haben könnte. Letzteres ist seit der Entdeckung der Ribozyme nicht mehr ganz so rätselhaft, aber es bleibt ein enormes Problem, den Übergang von einer „RNA-Welt" in eine Welt, in der Proteine als Katalysatoren fungieren und Nucleinsäuren auf die Weitergabe von Information spezialisiert sind, zu erklären.

Wir beginnen in Abschnitt 6.2 mit einer Erörterung der heute bekannten Veränderungen, die der genetische Code im Laufe der Zeit durchgemacht hat. Auch wenn es sich dabei um geringfügige Modifikationen handelt, werfen sie ein wenig Licht auf die Frage, wie der Code sich ganz zu Anfang seiner Evolution verändert haben könnte. In Abschnitt 6.3 beschäftigen wir uns damit, was sich aus der heutigen Zuordnung von Codons zu Aminosäuren und aus der Phylogenese der tRNAs ableiten läßt. Schließlich setzen wir uns in Abschnitt 6.4 dann mit der schwierigsten Frage auseinander: Wie entstanden die spezifischen Beziehungen zwischen bestimmten Aminosäuren und bestimmten Codons? Diese Zuordnung ist für den Code von fundamentaler Bedeutung. Heutzutage spielt sie eine Rolle bei der Translation, aber unserer Ansicht nach hatte sie zunächst eine ganz andere Funktion. Wenn wir Recht haben, ist dies ein Beispiel für einen in der Evolution häufig anzutreffenden Sachverhalt: Strukturen, die heute eine komplexe Funktion haben, dienten ursprünglich einer einfacheren Aufgabe.

6.2 Modifikationen des Codes

Lange Zeit galt der genetische Code (Tabelle 6.1) als universell. In letzter Zeit wurden jedoch einige interessante Ausnahmen entdeckt (Tabelle 6.2). Diese lassen sich in zwei Gruppen unterteilen: Entweder dient ein Stopcodon zur Codierung einer Aminosäure, oder ein Codon steht für eine andere Aminosäure als gewöhnlich. Auf den ersten Blick ist es schwierig zu erklären, wie sich diese Abweichungen entwickeln konnten. Wenn ein Codon in einem einzelnen Gen eine neue Bedeutung

Tabelle 6.1: Der genetische Code für Kerngene

Codon	Aminosäure	Codon	Aminosäure	Codon	Aminosäure	Codon	Aminosäure
UUU	Phe	UCU	Ser	UAU	Tyr	UGU	Cys
UUC	Phe	UCC	Ser	UAC	Tyr	UGC	Cys
UUA	Leu	UCA	Ser	UAA	Stop	UGA	Stop
UUG	Leu	UCG	Ser	UAG	Stop	UGG	Trp
CUU	Leu	CCU	Pro	CAU	His	CGU	Arg
CUC	Leu	CCC	Pro	CAC	His	CGC	Arg
CUA	Leu	CCA	Pro	CAA	Gln	CGA	Arg
CUG	Leu	CCG	Pro	CAG	Gln	CGG	Arg
AUU	Ile	ACU	Thr	AAU	Asn	AGU	Ser
AUC	Ile	ACC	Thr	AAC	Asn	AGC	Ser
AUA	Ile	ACA	Thr	AAA	Lys	AGA	Arg
AUG	Met	ACG	Thr	AAG	Lys	ACG	Arg
GUU	Val	GCU	Ala	GAU	Asp	GGU	Gly
GUC	Val	GCC	Ala	GAC	Asp	GGC	Gly
GUA	Val	GCA	Ala	GAA	Glu	GGA	Gly
GUG	Val	GCG	Ala	GAG	Glu	GGG	Gly

erhält, kann dadurch – wie durch jede Mutation – ein Selektionsvorteil entstehen. Wird seine Bedeutung aber grundsätzlich verändert, also an jeder Position im Genom, so muß dies katastrophale Auswirkungen haben. Dennoch geht aus Tabelle 6.2 eindeutig hervor, daß es solche Modifikationen gegeben haben muß. Diese Tatsache ist aus dem folgenden Grund bedeutsam: Wie wir später sehen werden, weist der Code einige offenbar adaptive Eigenschaften auf; dies ließe sich schwer erklären, wenn er von Anfang an unveränderlich gewesen wäre.

Die Neuzuordnung von Stopcodons zu Aminosäuren ist relativ leicht zu erklären, da erstere definitionsgemäß nur am Ende von mRNA vorkommen. Folglich können Stopcodons mit veränderter Bedeutung lediglich das Anhängen von höchstens ein oder zwei zusätzlichen Aminosäureresten an das Ende einer Proteinkette bewirken. Die Proteinsynthese könnte im Prinzip einfach auslaufen: Das Fehlen eines weiteren Codons hätte letztlich den gleichen Effekt wie der Befehl „Stop". Der Weg, den die Evolution in dem Bakterium *Mycoplasma capricolum* eingeschlagen hat, scheint selbst dieses geringfügige Problem zu umgehen, wie in Abbildung 6.1 erklärt ist. Eine ähnliche Entwicklung gab es offenbar bei den Ciliaten (wie *Paramecium*) und in den Mitochondrien verschiedener Organismen (Tabelle 6.2).

Tabelle 6.2: Veränderungen des universellen Codes

Codon, zugehörige Aminosäure im universellen Code	abweichende Zuordnung	System: Zellkern	System: Mitochondrien
UGA, Stop	Trp	*Mycoplasma*	alle außer Pflanzen
AUA, Ile	Met		Hefe Metazoen außer Echinodermen
	von Met nach Ile		Echinodermen
AGR, Arg	Ser		Metazoen außer Vertebraten
	Stop		Vertebraten
AAA, Lys	Asn		Plattwürmer, Echinodermen
UAR, Stop	Gln	*Acetabularia* Ciliaten außer *Euplotes*	
CUN, Leu	Thr		Hefe
CUG, Leu	Ser	*Candida cylindracea*	
UGA, Stop	SeCys	(in bestimmten Enzymen:) Vertebraten Eubakterien	

R steht für die Basen A oder G.
Aus Jukes und Osawa 1991.

Zu einer Neuzuordnung von Codons ist es in bestimmten Mitochondrien sowie im Zellkern einer Hefeart gekommen. Beispielsweise codiert AAA in den Mitochondrien von Plattwürmern und Echinodermen (Stachelhäutern) nicht wie üblich Lysin (Lys), sondern Asparagin (Asn). Eine plausible Möglichkeit für das Zustandekommen einer solchen Veränderung schlagen Ohama et al. (1990) vor: Wie bei der in Abbildung 6.1 dargestellten Neuzuordnung eines Stopcodons erfolgt die Veränderung über ein Zwischenstadium, während dessen das Codon AAA (und das Anticodon UUU) wegen eines AU → GC-Mutationsdruckes nicht genutzt wird. Auf ähnliche Weise wechselten vermutlich auch andere Codons ihre Bedeutung (Osawa und Jukes 1988, 1989).

Geringfügige Veränderungen im genetischen Code können also auftreten, wenn Codons durch gerichteten Mutationsdruck vorübergehend verlorengehen und dann mit veränderter Bedeutung wieder auftauchen, während die Proteinsequenzen unverändert bleiben. Die existierenden Abweichungen vom gemeinsamen Code sind demnach nur leichte Variationen eines ziemlich beständigen Themas. Die nahezu universelle Natur des Codes spricht für einen gemeinsamen Ursprung. Die gelegentlichen Variationen zeigen, daß die Zuordnung von Codons zu Aminosäuren wechseln kann, wenn dies auch selten geschieht. Am Anfang der Evolution des Codes traten solche Veränderungen möglicherweise häufiger auf.

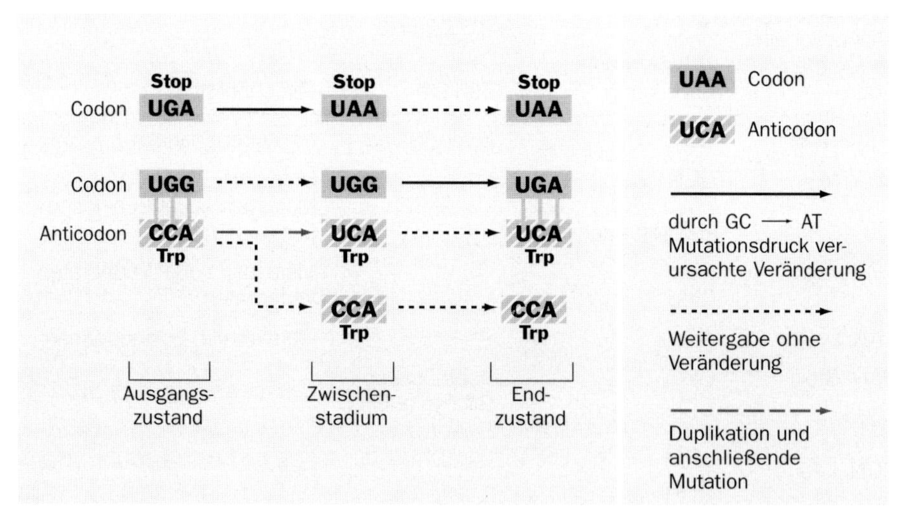

6.1 Neuzuordnung eines Codons: UGA wird vom Stopcodon zum Codon für Tryptophan. Durch Mutationsdruck von GC nach AT wird aus allen UGA-Stopcodons UAA; Proteine werden dadurch nicht verändert. Zu diesem Zeitpunkt existiert das Codon UGA praktisch nicht mehr. Das gebräuchliche Codon für Tryptophan ist UGG, das Anticodon CCA (die beiden sind genau komplementär, ein „Wobbeln" ist nicht erforderlich). Voraussetzung für die folgenden Schritte ist die Duplikation der Tryptophan-tRNA. Danach mutiert das Anticodon der einen Tryptophan-tRNA zu UCA. Das Codon UGA wird nun als Tryptophan gelesen, Mutationen von UGG zu UGA sind also möglich, ohne daß dadurch die entsprechenden Proteinsequenzen verändert werden.

6.3 Der Ursprung des Codes I: Der Top-down-Ansatz

Nun kommen wir zum Problem des Ursprungs selbst. Wie bei vielen biologischen Fragestellungen sind auch hier zwei verschiedene Herangehensweisen möglich: von unten nach oben (*bottom up*) oder umgekehrt (*top down*). Beim Bottom-up-Ansatz versucht man, von Elementen mit bekannten Eigenschaften auf Systeme zu schließen, während man beim Top-down-Ansatz vom Verhalten auf der Systemebene ausgeht und sich von dort den Details anzunähern versucht. Bei evolutionären Fragestellungen besteht für diese Ansätze oft eine zusätzliche Schwierigkeit, da es dabei gleichzeitig um eine zeitliche Reihenfolge gehen kann. Rudimentäre Elemente können nicht nur strukturell, sondern auch zeitlich gesehen Vorläufer von Systemen sein. Da wir über den gegenwärtigen Zustand des genetischen Codes umfassende Kenntnisse besitzen, während uns über seine frühesten Stadien Vorstellungen von entsprechender Klarheit und Genauigkeit fehlen, werden wir zunächst den Weg von oben nach unten einschlagen. Leider werden wir auf diese Weise jedoch nicht ganz bis zum Grund gelangen.

6.3.1 Codieren ähnliche Codons chemisch ähnliche Aminosäuren?

Tabelle 6.1 vermittelt den Eindruck, daß chemisch ähnliche Aminosäuren von ähnlichen Codons codiert werden. Ein solches System hätte zwei Vorteile. Erstens hätten Mutationen, die meist nur eine Base eines Codons verändern, weniger schädliche Folgen. Zweitens würden dadurch, wie Swanson (1984) darlegt, die Auswirkungen von Translationsfehlern minimiert. Wir fassen diese beiden Effekte im folgenden als „Belastungsminimierung" *(load minimization)* zusammen.

Sonneborn (1965) vertrat die Auffassung, das heutige vorteilhafte Muster habe sich sehr früh in der Evolution durch Neuzuordnung von Codons entwickelt. Dieser Ansicht ist mit zwei Argumenten widersprochen worden: Erstens existiere das behauptete Muster gar nicht, und zweitens gebe es keinen Mechanismus, durch den sich ein optimaler Code hätte entwickeln können. Wir diskutieren diese Einwände nacheinander.

Wong (1980; siehe auch Übersichtsartikel von Wong 1988) behauptet, daß der heutige Code die chemischen Unterschiede zwischen Aminosäuren, die von „benachbarten" Codons (Codons, die sich nur in einer Base unterscheiden) codiert werden, nicht minimiert und daß er sich durch eine Reihe geringfügiger Veränderungen verbessern ließe. Seiner Ansicht nach (Wong 1975) gehören zu benachbarten Codons Aminosäuren mit einander ähnlichen Biosynthesewegen. Wie wir noch darlegen werden, ist diese Idee wahrscheinlich nicht falsch. Aber es scheint, als könne sich Wong insofern irren, als er annimmt, der Code ließe sich leicht in Richtung auf eine Belastungsminimierung verbessern. Neuere Analysen von Di Giulio (1989) sowie von Haig und Hurst (1991) kommen zu anderen Ergebnissen. In der letztgenannten Arbeit wurde prinzipiell folgendermaßen verfahren: Man notierte für jedes Codon des gemeinsamen Codes, wie sich die Polarität der zugehörigen Aminosäure ändert, wenn man die drei Codonbasen einzeln nacheinander austauscht. Sodann wurde das geometrische Mittel der Veränderung berechnet. Nun produzierte man Zufallscodes mit derselben Redundanz wie der Originalcode und berechnete wiederum das geometrische Mittel der Polaritätsänderungen. Es stellte sich heraus, daß nur zwei von 10 000 Zufallscodes hinsichtlich der Polaritätsabstände zwischen benachbarten Aminosäuren konservativer waren als der gemeinsame Code. Es hat also den Anschein, als sei die Belastungsminimierung ein entscheidender Faktor bei der Entwicklung des Codes gewesen.

Eine interessante Beobachtung betrifft die Aminosäurezuordnung komplementärer Codons. Beispielsweise ist das Codon UUU, das Phenylalanin codiert, komplementär zu AAA, das für Lysin steht. Erstellt man eine Liste aller Komplementaritätsbeziehungen und verbindet die derart miteinander verwandten Aminosäuren, so entsteht ein Graph aus drei voneinander getrennten, aber in sich zusammenhängenden Subgraphen. Wie Zull und Smith (1990) ausführen, offenbart dies die überraschende Tatsache, daß die Sekundärstruktur eines Polypeptids, das vom „Sinnstrang" abgelesen wurde, in der Sekundärstruktur des Polypeptids, das vom (komplementären) „Nicht-Sinnstrang" abgelesen wurde, annähernd erhalten bleibt. Überdies entspricht, wie Konecny et al. (1993) herausgefunden haben, eine synonyme (stumme) Punktmutation im Sinnstrang, die (definitionsgemäß) nicht zu einer veränderten Aminosäure führt, einer (Missense-)Punktmutation im gegenüberliegenden Strang, die zwar eine veränderte Aminosäure codiert, aber eben eine, deren physikochemische Eigenschaften denen der ursprünglich vom Nicht-Sinnstrang codierten Aminosäure ähneln. Die Autoren vermuten daher, daß sich der Code in Richtung auf optimale doppelsträngige Codierung entwickelt hat.

Was ist von dieser Vermutung zu halten? Zweifellos kommt Doppelstrangcodierung heutzutage extrem selten vor, doch das bedeutet nicht, daß dies auch schon zur Frühzeit der Evolution so war. Tatsächlich hat man Fälle von Proteinen entdeckt, zwischen deren Sinnsträngen keine Verwandtschaft besteht, wohl aber zwischen dem Sinnstrang des jeweils einen und dem Nicht-Sinnstrang des jeweils anderen. Dies scheint die obige Hypothese zu stützen. Allerdings ist, wie Konecny et al. (1993) darlegen, diese seltsame Beobachtung allein darauf zurückzuführen, daß vor allem die mittlere Base eines Codons bestimmt, welcher physikochemischen Klasse die codierte Aminosäure angehört (siehe unten). Wenn dies wiederum – aus welchem Grund auch immer – das Ergebnis eines anderen mechanischen oder selektiven Prozesses sein sollte, würden sich die Beobachtungen hinsichtlich der Doppelstrangcodierung als Begleiterscheinung daraus ergeben.

6.3.2 Wie konnte sich der Code in Richtung auf Belastungsminimierung entwickeln?

Schwieriger ist es, sich einen Evolutionsmechanismus vorzustellen, der den einmal entstandenen Code so verändern konnte, daß die Belastung (durch Mutationen und Translationsfehler) minimiert wurde. Um den Code zu verbessern, müssen einige Codon-Aminosäure-Zuordnungen verändert werden. Doch solche Veränderungen führen sofort dazu, daß in vielen Proteinen zahlreiche Aminosäuren durch andere ersetzt werden. Wenn aber Veränderungen des Codes von Aminosäureaustauschvorgängen in Proteinen begleitet sind, ist es unmöglich, der Falle eines suboptimalen Codes zu entkommen.

Veränderungen des Codes bedeuten jedoch nicht zwangsläufig die Substitution von Aminosäuren. Szathmáry (1991c) war gelinde überrascht herauszufinden, daß solche „Codeverschiebungen" (*code-shuffling*) in aller Regel möglich sind. Unter der Voraussetzung der existierenden Wobble-Regeln kann man Szenarien entwerfen, durch die alle Codons bestimmter Paare benachbarter Aminosäuren ausgetauscht werden können, ohne daß man dabei an einen Punkt gelangt, an dem es nicht mehr weitergeht. Im Grunde sind dazu vier aufeinanderfolgende Ereignisse erforderlich, bei denen jeweils ein Codon neu zugeordnet wird. Abbildung 6.2 illustriert diesen Prozeß für den Fall von Lysin (Lys) und Arginin (Arg). Wie in anderen Fällen der „Eroberung" von Codons (*codon capture*) wurde ein abwechselnder Druck

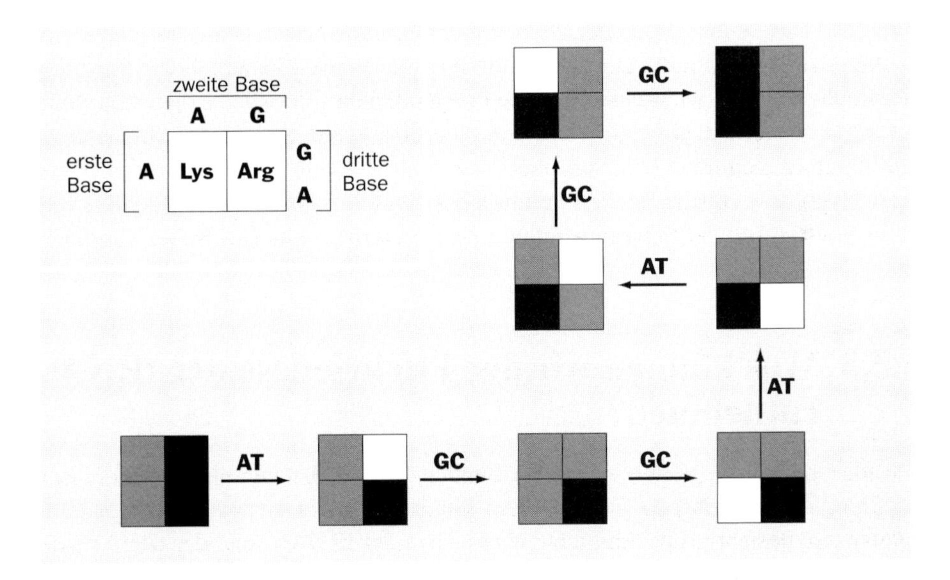

6.2 Ein Szenario für einen kompletten Codonaustausch. Anfangs (links) codieren AAA und AAG Lysin, AGA und AGG Arginin (wie im heutigen Code). Die Pfeile geben den Substitutionsdruck an. Zunächst (unten links) verschwindet das Codon AGG unter einem GC → AT-Druck, dann wird es neu Lysin zugeordnet. Eine Abfolge derartiger Veränderungen endet (oben rechts) mit der Umkehrung der ursprünglichen Zuordnungen.

auf AT und auf GC angenommen. Ein ähnliches Szenario läßt sich für das Paar Threonin-Arginin entwerfen.

Sind alle benachbarten Codongruppen auf diese Weise austauschbar? Es zeigt sich, daß die Antwort „ja" lautet, vorausgesetzte die Wobble-Regeln erlauben das eindeutige Erkennen von C. Diese Möglichkeit scheint prinzipiell nicht ausgeschlossen zu sein. Demnach müssen die Wobble-Regeln selbst durch Evolution entstanden sein. Das als Wobble bezeichnete ungenaue Paarungsverhalten an der dritten Codonposition ist zum Teil auf Basenmodifikationen zurückzuführen, die höchstwahrscheinlich nicht primitiven Ursprungs sind: Die frühe Codon-Anticodon-Paarung gehorchte vermutlich den Watson-Crick-Regeln. Folglich könnten sicherlich die Hälfte aller benachbarten Codongruppen ausgetauscht worden sein, vielleicht sogar alle. Codonaustausch und die einfachere Eroberung von Codons könnten gemeinsam den Mechanismus der allgemeinen Codonverschiebung (*codon shuffling*) gebildet haben – einen Mechanismus zur Feinabstimmung in der Evolution des genetischen Codes (Szathmáry 1991c).

Woese (1965) schlug einen alternativen Prozeß vor, durch den der Code seine heutige Form erhalten haben könnte, die Mehrdeutigkeitsreduzierung (*ambiguity reduction*). Es erscheint plausibel, daß die frühesten Analoga der heutigen Aminoacyl-tRNA-Synthetasen – nennen wir sie Zuordnungskatalysatoren – nicht sicher zwischen chemisch ähnlichen Aminosäuren unterscheiden konnten. Daher codierten Gruppen von Codons Gruppen von Aminosäuren. (Tatsächlich kann die Unterscheidung niemals perfekt funktionieren, da die Mutationsrate sich nicht auf Null reduzieren läßt. Die heutige Fehlerrate bei der Aminoacylierung von tRNA liegt bei 1 zu 10^4.) Das bedeutet, daß der Urcode nicht nur degeneriert, sondern auch mehrdeutig gewesen sein muß, allerdings auf sinnvolle Weise. Später, als die Spezifität des Codes zunahm, wurde eine Gruppe von ähnlichen Codons, die sich verwandte Aminosäuren teilten, auf eine Weise unter diesen aufgeteilt, bei der die Belastungsminimierung zumindest erhalten blieb, wenn nicht sogar gesteigert wurde. Wenn diese Hypothese zutrifft, ist die Evolution des genetischen Codes, wie Orgel (1989) es ausdrückte, mit der Scharfeinstellung eines verschwommenen Bildes vergleichbar.

6.3.3 Was können wir der Phylogenese der tRNA entnehmen?

Die Idee, daß ein Vergleich von tRNA-Sequenzen neue Erkenntnisse über die Entwicklung des genetischen Codes liefern könnte, ist nicht neu (Wong 1975). Beispielsweise besteht große Ähnlichkeit zwischen der $tRNA^{Tyr}$ und der $tRNA^{Phe}$ der Diatomee *Scenedesmus* (Wong 1988). Das ist deshalb hochinteressant, weil Tyrosin und Phenylalanin ähnliche Biosynthesewege, aber ziemlich unterschiedliche Polaritäten haben. Eine systematischere Analyse führten Szathmáry und Zintzaras (1992) mit Daten von Eigen et al. (1989) durch. Letzteren gelang es, die Ursequenzen der tRNAs für alle Aminosäuren außer einer zu bestimmen. Sie zeigten, daß zehn Nucleotidpositionen wahrscheinlich seit der Fixierung des Codes sehr gut konserviert sind. Bei Untersuchungen, bei denen die Verwandtschaft von tRNAs eine Rolle spielte, wurden diese Subsequenzen verwendet.

Zwischen je zwei Codons beziehungsweise Anticodons läßt sich ein Abstand bestimmen (als Anzahl der Punktmutationen), ebenso zwischen den zugehörigen tRNA-Ursequenzen. Auch zwischen den entsprechenden Aminosäuren kann man Abstände ermitteln, und zwar hinsichtlich ihrer chemischen Eigenschaften (vor allem der Polarität) sowie der Biosynthesewege, auf denen sie gebildet werden. Es fragt sich nun, wie gut diese vier Abstände miteinander korrelieren. Die Antwort ist in Abbildung 6.3 dargestellt. Man beachte, daß die in dieser Analyse verwendeten tRNA-Ursequenzen nicht das jeweilige Anticodon enthalten.

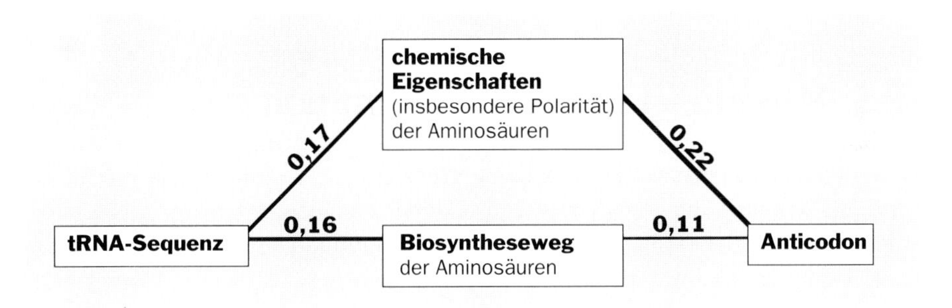

6.3 Korrelationen zwischen Charakteristika des Codes. Alle Korrelationen sind auf dem Fünf-Prozent-Niveau signifikant.

Es ergeben sich zwei wesentliche Schlußfolgerungen:

- Die Ähnlichkeit zwischen tRNA-Sequenzen korreliert mit dem Polaritäts- und dem Biosyntheseabstand. Da diese nicht miteinander korrelieren, scheint es, als hätten beide bei der Evolution des Codes eine wichtige Rolle gespielt.
- Die Unterschiede zwischen Anticodons korrelieren stärker mit dem Polaritätsabstand als mit dem Biosyntheseabstand. Diese Tatsache im Verein mit dem Fehlen einer Korrelation zwischen Codon und tRNA deutet darauf hin, daß seit der ursprünglichen Zuordnung der Codons eine gewisse Evolution stattgefunden hat. Dies könnte durch Codonaustausch geschehen sein, wodurch jede eventuelle Korrelation zwischen Anticodon und tRNA zerstört wurde. Eine andere mögliche Erklärung wäre, daß die Anticodonschleife älter ist als der Rest der tRNA (Rodin et al. 1993). Wie wir noch zeigen werden, steht diese Idee mit unserer Bottom-up-Hypothese in Einklang.

6.3.4 Der „Code innerhalb des Codons“

Gut vereinbar mit den im vorigen Abschnitt gezogenen Schlußfolgerungen ist die folgende Beobachtung. Es fällt auf, daß die erste Codonposition (die 5′-Position) mit der biosynthetischen Verwandtschaft assoziiert zu sein scheint: Die Codons der zur Shikimat- beziehungsweise Pyruvat-, Aspartat- und Glutamatfamilie gehörenden Aminosäuren enthalten an dieser Position meist U respektive G, A und C. Die Polarität dagegen scheint mit der mittleren Codonposition assoziiert zu sein. Diese Gesetzmäßigkeit bezeichneten Taylor und Coates (1989) als „Code innerhalb des Codons“, der ihrer Vermutung nach vor dem tRNA-Ribosomen-System entstanden ist. In Einklang damit steht die Annahme von Swanson (1984), daß die erste Base eines Codons über die Größe der Aminosäure entscheidet (wobei eine Purinbase eine große und eine Pyrimidinbase eine kleine Aminosäure bedeutet) und die mittlere Base die Lage im Protein bestimmt (Purin bedeutet an der Oberfläche, Pyrimidin im Inneren).

6.3.5 Warum ist der Code redundant?

Die Redundanz des genetischen Codes ist offensichtlich: Es gibt zwei Aminosäuren (Serin und Arginin), die von jeweils sechs Codons codiert werden, und vier Codons für eine Aminosäure (*family boxes*) sind relativ häufig. Warum? Eine Vermutung lautet, daß es für Aminosäuren, die in Proteinen häufig sind, mehr Codons gibt als für seltene Aminosäuren. Ist dies eine Eigenschaft des Codes, die sich entwickelte, weil sie die Belastung minimiert, oder entstand sie als bloße Folge eines (neutralen) Mutationsdruckes, nachdem die Redundanz als solche fixiert war?

Es spricht viel dafür, daß die Beziehung zwischen Codonanzahl und Aminosäurehäufigkeit durch Mutationsdruck entstanden ist. Allerdings ist die Korrelation zwischen beiden nicht perfekt (Jukes et al. 1975). Wegen des annähernd neutralen intrazellulären pH-Wertes ist zu erwarten, daß die sauren Aminosäuren (Asparaginsäure und Glutaminsäure) genauso häufig sind wie die basischen (Arginin und Lysin). Dies trifft auch zu, jedoch lassen die Codonhäufigkeiten andere Verhältnisse erwarten, nämlich 13,1 Prozent basische und 6,6 Prozent saure Aminosäuren. Um die Gesamtladung der Proteine zu neutralisieren, hat die Selektion „gegen den Code“ gewirkt. Auch die Häufigkeit anderer Aminosäuren entspricht nicht den Werten, die sich allein aus der Anzahl ihrer Codons ableiten lassen: Alanin ist häufiger, Histidin, Cystein, Prolin, Serin und Leucin sind seltener.

Wir konstatieren, daß die Mehrfachzuordnungen in erster Linie durch Faktoren zustande kamen, die mit der Funktion der Aminosäuren in Proteinen zu einem späteren Zeitpunkt der Evolution nichts zu tun hatten (wir werden darauf noch zurückkommen). Neutraler Mutationsdruck hat dafür gesorgt, daß Aminosäuren mit vielen Codons häufiger in Proteinen vorkommen, die Korrelation ist jedoch nicht perfekt: Es gab außerdem eine „Selektion gegen den Code“.

6.4 Der Ursprung des Codes II: Der Bottom-up-Ansatz

6.4.1 Wie sind die Aminosäure-Nucleotid-Zuordnungen entstanden?

Wir kommen nun zu der zentralen Frage: Wie entstanden die spezifischen Zuordnungen zwischen Aminosäuren und Nucleotiden? Gánti (1983) zufolge muß der Ursprung der Translation und des genetischen Codes einem Weg gefolgt sein, der von Ribozymen zu Proteinenzymen mit identischen Funktionen geführt hat. Wir stimmen dieser Ansicht zu, es liegt jedoch auf der Hand, daß es sich dabei um keinen einfachen Prozeß handelte. Der Abstand zwischen zwei Nucleotiden in Nucleinsäuren beträgt etwa 0,34 Nanometer, der zwischen zwei Aminosäureresten in Proteinen ungefähr 0,36 Nanometer. Diese Übereinstimmung bedeutet, daß ein funktionstüchtiges Ribozym bei Verwendung des heutigen genetischen Codes aus drei Buchstaben nicht als Botenmolekül für ein Protein gleicher Funktion dienen könnte, da die für die katalytische Aktivität entscheidenden Abstände innerhalb des Ribozyms in dem Protein nicht erhalten bleiben würden.

Unserer Ansicht nach dienten die ersten Aminosäuren, die regelmäßig von RNA-Organismen verwendet wurden, als Coenzyme von Ribozymen (Szathmáry 1990, 1993a). Wir vermuten, daß es Cofaktoren gab, die jeweils aus einer Aminosäure und einem oder mehreren daran gebundenen Nucleotiden bestanden. Die Aminosäuren erhöhten das chemische Wirkungsspektrum und die Spezifität der Ribozyme, und die Nucleotide bildeten einen „Griff", durch den die Cofaktoren via Basenpaarung an das Ribozym gebunden wurden (Abbildung 6.4). Übrigens besitzen viele heutige Coenzyme derartige Nucleotidgriffe. Wir sind daher der Ansicht, daß die heutige Aminosäureaktivierung (das heißt die Bindung der Aminosäuren an spezifische tRNAs – der für die korrekte Umsetzung des Codes entscheidende Vorgang) ein Relikt des abschließenden Schrittes in einem Prozeß aus der Frühzeit der Evolution ist, durch den Aminosäurecofaktoren synthetisiert wurden, und daß die Ribozyme, die ihn katalysierten, die ersten Zuordnungskatalysatoren waren.

Aminosäuren haben ein breiteres Spektrum an chemischen Funktionen als unmodifizierte Nucleotide; es muß sich also gelohnt haben, so viele Cofaktortypen wie möglich zu verwenden. Denkbar sind viele Arten von Cofaktoren, die jeweils aus einer bestimmten Aminosäure und einem daran gebundenen bestimmten Oligonucleotid bestehen. Ein solcher Zusammenschluß böte einen doppelten Vorteil: Er würde es den Ribozymen ermöglichen, die Cofaktoren in erster Linie über ihren Griff zu binden, und die eindeutige Zuordnung von Aminosäuren zu Griffen würde gewährleisten, daß die jeweils richtigen Cofaktoren zum Einsatz kämen. Aminosäurecofaktoren wurden vielleicht nur an entscheidenden Punkten eingesetzt, etwa um die Säure-Base-Katalyse oder die Bildung hydrophober Taschen zu unterstützen.

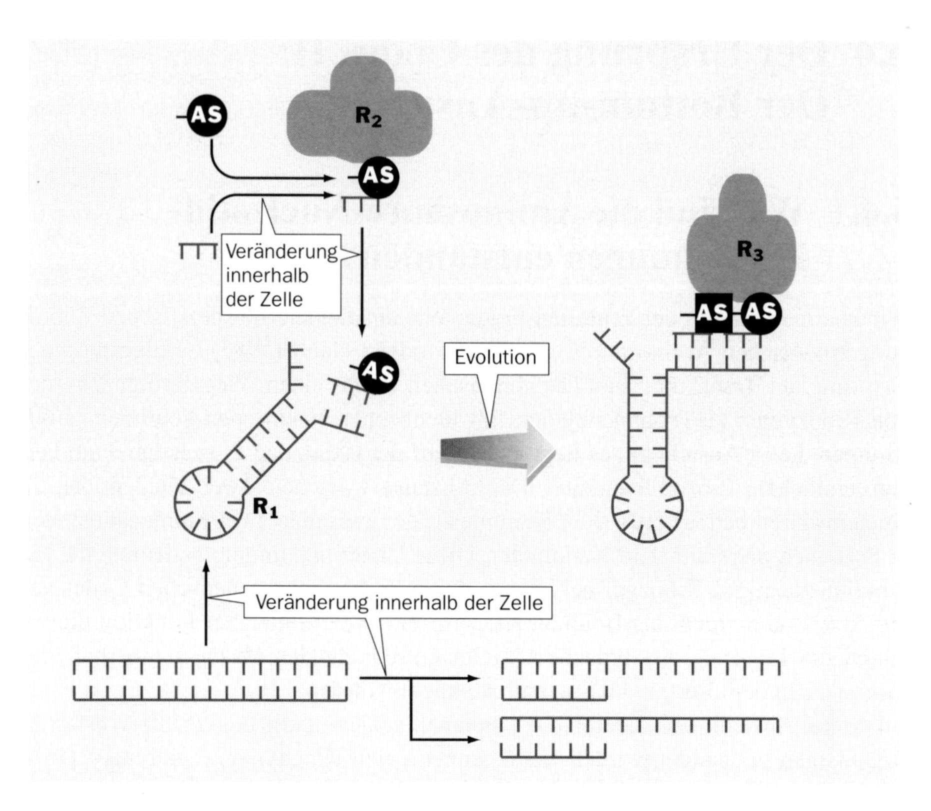

6.4 Eine Hypothese über den Ursprung des genetischen Codes (Erklärung im Text). AS: Aminosäure; R_1: Ribozym mit Cofaktor (mRNA-Vorläufer); R_2: Ribozym, das Aminosäure und Oligonucleotid verknüpft (Zuordnungsenzym); R_3: Ribozym, das Aminosäuren verknüpft (Ribosomen-Vorläufer).

Unsere Annahme, daß die Griffe aus Oligonucleotiden bestanden, hat chemische Gründe. Die Bindung mußte spezifisch, aber reversibel (vorübergehend) sein. Theoretische Überlegungen (Eigen 1971) sowie neuere Experimente (Kazakov und Altman 1992) deuten darauf hin, daß Trinucleotide ideale Cofaktorgriffe gewesen sein könnten. Der Triplettcode hätte damit eine chemische Erklärung.

Natürlich könnte jeder Cofaktor von vielen verschiedenen Ribozymen genutzt worden sein. Zur Entstehung einer spezifischen Zuordnung könnten Affinitäten zwischen Aminosäuren und Nucleotiden beigetragen haben. Beispielsweise ist bekannt, daß hydrophobe Aminosäuren in verschiedenen Lösungen die Nähe von Adenin, der am stärksten hydrophoben Base, bevorzugen. Jede derartige Affinität könnte durch die aktive Sequenz der cofaktorsynthetisierenden Ribozyme verstärkt worden sein.

Da nahezu jede Ribozymfunktion durch Proteine besser hätte erfüllt werden können – zumindest im Prinzip –, haben sich auf den Ribozymen möglicherweise längere Stränge aus nebeneinanderliegenden Aminosäuren gebildet. In diesem Stadium ist die Analogie zum modernen Translationsapparat deutlich. Die ursprünglichen Nucleotidgriffe müssen zu frühen Adaptoren (urtümlichen tRNA-Analoga) geworden sein.

Das nächste Stadium wäre die Bildung von Oligopeptiden gewesen. Dies hätte den Vorteil gehabt, die Adaptoren wiederverwendbar zu machen. Zu diesem Zeitpunkt könnte es zu einer Differenzierung der Ribozymgene gekommen sein: Einige Versionen des ursprünglichen Gens lieferten tRNAs, die zu effizienteren Botenmolekülen wurden, dabei aber an katalytischer Potenz verloren, während andere weiterhin Untereinheiten funktionierender Ribonucleoproteinenzyme produzierten. Eine solche Arbeitsteilung muß vorteilhaft gewesen sein, da funktionsfähige Enzyme schneller aufgebaut werden konnten und die Botenmoleküle wiederverwendbar wurden. Ribozyme, welche die Peptidsynthese katalysierten, wären ebenfalls von Vorteil gewesen und könnten zu Vorläufern der ribosomalen RNAs geworden sein. Die heutige Bildung der Peptidbindungen scheint unter RNA-Katalyse zu erfolgen (Noller et al. 1992).

Wir haben nun also eine Codierung, Botenmoleküle, Adaptoren und RNAsomen (urtümliche Ribosomen). Dennoch bleiben Schwierigkeiten bestehen. Am schwerwiegendsten ist vielleicht das Größenproblem: Die heutigen Botenmoleküle sind erheblich länger als Ribozyme, und Proteinenzyme sind wesentlich länger als die kurzen Peptide, die bei Verwendung eines Ribozyms als „Botschaft" gebildet werden konnten. Die Lösung dieses Problems bleibt offen. Vielleicht liegt sie zum Teil in einer Eigenschaft des codierenden Systems, die in Abbildung 6.5 illustriert ist. Bei einem Triplettcode (wie bei jedem Code mit einer feststehenden Codonlänge) codiert die Tandemwiederholung eines Oligonucleotids ein Polypeptid, das aus

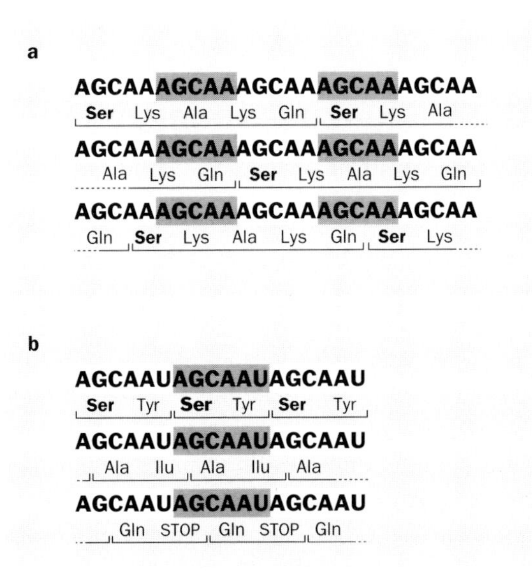

6.5 Verlängerungs- und Codierungskapazität von Oligomerwiederholungen (nach Ohno 1987). a) Das wiederholte Pentanucleotid AGCAA codiert in allen drei Leserastern eine Polypeptidkette aus dem wiederholten Pentapeptid Ser-Lys-Ala-Lys-Gln. b) Das wiederholte Hexanucleotid AGCAAU kann nur Dipeptidwiederholungen codieren; in einem der möglichen Leseraster ist es durch Stopcodons unbrauchbar. Für die Oligoribonucleotideinheiten, aus denen die frühen RNAs bestanden, war also eine Basenzahl günstig, die kein Vielfaches von drei ist.

einer entsprechenden Tandemwiederholung besteht; dies gilt unabhängig vom Leseraster bei der Translation. Das wiederholte Oligonucleotid AGCAA beispielsweise codiert in allen Leserastern das wiederholte Peptid Ser-Lys-Ala-Lys-Gln. Dies trägt dazu bei zu erklären, welche Peptidlänge zu einer Zeit codiert werden konnte, als viele Tripletts noch keiner Aminosäure zugeordnet waren und daher als Stopcodons wirkten. Ein bloßes Anfügen von Nucleotiden nach dem Zufallsprinzip hätte bald zur Termination geführt, eine Vervielfältigung kurzer Peptidabschnitte dagegen nicht.

Entscheidend in unserem unvollständigen Entwurf ist die Annahme einer kontinuierlichen Entwicklung der enzymatischen Aktivität: Da jedes Gen in mehreren Kopien existierte, war ein Experimentieren mit neuen Varianten möglich, ohne einen vollständigen Funktionsverlust zu riskieren. Das ursprüngliche Ribozym diente als schrumpfender Kern oder Gerüst, auf dem sich die neuartigen Proteinstrukturen ansiedelten (Abbildung 6.6). Die Ribonucleoproteinwelt hatte keinen Bestand, aber die Erinnerung an sie ist in den wenigen heute noch existierenden Ribonucleoproteinkomplexen – darunter so wichtigen wie den Ribosomen – erhalten. Dieser imaginäre Prozeß setzt voraus, daß Teile eines Ribozyms durch ein Polypeptid ersetzt werden können, das deren Funktion übernimmt. Daß dies möglich ist, wurde bereits experimentell belegt. Einige der heute noch existierenden Ribozyme kommen in zwei Formen vor: allein oder in Kombination mit einem Protein, wobei erstere länger sind. In einem Fall fand man heraus, daß die zusätzliche RNA und das ergänzende Protein an einander überlappende Bereiche der RNA-Grundstruktur binden (Mohr et al. 1994).

6.4.2 Sind die Codonzuordnungen ein „eingefrorener Zufall“?

Die Hypothese, daß der Ursprung des Codes die Synthese eines Satzes spezifischer Cofaktoren war, läßt offen, ob die Aminosäure-Codon-Zuordnungen zufällig erfolgten oder chemisch determiniert waren. Crick (1968) vermutete, daß es sich bei den Zuordnungen um einen „eingefrorenen Zufall“ handeln könnte. Dies bedeutet jedoch nicht, daß sie ausschließlich nach dem Zufallsprinzip zustande kamen. Beispielsweise könnte die Belastungsminimierung, wie oben erläutert, durchaus eine Rolle gespielt haben. Die Hypothese besagt lediglich, daß es keinen chemischen Grund dafür gibt, daß ein bestimmtes Codon eine bestimmte Aminosäure codiert. Zum Beispiel erfordert die Belastungsminimierung, daß Glutaminsäure (GAA, GAG) und Asparaginsäure (GAT, GAC) von benachbarten Codons spezifiziert werden, aber es ist Cricks Hypothese zufolge ein evolutionsgeschichtlicher Zufall, daß es sich dabei um die Codons GAN handelt. Die Tatsache, daß Aminoacyl-tRNA-Synthetasen die korrekten tRNAs oft nicht am Anticodon erkennen, stützt diese Annahme.

Diese Sichtweise ist wiederholt in Frage gestellt worden. Erwähnenswert ist Woeses (1965) Kopplung der Hypothese der Mehrdeutigkeitsreduzierung mit der soge-

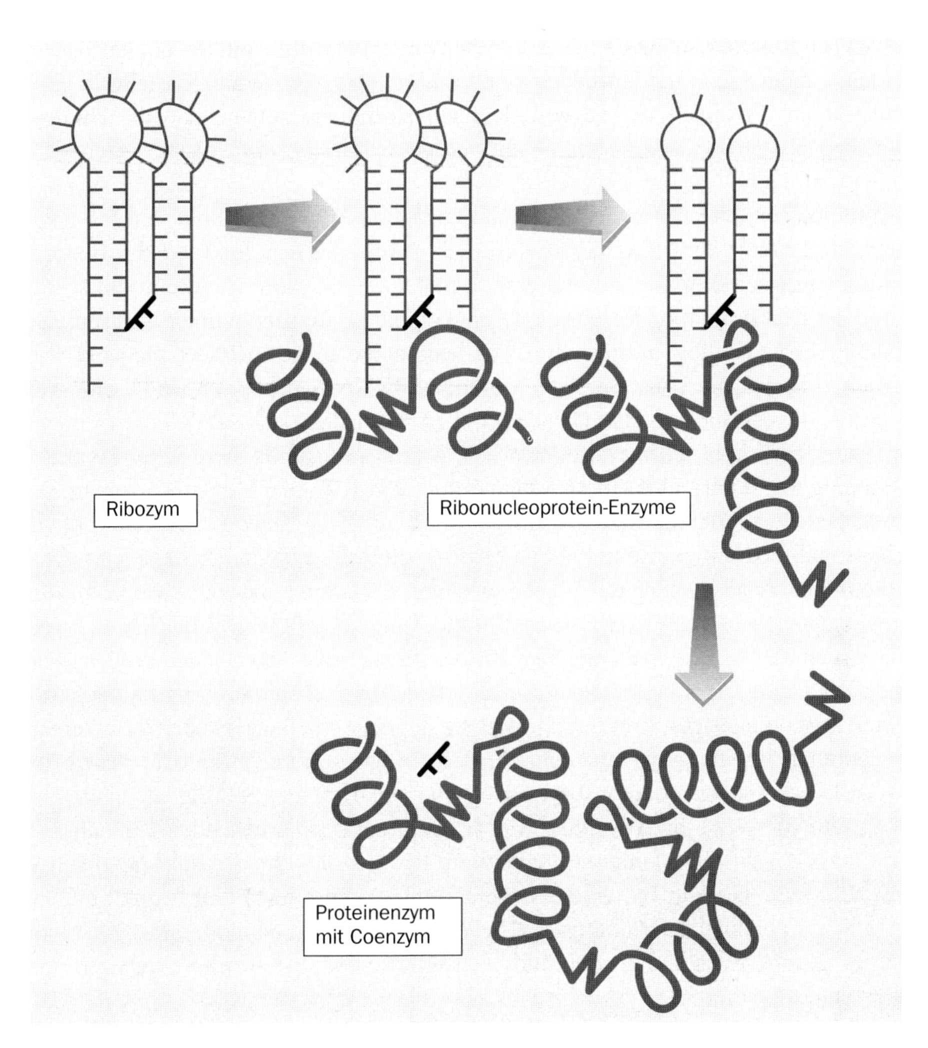

6.6 Evolution der Coenzyme aus Polynucleotiden (nach White 1982). Der hervorgehobene Abschnitt des RNA-Moleküls ist Teil der aktiven Sequenz im Ribozym; er entwickelt sich zum Cofaktor eines Proteinenzyms.

nannten stereochemischen Hypothese: Woese vermutete, daß die Anticodons der ursprünglichen tRNAs die kognaten Aminosäuren stereochemisch erkannten, vergleichbar der Schlüssel-Schloß-Beziehung zwischen Substrat und Enzym. Zweifellos war auf diese Weise keine allzu genaue Unterscheidung möglich, daher die Mehrdeutigkeit. Falls diese Vermutung zutrifft, müßte zwischen Aminosäuren und Anticodons zumindest eine allgemeine chemische Ähnlichkeit, wenn nicht sterische Komplementarität zu finden sein. Wünschenswert wäre eine direkte stereochemische Komplementarität. Den in dieser Hinsicht vielversprechendsten Ansatz lieferte Shimizu (1982), der zeigte, daß zwischen dreidimensionalen Molekülmodellen eines Komplexes aus dem Anticodon und der sogenannten Diskriminatorbase der tRNA (unmittelbar neben dem 3′-CCA-Schwanz) einerseits und der cognaten Aminosäure andererseits tatsächlich eine Schloß-Schlüssel-Beziehung besteht. *In vitro*-Messungen für einige der vorgeschlagenen Komplexe zeigen, daß die Bindung wirklich existiert – wenn sie auch nicht besonders stark ist – und diskriminierend zu sein scheint.

Szathmáry (1993a) entwickelte eine detaillierte Hypothese über den Ursprung und die Struktur der ersten Synthetase-Ribozyme, die festigend auf die Bindung zwischen diesen Komplexen und den cognaten Aminosäuren wirkten und so den Grad der Diskrimination steigerten. Diese Hypothese impliziert unter anderem, daß die selbstspleißenden Introns, die man heutzutage in den tRNAs mancher Prokaryoten findet, die Überreste von Aminoacyl-tRNA-Synthetasen sind – eine Vermutung, die erstmals von Ho (1988) geäußert wurde.

Ein entscheidendes Experiment zur Überprüfung der stereochemischen Hypothese schlug Szathmáry (1989b) vor. Man erinnere sich an den obigen Vorschlag, daß verschiedene Ribozyme durch *in vitro*-RNA-Synthese produziert werden könnten. Ebensogut möglich erscheint die Produktion von RNAs, die in der Lage sind, Aminosäuren zu binden. Nach entsprechenden Vorversuchen ließe sich eine ganze Reihe verschiedener, jeweils für eine bestimmte Aminosäure spezifischer RNAs erzeugen. Auch die Bildung verschiedener RNAs, die dieselbe Aminosäure binden, wäre möglich. Daraufhin könnte man die selektierten Moleküle auf ein signifikantes Auftreten anticodonartiger Strukturen testen. Solange dies nicht geschehen ist, erscheint es lediglich intuitiv unwahrscheinlich, daß die von Shimizu (und für verwandte Modelle von anderen) demonstrierte Komplementarität rein zufällig entstanden ist.

Erfreulicherweise hat Famulok (1994) bereits ein entsprechendes Versuchsprogramm in Angriff genommen. Er selektierte RNA-Moleküle, die sich spezifisch an Citrullin (eine nicht in Proteinen vorkommende Aminosäure) und Arginin binden. In letzterem Fall ist die Bindungsstelle eher codonartig als anticodonartig. Wir können es kaum erwarten, daß nach und nach weitere codierte Aminosäuren systematisch getestet werden.

6.4.3 Wie kann eine in hohem Maße mehrdeutige Translation funktionieren?

Daß Mehrdeutigkeit bei der Translation deren Effizienz beeinträchtigen würde, ist offensichtlich. Außerdem kann eine solche Mehrdeutigkeit jedoch auch aus einem nicht offensichtlichen Grund von besonderer Bedeutung sein: Sie kann zu einer „Fehlerkatastrophe“ führen (Orgel 1963). Die folgende Überlegung verdeutlicht dies. Man stelle sich vor, daß in jeder Zelle durch Translationsfehler fehlerhafte Proteine entstehen. Dies bedeutet zwar einen Verlust an Effizienz, aber keinen tödlichen. Man nehme aber weiter an, daß einige dieser nicht korrekt funktionierenden Proteine selbst an der Translation beteiligt sind, beispielsweise als Zuordnungskatalysatoren. In diesem Fall könnte ein einziger Fehler in einem Durchgang der Proteinsynthese mehrere Fehler im nächsten Durchgang verursachen. Damit käme es zu einem exponentiellen Anstieg der Fehlerhäufigkeit – zur Fehlerkatastrophe. Diese Überlegung wurde erstmals im Zusammenhang mit dem Alterungsprozeß geäußert, doch hier geht es uns um etwas anderes: Konnte die Translation in Anbetracht der ungenauen Arbeitsweise der frühen Enzyme anfangs überhaupt funktionieren? Die RNA-Welt könnte eine erfreuliche Lösung dieses Problems bieten. Wenn die ersten Zuordnungskatalysatoren ebenso wie die Protoribosomen Ribozyme und keine Proteine waren, hat es Orgels fatale Fehlerschleife gar nicht gegeben, da sich in diesem Fall die Ribozyme (einschließlich der Synthetasen) ohne wesentliche Hilfe durch neugebildete Oligopeptide selbst repliziert hätten. Zu dem Zeitpunkt, an dem Proteine begannen, eine entscheidende Rolle zu spielen, wäre die Genauigkeit der Codierung bereits ausreichend gewesen.

6.4.4 Warum gibt es 20 Aminosäuren?

Warum es nicht mehr als 20 proteinogene Aminosäuren gibt, ist unbekannt, doch schlug Szathmáry (1991) kürzlich eine Antwort auf diese Frage vor, die der in Abschnitt 5.5 beschriebenen hypothetischen Lösung des Problems der Größe genetischer Alphabete analog ist. Eine Erweiterung des Katalyse-Alphabets (durch Vermehrung der Aminosäuren) ist vorteilhaft, weil die katalytische Effizienz im Stoffwechsel insgesamt zunimmt. Allerdings muß der Proteinsyntheseapparat bei der Translation zwischen nahe verwandten Aminosäuren unterscheiden. Es könnte sein, daß die Genauigkeit der Translation ab einem bestimmten Umfang des Katalyse-Alphabets abnimmt. Da die Translationsgenauigkeit für die Fitneß weniger ausschlaggebend ist als die Replikationsgenauigkeit (Proteine sind ersetzbar), ist zu erwarten, daß der optimale Umfang des Katalyse-Alphabets bei einer relativ großen Anzahl verschiedener Aminosäuren mit entsprechend geringerer Translationsgenauigkeit liegt. Dieses Problem bedarf noch einer eingehenden Analyse.

7. Die Entstehung von Protozellen

7.1 Einführung

Im Zusammenhang mit der Entstehung von Zellen müssen vor allem die folgenden Punkte geklärt werden:

- die Notwendigkeit einer aktiven (selbsttätigen) Kompartimentierung, sobald der Metabolismus nicht mehr an eine Oberfläche gebunden ist;
- der Ursprung und der Mechanismus der spontanen Teilung von Protozellen;
- das Transportproblem; einfache Membranen sind nicht durchlässig genug, um die Passage wichtiger Nährstoffe zu erlauben;
- die Frage, ob die ersten Protozellen autotroph oder heterotroph waren und wie sich der erste autokatalytische Stoffwechselzyklus entwickelte;
- Eisen-Schwefel-Welt und RNA-Welt – ob sie einander ausschließen oder sich ergänzen;

- die Entstehung der beiden Membranen der gramnegativen Bakterien, der urtümlichsten heute noch lebenden Organismengruppe;
- der Ursprung der Chromosomen und der DNA-Synthese.

Wir werden diese Themen der Reihe nach behandeln.

7.2 Die Notwendigkeit aktiver Kompartimentierung

Wie bereits erörtert wurde, hat die präbiotische Pizza die Fähigkeit, Metaboliten und Gene räumlich zu fixieren. Dies ist aus zwei Gründen von Vorteil: 1. Reaktionspartner bleiben nahe beieinander, wodurch gewährleistet ist, daß die Reaktionsraten hoch genug sind und daß wichtige Verbindungen nicht abdriften. 2. Gene interagieren – direkt (durch wechselseitige Beeinflussung der Replikation) oder indirekt (durch die Katalyse von Stoffwechselschritten) – nur mit ihren Nachbarn; die Selektion kann daher für Kooperation zwischen Genen sorgen, die andernfalls miteinander konkurrieren würden.

Das Leben hat sich vor langer Zeit von Oberflächen gelöst. Auf irgendeine Weise muß die passive Fixierung durch einen aktiven Prozeß der Membranbildung, -erhaltung und -teilung ersetzt worden sein.

7.3 Der Ursprung von membranbildenden Molekülen und Membranen

Die Biomembranen der heutigen Organismen bestehen aus einer Lipiddoppelschicht, mit der Proteine auf verschiedene Weise assoziiert sind. Die Doppelschicht bildet sich aus, weil die Membranbestandteile sogenannte amphipathische (oder amphiphile) Moleküle sind: Sie besitzen einen hydrophilen Kopf und einen hydrophoben Schwanz (Abbildung 7.1). Da die chemischen Wechselwirkungen zwischen Wassermolekülen wesentlich stärker sind als zwischen Wasser und hydrophoben Verbindungen, werden letztere von Wasser so weit wie möglich verdrängt. Dies hat zur Folge, daß die Schwänze amphipatischer Moleküle sich einander zuwenden. Eine flach ausgebreitete Doppelschicht wäre kein Zustand mit minimaler innerer Energie, da ihre Kanten dem Wasser zugewandt wären. Eine energetisch günstige Lösung ist dagegen die Bildung eines Lipidvesikels. Proteine können entweder mit den hydrophilen Köpfen oder mit den hydrophoben Schwänzen der Lipidmoleküle in Wechselwirkung treten; im letzteren Fall muß ein Bereich der Proteinoberfläche aus hydrophoben Aminosäuren bestehen. Derartige Proteine können in die Lipid-

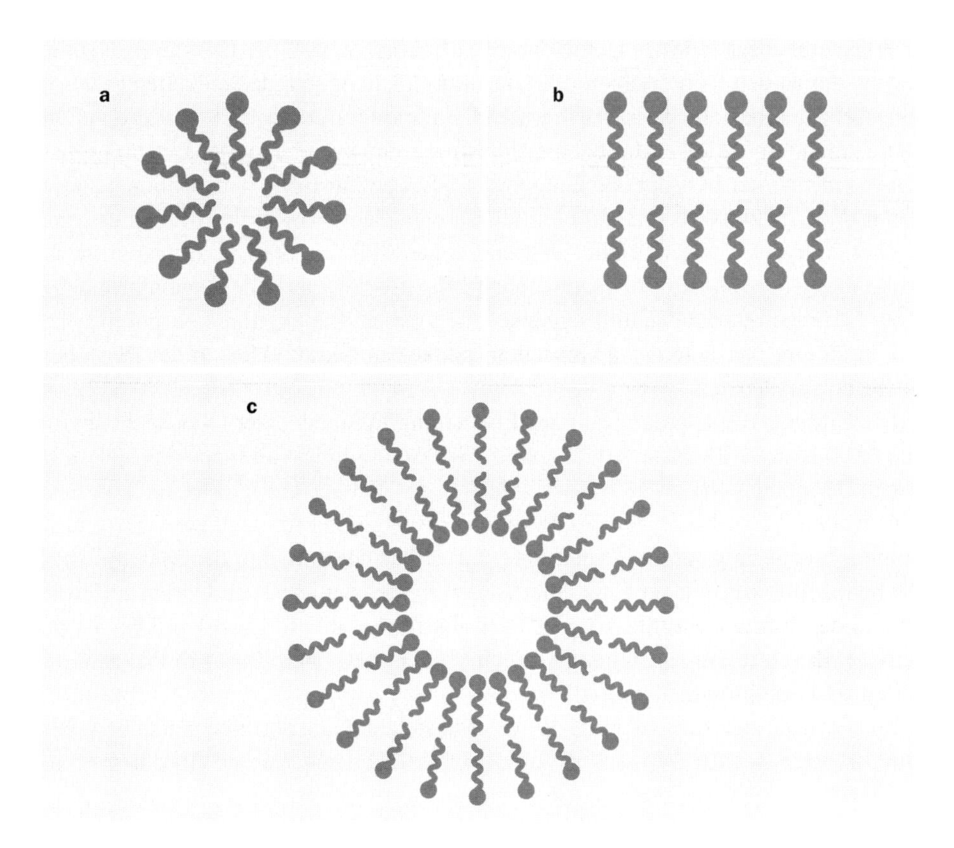

7.1 Supramolekulare Strukturen, die amphipathische Moleküle in Wasser bilden: a) Micelle, b) Lamelle, c) Vesikel. Zu beachten ist das wäßrige Innere des Vesikels.

doppelschicht eintauchen und dort verbleiben. Aus Gründen, die bereits erörtert wurden, sind wir jedoch der Ansicht, daß Proteine, die durch Translation entstehen, erst spät zu Membrankomponenten wurden.

Ein schwacher Punkt in der Hypothese von der Ursuppe ist, wie wir bereits gesehen haben, die spontane Bildung von Lipiden. Wenn alle Lipidbestandteile – nämlich Fettsäuren, Glycerin und Phosphat – vorhanden sind, ist ihre spontane Kondensation nicht einmal unwahrscheinlich (Eichberg et al. 1977; Epps et al. 1978). Das Problem besteht darin, daß zur Membranbildung Fettsäuren mit einer ausreichend langen linearen hydrophoben Kette (mit mehr als zehn Kohlenstoffatomen) erforderlich sind. Unter Bedingungen, wie sie in der Ursuppe geherrscht haben dürften, bilden sich nur verzweigte Fettsäuren entsprechender Größe, deren Fähigkeit zur Membranbildung ungewiß ist. Interessanterweise konnten aus dem Murchison-Meteoriten membranogene, lipidähnliche Substanzen extrahiert werden, was darauf hindeutet, daß es eine Möglichkeit zur abiotischen Bildung gibt, die nicht unbedingt unter Bedingungen wie in der Ursuppe erfolgen muß.

Wächtershäuser (1988) machte darauf aufmerksam, daß der heutige Biosyntheseweg, der zu den Isoprenoiden führt, aus oberflächengebundenen Kettenverlängerungsschritten besteht. Sobald die ersten Lipide in der präbiotischen Pizza auftauchen, verändern sie lokal das chemische Milieu. Sie verdrängen Wasser und schaffen so eine stärker hydrophobe Umgebung. Dies begünstigt Kondensationsreaktionen (durch die zum Beispiel Nucleinsäuren entstehen) sowie die Bildung energiereicher Anhydride wie Pyrophosphat und sogar ATP. Dadurch wird wiederum die Ausstattung der Lipide mit Pyrophosphatgruppen erleichtert, die wegen ihrer negativen Ladungen starke Bindungseigenschaften haben. Langkettige Fettsäuren könnten durch eine Variante des archaischen reduktiven Citratzyklus an der Pyritoberfläche entstanden sein.

Die Bildung von Lipiden führt zur Entstehung lipidbedeckter Oberflächenbereiche (Abbildung 7.2). Früher oder später wird es zumindest an manchen Stellen zu einem Übergang von „Öl-in-Wasser"-Flecken zu „Wasser-in-Öl"-Flecken kommen. Eine weitere Vermehrung der Lipide kann zur Ausbildung semizellulärer Strukturen durch Abschnürung führen (Abbildung 7.3). Man beachte, daß der Metabolismus der Semizelle aufgrund der autokatalytischen Zyklen der Urpizza inhärent autotroph ist und daß Ionen weiterhin von der Pyritoberfläche geliefert werden. Dies ist der erste echte Schritt zur Entstehung von Individuen in der präbiotischen Pizza. Semizellen sind Semiorganismen.

Später, nach der Entwicklung des erforderlichen Transportmechanismus (siehe unten), lösten sich die Semizellen von der Oberfläche und wurden zu echten Proto-

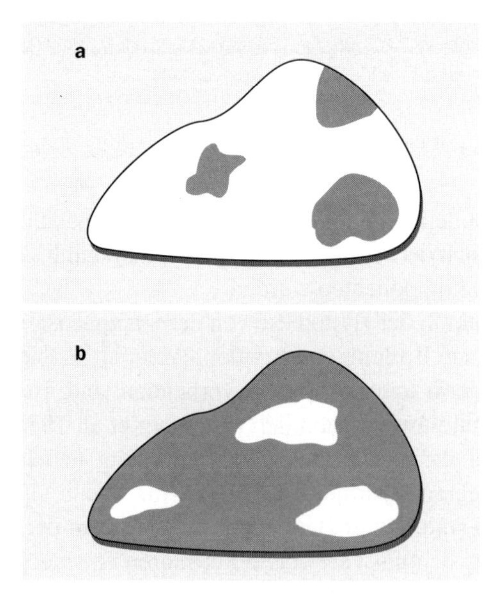

7.2 a) „Öl-in-Wasser"- und „Wasser-in-Öl"-Flecken auf einer Mineraloberfläche. Die dunklen Bereiche sind von amphipathischen (membranogenen) Molekülen bedeckt. Natürlich müssen die Kopfgruppen der Moleküle Eigenschaften haben, die eine Bindung an die Oberfläche erlauben (etwa bei einer Pyritoberfläche anionisch sein).

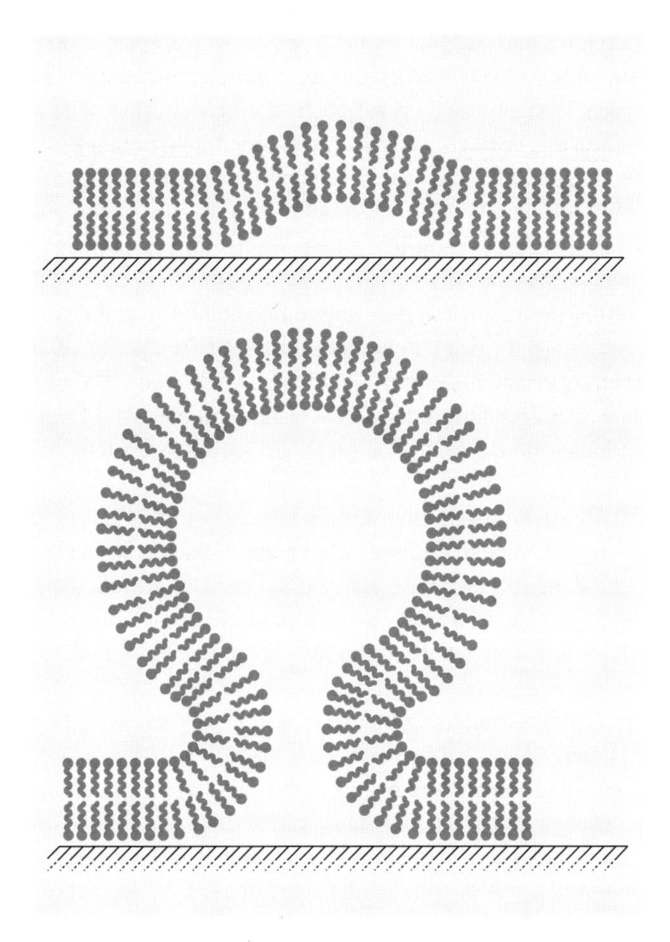

7.3 Zellbildung durch Abschnürung von einer Mineraloberfläche (nach Wächtershäuser 1988).

zellen. Dies erforderte allerdings auch einen Mechanismus, der die Zellteilung ermöglichte.

7.4 Spontane Zellteilung

Wir denken uns eine Protozelle als prinzipiell chemotonartig (vergleiche Abbildung 2.2): Ein zum System gehörender autokatalytischer Zyklus muß die membranbildenden Moleküle liefern. Es liegt auf der Hand, daß die existierende Membran diese Moleküle spontan aufnehmen würde; die doppelschichtige Membran würde sich also durch einen autokatalytischen Prozeß ausdehnen. Es ergeben sich zwei Fragen: 1. Welche Konsequenzen hat das synchronisierte autokatalytische Wachstum des Metabolismus und der Membran? 2. Ist ein Mechanismus denkbar, der eine spontane Teilung erlaubt? Wir werden diese Fragen der Reihe nach behandeln.

Synchronisiertes Wachstum von Stoffwechsel und Membran bedeutet, daß Oberfläche und Volumen des Vesikels gleich schnell zunehmen. Schon Rashevsky (1938) wies darauf hin, daß dabei keine Kugelform beibehalten werden kann, da die Oberfläche einer Kugel mit dem Quadrat des Radius wächst, das Volumen hingegen mit der dritten Potenz. Zwar ist es möglich, jedem Wachstumszustand des Systems zwei Kugeln verschiedener Größe zuzuordnen, deren Gesamtvolumen und Oberfläche im richtigen Verhältnis zueinander stehen, aber eine solche Lösung des Konflikts zwischen Oberfläche und Volumen ist energetisch ungünstig, da die Oberflächenspannung (*bending energy*) der kleineren Kugel sehr hoch wäre. Die einzig mögliche Lösung ist daher eine Zweiteilung, sobald Gesamtvolumen und Gesamtoberfläche sich verdoppelt haben und zwei gleich große Protozellen entstehen können (Gánti 1978).

Eine genauere Betrachtung ist unter Einbeziehung der Physik der Elastizität möglich. Befassen wir uns zunächst mit verschiedenen Gleichgewichtskonformationen der Membran und dann mit sich teilenden Systemen. Die grundlegende Arbeit über die elastischen Eigenschaften von Lipiddoppelschichten stammt von Helfrich (1973), der zeigte, daß von der Krümmung abhängige Faktoren über die Gestalt nicht kugelförmiger Membranen entscheiden. Eine Übersicht über den derzeitigen Stand derartiger Untersuchungen gibt Lipowski (1991); im folgenden rekapitulieren wir einige Details.

Die beiden entscheidenden Punkte sind: 1. bei stark gekrümmten Membranen ist die Krümmungsenergie (Oberflächenspannung) hoch, und 2. auch Kanten sind aufgrund des Kontakts zwischen Wasser und hydrophoben Fettsäureketten energetisch ungünstig. Membranen mit ausreichender Ausdehnung können ihre Energie stets senken, indem sie eine geschlossene Oberfläche bilden. Wenn das eingeschlossene Volumen keinem Zwang unterliegt, wird sich dabei stets eine Kugel ausbilden, wirken dagegen sowohl auf die Oberfläche als auch auf das Volumen Zwänge, so ist die Kugelform unter Umständen unmöglich.

Abbildung 7.4 zeigt einige im Experiment beobachtete Gleichgewichtsformen. Der Kontrollparameter für die dargestellten Formveränderungen ist in diesem Fall die Temperatur. Die Abweichung von der Kugelform entsteht nicht durch auf das eingeschlossene Volumen wirkende Zwänge, sondern weil sich die innere und die äußere Schicht bei Erwärmung mit unterschiedlicher Geschwindigkeit ausdehnen – vielleicht infolge molekularer Verunreinigungen.

Es scheint also, daß für die Bildung von Vesikeln, ihre Form und ihre Teilung zwei Faktoren verantwortlich sind: sowohl auf die Oberfläche als auch auf das Volumen wirkende Zwänge, was die Kugelform verhindert und möglicherweise die Teilung forciert, sowie eine unterschiedliche Beschaffenheit der inneren und der äußeren Schicht. Für die Annahme, daß in urzeitlichen Membranen Mischungen aus verschiedenen amphiphilen Molekülen eine wichtige Rolle spielten, spricht unter anderem der folgende Grund. Viele Vesikeltypen entstehen nur bei Zufuhr einer beträchtlichen Menge mechanischer Energie (etwa durch Beschallung), sind dann metasta-

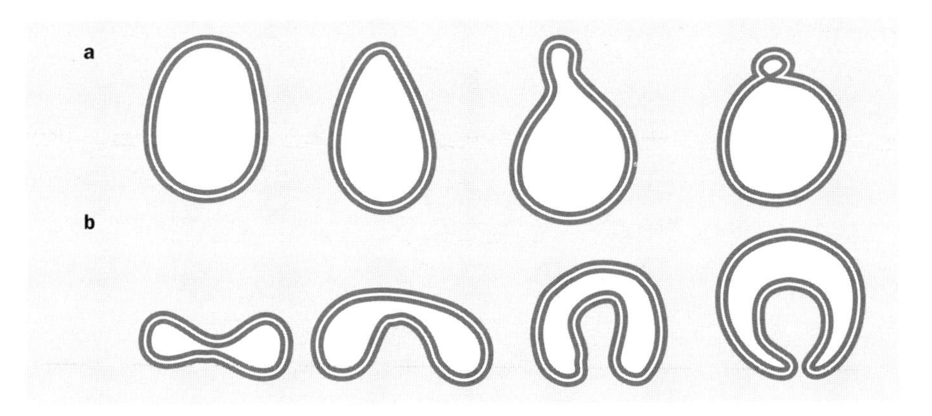

7.4 Experimentell durch Temperaturveränderungen verursachte Verformungen von Vesikeln: a) „Sprossung", b) „Endocytose" (nach Lipowski 1991).

bil und werden wieder zu multilamellären flüssig-kristallinen Aggregaten. Kaler et al. (1989) zeigten jedoch, daß aus einer Mischung einfacher, einschwänziger kationischer und anionischer amphiphiler Moleküle spontan stabile Vesikel entstehen können. Sie haben einen Radius von 30 bis 80 Nanometern und sind mindestens ein Jahr lang stabil. Ihre Größe hängt von der Gesamtkonzentration und dem Verhältnis ihrer Bausteine ab.

Von Safran et al. (1990) stammt der folgende Erklärungsversuch. Vesikel können dadurch stabilisiert werden, daß die beiden membranbildenden Molekülarten in der inneren Membranschicht andere Konzentrationen aufweisen als in der äußeren. Durch diese Konzentrationsunterschiede in Kombination mit den Wechselwirkungen zwischen Kationen und Anionen wird es möglich, daß die beiden Schichten die gleiche Krümmung mit entgegengesetztem Vorzeichen ausbilden, wie Abbildung 7.5 in vereinfachter Form illustriert.

Die Teilung läßt sich möglicherweise dadurch erklären, daß die Membran infolge von Veränderungen ihrer Oberfläche und des umschlossenen Volumens eine Reihe von Quasi-Gleichgewichtszuständen durchläuft, deren letzter zwei gleich große Kugeln sind. Wenn die Stoffwechselgeschwindigkeit nicht zu hoch ist, ist dies eine gute Näherung. Tarumi und Schwegler (1987) versuchten, eine Gleichung für die Formveränderung von Protozellen abzuleiten. Sie nahmen an, daß die Membranbildung autokatalytisch unter Verbrauch eines Nährstoffes erfolgt. Die Veränderung der Oberflächenkrümmung im zeitlichen Verlauf läßt sich berechnen: Das anfangs sphärische Vesikel nimmt allmählich Hantelform an, und nach Verstärkung der Teilungsfurche folgt vermutlich die Teilung als eine Möglichkeit, die in den Gleichungen entstehende Singularität zu lösen. Die experimentelle Bestätigung dieser Art der Teilung von Protozellen steht jedoch noch aus.

Eine vielversprechende Versuchsreihe nahmen Luisi und seine Kollegen auf (Bachmann et al. 1992). Sie zeigten, daß 1. die *de novo*-Bildung amphiphiler Micellen aus Vorläufermolekülen möglich ist und daß 2. die Micellen Replikatoren sind:

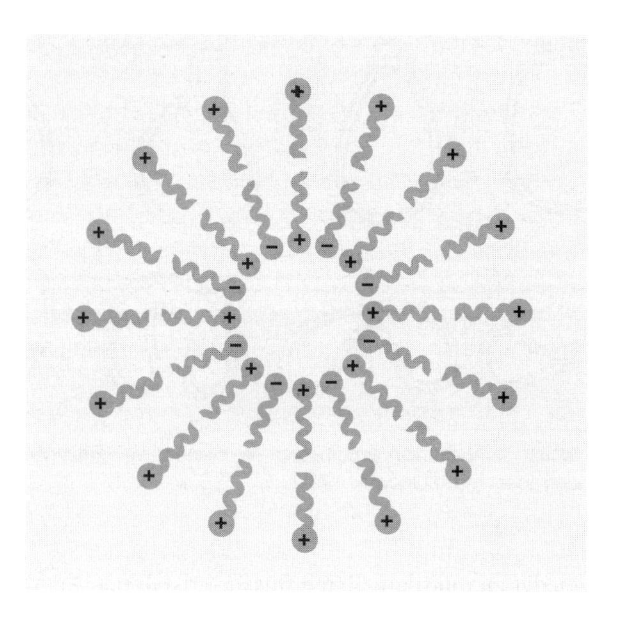

7.5 Ein stabiles Vesikel aus membranogenen Molekülen mit kationischen (–) und anionischen (+) Kopfgruppen. In der inneren Schicht liegen die Kopfgruppen wegen der Ionenbindungen nahe beieinander. In der äußeren Schicht sind sie wegen der Abstoßung zwischen den positiven Ladungen weiter voneinander entfernt. Die beiden Schichten krümmen sich daher mit entgegengesetztem Vorzeichen, wodurch das Vesikel stabilisiert wird.

Ihre Dichte nimmt autokatalytisch zu. Tatsächlich ist der autokatalytische Effekt so stark, daß man vermutet, es gebe zwei autokatalytische Schritte: die Entstehung der membranbildenden Moleküle aus ihren Vorläufern und die Zunahme des Micellenvolumens. Wie die Autoren gezeigt haben, können Micellen in stabilere Vesikel überführt werden, indem man den pH-Wert des Mediums mit Hilfe von gelöstem Kohlendioxid verändert. Es gibt vorläufige Hinweise darauf, daß die Vesikel sich auch autokatalytisch vermehren können (Pier Luigi Luisi, persönliche Mitteilung). Letztendlich anzustreben ist natürlich die Synthese eines realistischen Chemotons, wie es von Gánti (1987) vorgeschlagen wurde.

7.5 Das Problem des Membrantransports

Inwieweit hängen Wachstum und Teilung von Protozellen von der Permeabilität ihrer Membranen ab? Im Idealfall könnte ein System wie das Chemoton in Abbildung 2.2 funktionieren, ohne daß es zu Komplikationen bei der Passage durch seine Membran käme. Wenn das System autotroph ist (und das muß es sein, da die Ursuppe selbst „autotroph" ist), muß es nur kleine Moleküle wie Schwefelwasserstoff und Kohlendioxid aufnehmen. Moleküle dieser Größe können vermutlich durch die Membran diffundieren (Wächtershäuser 1992).

Ein Problem ist jedoch, daß das idealisierte Netzwerk des Chemotons den Ionenbedarf des Stoffwechsels überhaupt nicht berücksichtigt. Die Membranen aller heutigen Einzeller enthalten Transportproteine, die als Ionen- und Molekülpumpen fungieren, wobei die erforderliche Energie letztlich von ATP stammt. So findet man bei allen Bakterien ein Ca^{2+}/H^{+}-Antiportsystem. Geht man davon aus, daß die Protozelle nicht autotroph, sondern heterotroph war, verschärft sich das Problem, da nun auch organische Moleküle aufgenommen werden müssen. Mit Sicherheit sind Lipiddoppelschichten für viele Elektrolyte sowie für hydrophile Moleküle ziemlich impermeabel.

Einen Ausweg bietet die Annahme, daß die Evolution über Semizellen verlief. Auch hier konnten kleine, apolare Nährstoffe die Membran passieren, und Eisen-, Phosphat- und Spurenmetallionen könnten die mineralischen Körnchen geliefert haben, an welche die Semizellen angeheftet waren. Der Oberflächenmetabolismus könnte sich seitlich auf andere eisenhaltige Mineralien als Pyrit ausgebreitet haben, beispielsweise auf Eisensulfide mit absorbierten Phosphationen (Wächtershäuser 1992). Semizellen, die in der Lage waren, Ionen aus dem Medium aufzunehmen, konnten relativ ionenarme Bereiche besiedeln. In diesem Stadium wäre jede Verbindung – ob groß oder klein –, welche die Diffusion von Ionen erleichtern konnte, in die Membran integriert worden und hätte die Fitneß der Semizelle erhöht. Nötig war allerdings eine stark salzhaltige Umgebung, da die Semizellen andernfalls Ionen verloren und nicht aufgenommen hätten. In weniger salzhaltige Bereiche konnte das Leben erst vordringen, als es die Fähigkeit zum aktiven Membrantransport unter Verbrauch von ATP erworben hatte – vermutlich erst nach der Entstehung der Translation.

Wie Stilwell (1976) demonstrierte, ist die Katalyse von Transportprozessen durch kleine Moleküle eine durchaus realistische Möglichkeit. Er zeigte, daß Doppelschichten relativ permeabel für Glycin, Lysin und Histidin werden, wenn man dem Medium Aldehyde zufügt; am wirksamsten ist dabei Pyridoxal. Zu beachten ist, daß der Nettotransport bei der katalysierten Diffusion (*mediated* oder *facilitated diffusion*) immer nur in Richtung des Konzentrationsgradienten erfolgen kann. Substanzen, die in ein Vesikel hineintransportiert werden sollen, müssen in dessen Innerem in geringerer Konzentration vorliegen als im Medium. Diese Bedingung läßt sich erfüllen, wenn sie im Stoffwechsel verbraucht werden, etwa wenn Monomere zu Polymeren kondensieren oder wenn Metallionen von Nucleinsäuren oder Proteinen gebunden werden. Die Diffusion von Eisenionen in Semizellen könnte unter anderem durch Lipidmoleküle mit mehreren SH-Gruppen katalysiert worden sein. Später sind möglicherweise Siderophoren für eine echte Chelatbildung entstanden (Wächtershäuser 1992). Auch an membranbildende Moleküle gebundene RNA-Fragmente könnten als Carrier gedient haben. Das wichtigste Fazit der eben angestellten Überlegungen ist, daß der Entstehung von Protozellen aller Wahrscheinlichkeit nach eine Phase vorausgegangen sein muß, in der Semizellen Ionentransporter entwickelt haben.

7.6 Die frühen Vorfahren der autotrophen Organismen

Wir gehen davon aus, daß die Protozellen autotroph waren und Ribozyme besaßen. Die Autotrophie der Protozelle ist ein Vermächtnis des Oberflächenmetabolismus. Früher war die Vorstellung relativ weit verbreitet, der Stoffwechsel sei ursprünglich heterotroph gewesen. Dabei übersah man zwei wichtige Aspekte: 1. Primitive heterotrophe Kompartimente ohne ausreichende Membranpermeabilität hätten sich selbst erstickt. 2. Falls sich spontan autokatalytische Zyklen bilden konnten, dürften sie sich im Medium vermehrt haben. Eine Protozelle, die ein solches Medium aufnahm, war im Vorteil gegenüber anderen, die dazu nicht in der Lage waren, – erfolgreiche Protozellen müssen autotroph gewesen sein und anorganischen Kohlenstoff assimiliert haben.

Wächtershäuser (1990) entwickelte eine Theorie über die Natur des ersten autokatalyischen Zyklus, die in Exkurs 7A umrissen wird.

Exkurs 7A: Autokatalytische Zyklen für die CO_2-Fixierung

Bei den heutigen Organismen gibt es zwei autokatalytische Zyklen für die CO_2-Fixierung: den Calvin-Zyklus oder reduktiven Pentosephosphatzyklus und den reduktiven Citratzyklus. Hartmann (1975) äußerte die Vermutung, daß letzterer möglicherweise aus der Frühzeit der Evolution stammt. Denkbar ist eine urzeitliche Version dieses Zyklus, in der die SH-Gruppen mit OH-Gruppen und die Carbonyle mit Thioderivaten koexistierten. In diesem Zusammenhang bemerkenswert sind die oberflächenbindenden Eigenschaften der Carboxylat- ($-COO^-$) und der Thiocarboxylatgruppe ($-COS^-$). Die Nettogleichung des hypothetischen archaischen Zyklus lautet:

$$4CO_2 + 7H_2 \rightarrow (CH_2{-}COOH)_2 + 4H_2O, \quad \Delta G = -160 \text{ kJ/mol}$$

Die Gesamtreaktion ist also exergonisch. Reduktionsäquivalente werden natürlich durch die Bildung von Pyrit bereitgestellt, eine wesentlich stärker exergonische Reaktion:

$$4HCO_3^- + 2H^+ + 7H_2S + 7FeS \rightarrow (CH_2{-}COO^-)_2 + 7FeS_2 + 8H_2O, \quad \Delta G = -429 \text{ kJ/mol}$$

Außerdem kann man zeigen, daß der hypothetische urzeitliche Zyklus in thermodynamischer Hinsicht nicht allzu „uneben" ist, das heißt, es gibt darin keinen stark endergonischen Schritt. Der erste Metabolismus war also chemoautotroph: Die Energie für die Kohlenstoffixierung stammte aus der Oxidation von Eisensulfid.

Ein solcher autokatalytischer Zyklus ist an sich schon interessant, wenn er aber ein Subsystem im Stoffwechsel einer (Semi-)Zelle sein soll, muß er auch noch andere Produkte liefern können. Wie Wächtershäuser (1990) darlegte, ist eine interessante Verkettung von autokatalytischen Zyklen denkbar, bei der immer längere Kohlenstoffketten und schließlich langkettige, für die Lipidsynthese brauchbare Fettsäuren gebildet werden. Auf diese Weise lassen sich auch mehrere andere Nebenreaktionsklassen erklären, die zu den folgenden Produkten und Biosynthesewegen führen:

- zu den Aminosäuren Aspartat und Glutamat,
- zum Tetrapyrrolweg, der unter anderem zu den Porphyrinen führt, und
- zur Bildung von Phosphatestern aus geminalen Thiol-Phosphat-Gruppen.

Hinsichtlich dieses urzeitlichen Zyklus stellen sich zwei wichtige Fragen, die wir im folgenden erörtern werden: Wie ist er entstanden, und durch welche Veränderungen ist er verschwunden?

Es erscheint nicht abwegig, von einer langsamen reduktiven Carboxylierung von Kohlendioxid zu Oxalat (über Thiocarbonat) auszugehen, wobei die notwendige Energie aus der Bildung von Pyrit stammte; das Oxalat könnte weiter reduziert und durch repetitive Carboxylierung in Oxalacetat überführt worden sein (Wächtershäuser 1990).

Der archaische Zyklus bestand aus oberflächengebundenen Intermediaten. Im Laufe der Evolution von Semizellen zu Zellen müssen sich diese Moleküle von der Pyritoberfläche gelöst haben; dies könnte auf den folgenden Wegen geschehen sein:

1. Katalysatoren mit lipophilen und kationischen Gruppen entstanden.
2. Es entwickelten sich spezielle Reaktionen zur Eliminierung der oberflächenbindenden Gruppen.
3. Der Stoffwechsel arbeitet mit zwei verschiedenen Nicotinamid-Coenzymen: NAD^+ und $NADP^+$. Ihre unterschiedliche Rolle im Stoffwechsel läßt sich folgendermaßen erklären. Der Übergang vom Oberflächenmetabolismus zum Cytosolstoffwechsel mit Ribozymen ist möglicherweise schrittweise erfolgt. Es wäre extrem schädlich gewesen, alle an die Oberfläche gebundenen Coenzyme gleichzeitig von dieser zu lösen, da die meisten Reaktionen immer noch an der Oberfläche erfolgt sein dürften. Für Coenzyme, die es in mehreren Formen mit unterschiedlicher Neigung zur Oberflächenbindung

gab, war die Wahrscheinlichkeit höher, diesen Übergang zu überleben. Bei den Nicotinamid-Coenzymen könnte es sich um einen solchen Fall handeln: Während $NADP^+$ noch an die Oberfläche gebunden war, wurde NAD^+ zunehmend im Cytosol genutzt. Seither wird (mit wenigen Ausnahmen) im Katabolismus stets NAD^+, im Anabolismus $NADP^+$ verwendet. Die Gärung entwickelte sich vermutlich im Cytosol, ist also erst relativ spät in der biochemischen Evolution entstanden (siehe auch Cavalier-Smith 1987c).

Die weitere Evolution des archaischen reduktiven Citratzyklus durch Ablösung von der Oberfläche ist vorstellbar (Wächtershäuser 1990), wenn man dabei nicht vergißt, daß die Entstehung von polyanionischen Katalysatoren mit Thiolgruppen ($-CH_2-SH$), etwa von Coenzym A, eine entscheidende Rolle spielte und daß schließlich Enzyme mit Eisen-Schwefel-Gruppen, wie die Ferredoxine, im Stoffwechsel erschienen sein müssen, um das Pyrit vollständig (und endgültig) zu ersetzen.

7.7 Der Stoffwechsel von Riboorganismen – die Eisen-Schwefel-Welt trifft auf die RNA-Welt

Zwischen Ribozymen und Eisen-Schwefel-Proteinen klafft offensichtlich eine breite Lücke. Auffälligerweise enthält RNA keinen Schwefel. Man könnte daher glauben, daß Proteine für den oben geschilderten Übergang vom Oberflächenmetabolismus zum Cytosolstoffwechsel unbedingt erforderlich waren. Diese Annahme ist falsch. Benner et al. (1987, 1989) listen die funktionellen Gruppen auf, über die RNA- und Proteinenzyme verfügen – sowohl sekundäre chemische Modifikationen als auch Cofaktoren. Sie zeigen, daß ein auf RNA basierender Redoxmetabolismus nicht unmöglich ist und schlagen einige entscheidende biochemische Prozesse vor, die in einem Riboorganismus entstanden sein könnten. Bei allen spielt RNA auch heute noch eine gewisse Rolle. Um solche Prozesse zu identifizieren, sollte man sein Augenmerk auf die folgenden Indizien richten:

- Der fragliche Vorgang muß sich zumindest bei Eubakterien finden, möglichst aber auch bei Archaebakterien und Eukaryoten.
- Der Prozeß sollte gewisse Eigenheiten aufweisen, die heutzutage keine besondere Funktion mehr haben und sich daher am besten als Relikte eines früheren Zustands erklären lassen.

Die Anwendung des zweiten Kriteriums erfordert ein auf entsprechenden Kenntnissen basierendes Gefühl für die Organische Chemie. Beispielsweise ist in bestimmten Fällen Pyrophosphat ein ebensoguter Phosphatdonor wie ATP oder S, S-Dimethylthioacetat ein ebensoguter Methyldonor wie das RNA-Coenzym S-Adenosylmethionin – die Beteiligung von Adenin an heutigen Stoffwechselprozessen könnte also ein Relikt sein.

Unter Beachtung dieser Kriterien ist eine Reihe katalysierter Stoffwechselprozesse vorstellbar, die Riboorganismen – vor der Evolution der Translation und codierter Proteinenzyme – besessen haben könnten. Diese Prozesse sind in Exkurs 7B aufgeführt.

Exkurs 7B: Stoffwechselprozesse bei Riboorganismen

- ***DNA-Replikation.*** Dieser Punkt ist ein wenig überraschend, liegt jedoch fast auf der Hand. Es ist anzunehmen, daß die DNA-abhängigen RNA-Polymerasen aller Organismen homolog sind. Alle Lebewesen besitzen Ribonucleotidreduktasen. Diese katalysieren die Reduktion von Ribonucleotiden zu Desoxyribonucleotiden, obwohl alternative Wege zu deren Synthese möglich wären. Einige Ribonucleotidreduktasen verwenden das Vitamin-B_{12}-Coenzym. Und nicht zuletzt ist die DNA-Synthese ein sehr viel einfacherer Prozeß als die Translation und würde einem Organismus durch Steigerung der Replikationsgenauigkeit und der Hydrolyseresistenz auch für sich genommen einen starken Selektionsvorteil verschaffen. (Eine Komplikation besteht darin, daß es in der belebten Welt mindestens drei verschiedene, nicht homologe Ribonucleotidreduktasen gibt. Dies legt die Vermutung nahe, daß es sich bei der ursprünglichen Reduktase um ein Ribozym handelte, das zu einem relativ späten Zeitpunkt der Evolution durch Proteine ersetzt wurde.)
- ***Riboorganismen synthetisierten Tetrapyrrole.*** Der C_5-Syntheseweg für den Tetrapyrrolvorläufer 5-Aminolaevulinat umfaßt die Reduktion eines RNA-gebundenen Glutaminsäuremoleküls. Zudem dient dieser Reaktionsweg bei photosynthetisch aktiven Eubakterien und Eukaryoten zur Synthese von Chlorophyll und bei Archaebakterien zur Synthese der Faktoren F_{430} und B_{12}.
- ***Riboorganismen trieben wahrscheinlich Photosynthese.*** Abgesehen von den eben erwähnten Tatsachen stützt sich diese Behauptung lediglich darauf, daß die Photosynthese – wie die DNA-Synthese – ein sehr viel einfacherer Prozeß ist als die Translation und gegenüber der von der präbiotischen Pizza geerbten Chemosynthese einen hohen Selektionsvorteil bietet. Wir vermuten, daß in dieser Phase der Evolution einige Eisen-Schwefel-RNAs aktiv waren (ein fehlendes Bindeglied zwischen der Eisen-Schwe-

fel-Welt und den heute für den Elektronentransport zuständigen Eisen-Schwefel-Proteinen).

- ***Riboorganismen synthetisierten Terpene.*** Der Syntheseweg für höhere Terpene ist bei allen Organismen ähnlich. Besonders bemerkenswert ist, daß das Eubakterium *Rhodopseudomonas acidophila* in seiner Membran Hopanoid-RNA-Verbindungen (Hopanoide sind prokaryotische Isoprenoide) enthält, wobei die RNA den polaren Kopf des Moleküls bildet. (Diese Entdeckung paßt zu unserer Vermutung, daß RNAs bei den Anfängen der katalysierten Diffusion und bei der Kontrolle der Membranzusammensetzung eine Rolle gespielt haben könnten.) Falls Riboorganismen Terpene synthetisieren konnten, war eine Synthese von Fettsäuren nicht notwendig. Für die Fettsäuresynthese ist Biotin (ein RNA-freies Coenzym) und ein Acyl-Carrier-Protein erforderlich. Dies beweist jedoch nicht, daß die Fettsäuresynthese sich erst spät entwickelt hat; wie wir bereits gesehen haben, läßt sie sich aus dem Oberflächenmetabolismus ableiten.

7.8 Die Evolution spezifischer Enzyme

Die heutigen Enzyme sind meist hochspezifisch für bestimmte Reaktionen; echte Bifunktionalität ist extrem selten. Daraus ergeben sich zwei Fragen: 1. Aus welcher Art von Enzymen bestand das ursprüngliche Enzymsystem? 2. Wie verlief die Evolution vom damaligen zum heutigen Zustand? Diese Fragen wurden von Kacser und Beeby (1984) untersucht.

Der Einfachheit halber denke man sich eine Serie von simplen biochemischen Reaktionen, die jeweils entweder durch mono- oder durch multifunktionelle Enzyme katalysiert werden können. Wie empirische Daten zeigen, ist die katalytische Aktivität von uncodierten Polypeptiden schwach und unspezifisch. Aus diesem und anderen Gründen gab es zunächst vermutlich lediglich eine Reihe multifunktioneller Enzyme. Die Effizienz dieser frühen Enzyme dürfte gering gewesen sein, da nicht anzunehmen ist, daß ihre aktiven Zentren für alle Reaktionen, an denen sie beteiligt waren, eine gute und spezifische Paßform hatten. Diese Argumentation gilt sowohl für Ribozyme als auch für Proteinenzyme. Unter welchen Bedingungen ist die Evolution von effizienten, spezifischen Enzymen möglich?

Eine Verbesserung des Systems durch Mutationen scheidet aus, wenn jedes Gen nur in einfacher Ausfertigung in der Zelle vorkommt – vor allem weil eine gesteigerte Spezifität für eine bestimmte Reaktion die katalytische Effizienz des Enzyms bei anderen Reaktionen verringert. Kacser und Beeby (1984) kommen in ihrer Analyse zu dem Schluß, daß ein System, in dem die Gene nur in einfacher Ausfertigung vorkommen, in bezug auf Mutationen in der Falle sitzt und daraus nur schwer entkommen kann.

Eine andere Situation liegt vor, wenn die Gendosis variabel ist. Mit zunehmender Kopienzahl eines bestimmten Gens und entsprechend zunehmender Enzymkonzentration steigt der Gewinn in Form einer Erhöhung der Stoffwechselrate aber immer langsamer. Wenn man die Kosten einer höheren Gendosis berücksichtigt, gibt es für jedes Gen eine optimale Kopienzahl. Ein System, das im Laufe der Evolution diese optimale Gendosis entwickelt hat, kann aus der im vorigen Absatz beschriebenen Falle entkommen. Es ist nun in der Lage zu experimentieren, indem es jeweils eine Kopie eines Gens variiert. Kacser und Beeby (1984) kamen zu dem Ergebnis, daß das Endstadium eines solchen Systems, vorausgesetzt es gibt Mutationen, ein Satz hochspezifischer Enzyme ist. Die entscheidenden Elemente dieses Prozesses sind die Duplikation und die Divergenz von Genen, die zu einer effizienten Aufteilung der Stoffwechselarbeit zwischen den Enzymen führen.

7.9 Die Entstehung der beiden Membranen der Negibakterien (gramnegativen Bakterien)

Blobel (1980) entwarf das Bild einer seltsamen Protozelle, der gewendeten Zelle (*inside-out cell*) oder Obzelle (*obcell*), das von Cavalier-Smith weiter konkretisiert wurde. Das wesentliche Verdienst dieser Idee ist, daß sich mit ihrer Hilfe die Entstehung der beiden Membranen (der Plasmamembran und der äußeren Membran) der Negibakterien einfach durch Abflachung und Krümmung der ursprünglichen Obzelle und anschließende Verschmelzung der dabei entstandenen Ränder erklären läßt (Abbildung 7.6). Einen Stoffaustausch zwischen den beiden Membranen hätten die neuentstandenen Bayerschen Flecken ermöglicht – Kontaktregionen, an denen die Zellwand fehlt. Die Evolution der Porine – porenbildender Proteine in der äußeren Membran, die alle Moleküle mit einem Molekulargewicht von weniger als 600 durchlassen – wäre während dieser Transformation erfolgt (Cavalier-Smith 1987c). Eine Erklärung für den Ursprung der Membranen der Negibakterien ist deshalb wichtig, weil diese die urtümlichste heutige Lebensform darstellen.

Obwohl die gramnegativen Bakterien eine sehr alte Organismengruppe zu sein scheinen, ist es durchaus möglich, daß sich ihre zweite Membran erst relativ lange nach dem Ursprung der Protozellen durch einen unbekannten Prozeß entwickelt hat. Wenn wir uns jedoch die Sichtweise von Cavalier-Smith zu eigen machen, daß die Doppelmembran aus Plasma- und äußerer Membran gleichzeitig mit der Protozelle selbst entstanden ist, müssen wir ein entsprechendes Szenario entwickeln. Das Hauptproblem bei der Idee von der Obzelle besteht darin, daß Metaboliten und Genprodukte nicht ausreichend gut räumlich fixiert sind. Unserer Ansicht nach muß die Doppelmembran, wenn sie wirklich frühen Ursprungs ist, während der Zeitspanne entstanden sein, in der Semizellen auf Oberflächen dominierten. Wir zeigen zwei

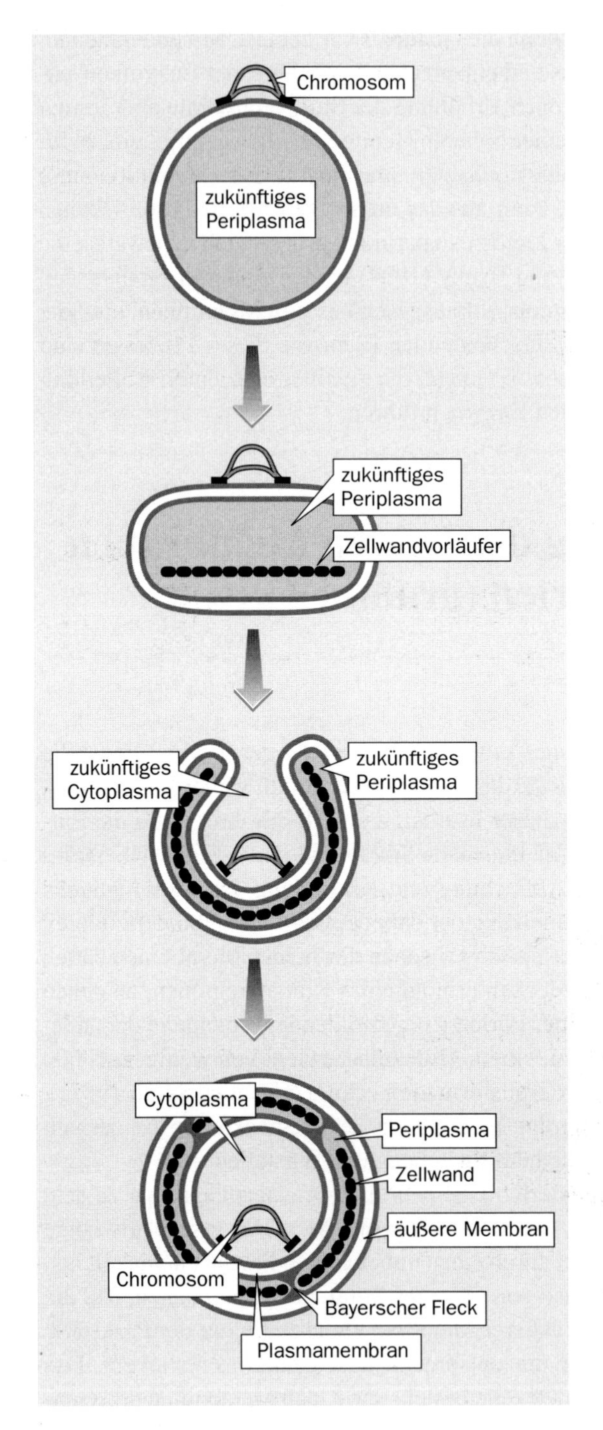

7.6 Der Ursprung der gramnegativen Bakterien (Negibakterien) durch Bildung abgeflachter „Obzellen", Krümmung und Verschmelzen der so entstandenen Ränder (aus Blobel 1980; Cavalier-Smith 1987c).

Möglichkeiten auf, wie Protozellen mit Doppelmembranen entstanden sein könnten: entweder indem eine Doppelmembran auf einer Pyritoberfläche zunächst eine Semizelle bildete und sich dann von der Oberfläche löste (Abbildung 7.7) oder durch Kollision einer Protozelle mit einfacher Zellmembran und einer Semizelle. Die Entscheidung sollte zugunsten der biochemisch plausibleren Möglichkeit fallen.

Wir favorisieren die allmähliche Evolution einer Semizelle mit Doppelmembran an einer Oberfläche, und zwar aus den folgenden Gründen: Bei diesem Prozeß wird die Pyritoberfläche ebenso zur räumlichen Fixierung und Nährstoffversorgung genutzt wie durch Wächtershäusers ursprüngliche Semizelle; er erlaubt die allmähliche Bildung der späteren Zellwand, welche die Festigkeit erhöht; weil der effektive Transport ins Innere der Semizelle für diese von Vorteil ist (siehe oben), wird der Einbau von (funktionell) porinähnlichen Molekülen in die äußere Membran begünstigt; schließlich ist die Entstehung von Kontaktstellen (den späteren Bayerschen Flecken) zwischen den beiden Membranen wahrscheinlich. Semizellen mit einer vorteilhaften Membranstruktur könnten sich durch Wachstum ihres Stoffwechsels und ihrer Membranen schneller als andere auf neue Oberflächen ausbreiten. Die Bayerschen Flecken würden den gerichteten Strom von membranbildenden Molekülen aus dem Inneren der Semizelle zur äußeren Membran ermöglichen. Durch Lösung solcher Semizellen von der Oberfläche würden Protozellen entstehen, deren Hülle derjenigen der heutigen Negibakterien ähnelt (Abbildung 7.7).

Außerdem sollte erwähnt werden, daß man auf elektronenmikroskopischen Aufnahmen schon vor langer Zeit multilamelläre, oft sphärische Strukturen aus amphipathischen Molekülen entdeckt hat; zu ihrer Bildung ist keine Beteiligung von Membranproteinen oder Zellwandmaterial erforderlich (Bangham und Horne 1964). Kaler et al. (1989) beobachteten die spontane Bildung von zwei Vesikeln, deren eines das andere umschloß. Für den Teilungsmechanismus einer Protozelle mit Doppelmembran könnten durchaus noch Oberflächenspannung und Krümmung entscheidend gewesen sein, vorausgesetzt, die zukünftige Zellwand hatte sich noch nicht völlig geschlossen, sondern bestand aus einzelnen Stücken. Dabei wäre allerdings eine sehr genaue Kontrolle der Zusammensetzung der vier Membranschichten (zwei Doppelschichten) erforderlich gewesen. Diese Überlegung muß durch Berechnungen nachgeprüft werden.

7.10 Die Entstehung der Chromosomen

Im Laufe der Evolution der Protozellen müssen aus nicht gekoppelten Genen gekoppelte hervorgegangen sein. Es ist also wichtig, die Selektionskraft und den molekularen Mechanismus zu identifizieren, die diesen Übergang ermöglicht haben.

Ein mathematisches Modell von Maynard Smith und Szathmáry (1993) liefert einen Vorschlag für die Art der Selektionskraft. Ausgangspunkt ist das Modell der

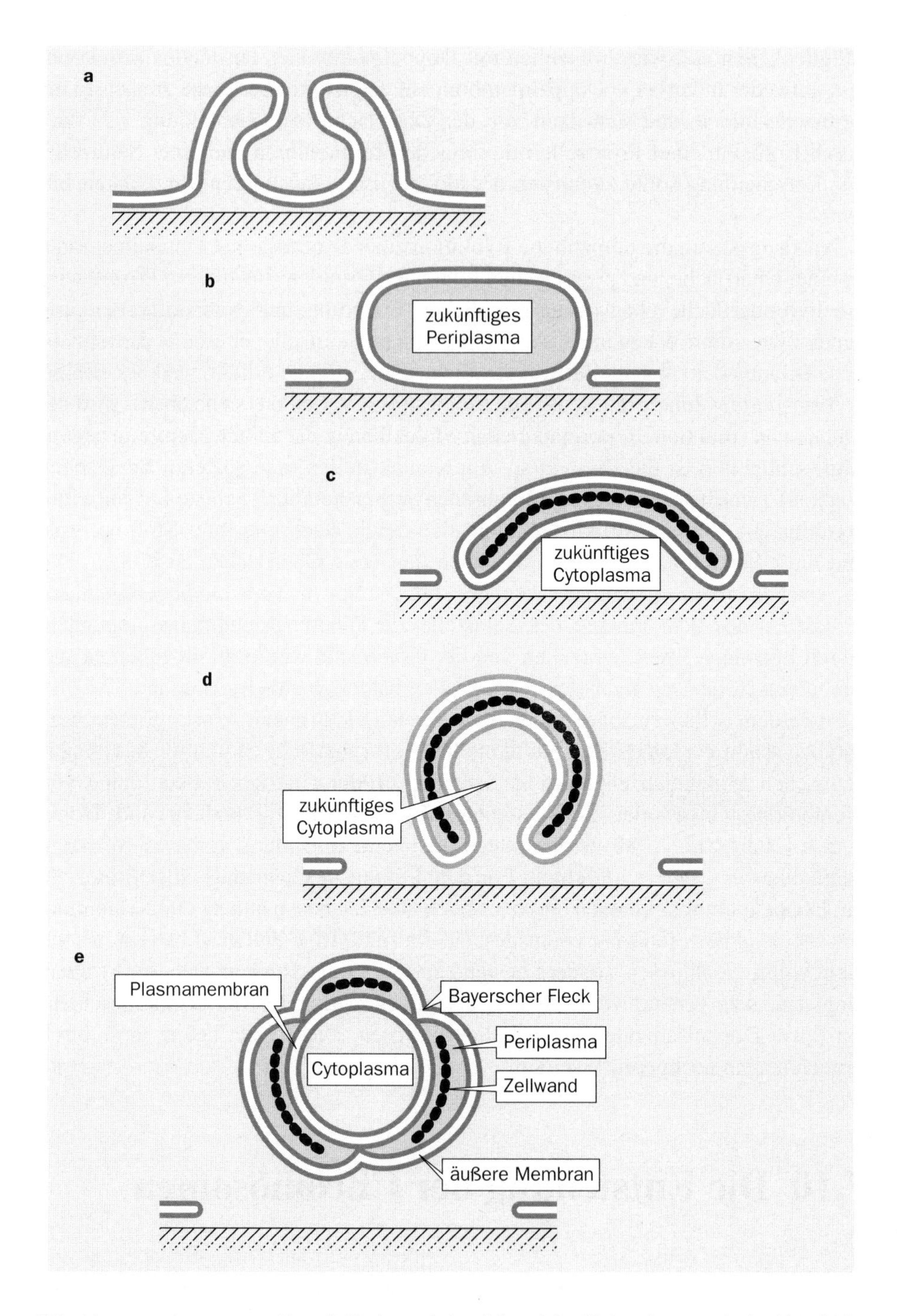

7.7 Ursprung der gramnegativen Bakterien auf einer Mineraloberfläche; das genetische Material ist nicht dargestellt.

stochastischen Korrektur mit seinen ungekoppelten Genen. Man denke sich eine einfache Protozelle mit zwei wichtigen Genen. Unter welchen Bedingungen wird ein primitives Chromosom, in dem die beiden Gene gekoppelt sind, in der Population häufiger? Zunächst muß man bedenken, daß Chromosomen innerhalb einer Zelle einen Konkurrenznachteil haben, weil ihre Replikation länger dauert als die von ungekoppelten Genen. Das genaue Ausmaß dieses Nachteils hängt von verschiedenen Bedingungen ab, aber eine Verdoppelung der Replikationsdauer ist sicher keine übertriebene Schätzung.

Die Annahme einer verdoppelten Replikationsdauer für Chromosomen muß begründet werden, denn wenn es diesen Selektionsnachteil nicht gäbe, wäre es kein Problem, die Entstehung der Chromosomen zu erklären. Ein solcher Nachteil wäre nicht gegeben, wenn an einem Chromosom (das heißt an zwei gekoppelten Genen) doppelt so viele Replikasemoleküle arbeiten würden wie an einem einzelnen Gen. Wir glauben jedoch, daß diese Vorstellung falsch ist (Abbildung 7.8): Die Replikation von Chromosomen dauert tatsächlich länger als die von einzelnen Genen. Es stellt sich also die Frage: Wie wird dieser Nachteil der Chromosomen gegenüber einzelnen Genen innerhalb derselben Zelle überwunden?

Es stellte sich heraus, daß Chromosomen in Konkurrenz mit einzelnen Genen überlegen sind, wenn erstens beide Gene für die effiziente Reproduktion der Zelle benötigt werden und zweitens die Anzahl der Moleküle pro Protozelle gering ist. Das ist darauf zurückzuführen, daß durch die Kopplung zweier sich ergänzender Gene gewährleistet ist, daß jede Tochterzelle beide erhält. Um dies zu verstehen, kann man den Vorgang aus dem Blickwinkel der Gene betrachten. Es seien *A* und *B* zwei einander ergänzende Gene, und *AB* sei das Chromosom. Wann ist ein Gen *A* besser gestellt: wenn es allein ist, oder als Teil eines Chromosoms? Für sich allein wird es in der Zelle schneller repliziert. Allerdings kann ein Gen *A*, das Teil eines Chromosoms ist, sicher sein, daß es sich in der nächsten Generation in einer Zelle wiederfindet, die auch ein Gen *B* enthält, also in einer Zelle mit hoher Fitneß, während ein einzelnes Gen *A* unter Umständen in eine wenig überlebenstüchtige Zelle ohne ein Gen *B* gelangt. Ein zweiter Vorteil der Kopplung ist die Synchronisierung der Replikation und damit der Wegfall der Konkurrenz von Genen innerhalb einer Zelle. Dies ist vor allem wichtig, wenn sich eines der Gene wesentlich schneller repliziert als die anderen: Je mehr sich die Gene einer Zelle hinsichtlich ihrer Fitneß unterscheiden, desto stärker ist die Selektion der Kopplung.

Das molekulare Szenario für die Entstehung der Kopplung ist kompliziert (Szathmáry und Maynard Smith 1993a). Es wurden Lösungen für drei Probleme vorgeschlagen: 1. für den Ursprung eines RNA-Chromosoms, in dem RNA-Gene gekoppelt sind, 2. für die Entwicklung der Transkription (gekoppelter Gene) und 3. für die Entstehung von DNA-Chromosomen, welche die RNA-Chromosomen verdrängten. Wegen der zahlreichen biochemischen Details werden wir nur die Punkte 2 und 3 kurz diskutieren; Punkt 1 läßt sich entweder durch ein Ligase-Ribozym erklären, das die RNA-Gene koppelte, oder durch „Kopiewahl"-Rekombination (*copy-choice recombination*), bei der ein Austausch der Matrizen durch die Replikase für das kontinuierliche Kopieren eines Gens nach dem anderen sorgt. Das entscheidende

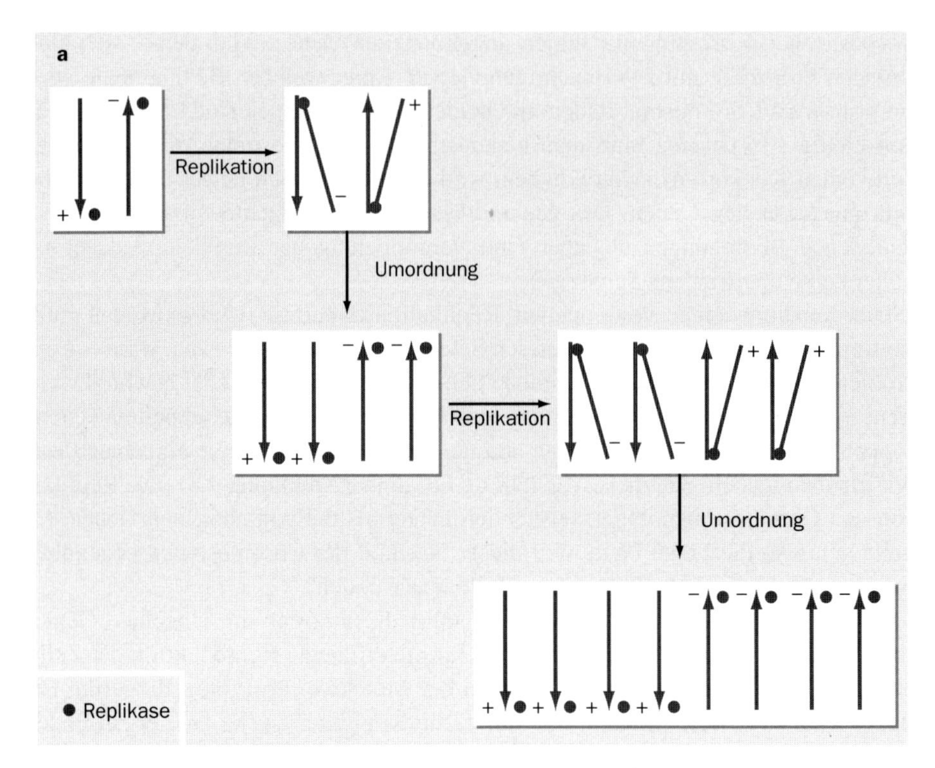

7.8 Der intrinsische Nachteil von Chromosomen gegenüber Genen. Die Diagramme (oben und nächste Seite) zeigen die Replikation von a) Genen und b) Chromosomen. In beiden Abbildungen gilt: 1. Der geschwindigkeitsbegrenzende Schritt ist das Entlangwandern der Replikase an einem Gen. Jeder mit „Replikation" bezeichnete Schritt dauert gleich lange. Zur „Umordnung" gehört die Trennung der Kopien von den Matrizen und die Bindung einer neuen Replikase; die dafür benötigte Zeit ist vernachlässigbar kurz. 2. Eine neue Replikase kann an ein Gen binden, wenn die vorige dessen Ende erreicht hat. Es zeigt sich, daß die Replikation von Chromosomen der langsamere Prozeß ist. Selbst wenn wir den mit * bezeichneten Zustand als Ausgangspunkt nehmen, ist die Ausgangskonfiguration nach zwei Replikationsschritten nicht einmal verdreifacht, während sie sich in a) vervierfacht hat. Der entscheidende Grund hierfür ist, daß ein neuer Strang nicht als Matrize dienen kann, bevor seine Synthese abgeschlossen ist. Das Ergebnis wäre das gleiche, wenn eine neue Replikase schon früher binden könnte, beispielsweise nachdem die vorige Replikase erst die Hälfte des Gens entlanggewandert wäre. Das Diagramm wäre dann allerdings komplizierter.

Problem dabei ist natürlich, wie bei einem derartigen Ablauf das ungestörte Funktionieren des gesamten genetischen Systems möglich war.

Die Lösung für das Problem der Replikationsregulation und der Entstehung der Transkription stützt sich auf eine Annahme von Weiner und Maizels (1987) in deren Modell der „genomischen Etikettierung" (*genomic tag model*): Replizierbare Moleküle müssen an ihrem 3′-Ende ein tRNA-artiges „Etikett" (*tag*) besessen haben, das von der (in $5' \rightarrow 3'$-Richtung arbeitenden) Replikase erkannt wurde. Alle RNA-Viren, die ohne ein DNA-Zwischenprodukt repliziert werden, besitzen ein solches Etikett. Von dieser Annahme ausgehend, ergibt sich die im folgenden beschriebene Dynamik der Replikation und Genexpression (Abbildung 7.9). Dabei

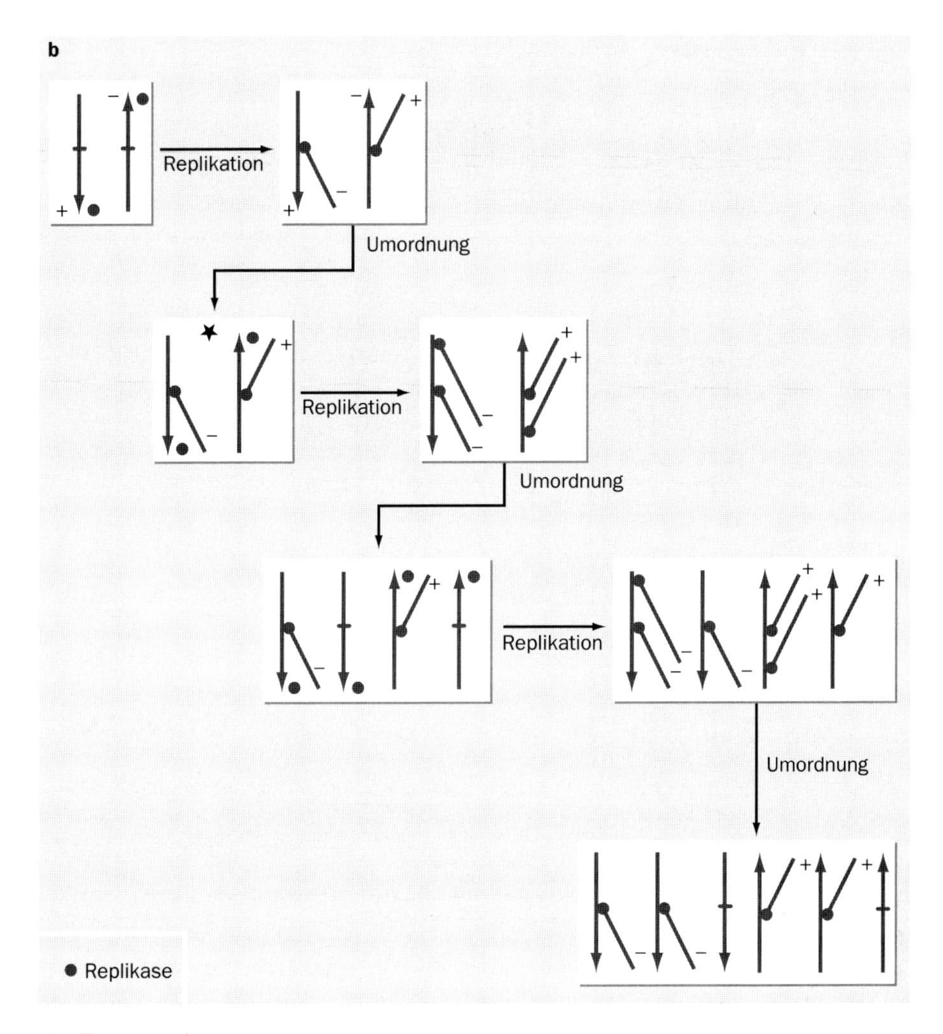

7.8 (Fortsetzung)

ist zu beachten, daß es hier ausschließlich um einzelsträngige RNAs geht, es also (+)- und (–)-Kopien gibt. Definieren wir nun (+) als Gen und (–) als Ribozym (das Produkt der „Genexpression"). Angenommen, das Etikett des (+)-Stranges ist eine attraktivere Zielstelle für die Replikase als das des (–)-Stranges. Dies würde zu einer Überproduktion von (–)-Strängen führen. Ein anderes Enzym, RNAse P, befreit nun die Moleküle von ihren Etiketten. Wir nehmen an, daß RNAse P den (–)-Strang effektiver bearbeitet als den (+)-Strang. RNAse P ist ein Enzym, das man von Bakterien kennt: Es spaltet die ungenutzte 5′-Region der Prä-tRNAs ab; sein aktiver Anteil ist ein Ribozym. Natürlich kann RNAse P nicht zu effektiv arbeiten, weil sonst sämtliche Stränge unreplizierbar würden. Das Ergebnis des Gesamtprozesses ist eine Protozelle, in der die Enzyme in höherer Konzentration vorliegen als die Gene, so wie es für einen effizienten Stoffwechsel erforderlich ist.

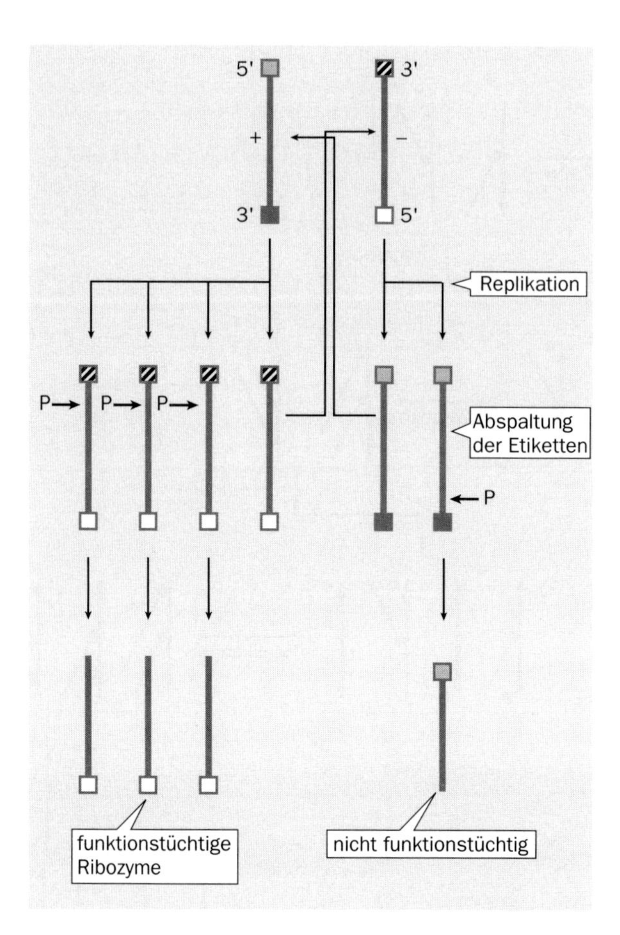

7.9 Replikation und „Transkription" von RNA-Genen. Der (+)-Strang wird vom (–)-Strang abgelesen und umgekehrt. Beide tragen am 3'-Ende „Etiketten" (*tags*; dunkelgraue beziehungsweise schraffierte Quadrate), deren Sequenz sich geringfügig unterscheidet, so daß der (+)-Strang ein besseres Ziel für die Replikase ist. Am 5'-Ende muß jeder Strang eine Sequenz tragen, die dem Etikett des Gegenstranges komplementär ist (weiße beziehungsweise hellgraue Quadrate). Das Enzym RNAse P trennt das *tag* vom Rest der Sequenz, die daraufhin als Ribozym wirken kann. Die Etiketten werden von einer spezifischen Nuclease eliminiert. In der Regel ist nur einer der komplementären Stränge funktionstüchtig. Wenn der (–)-Strang das Ribozym ist, ist seine Überproduktion (infolge der Tatsache, daß (+) die bessere Matrize ist) vorteilhaft.

Die Entstehung der DNA-Chromosomen muß durch eine spezielle Reverse Transkriptase erleichtert worden sein, die sowohl von RNA als auch von DNA DNA-Kopien produzierte. Interessanterweise arbeitet die Reverse Transkriptase des Aidsvirus exakt auf diese Weise. Man könnte glauben, die wichtigsten Selektionsvorteile, die ein DNA-Genom bietet, seien erhöhte Stabilität (durch die Reparatur von Einzelstrangschäden) und verringerte Mutabilität (wegen der Möglichkeit der Fehlpaarungsreparatur). Diese Eigenschaften könnten jedoch auch doppelsträngige RNAs besitzen. Deshalb sind wir der Ansicht, daß die größere chemische Stabilität von Desoxyribose und von Thymin (verglichen mit Ribose beziehungsweise Uracil) der wichtigste Selektionsfaktor für den Siegeszug der DNA war. Unsere Annahme, daß RNA der Vorläufer von DNA war, stützt sich vor allem auf die folgenden Fakten: Die Synthese von Proteinen ist ohne DNA, nicht jedoch ohne RNA möglich; RNAs können als Ribozyme agieren; viele Coenzyme besitzen heute noch Nucleotidgriffe; Desoxyribonucleotide werden stets durch Reduktion von Ribonucleotiden synthetisiert (Lazcano et al. 1988).

Unsere Ansichten über Protozellen lassen sich folgendermaßen zusammenfassen:

- Semizellen und manche Protozellen waren chemoautotroph.
- Einige Protozellen wurden photoautotroph.
- Protozellen waren im wesentlichen Riboorganismen.
- Vor der Evolution der Translation und der Proteinenzyme wurde DNA zum genetischen Material der Riboorganismen.
- Die Genkopplung wurde in Protozellen stark selektiert.
- Protozellen teilten sich selbständig infolge eigener Stoffwechselvorgänge.
- Möglicherweise haben Protozellen von den älteren Semizellen eine Doppelmembran aus zwei Doppelschichtmembranen geerbt.

8. Der Ursprung der Eukaryoten

8.1 Das Problem

Abbildung 8.1 zeigt die wichtigsten Strukturen einer Bakterien- und einer Eukaryotenzelle. Erklärungsbedürftig ist der Ursprung der folgenden Unterschiede zwischen beiden Zelltypen:

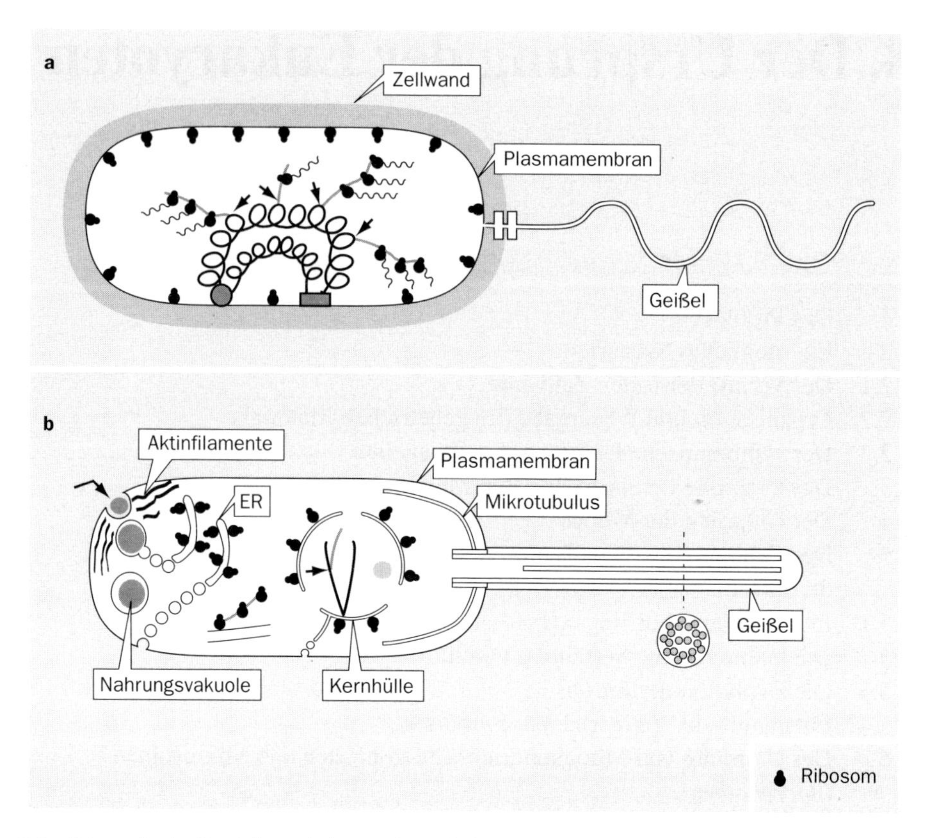

8.1 Schematische Darstellung a) einer prokaryotischen und b) einer eukaryotischen Zelle (nach Cavalier-Smith 1988). ER: Endoplasmatisches Reticulum; →: Replikase.

- Die Bakterienzelle besitzt eine Zellwand mit einer festen Stützschicht, die in der Regel aus dem Peptidoglykan Murein besteht. Dagegen verfügen Eukaryoten nicht generell über eine feste Zellwand, und die Form ihrer Zellen wird vor allem durch ein intrazelluläres Cytoskelett aus Filamenten und Mikrotubuli bestimmt.
- Eukaryotische Zellen besitzen ein komplexes System innerer Membranen, darunter die Kernhülle, das Endoplasmatische Reticulum, den Golgi-Apparat und die Lysosomen.
- Bakterien haben ein einziges ringförmiges Chromosom, das an die feste Zellwand angeheftet ist. Die linearen Chromosomen der Eukaryoten sind von einer Kernhülle umschlossen, die Transkription und Translation voneinander trennt; der Stoffaustausch zwischen Zellkern und Cytoplasma erfolgt über Poren in der Kernhülle.
- Eukaryoten besitzen ein komplexes Cytoskelett. Für die Bewegungsvorgänge bei der Zellteilung, der Phagocytose, der amöboiden Bewegung und für die generelle Kontraktilität, die ein osmotisches Anschwellen der Zelle verhindert, ist das Actomyosinsystem verantwortlich, das chemische Energie in Bewegung umsetzt.

Mikrotubuli und die mit ihnen assoziierten Motorproteine (Kinesin, Dynein und Dynamin) sorgen für die korrekte Segregation der Chromosomen bei der Mitose, für die Beweglichkeit von Geißeln und die Bewegung von Transportvesikeln. Intermediärfilamente bilden die strukturelle Basis für die Verbindung der Endomembranen und der Kernporenkomplexe mit dem Chromatin, wodurch die Kernhülle entsteht, andere Intermediärfilamente helfen, den Zellkern im Cytoplasma zu verankern.

Ein wichtiger Unterschied zwischen Prokaryoten und den meisten Eukaryoten ist aus Abbildung 8.1 nicht ersichtlich: Eukaryoten besitzen Mitochondrien, Pflanzen und Algen außerdem auch Chloroplasten. Wir haben diese Organellen weggelassen, weil sie in dem unserer Ansicht nach plausibelsten Szenario für den Ursprung der Eukaryoten später entstanden sind als die in der Abbildung dargestellten Strukturen.

Die Unterschiede zwischen den Zelltypen berechtigen zur Unterscheidung von zwei (den Organismenreichen übergeordneten) „Imperien" (*empires*) des Lebens: Bakterien und Eukaryoten. (Interessanterweise findet man diese taxonomische Kategorie auch bei Linné.) Innerhalb der Imperien gibt es jeweils zwei Kategorien: bei den Bakterien die Reiche Eubakterien und Archaebakterien, bei den Eukaryoten die „Großreiche" (*superkingdoms*) Archaezoa und Metakaryota.

Diese Einteilung läßt sich folgendermaßen rechtfertigen: Die Archaebakterien besitzen im Gegensatz zu den Eubakterien niemals eine mureinhaltige Zellwand, und die Lipide in ihrer einzigen Zellmembran sind Isoprenoidether anstelle von Fettsäureestern. Vergleichende Sequenzanalysen lassen vermuten, daß sich diese beiden Gruppen relativ früh voneinander trennten (Woese und Fox 1977). Die Archaebakterien erhielten ihren Namen, weil man glaubte, sie seien stammesgeschichtlich älter als die Eubakterien. Diese Ansicht wird seit einiger Zeit in Frage gestellt, und neuere Sequenzanalysen deuten darauf hin, daß die Archaebakterien in Wirklichkeit keine ursprünglichen, sondern spezialisierte, abgeleitete Organismen sind. Die wahren evolutionären Beziehungen zwischen Eubakterien, Archaebakterien und Eukaryoten lassen sich nicht durch Analysen ermitteln, die auf dem Vergleich der Sequenz eines bestimmten Moleküls bei verschiedenen rezenten Arten basieren, da man die Wurzel des Stammbaumes nicht bestimmen kann. Eine intelligente Möglichkeit zur Überwindung dieser Schwierigkeit ist der Vergleich von Genen, die dupliziert wurden, bevor sich die drei Linien voneinander trennten (Miyata et al. 1991). Wenn beide Gene in allen drei Linien vorhanden sind, lassen sich zusammengesetzte Stammbäume erstellen, die beide Sequenzen umfassen. Solche Stammbäume wurden bereits für zwei Proteinpaare erstellt: für die nicht-katalytische und die katalytische Untereinheit der protonenpumpenden ATPase und für die ribosomalen Elongationsfaktoren EF-Tu und EF-G. Abbildung 8.2 zeigt den zusammengesetzten Stammbaum für die ATPase-Untereinheiten. Er besteht aus zwei ähnlich aufgebauten Unterstammbäumen, die durch einen Linienabschnitt, in dem die ursprüngliche Duplikation erfolgt sein muß, miteinander verbunden sind. Die Lage dieses Abschnitts innerhalb der Unterstammbäume gibt an, wo deren Wurzel liegt. In allen bisher untersuchten Fällen liegt die Wurzel auf dem Ast der Eubak-

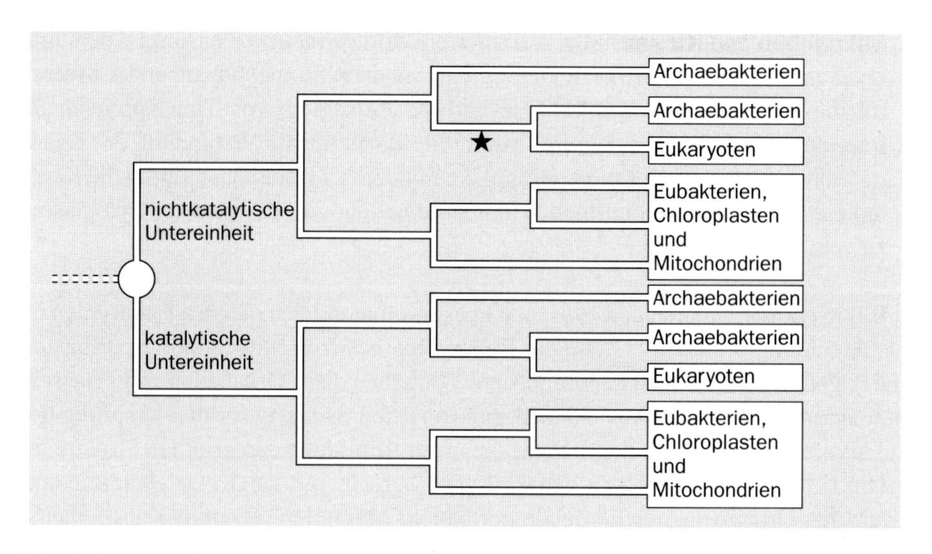

8.2 Phylogenese der katalytischen und der nichtkatalytischen Untereinheit von ATPase (vereinfacht, aus Miyata et al. 1991). Wären nur Daten über die nichtkatalytische Untereinheit verfügbar, so wäre es möglich, einen Stammbaum mit * als Wurzel zu konstruieren, in dem die Archaebakterien die Ursprungsgruppe wären (ein solcher Stammbaum würde allerdings sehr ungleiche Evolutionsgeschwindigkeiten voraussetzen). Dagegen erlaubt der gesamte Stammbaum mit beiden Untereinheiten keine derartige Interpretation.

terien. Überdies hat es den Anschein, als seien die Archaebakterien näher mit den Eukaryoten verwandt als mit den Eubakterien; die beiden ersteren sind evolutionäre Schwestergruppen. Aufgrund derartiger Indizien ist selbst Woese inzwischen der Meinung, daß die Archaebakterien stammesgeschichtlich jünger sind als die Eubakterien (vergleiche Pool 1990).

Innerhalb der Eukaryoten sind die Zellen der Archaezoen und der Metakaryoten relativ verschieden. Den Archaezoen fehlen Mitochondrien, Chloroplasten, Peroxisomen und Hydrogenosomen. Außerdem enthalten ihre Zellen ein *trans*-Golgi-Netzwerk, aber keine abgeflachten Dictyosomen. Vor allem aber besitzen sie wie die Prokaryoten 70S-Ribosomen. Es ist sehr unwahrscheinlich, daß das Fehlen von Mitochondrien ein sekundäres Merkmal ist, da diese Organellen auch bei freilebenden Arten fehlen. Archaezoen können Sauerstoff nicht zur ATP-Bildung verwerten; vermutlich gewinnen sie ihre Stoffwechselenergie ausschließlich durch Glykolyse. Die Ergebnisse neuerer Sequenzanalysen (Vossbrinck et al. 1987; Sogin et al. 1989) bestätigen die Ansicht, daß die Archaezoen diejenige paraphyletische Gruppe sind, aus der sich die anderen Eukaryoten entwickelt haben. Tabelle 8.1 faßt den neuesten Stand der Makrotaxonomie zusammen.

Im nächsten Abschnitt skizzieren wir ein mögliches Szenario für den Ursprung der Eukaryotenzelle; dabei folgen wir im wesentlichen den Vorschlägen von Cavalier-Smith (1987a und früher). Danach diskutieren wir die einzelnen Stadien eingehender.

Tabelle 8.1: Eine Klassifikation der Lebewesen

Imperium Bacteria	zyklische, an die Zellwand gebundene DNA; 70S-Ribosomen; ohne Zellkern, Endomembranen, Cytoskelett oder Cytose*
Reich 1	Eubacteria (Acylesterlipide wie bei den Eukaryoten); mit Negibacteria, Spirochaeta, Togobacteria und Posibacteria
Reich 2	Archaebacteria (Isoprenoidetherlipide; kein Murein); mit Sulphobacteria, Methanobacteria und Halobacteria
Imperium Eukaryota	Zellkern mit linearer, an die Kernhülle gebundener DNA; Cytoskelett, Endomembranen, Cytose; Cilien mit 9 + 2-Struktur
Großreich 1	Archaezoa – 70S-Ribosomen; ohne Mitochondrien, Peroxisomen und Chloroplasten
Großreich 2	Metakaryota – 80S-Ribosomen; Mitochondrien und Peroxisomen; Chloroplasten verbreitet
Reich 1	Protozoa
Reich 2	Chromista
Reich 3	Fungi
Reich 4	Plantae
Reich 5	Animalia

Gekürzt aus Cavalier-Smith 1991a.

* Als Cytose bezeichnet man alle Prozesse, die auf einer durch das Cytoskelett bewirkten Membrandeformation beruhen (wie Phago- und Pinocytose oder die Einziehung einer neuen Zellmembran während der Mitose).

8.2 Ein mögliches Szenario

8.2.1 Der Verlust der festen Zellwand

Nach Cavalier-Smith war das entscheidende Ereignis, das die Evolution der Eukaryotenzelle herbeiführte, der Verlust der stützenden Zellwand. Dieser Verlust machte eine Reihe weiterer Veränderungen erforderlich oder zumindest möglich. Aber warum ging die Peptidoglykanschicht verloren? Eine mögliche Erklärung dafür lautet, daß ein Prokaryot ein Antibiotikum erfand, das wie das heutige Penicillin die Peptidoglykansynthese seiner Konkurrenten unterband. Die rezenten Bakterien verfügen über verschiedene Strategien, um Antibiotika zu widerstehen, aber unsere Vorfahren haben vielleicht die Fähigkeit entwickelt, ohne feste Zellwand zu überleben.

In diesem Falle wäre es vor allem erforderlich gewesen, ein Endoskelett zu entwickeln, das osmotischen und anderen Kräften, welche die Zelle ansonsten zerstört hätten, Widerstand bieten konnte. Actomyosin ist in der Lage, das osmotische Anschwellen der Zelle zu verhindern, und Mikrotubuli widerstehen Druck- und Scherkräften. Der Verlust der Stützschicht eröffnete aber auch neue Möglichkeiten der Anpassung. Vor allem wurde die Zelle zur Aufnahme von partikulärem Material, also zur Phagocytose befähigt. Dies wiederum führte zur Evolution eines Systems von intrazellulären Membranen.

8.2.2 Organisation und Weitergabe des genetischen Materials

Von entscheidender Bedeutung für alle Zellen ist ein Mechanismus, durch den bei der Zellteilung eine vollständige Kopie des genetischen Materials an jede Tochterzelle weitergegeben wird. Bei Bakterien ist der Segregationsmechanismus von der Anheftung des Chromosoms an die Zellwand abhängig. Mit dem Verlust der Peptidoglykanschicht mußte ein neuer Mechanismus entwickelt werden – die Mitose. In erster Linie kam es also zur Evolution der Mitose, weil der bakterielle Segregationsmechanismus nicht mehr effizient arbeitete; als die Mitose erst einmal existierte, ermöglichte sie jedoch auch eine zweite Veränderung, die notwendig war, wenn die Komplexität der Zelle weiter zunehmen sollte. Bei der bakteriellen Replikation gibt es in der Regel nur einen einzigen Replikationsstartpunkt für das gesamte Chromosom; in geschädigten Zellen kann die Replikation allerdings auch an anderen Stellen beginnen (Magee et al. 1992). Die Bedeutung dieser Beobachtung ist schwer abzuschätzen: Uns sind keine Hinweise darauf bekannt, daß es bei Bakterien, die sich normal teilen, mehrere Replikationsstartpunkte geben kann. Die derzeitigen – allerdings noch umstrittenen – Vorstellungen über den Chromosomensegregationsmechanismus bei der bakteriellen Zellteilung (siehe Abbildung 8.4) scheinen die Existenz mehrerer Startpunkte auszuschließen. Dieser Punkt ist für die Evolution von Komplexität bedeutsam, denn wenn Prokaryoten tatsächlich nicht mehr als einen Replikationsstartpunkt besitzen können, ist dadurch auch die Gesamtmenge an DNA, die repliziert werden kann, begrenzt. Bei Eukaryoten gibt es mehrere Replikationsstartpunkte, wodurch eine erhebliche Zunahme der Gesamtmenge an genomischer DNA möglich wurde.

Gleichzeitig trennte die Evolution der Kernhülle die Transkription von der Translation; dies hatte wichtige Konsequenzen für die Organisation des Genoms.

8.2.3 Der symbiontische Ursprung der Organellen

Nach der Evolution der Phagocytose gab es reichlich Gelegenheit für die Entstehung von Endosymbiosen. Bei Prokaryoten sind Symbiosen, ob mutualistische oder parasitische, durch Aufnahme von DNA-Molekülen – Plasmiden oder Phagen – möglich. Eukaryoten können endosymbiontische Zellen enthalten. Daß Mitochondrien und Chloroplasten von ursprünglich freilebenden Prokaryoten abstammen, wird mittlerweile nicht mehr angezweifelt (Margulis 1970, 1981; Gray und Doolittle 1982; Gray 1989). Wesentlich umstrittener ist die Behauptung (Margulis et al. 1979; Margulis 1981, 1991), daß die mikrotubulären Strukturen der Eukaryoten – Geißeln und Cilien sowie der Spindelapparat der Mitose – ursprünglich von einem spirochaetenartigen Endosymbionten stammen. Diese These ist die wichtigste Alternative zu dem oben skizzierten Szenario. In beiden Theorien kommt der Entwicklung des Cytoskeletts eine entscheidende Bedeutung zu, aber während Cavalier-Smith sie für die endogene Reaktion auf den Verlust der festen Zellwand hält, nimmt Margulis an, daß sie auf eine Symbiose zurückgeht. Diese Kontroverse sowie die generelle Rolle der Symbiose in der Evolution werden in Abschnitt 8.6 diskutiert.

Russische Biologen waren die ersten, die einen symbiontischen Ursprung bestimmter Zellorganellen vermuteteten (Mereschowsky 1910; Kozo-Polyanski 1924); Mereschowsky prägte auch den Begriff der Symbiogenese.

8.3 Der Ursprung der intrazellulären Membranen

Bei der Phagocytose wird ein festes Nahrungsteilchen in eine Nahrungsvakuole innerhalb der Zelle eingeschlossen. Diese Methode besitzt offensichtliche Vorteile gegenüber der Alternative, extrazelluläre Enzyme zu produzieren und die Verdauungsprodukte durch die Zelloberfläche zu absorbieren: Weder die Enzyme noch die Verdauungsprodukte können von der Zelle fortdiffundieren. Die Phagocytose macht die Abschnürung einer kugelförmigen Vakuole von der Plasmamembran in das Cytoplasma erforderlich. Dieser Prozeß und seine Umkehrung – die Verschmelzung einer Vakuole mit der Plasmamembran oder mit einer zweiten Vakuole – haben zur Entwicklung eines komplexen Systems intrazellulärer Membranen geführt.

Bei Bakterien werden die Membranproteine von Ribosomen synthetisiert, die an die Plasmamembran angeheftet sind, und direkt in die Membran eingebaut. Bei Eukaryoten synthetisieren Ribosomen, die an das rauhe Endoplasmatische Reticulum (ER) gebunden sind, neue Membranbestandteile. Vom ER schnüren sich Vesikel ab, die dann in die Plasmamembran inkorporiert werden und die Zelle wachsen lassen. Man beachte, daß das rauhe ER Anheftungsstellen für Ribosomen besitzt und Enzyme enthält, welche die Membranlipide synthetisieren, während den Vesikeln, die sich vom ER abschnüren und in die Plasmamembran eingehen, diese Komponenten fehlen. Vielleicht war dies die erste Differenzierung von Zellmembrantypen im Laufe der Evolution, doch seither ist es zu zahlreichen Weiterentwicklungen gekommen.

Auch die Lysosomen, die eine Reihe von Verdauungsenzymen beherbergen, entstehen durch Abschnürung von Vesikeln aus ER und Golgi-Apparat. Wenn ein Lysosom mit einer Nahrungsvakuole verschmilzt, die von der Plasmamembran abgeschnürt wurde, wird die darin enthaltene Nahrung verdaut. Die ersten Nahrungsvakuolen, die von Eukaryoten im Laufe der Evolution produziert wurden, müßten dagegen – falls die ersten Eukaryoten von einem Prokaryoten mit extrazellulärer Verdauung abstammten – zur internen Enzymsekretion fähig gewesen sein.

Das ER ist vermutlich aus Vakuolen hervorgegangen, die von der Plasmamembran ins Cytoplasma abgeschnürt wurden und sich dann zu ER-Zisternen abflachten. Durch die Verschmelzung mehrerer solcher Vakuolen entstand dann die Kernhülle. Diese Entstehungsweise würde erklären, warum die Kernhülle aus einer inneren und einer äußeren Membran besteht, die an den Kernporen miteinander in Verbindung stehen, und warum die äußere Membran Ribosomen trägt und in das ER übergeht.

8.4 Der Ursprung der Mitose

Bakterien besitzen ein einzelnes, ringförmiges Chromosom. Die Replikation beginnt an einem einzigen Startpunkt, verläuft in beide Richtungen und endet an einer einzigen Terminationsstelle. Dagegen besitzen Eukaryoten mehrere lineare Chromosomen, auf denen es jeweils viele Replikationsstartpunkte gibt. Daher kann die Gesamtmenge an DNA bei ihnen sehr viel größer sein als bei Prokaryoten. Bei den sich am schnellsten teilenden Bakterien dauert die Zellteilung etwa 20 Minuten, während die Replikationsgabel beziehungsweise das Replisom ungefähr 40 Minuten für den Weg vom Startpunkt bis zum Terminus benötigt. Es müssen also zwei Replisomen gleichzeitig auf dem Chromosom entlangwandern. Daraus folgt (Abbildung 8.3), daß das Bakterium vier Kopien der in der Nähe des Startpunktes gelegenen Gene enthält, aber nur eine Kopie der Gene, die nahe am Terminus liegen. In langsam wachsenden Zellen existiert dagegen während der meisten Zeit nur eine Kopie der meisten Gene. Dieses Gendosisproblem begrenzt die Anzahl der Repli-

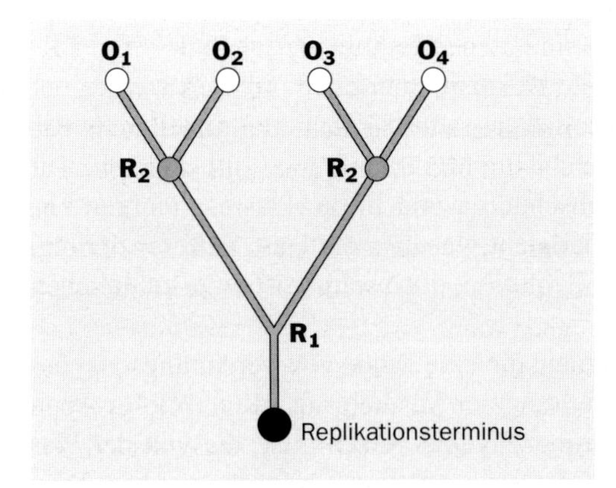

8.3 Chromosomenreplikation bei einem Prokaryoten. Bei schnellem Wachstum beginnt ein zweiter Replikationsdurchgang, bevor der erste beendet ist, so daß es von den in der Nähe des Replikationsstartpunktes liegenden Genen jeweils vier Kopien gibt, von den in der Nähe des Terminus liegenden dagegen nur eine. R_1, R_2: erste beziehungsweise zweite Replikationsgabel; O_1 – O_4: Replikationsstartpunkt.

somen, die gleichzeitig aktiv sein können. Wenn außerdem auch die Geschwindigkeit, mit welcher der Replikationskomplex auf dem Chromosom entlangwandern kann, begrenzt ist, sind der Gesamtgröße des Genoms Grenzen gesetzt.

Für Eukaryoten scheint es keine vergleichbare Begrenzung zu geben. In der Frühentwicklung von *Drosophila* beispielsweise, wenn sich die Zellkerne teilen, es aber weder Wachstum noch Zellteilung gibt, dauert die Teilung der Zellkerne etwa 20 Minuten. Da es gut möglich ist, daß eine weitere Evolution der Prokaryoten vor allem durch die Begrenzung der Genomgröße verhindert wurde, kommt der Beschränkung auf einen einzigen Replikationsstartpunkt einige Bedeutung zu. Die wahrscheinlichste Erklärung für diese Beschränkung ist, daß der Mechanismus der Chromosomensegregation bei Bakterien nicht funktionieren würde, wenn es mehr als einen Startpunkt gäbe – ein Problem, das mit der Entwicklung der Mitose entfiel. Natürlich kam es nicht zu dieser Neuerung, weil dadurch in der Folgezeit eine Zunahme der Genomgröße möglich wurde; die unmittelbare Ursache war vielmehr der Verlust der festen Zellwand. Unsere Darstellung der Ereignisse lehnt sich eng an die Vorstellungen von Cavalier-Smith (1987a) an.

Den Mechanismus der Chromosomensegregation bei Bakterien zeigt Abbildung 8.4. Die Einzelheiten sind zwar noch nicht völlig geklärt, aber wesentlich sind die folgenden Punkte:

- Das Chromosom ist am Replikationsstartpunkt und -terminus an die Zellwand gebunden.
- Bei ihrer Wanderung auf dem Chromosom nehmen die beiden Replikationsgabeln den neuen Startpunkt mit.
- Nachdem das Chromosom vollständig repliziert ist, wird der neue Startpunkt an die Zellwand angeheftet, und zwar an dem Ende der Zelle, das dem alten Startpunkt gegenüberliegt.
- Der Replikationsterminus löst sich von der Zellwand und wird in der Mitte zwischen den beiden Startpunkten wieder angeheftet; die entsprechende Bewegung kommt möglicherweise durch Spiralisierung des Chromosoms zustande.
- Der Replikationsterminus repliziert sich. Die Ausbildung eines neuen Zellwandabschnitts zwischen altem und neuem Terminus schließt die Zellteilung ab.

Dagegen ist die bekannte Mitose der höheren Eukaryoten von der Ausbildung eines bipolaren Spindelapparates aus Mikrotubuli abhängig. Die Kernspindel bildet sich von den beiden Centrosomen aus, die an ihren Polen liegen. Die Chromosomen heften sich mit ihren Centromeren an den Äquator des Spindelapparates, und nach der Replikation werden die Tochterchromosomen von ihren Centromeren zu den beiden Polen gezogen. Dieser Prozeß unterscheidet sich so stark von dem in Abbildung 8.4 dargestellten, daß es schwer vorstellbar ist, wie sich einer aus dem anderen entwickelt haben könnte. Eine Lösung dieses Problems bietet jedoch eine Form der Mitose, die man bei einigen primitiven Protisten findet: die sogenannte Pleuromitose (Raikov 1982). Sie wird weiter unten genauer beschrieben (Abbildung 8.6).

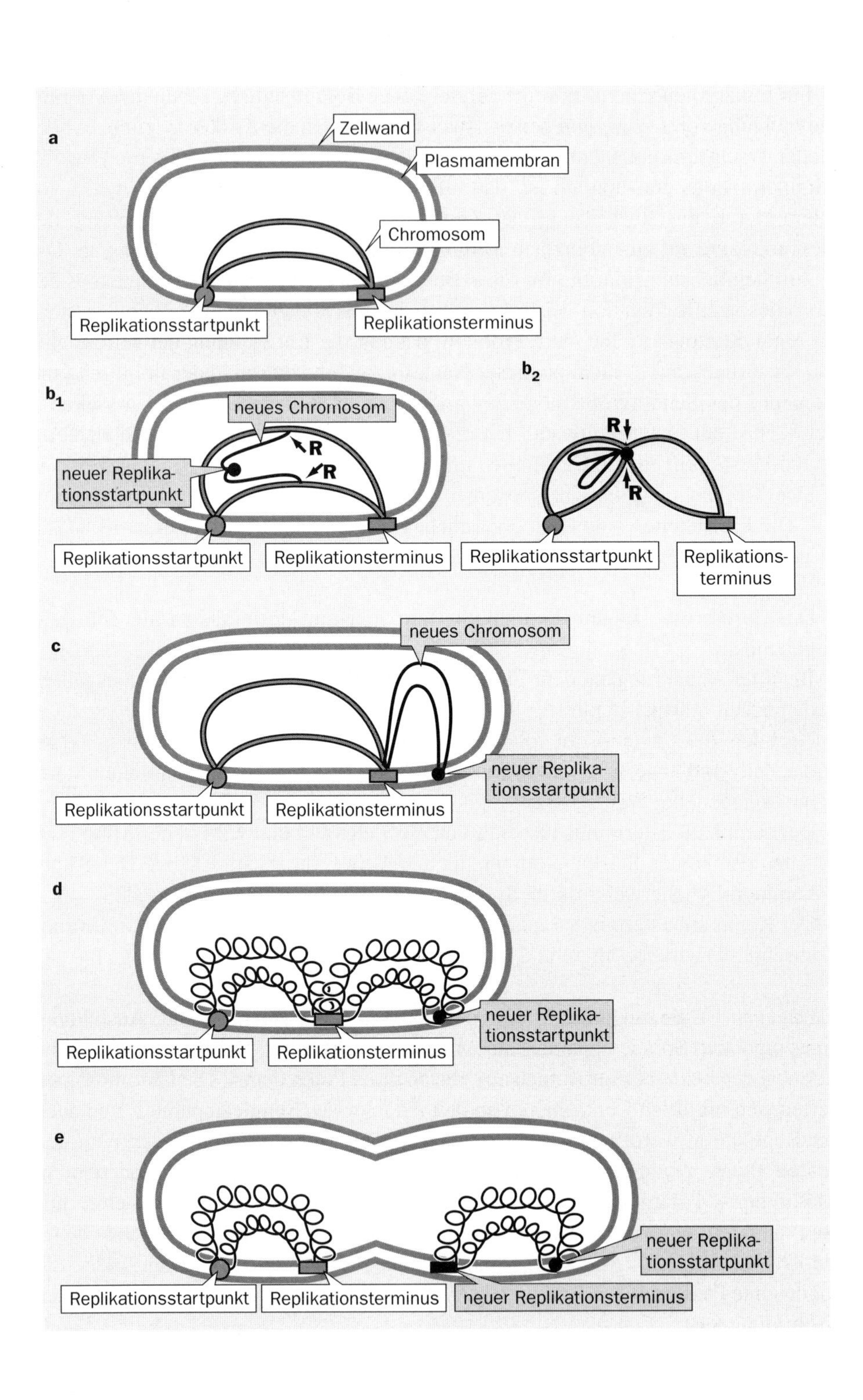
a
Zellwand
Plasmamembran
Chromosom
Replikationsstartpunkt
Replikationsterminus
b1
neues Chromosom
R
R
neuer Replikationsstartpunkt
Replikationsstartpunkt
Replikationsterminus
b2
R
R
Replikationsstartpunkt
Replikationsterminus
c
neues Chromosom
neuer Replikationsstartpunkt
Replikationsstartpunkt
Replikationsterminus
d
neuer Replikationsstartpunkt
Replikationsstartpunkt
Replikationsterminus
e
neuer Replikationsstartpunkt
Replikationsstartpunkt
Replikationsterminus
neuer Replikationsterminus

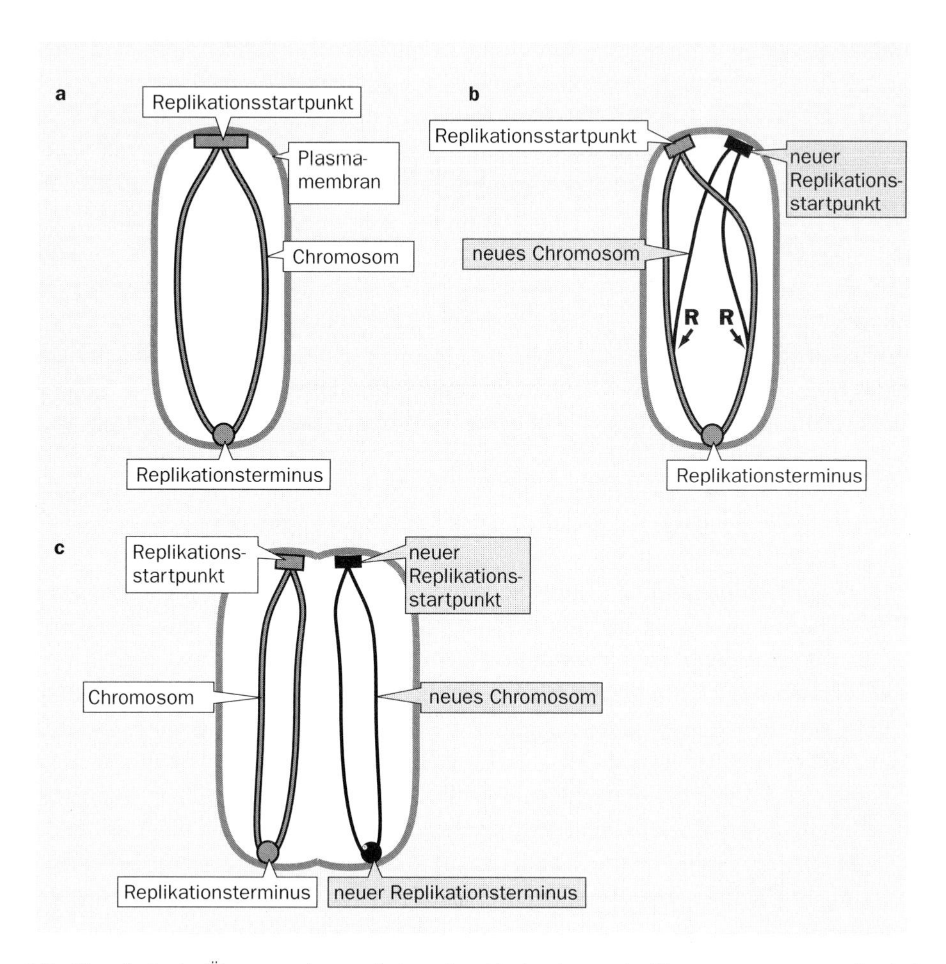

8.5 Hypothetische Übergangsform zwischen dem Mechanismus der Chromosomensegregation bei Bakterien (Abbildung 8.4) und der Pleuromitose (Abbildung 8.6c). a) Zelle vor der Teilung. b) In beide Richtungen fortschreitende Replikation: Neuer und alter Startpunkt haben sich voneinander entfernt. c) Die Chromosomenreplikation ist abgeschlossen; eine Furche leitet die Zellteilung ein. R: Replikase.

Ein mögliches Übergangsstadium zwischen der Zellteilung bei Bakterien und der Pleuromitose ist in Abbildung 8.5 dargestellt. In zwei Punkten erinnert es an die Teilung der Bakterien: 1. Das Chromosom ist ringförmig. 2. Die Replikation beginnt an einem einzigen Startpunkt und verläuft in beide Richtungen. Anders ist es insofern, als der neue Startpunkt nicht von der Replikationsgabel in die Nähe des Ter-

◀ **8.4** Segregation von Bakterien-DNA. a) Bakterium vor der Replikation. b_1) In beide Richtungen fortschreitende Replikation. Startpunkt und Replikationskomplexe sind getrennt dargestellt; tatsächlich ist der neue Startpunkt an die Replikasen gebunden, wie in b_2 dargestellt, und wird so zum Replikationsterminus getragen. c) Die Replikation ist abgeschlossen, und der neue Startpunkt wird an die Zellwand angeheftet. d) Der Terminus wird in der Mitte zwischen altem und neuem Startpunkt neu angeheftet. e) Der Terminus teilt sich, und die Bildung eines Septums führt zur Teilung des Bakteriums. R: Replikase. (Nach Cavalier-Smith 1987d, basierend auf Jacob et al. 1963, Sonnenfeld 1985 und anderen.)

minus getragen wird, sondern durch Einwirkung des Cytoskeletts vom alten Startpunkt getrennt wird und, an die Plasmamembran gebunden, neben diesem liegt. Die Zellteilung wird dann durch Furchung zwischen dem neuen und dem alten Startpunkt abgeschlossen.

Bei der bakteriellen Chromosomensegregation muß der neue Replikationsstartpunkt vom Replisom in die Nähe des Terminus transportiert werden und sich dort an die Zellwand anheften. Damit dies geschieht, muß eine Replikase die gesamte Strecke vom Startpunkt bis zum Replikationsterminus zurücklegen. Dies schließt die Existenz weiterer Startpunkte aus, denn die Replikase, die ihre Wanderung am ersten Startpunkt begonnen hat, würde innehalten, wenn sie auf einen anderen Startpunkt träfe, und den Terminus nicht erreichen. Bei dem in Abbildung 8.5 dargestellten Mechanismus dagegen steht der Entstehung weiterer Replikationsstartpunkte nichts entgegen.

Den Übergang von diesem hypothetischen Mechanismus zur Pleuromitose illustriert Abbildung 8.6. Die folgenden Punkte sind dabei zu beachten:

- Der Replikationsstartpunkt – oder genaugenommen die Struktur, die ihn zunächst an die Zellwand und später an die Plasmamembran bindet – ist dem Centrosom homolog; der Replikationsterminus ist dem Centromer homolog.
- Das ringförmige Chromosom wird in ein lineares mit einem zentral angeordneten Centromer umgewandelt, indem der Ring am Startpunkt auseinanderbricht und die entstandenen freien Enden sich vom Centrosom lösen. Die freien Enden werden zu Telomeren. Zunächst gibt es nur ein akrozentrisches Chromosom, aber nichts steht dem Erwerb weiterer Chromosomen entgegen. Vielleicht bringt der in Abbildung 8.6 illustrierte Wandel insofern einen Vorteil mit sich, als bei ringförmigen Chromosomen Probleme bei der Trennung der Schwesterchromatiden auftreten können, weil diese miteinander rekombinieren (Abbildung 8.7).

Die Pleuromitose (Abbildung 8.6c) ist für einige primitive Protisten charakteristisch. In der Regel liegen die beiden Halbspindeln nebeneinander wie abgebildet, und Centrosom und Centromer sind nicht an die Plasmamembran, sondern an die Innenseite der Kernmembran angeheftet. Da jedoch die Kernmembran ein eingestülpter Teil der Plasmamembran ist, stellt dies keine Schwierigkeit dar.

Schließlich erfordert die Bildung eines bipolaren Spindelapparates eine Rotation der beiden Halbspindeln relativ zueinander sowie die Verbindung von je zwei von entgegengesetzten Polen ausgehenden Mikrotubuli zu einer Spindelfaser.

Neuere Daten lassen es angebracht erscheinen, dieses Bild von der Replikation des Bakteriengenoms und damit vom Übergang zum analogen Mechanismus bei Eukaryoten in zwei Punkten zu modifizieren: Bakterien können mehr als ein Chromosom besitzen, und replizierte Bakterienchromosomen scheinen mit Hilfe mechanochemischer Proteine verteilt zu werden. Wir werden diese Entdeckungen nacheinander erörtern.

Campbell (1993) sammelte bei der Durchsicht von Daten über ungewöhnliche Bakteriengenome Indizien dafür, daß Bakterien zwei oder drei Chromosomen besit-

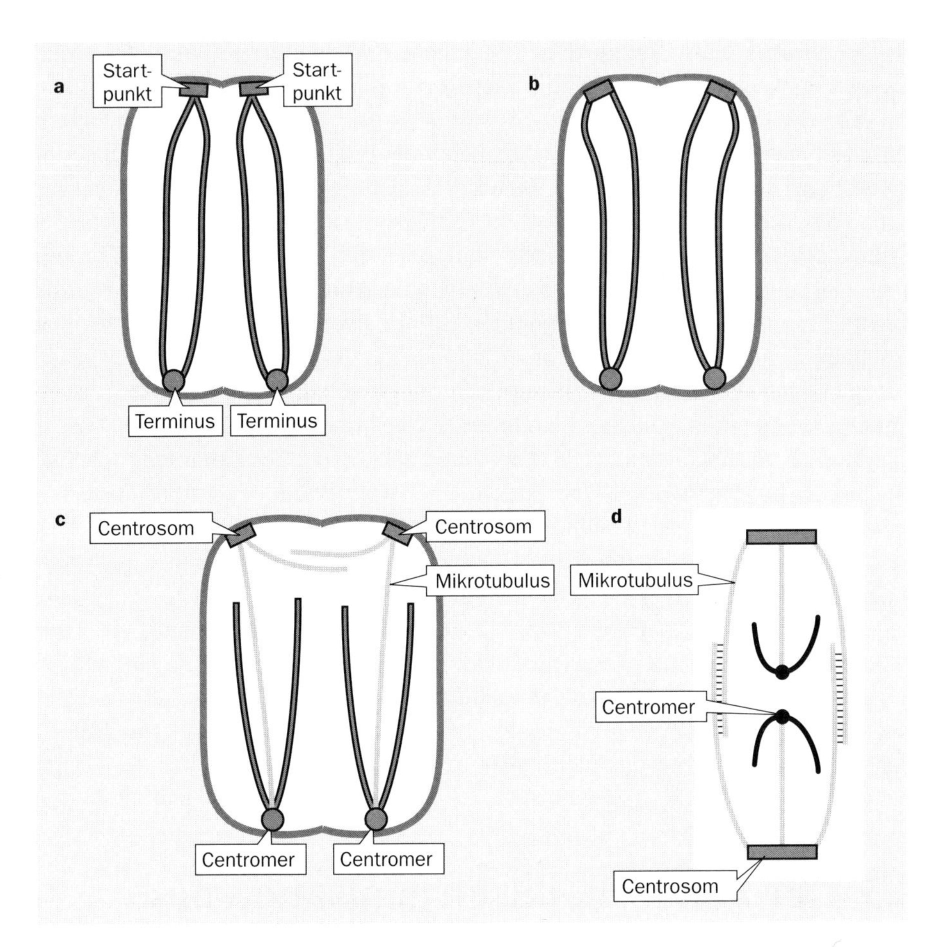

8.6 Mögliche Entstehung der Mitose. a) Der hypothetische Mechanismus aus Abbildung 8.5. c) Pleuromitose. In b) ist das ursprünglich ringförmige Chromosom am Replikationsstartpunkt auseinandergebrochen, und in c) sind die freien Enden nicht mehr an das Centrosom angeheftet. Letzteres ist der Struktur homolog, durch die der Replikationsstartpunkt an die Plasmamembran angeheftet war.

zen können. Das Genom von *Rhizobium meliloti* besteht aus einem Chromosom von 3,4 Megabasen und zwei großen Plasmiden von 1,4 und 1,7 Megabasen Länge. Es gibt keinerlei Hinweise darauf, daß diese Plasmide entbehrlich sind, man könnte

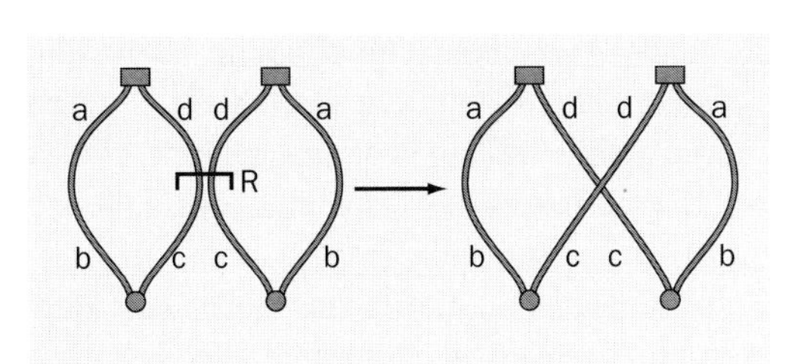

8.7 Rekombination zwischen ringförmigen Chromosomen; a, b, c und d stehen für aufeinanderfolgende Abschnitte eines ringförmigen Chromosoms. Die Rekombination von Schwestersträngen in R verhindert die Trennung der Chromosomen.

sie also ebensogut als Chromosomen bezeichnen. *Rhodobacter spheroides* besitzt zwei Chromosomen von 3,0 und 0,9 Megabasen Länge. Es hat also den Anschein, als gebe es keine Faktoren, die Prokaryoten prinzipiell am Besitz mehrerer Chromosomen hindern. Immerhin enthalten viele Bakterien mehrere Plasmide, oft mit einem aktiven Teilungssystem. Eine Beschränkung auf einen Replikationsstartpunkt pro Chromosom scheint jedoch tatsächlich zu existieren: Selbst die wenigen linearen Plasmide besitzen nur einen Startpunkt. Der Besitz von zwei Chromosomen anstelle von einem kann die Replikationsdauer zumindest halbieren, bei einem Chromosom mit zehn Startpunkten verliefe die Replikation jedoch zehnmal so schnell.

Es gibt Hinweise darauf, daß Bakterienchromosomen nicht nur durch das Wachstum des Zellmembran-Zellwand-Komplexes voneinander getrennt werden, wie es ursprünglich von Jacob et al. (1963) postuliert wurde. Bei der Zellteilung scheinen mechanochemische Proteine aktiv zu sein, und zwar sowohl bei der Positionierung der Chromosomen als auch bei der Bildung des Septums (Hiraga 1993). Die beteiligten Proteine zeigen eine gewisse Homologie zu den eukaryotischen mechanochemischen Proteinen Myosin, Dynamin und Tubulin.

Zusammenfassend ist also zu sagen, daß Prokaryoten zwar mehr als ein Chromosom besitzen können, daß sie jedoch in der Evolution nicht mehr als einen Replikationsstartpunkt pro Chromosom ausgebildet haben – vielleicht, weil die in Abbildung 8.4 dargestellte Bewegung des Replikationsterminus zum Startpunkt hin für eine erfolgreiche Teilung erforderlich ist.

8.5 Der Zellkern, die Organisation des Genoms und der Ursprung der Introns

8.5.1 Introns: Gen-Shuffling oder fossile transponierbare Elemente?

Die Evolution der Kernhülle trennte die Transkription von der Translation. Dies hatte verschiedene Konsequenzen für die darauffolgende Evolution des genetischen Apparats der Eukaryoten. Am umstrittensten sind die Ursachen für die Anwesenheit von Introns in proteincodierenden Genen. Bisher wurden zwei Erklärungen vorgeschlagen. Gilbert (1978) ist der Ansicht, daß Exons ursprünglich Gene waren, die Peptide mit eigener Funktion codierten, und daß die heutigen Gene aus mehreren solchen Genen bestehen, die nun gemeinsam ein einziges Protein codieren. Dieser Hypothese zufolge markieren die Introns die Grenzen zwischen den ursprünglichen Genen. Es gibt viele Fälle, in denen ein Eukaryotengen mit Introns einem Bakteriengen ohne Introns homolog ist. Gilbert nimmt an, daß die Introns in diesen Fällen primitiven Ursprungs sind und in den Bakteriengenen verlorengingen. Es gibt einige wenige Fälle, in denen gewiß ist, daß komplexe Proteine auf diese Weise aus einfacheren Komponenten aufgebaut wurden (siehe Übersichtsartikel von Blake 1985). Falls Gilberts Annahme generell zutrifft, würden wir allerdings die folgenden Sachverhalte erwarten:

- Der Bereich eines Proteins, der von einem einzelnen Exon codiert wird, müßte eine räumliche Einheit bilden und dürfte nur eine Funktion ausführen – es ist umstritten, wie oft dies der Fall ist.
- Einige proteincodierende Bakteriengene müßten noch Introns besitzen – dies scheint nicht der Fall zu sein.
- Es müßte einige Fälle geben, in denen Prokaryotengene einzelnen Exons von Eukaryoten entsprechen – Beispiele dafür sind nicht bekannt.

Es existieren also kaum Daten, die Gilberts Annahme untermauern. Überdies bestehen auch theoretische Schwierigkeiten. Es ist schwer vorstellbar, wie so viele Introns präzise entfernt worden sein könnten. Noch gravierender ist die Tatsache, daß die Ribosomen sich an die bakterielle mRNA binden, sobald sich das Transkript von der DNA-Matrize trennt, denn damit erhebt sich die Frage, wie vor der Translation Introns herausgeschnitten worden sein könnten. Die Translation ungespleißter Transkripte hätte jedoch zur Synthese fehlerhafter Proteine geführt.

Eine neuere Untersuchung von Stoltzfus et al. (1994) liefert relativ starke Indizien gegen Gilberts Theorie vom „Exon-Shuffling". Die Autoren fragten sich, ob die Exons der Gene für vier Proteine, darunter Alkoholdehydrogenase und Triosephosphatisomerase (TPI), die zum Beleg von Gilberts Hypothese herangezogen worden waren, tatsächlich getrennte Untereinheiten der Proteine codieren. Hinsichtlich der 14 Introns von TPI fanden sie beispielsweise heraus, daß der durchschnittliche Abstand der Insertionsstellen von den Sequenzen, welche die Ränder der Proteindomänen codieren, 5,9 Basenpaare beträgt; dieser Wert weicht nicht signifikant von dem Erwartungswert bei zufälligem Einbau von 6,5 Basenpaaren ab. Es hat also nicht den Anschein, als hätten Exons ursprünglich eigenständige Peptide codiert.

Die zweite und unserer Ansicht nach plausiblere Hypothese (Cavalier-Smith 1987a) lautet, daß Introns fossile transponierbare Elemente sind, die nach der Evolution der Kernmembran in das Genom eingedrungen sind und seither ihre Beweglichkeit verloren haben. Vermutlich waren die ersten Introns selbstspleißend: effiziente und relativ harmlose intragenomische Parasiten (Orgel und Crick 1980; Doolittle und Sapienza 1980). Später – während der Evolution der vom Wirtsgenom codierten Spleißenzyme – wäre die Fähigkeit zum Selbstspleißen verlorengegangen.

8.5.2 Die taxonomische Verteilung von Introns

Um die Evolutionsgeschichte der Introns genauer beurteilen zu können, ist es sinnvoll, ihre makrotaxonomische Verteilung zu betrachten. Die folgenden Intronklassen lassen sich unterscheiden (Rogers 1990):

- *Gruppe I*: Diese Introns sind oft selbstspleißend und beweglich. Die Beweglichkeit kann durch umgekehrtes Selbstspleißen ermöglicht werden, viele Gruppe-I-Introns codieren aber auch Proteine, die es ihnen erlauben, auf der DNA-Ebene zu wandern.
- *Gruppe II*: Diese Introns können selbstspleißend sein, aber die Consensussequenzen und der genaue Reaktionsmechanismus sind anders als bei Gruppe I. Viele codieren Proteine, die Reversen Transkriptasen ähneln und ihnen möglicherweise helfen, sich durch Einbau an neuen Stellen des Genoms zu verbreiten. Selbstspleißende Introns der Gruppe II wurden bisher bei Cyanobakterien und bei schwefelfreien Purpurbakterien (Proteobakterien) gefunden – also bei den Vorfahren der Plastiden beziehungsweise der Mitochondrien (Ferat und Michel 1993).
- *Gruppe III*: Bei diesen Introns ist der genaue Spleißmechanismus unbekannt.

Zusätzlich gibt es zwei weitere Kategorien:

- *Spleißosomale Introns* kommen nur in der Prä-mRNA der Zellkerne von Eukaryoten (Metakaryoten) vor; die meisten eukaryotischen Introns gehören diesem Typ an. Spleißosomen bestehen aus Proteinen und RNA und katalysieren das Spleißen.
- *Proteingespleißte Introns* kommen nur in bestimmten tRNA- und rRNA-Genen vor.

Bedauerlicherweise wissen wir absolut nichts über die Introns von Archaezoen. Bei Eubakterien scheint es außer selbstspleißenden tRNA-Introns keine weiteren Introns zu geben. (Die selbstspleißenden mRNA-Introns bei den geradzahligen T-Phagen (T2, T4, T6) wurden wahrscheinlich zu einem späteren Zeitpunkt der Evolution erworben.)

8.5.3 Die Evolution der Introns

Ausgehend von der Verbreitung der verschiedenen Introntypen kann man für die Evolution der Introns das folgende Szenario entwickeln (Cavalier-Smith 1991b):

- Die selbstspleißenden Introns der Gruppen I und II entstammen möglicherweise der RNA-Welt. Es ist unwahrscheinlich, daß sie jemals in größerem Ausmaß in die proteincodierenden Gene der Eubakterien eingedrungen sind, da die Translation unvollständig gespleißter Messenger sehr schädlich gewesen sein muß. Vermutlich wird man bei Archaebakterien Introns dieser Gruppen entdecken.
- Da proteingespleißte Introns bei Archaebakterien und in den Zellkernen von Metakaryoten vorkommen, sind sie wahrscheinlich im gemeinsamen Vorfahren von Archaebakterien und Archaezoen entstanden.

- Am interessantesten ist der Ursprung der spleißosomalen Introns. Vielleicht fand er in den Vorfahren der Archaezoen statt, nach der Entstehung des Zellkerns. Möglicherweise entwickelten sie sich aus selbstspleißenden Introns der Gruppe II, denen sie hinsichtlich der Spleißsignale sowie in bezug auf ein bestimmtes Zwischenprodukt des Spleißvorgangs – das sogenannte Lariat – ähneln. In einem gut abgeschirmten Kompartiment wie dem Zellkern ist es möglich, daß die meisten Introns der Gruppe II Deletionen durchmachen und (in *trans*) von der Spleißaktivität vollständiger Introns abhängig werden. Wahrscheinlich ist das Spleißosom ein Abkömmling eines Gruppe-II-Intron-Protein-Komplexes. Wegen der Barriere, welche die Kernmembran darstellt, produzieren unvollständig gespleißte Produkte keine chimären Proteine.

Die Anwesenheit von selbstspleißenden mRNA-Introns in dem im Grunde prokaryotischen Translationssystem von Plastiden und Mitochondrien scheint auf den ersten Blick das Argument zu widerlegen, daß chimäre Proteine, die von unvollständig gespleißten mRNAs translatiert wurden, nicht toleriert werden können. Dieser Widerspruch läßt sich möglicherweise dadurch auflösen, daß Selbstspleißen auf jeden Fall schneller ist als spleißosomales Spleißen, wodurch die Wahrscheinlichkeit einer solchen Translation verringert wird. Außerdem hat wegen der drastisch reduzierten Größe dieser Genome und ihrer intrazellulären Vielzahl eine kleine Population chimärer Proteine nicht so nachteilige Folgen, wie sie sie andernfalls hätte. Übrigens enthalten auch Mitochondrien einige chimäre Proteine, von denen manche sogar gewisse Funktionen übernommen haben.

Eine Schlußfolgerung aus dem eben entworfenen Szenario lautet, daß die spleißosomalen Introns erst relativ spät entstanden sein müssen. Dies läßt vermuten, daß sie oder ihre Gruppe-II-Vorfahren in viele proteincodierende Gene eingebaut wurden. Obwohl dies für erstere (mit Hilfe der reversen Transkription) leichter zu sein scheint, gibt es auch Belege für den Einbau echter spleißosomaler Introns. Die ökonomischste Erklärung für die uneinheitliche Lage von Introns in Genen für Serinproteasen, Kollagenen, Actinen und Tubulinen bei verschiedenen Taxa ist (oft relativ späte) Insertion. Viele Autoren haben versucht, einige dieser Muster durch mehrfaches Entfernen und Verschieben von Introns zu begründen, aber diese Erklärungen sind wenig überzeugend, da sie oft eine sehr große Anzahl ursprünglich vorhandener Introns voraussetzen, die häufig nur durch wenige Nucleotide voneinander getrennt gewesen wären.

Es gibt auch Indizien für den Verlust von Introns; ein sehr gutes Beispiel sind weiterverarbeitete Pseudogene. Ein notwendiger Teilprozeß solcher Verluste ist reverse Transkription. Organismen mit relativ kleinen Genomen scheinen mehr Introns verloren zu haben als andere; beispielsweise fehlen *Drosophila* und Hefe bestimmte Introns in den Genen für Actin, Triosephosphatisomerase und Glycerinaldehydphosphat-Dehydrogenase (GAPDH), die bei Pflanzen und Tieren normalerweise vorhanden sind.

Ein ganz besonderer Fall ist die Wanderung von Introns. Es existiert nur ein einziges gesichertes Beispiel dafür, nämlich in dem Gen für Carboanhydrase. Da solche Lageveränderungen doppelte Leserasterverschiebungen erfordern, sind sie sehr unwahrscheinlich und daher extrem selten.

Eine wichtige Implikation der bisherigen Ausführungen ist, daß es in den Proteingenen von Eubakterien niemals Introns gegeben hat. Die Verbreitung der Introns sowie die Mechanismen für ihren Einbau lassen dies relativ wahrscheinlich erscheinen. Die Lage der Introns in den Genen für GAPDH in den Chloroplasten und im Cytosol bleibt jedoch unerklärlich. Einige der Introns liegen bei beiden Genen an der gleichen Stelle. Obwohl beide Gene heute im Zellkern liegen, läßt sich dies nicht durch Rekombination zwischen ihnen erklären, da das Plastidengen in der Umgebung der Spleißstellen vollständig prokaryotisch ist. Shih et al. (1988) schlossen daraus, daß »die Introns schon vor der Trennung von Eukaryoten und Prokaryoten existierten«. Das Fehlen ähnlicher Verhältnisse bei anderen Genen macht uns jedoch skeptisch.

Palmer und Logsdon (1991) untersuchten diesen Fall erneut. Sie fanden heraus, daß nur zwei der Introns bei beiden Genen an der gleichen Stelle liegen. Abgesehen davon gibt der zeitliche Ablauf auf jeden Fall Anlaß zu Bedenken. Plastiden sind vielleicht eine Milliarde Jahre alt, und der gemeinsame Vorfahre von Plastiden und Pflanzen könnte vor drei Milliarden Jahren gelebt haben. Die Annahme eines gemeinsamen Ursprungs der Introns impliziert also, daß einige Bakteriengruppen die Introns zwei Milliarden Jahre lang besaßen, sie an die Plastiden weitergaben und sie dann verloren. Unsere Vermutung ist, daß es bei den beiden Introns, die in den GAPDH-Genen von Chloroplasten und Cytosol an der gleichen Stelle liegen, zu einem parallelen Einbau gekommen ist.

Abschließend noch einige Gedanken zum „Exon-Shuffling". Es gibt zahlreiche Belege für dieses Phänomen in extrazellulären Proteinen (etwa Immunglobulinen) mehrzelliger Tiere. Das zeigt, daß Exons im Laufe der Evolution neu kombiniert werden können, aber es beantwortet nicht die Frage, ob Gene ursprünglich aus „Exon-Modulen" aufgebaut wurden oder nicht. Wenn die Theorie vom Exon-Shuffling zuträfe, müßten Exons einzelnen Proteinmodulen entsprechen. Tatsache ist, daß die meisten derartigen Module nachträglich „identifiziert" wurden – offensichtlich aus „ästhetischen" Gründen. Die einzigen überzeugenden Beispiele sind die Introns der Gene für Hämoglobin und Triosephosphatisomerase (siehe Übersichtsartikel von Go 1991). In diesen Fällen wurden die Module mit statistischen Mitteln identifiziert.

Wir können also nicht sicher sein, daß selbstspleißende Introns nicht am Aufbau proteincodierender Gene beteiligt waren, wenngleich das augenscheinliche Fehlen entsprechender Introns in den proteincodierenden Genen der Eubakterien darauf hindeutet. Andererseits ist es möglich, daß solche Introns noch entdeckt werden; fehlende Beweise sind noch kein Beweis für ihr Fehlen.

8.5.4 Entstammt der Zellkern einer Symbiose?

Die alte Idee, daß auch der Zellkern ein ehemaliger Symbiont sein könnte (zum Beispiel Mereschowsky 1910), ist kürzlich wieder aufgegriffen worden. Sogin (1991) irritierte die Tatsache, daß im rRNA-Stammbaum anders als in Proteinstammbäumen die Eukaryoten an der Wurzel liegen und Eubakterien und Archaebakterien abgeleitete Schwestergruppen sind, während vergleichende Sequenzanalysen von Proteinen darauf hindeuten, daß Eukaryoten und Archaebakterien Schwestergruppen sind. Dies läßt sich Sogin zufolge erklären, wenn man davon ausgeht, daß der Zellkern eine Chimäre ist: Die rRNA-Gene stammen direkt von dem urzeitlichen „Progenoten" ab, die Proteingene von einem verschlungenen Archaebakterium, das sich später zum Zellkern entwickelte. Uns erscheint diese Argumentation nicht überzeugend, da sie sich auf ein einziges Molekül, 16S-artige rRNA, stützt. Plausibler ist die Vermutung, daß dieses Molekül während der Evolution des 70S-Ribosoms zur 80S-Variante eine schnelle Evolution durchmachte (Cavalier-Smith 1991a).

Lake und Rivera (1994) favorisieren eine andere Idee, nämlich die einer Symbiose zwischen zwei Bakterien, nachdem ein gramnegatives Eubakterium ein Archaebakterium verschlungen hatte. Dies würde die erstaunliche Ähnlichkeit des Hitzeschockproteins HSP 70 bei dem Archaezoon *Giardia* und den gramnegativen Bakterien erklären. Es ist aber auch eine andere Deutung denkbar. Mindestens zwei Prokaryotengene sind in verschiedenen Linien an Eukaryoten weitergegeben worden (Smith et al. 1992): die Gene für die Fe-Superoxiddismutase und für die Aldolasen. Dieser Prozeß darf nicht mit dem verbreiteten Gentransfer von Organellen in den Zellkern verwechselt werden (Abschnitt 8.6). Da eine wichtige Neuerung bei den Archaezoen die Phagotrophie war, könnte es durchaus zum Transfer des HSP 70-Gens von aufgenommenen gramnegativen Bakterien in den Zellkern des Protoeukaryoten gekommen sein.

Für einen symbiontischen Ursprung des Zellkerns gibt es zur Zeit also nur schwache Indizien und – anders als für einen autogenen Ursprung – kein überzeugendes Szenario.

8.6 Der Ursprung von Mitochondrien, Chloroplasten und Mikrosomen (*microbodies*)

8.6.1 Der symbiontische Ursprung

Inzwischen ist allgemein anerkannt, daß sowohl Mitochondrien als auch Chloroplasten von freilebenden Prokaryoten abstammen (Margulis 1970, 1981). Beide enthalten zirkuläre DNA-Genome und einen eigenen Proteinsyntheseapparat – Polymerasen, tRNA und Ribosomen. Die Ribosomen ähneln den Ribosomen von Bakterien und nicht denen des Eukaryotencytoplasmas: Beispielsweise sind sie empfindlich gegen Chloramphenicol, aber nicht gegen Cyclohexamid, und ihre rRNA-Sequenzen gleichen eher denen von Prokaryoten. Chloroplasten-DNA kann von RNA-Polymerase aus *E. coli* transkribiert werden, dabei entsteht mRNA, die vom Proteinsyntheseapparat von *E. coli* translatiert werden kann.

Eine Zeitlang nahm man an, die Doppelmembran der Plastiden und Mitochondrien bestehe aus einer inneren Schicht bakteriellen und einer äußeren Schicht eukaryotischen (phagosomalen) Ursprungs. Ultrastruktur und Funktion der äußeren Membran deuten jedoch darauf hin, daß sie ein Überbleibsel der äußeren Membran von gramnegativen Bakterien ist; dies paßt zu der Tatsache, daß die Cyanobakterien und die schwefelfreien Purpurbakterien zu dieser Gruppe gehören.

8.6.2 Veränderungen im genetischen System der Organellen

Seit Mitochondrien und Chloroplasten zu Symbionten geworden sind, hat es in ihrem genetischen System Veränderungen gegeben. Viele ihrer Gene wurden in den Zellkern transferiert: Der DNA-Gehalt pflanzlicher Chloroplasten liegt zwischen 120 000 und 200 000 Basenpaaren, der tierischer Mitochondrien zwischen 16 000 und 19 000 Basenpaaren. In einigen Fällen wurde bereits gezeigt, daß die Sequenz von Kerngenen, die Mitochondrienproteine codieren, stärker der Sequenz prokaryotischer als eukaryotischer Gene gleicht. Es gibt auch noch schlagkräftigere Belege für den Gentransfer zwischen Kompartimenten. In Zellkernen hat man ganze Mitochondriengenome gefunden, und in Mitochondrien einige Chloroplastengene (Stern und Lonsdale 1982). In Chloroplasten fand man außerdem Gene für Mitochondrien-tRNA.

Auch der genetische Apparat der Organellen selbst war der Evolution unterworfen. In Mitochondrien gibt es nur 22 tRNAs, von denen viele in der dritten Position jedes Nucleotid akzeptieren. UGA beispielsweise, das im universellen Code ein Stopcodon ist, codiert in Tier- und Hefemitochondrien Tryptophan, während es in

Pflanzenmitochondrien ein Stopcodon geblieben ist. CUA codiert im universellen Code sowie in Tier- und Planzenmitochondrien Leucin, in Hefemitochondrien dagegen Threonin (vergleiche Abschnitt 6.1).

Der Gentransfer von Organellen in den Zellkern macht es erforderlich, daß im Cytosol synthetisierte Proteine an ihren Bestimmungsort in der Organelle transportiert werden können; andernfalls würden die Organellen nicht funktionieren. Dies wird durch ein „Transitpeptid" ermöglicht, das an das Protein angehängt wird und von einem Rezeptor in der Organellenmembran erkannt wird. Damit ein Protein in die Organelle gelangen kann, muß also eine Sequenz, die das Transitpeptid codiert, an das N-terminale Ende seines Genes angehängt werden. Die Deletion eines Organellengenes war nicht möglich, bevor diese Sequenz an das entsprechende Gen im Zellkern angefügt war (Abbildung 8.8).

Wir wissen nicht sicher, wie die über 700 im Zellkern gelegenen Gene für Mitochondrienproteine derartige Sequenzen erworben haben. Zwar weisen die Transitpeptide gemeinsame Merkmale auf, insbesondere eine stark positiv geladene Anfangsregion mit den Aminosäuren Arginin und Lysin, aber es gibt keine Consensussequenz, weshalb anzunehmen ist, daß sich diese Sequenzen unabhängig voneinander entwickelt haben. Dies erscheint auf den ersten Blick überraschend, aber es hat sich herausgestellt, daß es nicht besonders schwierig ist, funktionstüchtige Transitpeptide zu synthetisieren. Baker und Schatz (1987) hängten zufällig ausgewählte Stücke von *E. coli*- und Maus-DNA an den Anfang von Proteingenen; es zeigte sich, daß 2,7 Prozent der Bakterien- und 5 Prozent der Säugersequenzen als Transitpeptide funktionierten.

Unserer Ansicht nach haben sich die Transitpeptide wahrscheinlich folgendermaßen entwickelt: Die Sequenzen, die sie codieren, entstanden durch Duplikation derjenigen Eubakteriensequenz, welche die ribosomenbindende Shine-Dalgarno-Sequenz liefert. Dabei handelt es sich um eine nicht translatierte Leadersequenz der mRNA, die bei der Translationsinitiation an die 16S-rRNA bindet. Die Sequenz lautet UAAGGAGGU oder ähnlich; eine derartige Region – vielleicht mit einigen Mutationen – könnte die basischen und hydroxylierten Aminosäuren Arginin (GGN, AGR), Lysin (AAR), Serin (UCN, AGY) und Threonin (ACN) codieren. (N steht für ein beliebiges Nucleotid, R für A oder G, Y für C oder T.) Möglicherweise kam es, vielleicht durch Rekombination, zur Bildung von Genen mit duplizierten codierenden Regionen für diese mRNA-Leader. Falls ein solches Gen in den Zellkern gelangt ist, muß die Translation im Cytoplasma an der ersten Shine-Dalgarno-Sequenz begonnen haben; duplizierte Kopien dieser Sequenz könnten später zu Transitsignalen geworden sein.

Aber was könnte die Ursache dafür sein, daß viele Gene in den Zellkern transferiert worden sind? Es scheint keinen physiologischen Grund für die Auswahl der proteincodierenden Gene zu geben, die in den Organellen verblieben sind. Der Transfer von Genen in den Zellkern erfolgte aus Gründen der Effizienz: Zum einen wurde dadurch die Anzahl der zu replizierenden Kopien verringert (auf zwei Kopien pro Zelle, während vorher jede der vielen Organellen viele Kopien ihres Genoms

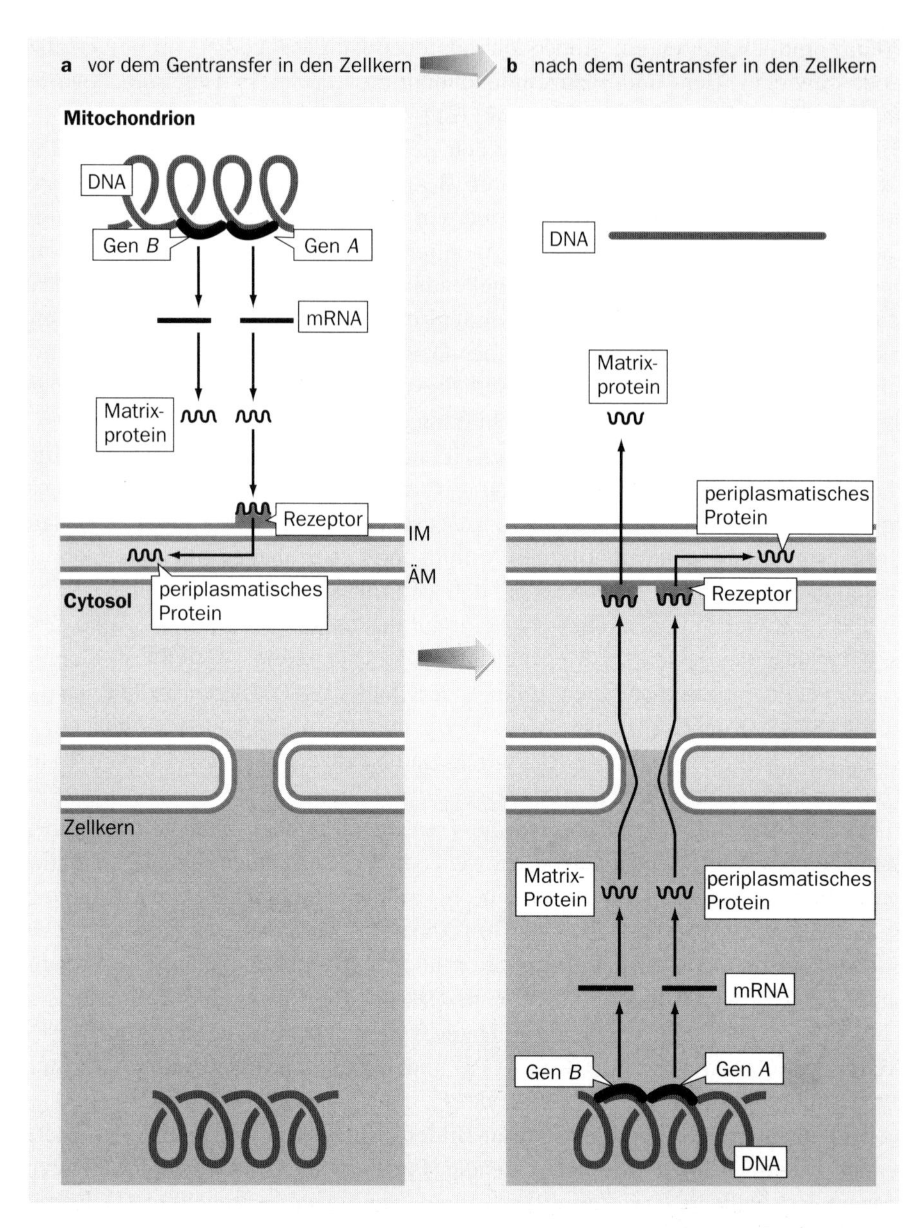

8.8 Der Ursprung des Importsystems der Mitochondrien für Proteine, deren Gene in den Zellkern transferiert wurden (nach Cavalier-Smith 1987d). IM: innere Membran, ÄM: äußere Membran.

enthielt), zum anderen konnten die Organellen nun ihre spezifischen biochemischen Aufgaben ungestört erfüllen.

Es scheint, als sei es für die Replikation von Mitochondrien nicht erforderlich, daß diese überhaupt Gene enthalten. Einige *petite*-Mutanten von Hefe haben das gesamte Mitochondriengenom verloren; dennoch replizieren sich die Mitochondrien in solchen Zellen, obwohl sie natürlich kein ATP produzieren.

Daraus ergibt sich die Frage, warum nicht alle Organellengene in den Zellkern transferiert worden sind. Eine mögliche Begründung ist, daß der weitere Transfer von Genen in den Zellkern, nachdem im Code erste Veränderungen aufgetreten waren, zur Synthese fehlerhafter Proteine geführt hätte. Und solange eine Organelle proteincodierende Gene enthält, muß sie auch die Gene behalten, die tRNA und rRNA codieren, wie es in der Tat der Fall ist. Wenn diese Erklärung zutrifft, handelt es sich bei der Auswahl der proteincodierenden Gene, die in den Mitochondrien zurückgeblieben sind, zum Teil um einen „eingefrorenen Zufall“: Diese Gene befanden sich zufällig noch in der Organelle, als der Code sich veränderte. Doch auch wenn Veränderungen des Codes die Ursache für den Verbleib von Genen in den Mitochondrien sein sollten, muß es für das Zurückbleiben von Genen in den Chloroplasten eine andere Erklärung geben, denn die Chloroplasten haben den universellen Code beibehalten. Zu beachten ist auch, daß wir nicht viel über die Abweichungen des mitochondrialen Codes der Protisten vom gemeinsamen Code wissen.

8.6.3 Peroxisomen

Peroxisomen (ein häufiger Mikrosomentyp) besitzen nur eine Doppelschichtmembran und enthalten eine Reihe von Enzymen, darunter verschiedene Peroxidasen sowie die Enzyme für die β-Oxidation der Fettsäuren. Ihre Matrixproteine werden posttranslational eingeführt, wie die von Mitochondrien und Plastiden, während Lysosomen den cotranslationalen Signal- und Importmechanismus des rauhen ER verwenden. Peroxisomen vermehren sich durch Wachstum und Teilung. Cavalier-Smith (1987d) vermutete auch für sie einen symbiontischen Ursprung. Ihre Vorfahren waren vermutlich grampositive Bakterien, daher besitzen sie nur eine Hüllmembran. Die Oxidation von Fettsäuren dürfte die Effizienz der Phagotrophie gesteigert habe.

Das Fehlen von DNA in diesen Organellen bedarf einer Erklärung. Heijne (1986) äußerte die Vermutung, daß funktionstüchtige (im Gegensatz zu *petite*-) Mitochondrien wahrscheinlich deshalb einige ihrer Proteine behalten haben, weil es für bestimmte Proteine schwierig oder unmöglich ist, ihre Konformation so zu verändern, daß sie durch zwei Membranen transportiert werden können. Wenn dieses plausible Argument tatsächlich zutrifft, ist leicht zu erkennen, daß die Vorläufer der Peroxisomen derartigen Zwängen sehr viel weniger unterworfen waren: Für den Proteintransport durch eine einfache Membran läßt sich leichter ein Mechanismus entwickeln als für den durch eine Doppelmembran.

Wenn die Peroxisomen tatsächlich aus Symbionten hervorgegangen sind, müßte es Homologien zwischen einigen ihrer Proteine und den Proteinen von grampositiven Bakterien geben. Es wird interessant sein zu erfahren, inwieweit dies tatsächlich der Fall ist.

8.6.4 Mutualismus oder Sklaverei?

Der Nutzen, den die Wirtszelle aus der Symbiose zog, wurde erst durch den Einbau spezifischer „Zapfstellen" (*taps*) in die Hüllmembranen der Organellen möglich. Diese Proteine – der Adeninnucleotid-Carrier bei Mitochondrien und der Organophosphat-Carrier bei Plastiden – ermöglichen die Abgabe von Stoffwechselprodukten der Organellen ins Cytosol; sie werden stets vom Zellkern codiert. Da für ihre Funktion kein vorhergehender Gentransfer aus den Organellen erforderlich ist, haben sie sich wahrscheinlich aus Wirtsproteinen entwickelt.

Auf jeden Fall muß die Evolution der *taps* einige Zeit in Anspruch genommen haben. Welcher Art war die Beziehung zwischen Wirt und Symbiont bis dahin? Vielleicht handelte es sich um Parasitismus, aber in diesem Fall hätten Wirtszellen ohne Symbionten einen Selektionsvorteil gegenüber solchen mit Symbionten gehabt. Das allein schließt jedoch eine dauerhafte Verbindung noch nicht aus, und wir können uns außerdem vorstellen, daß es einen sehr einfachen Weg gab, aus den Parasiten Sklaven zu machen, nämlich gemäßigten intrazellulären Beutefang. Protometakaryotische Wirtszellen könnten sich Protomitochondrien gehalten haben, wie Menschen Schweine halten: zur kontrollierten Nutzung. Später könnte diese primitive Art der Ausbeutung durch die raffiniertere Nutzung von Stoffwechselprodukten mit Hilfe von *taps* ersetzt worden sein.

Das Wort „Sklaven" haben wir absichtlich gewählt. Zwar wird das Verhältnis von Wirtszellen und Endosymbionten oft als mutualistisch angesehen, aber es dürfte sehr schwierig sein, diese Behauptung zu überprüfen. Es ist leicht zu zeigen, daß die Verbindung für den Wirt von Nutzen ist, das Gegenteil läßt sich jedoch schwer beweisen, da es keine freilebenden Organellen gibt. Man kann daher nicht messen, ob ihre Wachstums- und Überlebensrate oder ihre Fruchtbarkeit zugenommen hat (Douglas und Smith 1989). Zu behaupten, daß Organellen von der Verbindung profitieren, weil sie ohne die Wirtszelle absterben, heißt, obligatorische Abhängigkeit mit Nutzen zu verwechseln. Wir sind daher geneigt anzunehmen, daß endosymbiontische Organellen eingeschlossene Sklaven sind.

8.6.5 Ein Ursprung oder mehrere?

Interessanterweise sind die Vorfahren der Mitochondrien und Chloroplasten – die Nichtschwefel-Purpurbakterien (wie *Paracoccus denitrificans*) beziehungsweise die Cyanobakterien – sowohl zur Photosynthese als auch zur Respiration in der Lage. Damit hätte es die Möglichkeit gegeben, nur einen Symbiontentyp gefangenzuhalten und ihn für beide Zwecke zu nutzen. Dies wäre allerdings mit Schwierigkeiten verbunden gewesen. Purpurbakterien können in Gegenwart von Sauerstoff keine Photosynthese treiben, als lichtsammelnde Organellen aerober Zellen sind sie also unbrauchbar. Cyanobakterien verwenden ein und dieselbe Elektronentransportkette für beide Funktionen, eine getrennte Kontrolle ist daher nur bedingt möglich. Außerdem besitzen sie keinen kompletten Citratzyklus. Es ist also verständlich, warum die Mitochondrien die Fähigkeit zur Photosynthese und die Chloroplasten die Fähigkeit zur Respiration eingebüßt haben (Cavalier-Smith 1987d). Verwandt ist die Frage, warum es keine Eukaryoten gibt, die Chloroplasten, aber keine Mitochondrien besitzen. Eine verbreitete Erklärung lautet, daß der Erwerb von Mitochondrien dem von Chloroplasten um etwa 500 Millionen Jahre vorausging (Margulis 1981). Es gibt jedoch noch eine unmittelbarere Erklärung, die auf der natürlichen Auslese basiert: Photosynthesetreibende Organismen ohne Mitochondrien würden von solchen mit Mitochondrien verdrängt werden, weil ihre Atmung ineffizient wäre.

Während es keine überzeugenden Beweise für den polyphyletischen Ursprung der Mitochondrien gibt, scheint der Erwerb von Chloroplasten kein einmaliges Ereignis gewesen zu sein. Schon vor längerer Zeit vermutete Mereschowsky (1910), daß alle großen Algengruppen unabhängig voneinander entstanden sind, indem sie verschiedene photosynthetisch aktive Organismen als Symbionten aufnahmen (vergleiche Raven 1970). Neuere Untersuchungen, darunter auf molekularbiologischen Daten basierende phylogenetische Analysen, deuten darauf hin, daß die Geschichte der Plastiden in der Tat kompliziert ist (neuere Überblicke bieten Douglas et al. 1991, Martin et al. 1992 und Palmer 1993). Die plausibelste Annahme ist, daß alle Plastiden letztlich monophyletischen Ursprungs sind und von Verwandten der Cyanobakterien abstammen. Einige Eukaryoten haben ihre photosynthetischen Organellen jedoch nicht durch direkte Aufnahme eines Prokaryoten erworben, sondern durch Phagocytose eines bereits photosynthetisierenden Eukaryoten. So hält man die Plastiden der Eugleniden für ehemalige Grünalgen und die der Chromisten und der Dinoflagellaten für phagocytierte Rhodophyten. Im Falle der Chromisten, deren Plastiden von vier Membranen umgeben sind, ist diese Vermutung besonders plausibel.

8.7 Der Ursprung der Centriolen und Undulipodien

8.7.1 Sind Mikrotubuli symbiontisch entstanden?

Die Vermutung, daß die Motilität der Eukaryoten mit Hilfe von Undulipodien (Cilien und Geißeln) symbiontischen Ursprungs ist, wurde erstmals von Kozo-Polyanski (1924) geäußert. Margulis (1970, 1981) hat diese Idee weiterentwickelt und rigoros verteidigt.

Bei der Auseinandersetzung mit diesem Thema ist zunächst zu beachten, daß Undulipodien und Bakteriengeißeln sich so stark voneinander unterscheiden, daß es unmöglich ist, eine wie auch immer geartete Homologie zu postulieren. Es gibt jedoch eine deutliche Homologie zwischen bestimmten mikrotubulären Organellen der Eukaryoten. Insbesondere sind Basalkörper (Kinetosomen) und Centriolen praktisch identisch. Beide sind Mikrotubuli-Organisationszentren (MTOCs, *microtubular organizing centers*), erstere für die Mikrotubuli der Undulipodien und letztere für die der Mitosespindel. Wenn man den Ursprung der einen Organelle erklären kann, ist es daher leicht, sich die Entstehung der anderen durch weitere Evolution vorzustellen.

Experimentelle Unterstützung erhielt die Symbiontenhypothese vor allem durch die Feststellung, daß es tatsächlich Motilitätssymbiosen zwischen prokaryotischen und eukaryotischen Zellen gibt. Vor allem an die Zellmembran angeheftete Spirochaeten können ihre Wirtszelle in Bewegung versetzen, da sie auf externe Reize reagieren und synchron zu schlagen scheinen. Diese Tatsache veranlaßte Margulis (1991) zu der Annahme, daß die Undulipodien durch Evolution aus Spirochaeten hervorgegangen sind, die ursprünglich in Ectosymbiose mit einem archaebakterienähnlichen Wirt lebten.

Die bisher vorliegenden Daten sind jedoch noch widersprüchlich. Für die Symbiontenhypothese spricht, daß man in großen Spirochaeten der Gattung *Pillotina* mikrotubuliartige Strukturen gefunden hat (Margulis et al. 1978). Antikörper gegen Gehirntubulin binden an ein tubulinartiges Spirochaetenprotein. Dagegen spricht, daß die Polymerisation dieses Proteins nicht durch Colchicin gehemmt wird und daß es keine Mikrotubuli von 24 Nanometer Durchmesser, sondern nur Fasern von fünf bis sieben Nanometer Durchmesser bildet. Einerseits unterstützen Forschungsberichte, denen zufolge es in Centriolen und Kinetosomen essentielle Ribonucleoproteine zu geben scheint (siehe Übersichtsartikel von Peterson und Berns 1980), die Hypothese; andererseits wurde zwar mehrfach versucht zu zeigen, daß diese Organellen auch DNA enthalten (zuletzt von Hall et al. 1989), aber die Ergebnisse immunelektronenmikroskopischer Untersuchungen deuten eher auf das Gegenteil hin (Johnson und Rosenbaum 1991). Die Feststellung, daß die Undulipodiengene einer zirkulären Kopplungsgruppe (ULG) anzugehören scheinen (Ramanis und Luck 1986), ist dadurch allein noch nicht widerlegt. Allerdings fanden Hall et al. (1989) mit Hilfe molekularer Hybridisierung heraus, daß diese Kopplungsgruppe nicht zirkulär, sondern linear ist. Gegen die Symbiontenhypothese spricht auch, daß es trotz anderslautender Behauptungen nur ein ULG-Chromosom pro haploidem Genom zu geben scheint und daß es darauf mindestens ein Gen gibt, das nichts mit Undulipodien zu tun hat (siehe Übersichtsartikel von Johnson und Rosenbaum 1991). Zwar besteht zwischen drei Tubulinen und einem Teil des tubulinartigen Spirochaetenproteins eine gewisse Ähnlichkeit in der Sequenz der Aminosäurereste 116 bis 134, aber bisher gibt es keine Hinweise auf eine weitreichende Homologie.

Das Fehlen von DNA ist kein Beweis für einen autogenen Ursprung, wie das Beispiel der Peroxisomen zeigt. Szathmáry hat ein detailliertes Szenario für einen Übergang entworfen, bei dem die Mikrotubuli aus phagocytierten Spirochaeten hervorgegangen sind und die heutige 9+2-Struktur sich erst später entwickelte.

8.7.2 Sind Centriolen Replikatoren?

Unabhängig davon, ob Centriolen und Mikrotubuli symbiontischen Ursprungs sind oder nicht, bleibt die Frage, ob sie Replikatoren sind. Kann eine neue Centriole also nur in Gegenwart einer bereits existierenden entstehen? Und wenn ja, sind diese Organellen erbliche Replikatoren in dem in Abschnitt 4.2 definierten Sinne, gibt es also zwischen Centriolen Unterschiede, die bei der Replikation weitergegeben werden? Leider ist es leichter, diese Fragen zu stellen, als sie zu beantworten.

Eukaryotische Zellen enthalten eine Vielzahl von Strukturen, die aus dem Protein Tubulin aufgebaut sind, darunter die Mikrotubuli des Cytoskeletts, Cilien und Geißeln sowie die Mitosespindel. Eukaryotische Cilien und Geißeln weisen einen sehr charakteristischen Querschnitt auf: zwei axiale Einzeltubuli, umgeben von einem Ring aus neun Mikrotubulidupletts. Sie krümmen sich aktiv, indem die Mikrotubuli, von ATP angetrieben, aneinander vorbeigleiten. Die Geißeln der Prokaryoten sind dagegen einfache Zylinder aus dem Protein Flagellin, die von einem in die Plasmamembran eingebetteten molekularen Motor in Rotation versetzt werden. Wir verwenden daher für die Strukturen der Eukaryoten, die den prokaryotischen Geißeln nicht homolog sind, den Begriff Undulipodien.

Mikrotubuli bestehen aus α- und β-Tubulin. Diese beiden Proteine werden von Kerngenen codiert, die bei allen Eukaryoten homolog sind. Auch die Gene für α- und β-Tubulin sind einander homolog, die Unterschiede zwischen ihnen sind jedoch innerhalb ein und derselben Spezies größer als die zwischen den α- beziehungsweise den β-Genen aller Eukaryoten. Bei einem Spirochaeten hat man ein Protein mit einer gewissen Aminosäurehomologie zu Tubulin gefunden (Hinkle 1991).

Die meisten Tierzellen enthalten ein Centrosom, bestehend aus zwei Zylindern (Centriolen), die in elektronendichte Substanz eingebettet sind – das Mikrotubuli-Organisationszentrum (MTOC), von dem ausgehend sich Mikrotubuli bilden können. Centriolen sind kurze Zylinder, die insofern Undulipodien ähneln, als sie aus neun ringförmig angeordneten Tubulinstäben bestehen, sich aber darin von diesen unterscheiden, daß jeder Stab aus drei Mikrotubuli besteht und es keine axialen Fibrillen gibt. Centriolen bilden auch die Basalkörper der Undulipodien, und es ist wahrscheinlich, daß Cilien und Geißeln sich nur in Gegenwart einer Centriole entwickeln können. In der Regel entsteht eine neue Centriole in der Nähe einer alten, und zwar im rechten Winkel zu dieser. Die Replikation ist semikonservativ (Kochanski und Borisy 1990): Wenn ein Centriolenpaar sich repliziert, besteht jedes Tochterpaar aus einer alten und einer neuen Kopie. Maniotis und Schliwa (1991) produzierten mit Hilfe mikrochirurgischer Techniken somatische Zellen von Gelbgrünen Meerkatzen (*Cercopithecus sabaeus*), die einen Zellkern, aber keine Centrosomen enthielten. Nach etwa 20 bis 30 Stunden erschien ein neues MTOC, das in der Lage war, Mikrotubuli auszubilden, aber keine Centriolen enthielt, sich nicht teilte und somit auch keine Mitosespindel produzierte. All dies deutet darauf hin, daß Centriolen möglicherweise einfache Replikatoren sind; das gilt jedoch offensichtlich nicht generell, da sie in einigen Fällen *de novo* entstehen können. So enthält die Eizelle der Säugetiere keine Centriole; diese wird in der Regel vom Spermium geliefert. Unter bestimmten Umständen können unbefruchtete Säugereizellen jedoch Centriolen ausbilden, woraufhin sie eine Reihe von Zellteilungen durchmachen.

Einige Fakten sind verwirrend. Wenn Centriolen *de novo* entstehen können, warum bilden sie sich in der Regel in der Nähe bereits existierender Centriolen? In welcher Form wird Information – wenn überhaupt – von der alten an die neue Struktur weitergegeben? Nur weil Säugereizellen Centriolen *de novo* ausbilden können, müssen nicht alle Zellen dazu in der Lage sein. Seltsamerweise kennt man zwar amniotische Wirbeltierarten, deren Weibchen Eier produzieren können, die sich ohne Befruchtung durch ein Spermium entwickeln, aber keine Anamnier mit der gleichen Fähigkeit, obwohl bei vielen Anamniern die von den Männchen stammenden Chromosomen eliminiert werden. Dies verleitet zu der Annahme, daß ein Spermium benötigt wird, weil die Eizelle eine Centriole braucht.

Bei der Mitose teilt sich das Centrosom, und die beiden Tochtercentrosomen bilden die Pole des Spindelapparates. Mit Hilfe fluoreszierender Antikörper hat man gezeigt, daß in MTOCs einige stark konservierte Proteine vorkommen. Centriolen müssen in ihnen nicht enthalten sein. Bei den höheren Pflanzen gehen die Mikrotubuli von einer elektronendichten Region aus, die frei von Centriolen ist. Auch in der Mitosespindel von Mausoocyten fehlen Centriolen. Wenn man MTOCs aus Zellen isoliert und mit gereinigtem Tubulin mischt, bilden sich von ihnen ausgehend Mikrotubuli; interessanterweise ist dabei die Anzahl der Mikrotubuli relativ konstant und entspricht etwa der Anzahl, die in der Ursprungszelle aus dem Centrosom hervorgeht.

Ein und dieselbe Centriole kann abwechselnd als Basalkörper einer Undulipodie und als Spindelpol dienen. Die Grünalge *Chlamydomonas* beispielsweise besitzt zwei Undulipodien. Diese werden vor der Zellteilung resorbiert, und die beiden Basalkörper dienen als die Pole der Mitosespindel. Tierzellen können sich nicht gleichzeitig teilen und Undulipodien besitzen. Buss (1987) hat die Bedeutung dieses Sachverhalts für die Entwicklung diskutiert; wir kommen darauf in Kapitel 15 zurück. Vermutlich kommt es zu dieser Beschränkung, weil ein MTOC je nach Zustand der Zelle – also je nachdem, welche Gene aktiv und welche Proteine vorhanden sind – ein Undulipodium oder eine Spindel ausbilden kann, nicht jedoch beides.

Zusammenfassend kann man also sagen, daß noch lange nicht geklärt ist, ob MTOCs Replikatoren sind und, falls ja, ob sie erbliche Eigenschaften besitzen. Es hat den Anschein, als würden sie benötigt, um die Bildung von Mikrotubuli in Gang zu setzen. Ob ein Undulipodium oder ein Spindelapparat gebildet wird, hängt vermutlich vom Zustand der Zelle ab und nicht von den erblichen Eigenschaften des MTOC. Wie viele Mikrotubuli sich bilden, scheint dagegen vom MTOC abhängig zu sein, dabei könnte es sich also um eine erbliche Eigenschaft handeln. Die charakteristische Struktur der Undulipodien ist wahrscheinlich durch eine ähnliche Struktur in der Centriole bedingt. Centriolen entstehen in der Regel, aber nicht ausschließlich in der Nähe bereits existierender Centriolen. Es ist nicht geklärt, ob MTOCs, abgesehen von Proteinen, die von Kerngenen codiert werden, Informationen tragen, die für die Ausbildung der 9+2-Struktur erforderlich sind, und, falls dies der Fall ist, in welcher Form diese Informationen vorliegen.

8.8 Zeitlicher Verlauf

Prokaryoten hat es schon vor 3,5 Milliarden Jahren gegeben; die ältesten Mikrofossilien von Eukaryoten dagegen sind nicht älter als 1,5 Milliarden Jahre. Erstaunlicherweise beträgt die Zeitspanne, die erforderlich war, damit sich aus unbelebter Materie Leben entwickeln konnte, nur ein Viertel der Zeit, die für den Übergang von den Prokaryoten zu den Eukaryoten benötigt wurde. Zwar waren einige Schritte bei der Entstehung der Eukaryoten wirklich schwierig – etwa die Entwicklung des Proteinimports aus dem Cytoplasma in die Mitochondrien und Plastiden, nachdem die entsprechenden Gene in den Zellkern transferiert worden waren –, aber man kann kaum behaupten, daß sie schwieriger waren als beispielsweise die Erfindung des genetischen Codes. Wir bieten die folgende Lösung dieses Paradoxons an: Während der Entstehung des Lebens mußten sich neue Formen mit relativ ineffizienten Konkurrenten messen. Bereits vorhandene Prokaryoten sind dagegen starke Konkurrenten.

Neuerungen (zum Beispiel der Verlust der festen Zellwand oder die Entstehung des Zellkernes) verursachen leicht Störungen und ein vorübergehendes Nachlassen der Fitneß. Aufgrund dessen waren besondere Umstände – genaugenommen eine ganze Reihe davon – erforderlich, damit diese Innovationen sich in Gegenwart potentiell überlegener Konkurrenten etablieren konnten (F. Károlyházy, persönliche Mitteilung).

9. Der Ursprung der sexuellen Fortpflanzung und die Existenz von Arten

9.1 Einleitung

Unter sexueller Fortpflanzung verstehen wir bei Eukaryoten einen mehr oder weniger regelmäßigen Wechsel zwischen Meiose und Syngamie. Daraus folgt naturgemäß der Wechsel haploider und diploider Phasen im Lebenszyklus.

Die sexuelle Fortpflanzung der Eukaryoten und der Prokaryoten unterscheidet sich in zwei wichtigen Punkten: in den zellulären Vorgängen und darin, daß Prokaryoten genetisches Material seltener und weniger umfassend weitergeben (Maynard Smith et al. 1991). In den molekularen Abläufen scheint dagegen eine deutliche Übereinstimmung zu bestehen: In beiden Gruppen sind für die sexuelle Fortpflanzung Rekombinationsenzyme erforderlich, von denen viele auch bei der Reparatur beschädigter DNA aktiv sind. Dies legt die Vermutung nahe, daß die

Rekombinationsreparatur eine Präadaptation für die sexuelle Rekombination war. Am Rande sei erwähnt, daß es eine Theorie gibt, der zufolge die Selektion der Rekombinationsreparatur von DNA-Doppelstrangschäden für den Fortbestand der sexuellen Fortpflanzung bei Eukaryoten verantwortlich ist (Bernstein et al. 1981, 1988). Dieser Theorie stellen sich jedoch gravierende theoretische und praktische Schwierigkeiten entgegen; einige der praktischen Probleme werden wir noch erwähnen.

Obwohl die sexuelle Fortpflanzung ein Abwechseln von haploiden und diploiden Phasen bedingt, liegt ein Schlüssel zur Beantwortung der Frage nach ihrem Ursprung möglicherweise in der Idee, daß es diesen Wechsel schon vor der Evolution der eigentlichen sexuellen Rekombination gab. Den ersten Anstoß zu dieser Vermutung gab Cleveland (1947) in seiner klassischen Veröffentlichung, in der er vorschlug, der zyklische Ploidiephasenwechsel könne mit einer spontanen Diploidisierung durch Endomitose begonnen haben, also ohne Syngamie. Seine Ideen beruhten auf eigenen Beobachtungen an primitiven Flagellaten (Hypermastigoten und Polymastigoten), darunter *Barbulanympha*, die einen regelmäßigen Zyklus aus Endomitose und Meiose durchläuft.

Margulis und Sagan (1986) verschafften Clevelands Ideen erneute Aufmerksamkeit. Vor allem erklärten sie, der Wechsel der Ploidiephasen könne eine primär ökologische Ursache haben: Ein Alternieren wichtiger Umweltfaktoren könnte einen zyklischen Wechsel von Haploidie und Diploidie bedingen, falls die beiden Phasen Anpassungen an verschiedene Umweltbedingungen darstellen. Beispielsweise haben Diploide eine relativ kleinere Oberfläche als Haploide (siehe Exkurs 9A), was ihnen eine höhere Stoffwechseleffizienz verleihen könnte. Wir werden bald auf Gedanken wie diese zurückkommen.

9.2 Zelluläre Vorgänge beim zyklischen Kernphasenwechsel

Zunächst befassen wir uns mit den zellulären Vorgängen, welche die beiden Phasen miteinander verbinden. Wichtig ist, daß die Meiose bei manchen Protisten in einem Schritt statt in zweien verläuft: Nach der Syngamie trennen sich die beiden homologen Chromosomen, ohne sich prämeiotisch verdoppelt zu haben. Diese Art der Meiose findet man heute bei allen Archaezoen, bei den Dinozoen (Dinoflagellaten), Sporozoen (darunter möglicherweise auch bei dem Erreger der Malaria) und Parabasalia (Trichomonaden und Hypermastigoten (Raikov 1982, Cavalier-Smith 1987a). Die Zwei-Schritt-Meiose mit prämeiotischer Verdopplung der Chromosomen ist also eine metakaryotische Erfindung. Über das Ausmaß der Rekombination bei der Ein-Schritt-Meiose ist nichts bekannt. Da es dabei nicht zur prämeiotischen Verdopplung kommt, wären Chiasmata, auch wenn es eine Rekombination geben sollte, nicht sichtbar: Bei der Zwei-Schritt-Meiose sind sie nur wegen der Kohäsion der Schwesterstränge erkennbar. Die Frage, ob es bei der Ein-Schritt-Meiose zur Rekombination kommt, wird nur durch genetische Daten zu beantworten sein. Auf jeden Fall müssen sich dabei Bivalente bilden, denn andernfalls wäre Aneuploidie verbreitet.

9.3 Frühe Formen des zyklischen Kernphasenwechsels

Wir vermuten, daß die Evolution der sexuellen Fortpflanzung bei Eukaryoten über die folgenden Stadien verlief:

- einen zyklischen Wechsel zwischen Haploidie und Diploidie mit Endomitose und Ein-Schritt-Meiose (Abbildung 9.1a);
- Syngamie und Ein-Schritt-Meiose (Abbildung 9.1b);
- Syngamie und Zwei-Schritt-Meiose (Abbildung 9.1c).

Im folgenden diskutieren wir die Selektionskräfte, die für die entsprechenden Übergänge verantwortlich gewesen sein könnten. Bevor wir die Einzelheiten erörtern, sollten wir zwei generelle Unterscheidungen treffen. Zunächst ist zwischen „Mutation“ und „Schädigung“ zu unterscheiden (Bernstein et al. 1988). Durch eine Mutation wird aus einem DNA-Molekül ein anderes DNA-Molekül, dessen Sequenz sich von der des Originals unterscheidet. Eine Schädigung macht aus einem DNA-Molekül etwas anderes als DNA; es können beide Stränge betroffen sein oder nur einer. Eine Mutation ist im Nachhinein nicht mehr als solche zu erkennen (außer unmittelbar nach der Replikation, wenn der neue und der alte Strang noch zu unterscheiden sind, wie beim Korrekturlesen (*proofreading*) oder bei der Fehlpaarungsreparatur). Schäden sind im Prinzip immer erkennbar, Doppelstrangschäden können aber nur in Gegenwart eines homologen DNA-Moleküls, das die nötige Information liefert, repariert werden.

Die zweite notwendige Unterscheidung ist die zwischen zwei hypothetischen Wegen, auf denen Rekombination die nachteiligen Effekte von Mutationen verringern könnte. Als „Mullersche Ratsche“ (Muller 1964) bezeichnet man den Prozeß der allmählichen Anhäufung schädlicher Mutationen in einer begrenzten Population ohne Rekombination. Die Ratsche wird durch Rekombination arretiert. Die Population muß zwar begrenzt sein, aber der Prozeß tritt auch in großen Populationen auf, vorausgesetzt, der nachteilige Effekt der einzelnen Mutationen ist gering. Ein zweiter Prozeß wurde von Kondrashov (1982) vorgeschlagen. In einer unbegrenzten Population im Gleichgewicht zwischen Mutation und Selektion ist die genetische Belastung unter Umständen geringer, wenn es Rekombination gibt. Dieser Prozeß erfordert zwar nicht, daß die Population endlich ist oder daß die einzelnen Mutationen nur schwache Auswirkungen haben, der Effekt der Mutationen auf

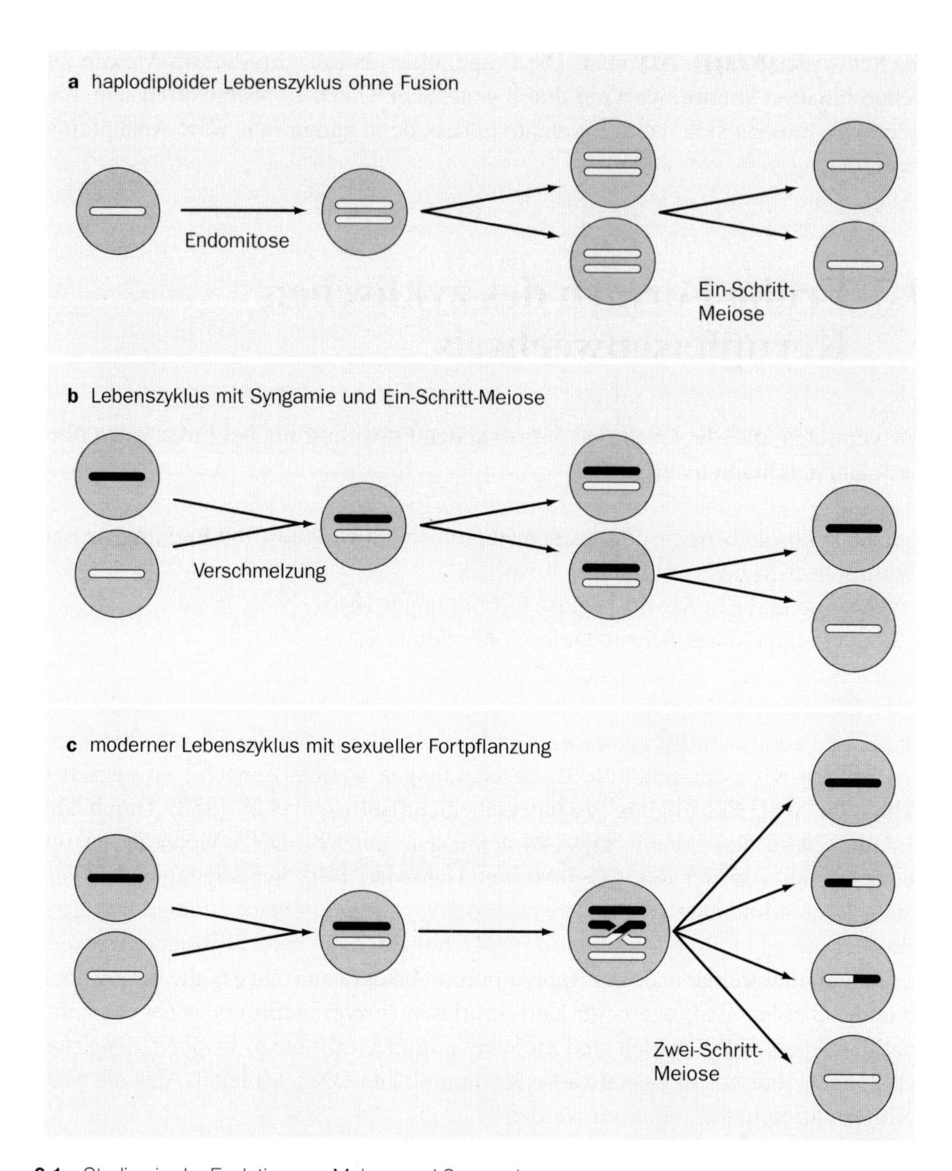

9.1 Stadien in der Evolution von Meiose und Syngamie.

die Fitneß muß aber synergistisch sein. Das heißt, mit zunehmender Anzahl der Mutationen in einem Individuum muß sich der Effekt jeder einzelnen Mutation auf die Fitneß verstärken.

9.3.1 Warum ein zyklischer Kernphasenwechsel ohne Syngamie?

Nach Ansicht von Szathmáry et al. (1990) könnte ein zyklischer Wechsel der Ploidiephase von einer Umwelt, in der das Ausmaß der DNA-Schädigung schwankte, forciert worden sein. Die potentiellen Auswirkungen von DNA-Schäden müssen relativ schwerwiegend gewesen sein, da die frühen Eukaryoten als Archaezoen (die weder Mitochondrien noch Peroxisomen besaßen) vermutlich nicht gut an die Belastung durch die in Anwesenheit von Sauerstoff entstehenden freien Radikale angepaßt waren. Nur falls sie in der Lage waren, DNA-Doppelstrangschäden zu reparieren, konnten sie in Lebensräumen existieren, die nicht streng anaerob waren. Auf Schwankungen der Sauerstoffkonzentration in ihrer Umgebung könnten die Archaezoen durch entsprechende Veränderung ihrer Ploidiestufe reagiert haben. Wie wir wissen, ist diploide Hefe wesentlich widerstandsfähiger gegen DNA-Schäden als haploide, und diese wiederum ist in der G_1-Phase des Zellzyklus, nach der Chromosomenreplikation, widerstandsfähiger als in der G_2-Phase. Aber was könnte der Grund für eine periodische Rückkehr zur Haploidie gewesen sein? Bei begrenztem Nährstoffangebot wachsen Haploide unter Umständen schneller als Diploide; Ursache dafür ist im wesentlichen ihre im Verhältnis zum Volumen größere Oberfläche (siehe Exkurs 9A). Die Idee, daß die Haploidie durch Nährstoffmangel begünstigt wurde (zum Beispiel Lewis 1985), hat jedoch einen Haken. Archaezoen sind keine Saprophyten wie Hefe, sie sind phagotroph. Unserer Ansicht nach war die Phagotrophie ja die Schlüsselerfindung, die zur Entstehung der Eukaryoten führte. Wenn dies zutrifft, könnte Nahrungsmangel eher die Diploidie begünstigt haben, da größere Zellen größere Partikel aufnehmen können; überdies benötigen sie möglicherweise weniger Energie zur Aufrechterhaltung des osmotischen Druckes.

Exkurs 9A: Wachsen Haploide schneller?

Diploide Organismen müssen nicht zwangsläufig langsamer wachsen als haploide. In einem Diploiden ist nicht nur die Menge des zu synthetisierenden Materials, sondern auch der Stoffwechselapparat exakt verdoppelt, die Teilungsrate müßte also die gleiche sein wie bei einem Haploiden. Dies gilt jedoch nicht mehr, wenn Form und relative Oberfläche der Zelle eine Rolle spielen.

Nehmen wir der Einfachheit halber an, beide Zelltypen seien kugelförmig. Wenn das Volumen der diploiden Zelle doppelt so groß ist wie das der haploiden, ist der Quotient aus Oberfläche und Volumen, wie sich leicht zeigen läßt, bei der haploiden Zelle um den Faktor 1,25 größer. Wenn die Nährstoffaufnahme und damit die Wachstumsrate proportional zur Oberfläche ist, liegt die Wachstumsrate der diploiden Zelle 20 Prozent unter derjenigen der haploiden. Es gibt experimentelle Daten, die den Ergebissen dieser einfachen

Berechnung relativ genau entsprechen. Adams und Hansche (1974) verglichen isogene haploide und diploide Hefe unter zwei verschiedenen Kulturbedingungen. Bei hoher Nährstoffkonzentration waren die Wachstumsraten gleich hoch. Das ist nicht überraschend, da die Zelloberfläche unter diesen Bedingungen nicht der limitierende Faktor für den Stoffwechsel ist. War jedoch ein Nährstoff in so geringer Konzentration vorhanden, daß er zum limitierenden Faktor wurde, so betrug die Fitneß der diploiden Hefe, gemessen an der der haploiden, 93 Prozent.

Weiss et al. (1975) analysierten die Beziehung zwischen Ploidiephase, Zellvolumen und Stoffwechsel genauer. Sie untersuchten drei Situationen:

1. Wenn Kohlenstoff (zum Beispiel Glucose) der limitierende Faktor für das Wachstum einer Hefepopulation ist, haben haploide und diploide Zellen das gleiche Volumen und nahezu die gleiche Oberfläche. Die Ploidiephase ist selektionsneutral. Dies impliziert unter anderem, daß die zur Replikation der DNA erforderliche Zeit nicht limitierend ist.
2. In nährstoffreichem Medium haben Diploide das 1,57fache Volumen von Haploiden, und die Menge der einzelnen Makromoleküle ist proportional zum Volumen. Auch hier ist die Ploidiephase selektionsneutral.
3. Zu Komplikationen kommt es, wenn das Wachstum durch die Konzentration an organischem Phosphat limitiert ist. Die Nutzung von organischem Phosphat hängt von dem oberflächengebundenen Enzym saure Phosphatase ab. Bildet man den Quotienten aus den Daten für diploide und haploide Zellen, so erhält man für die Enzymaktivität 1,44, für die Zelloberfläche 1,39 und für das Zellvolumen 1,62. Die Phosphataseaktivität ist also hauptsächlich durch die Zelloberfläche limitiert, und da Diploide größer sind als Haploide, ist zu erwarten, daß Haploide schneller wachsen. Dies wurde durch die oben beschriebenen Konkurrenzexperimente bestätigt.

Ein möglicher Ausweg aus diesem Dilemma ist die Annahme, daß der zyklische Ploidiephasenwechsel sich vor dem Verlust der festen Zellwand und der Evolution der Phagotrophie entwickelte. Diese Erklärung ist zwar denkbar, aber nicht attraktiv. Eine alternative, allgemeinere Erklärung lautet, daß die genetische Belastung im Gleichgewicht zwischen Mutation und Selektion bei Haploiden geringer ist. (Die Mutationsrate pro Genom ist bei Diploiden doppelt so hoch wie bei Haploiden. Wenn nachteilige Mutationen nicht vollständig rezessiv sind, werden sie aus diploiden Populationen mit den heterozygoten Individuen entfernt – eine Mutation pro selektivem Todesfall. In einer diploiden Population sind also doppelt so viele selektive Todesfälle erforderlich, um die Mutationen auszugleichen.) Unter Bedingungen, bei denen wiederholt Mutationen auftreten und es Perioden der DNA-Schädigung gibt, haben, wie Simulationen zeigen, Populationen mit zyklischem Kernphasenwechsel, der so synchronisiert ist, daß die diploide Phase mit den Perioden der DNA-Schädigung zusammenfällt, eine höhere durchschnittliche Fitneß als Populationen, die permanent diploid oder permanent haploid sind.

9.3.2 Warum wurde die Endomitose durch Syngamie ersetzt?

Zunächst erforderte die Diploidisierung keine Syngamie, denn sie konnte auch durch Endomitose erfolgen (Cleveland 1947; Hurst und Nurse 1991). Erst kürzlich hat man zwei Hefemutanten isoliert, die durch Endomitose diploid werden und auf diese Weise komplette Homozygote bilden. In der Mutante von *Saccharomyces cerevisiae* sind frisch gesproßte Zellen haploid und kopulationsfähig. Sie verlieren die Paarungsfähigkeit bald und diploidisieren später. Die diploiden Zellen haploidisieren durch normale Meiose (Ono et al. 1990). Bei der Spalthefe *Saccharomyces pombe* durchläuft eine Zellzyklusmutante eine zusätzliche S-Phase anstelle einer Mitose – ein einfacher Mechanismus der Diploidisierung (Broek et al. 1991). Interessant ist auch der Flagellat *Pyrsonympha*; er besitzt einen asexuellen Lebenszyklus aus mehreren Endomitosedurchgängen, gefolgt von einer Reihe von Reduktionsteilungen (Hollande und Carruette-Valentin 1970). Die Ökologie endomitotischer Einzeller bedarf der weiteren Erforschung.

Aus dem bisher Gesagten folgt, daß es bei frühen Formen des zyklischen Ploidiephasenwechsels nicht unbedingt Crossing-over gegeben haben muß (Hurst und Nurse 1991). Tatsächlich gibt es Hinweise darauf, daß Chromosomenpaarung und Crossing-over von zwei verschiedenen Gengruppen kontrolliert werden. Das gleiche gilt für die genetische Kontrolle der meiotischen Genkonversion (die für die Reparatur von DNA-Doppelstrangschäden unbedingt erforderlich ist) und des Crossing-over (Engebrecht et al. 1990). Die Synapsis – die Paarung der homologen Chromosomen – wird durch ein Proteinnetzwerk vermittelt, das man als synaptischen Komplex bezeichnet. Man nimmt an, daß die Rekombinationsknötchen zwischen den Chromosomen den enzymatischen Apparat der meiotischen Rekombination enthalten. Interessanterweise gibt es zwei Arten dieser Knötchen: frühe und späte. Frühe Knötchen sind häufig und spielen wahrscheinlich bei der anfänglichen Paarung der homologen Regionen eine Rolle; die späten Knötchen sind seltener, und ihre Verbreitung entspricht derjenigen der Chiasmata. Die Aktivität der frühen Rekombinationsknötchen scheint ausschließlich zur Genkonversion zu führen, während der DNA-Austausch von den späten Knötchen vermittelt wird (Smithies und Powers 1986; Carpenter 1987).

Da Crossing-over bei einem endomitotisch entstandenen Diploiden überflüssig wäre, ist es wahrscheinlich erst später entstanden – nach der Evolution des zyklischen Kernphasenwechsels mit Syngamie, Ein-Schritt-Meiose und Reparatur durch Genkonversion.

Der offensichtliche Vorteil der Syngamie gegenüber der Endomitose ist derjenige, der durch Heterosis entsteht. Wenn nachteilige Mutationen rezessiv oder teilweise rezessiv sind, wird ein Diploider, der aus der Vereinigung genetisch verschiedener Haploider hervorgegangen ist, eine höhere Fitneß aufweisen als ein durch Endomitose entstandener Diploider. Weiter unten werden wir die Behauptung aufstellen, daß derselbe Selektionsvorteil für die Entstehung der Paarungstypen verantwortlich war: Eine Zelle, die sich mit einer Zelle eines anderen Paarungstyps vereinigt, profitiert mit größerer Wahrscheinlichkeit von der Heterosis.

Diese Erklärung ist zwar naheliegend, jedoch mit Vorsicht zu behandeln. Der von der Syngamie zu erwartende Vorteil wäre sehr viel geringer als der Vorteil, der normalerweise bei der Kreuzung von Inzuchtlinien entsteht, die von einer normal auskreuzenden Art mit sexueller Fortpflanzung abstammen, weil die Belastung durch nachteilige Mutationen in einer Vorläuferpopulation mit einem Endomitosezyklus sehr viel geringer wäre: Die schädlichsten Mutationen würden während der haploiden Phase aus einer solchen Population eliminiert. Doch auch wenn die Syngamie geringere Vorteile mit sich brächte, wären diese immer noch erheblich.

Im letzten Abschnitt haben wir, wenn auch recht vorsichtig, die Vermutung geäußert, daß der Vorteil einer haploiden Phase im Lebenszyklus möglicherweise in der geringeren genetischen Belastung im Gleichgewicht zwischen Mutation und Selektion bestand. Dies setzt voraus, daß die nachteiligen Mutationen nicht vollständig rezessiv sind. Wir behaupten nun, daß die Syngamie gegenüber der Endomitose begünstigt war, weil die meisten schädlichen Mutationen teilweise rezessiv sind. Damit entsteht jedoch kein Widerspruch. Wenn, wie es wahrscheinlich der Fall ist, die meisten schädlichen Mutationen bei Heterozygoten zwar einen gewissen Effekt haben, bei Homozygoten jedoch einen sehr viel stärkeren, müssen Diploide zum einen im Gleichgewicht zwischen Mutation und Selektion eine größere genetische Last tragen als Haploide und zum anderen einen unmittelbaren Vorteil aus der Syngamie ziehen.

Aus welchem Grund könnten die meisten nachteiligen Mutationen rezessiv oder zumindest eher rezessiv als dominant sein? Wright (1934) nahm an, daß Verlustmutationen aus biochemischen Gründen bei ihrem Entstehen meist rezessiv sind, während Fisher (1931) der Ansicht war, die Dominanz der meisten Wildtypallele habe sich in der Evolution durch Selektion von Dominanzmodifikatoren entwickelt. Wrights Vermutung wird durch biochemische Daten gestützt. Kacser und Burns (1981) simulierten Stoffwechselwege und stellten fest, daß deren Umsatz sich in der Regel wenig verändert, wenn die Aktivität eines der beteiligten Enzyme halbiert wird.

9.3.3 Warum Crossing-over?

Dies ist, wegen der enormen langfristigen Bedeutung des Crossing-over, natürlich die entscheidende Frage. Verschiedene Vorteile des Crossing-over auf der Populationsebene sind bekannt. Wie wir bereits erläutert haben, wird der Verlust an durchschnittlicher Fitneß, den Populationen infolge nachteiliger Mutationen erleiden, durch Rekombination verringert. Noch wichtiger ist vielleicht, daß Rekombination die Geschwindigkeit steigert, mit der eine Population sich an wechselnde Umweltbedingungen anpassen kann, und zwar vor allem weil vorteilhafte Mutationen, die in verschiedenen Individuen auftreten, in einem einzigen Nachfahren vereint werden können (Fisher 1930; Muller 1932). Dies sind jedoch Vorteile für die Population. Zwar gibt es deutliche Hinweise (aus der taxonomischen Verteilung parthenogenetischer Organismen) darauf, daß solche Vorteile für den dauerhaften Bestand der sexuellen Fortpflanzung wichtig waren, weil sie sekundär parthenogenetische Populationen eliminierten (Maynard Smith 1978), aber die Entstehung der Rekombination muß auf kurzfristige, individuelle Vorteile zurückzuführen sein.

Wir müssen zeigen, daß ein Gen, das Crossing-over verursacht, innerhalb einer Population von der Selektion begünstigt werden kann. Die Eliminierung nachteiliger und die Anhäufung günstiger Mutationen kann zu einem solchen individuellen Vorteil führen. Kondrashov (1988) stellte fest, daß synergistisch wirkende schädliche Mutationen innerhalb einer Population zur Selektion der Rekombination führen können.

Die experimentellen Belege für die synergistische Wirkung nachteiliger Mutationen sind begrenzt. Es wäre daher hilfreich, eine gewisse theoretische Erwartung zu haben. Die Art der Epistasie oder Epistase (Aufhebung oder Maskierung eines Geneffekts durch ein zweites, nichtalleles Gen) generell vorherzusagen, ist unmöglich, möglich ist dies jedoch für solche Mutationen, die den Stoffwechsel durch Reduktion der Enzymaktivität beeinflussen. Unter Verwendung der Stoffwechselkontrolltheorie (*metabolic control theory*) von Kacser und Burns (1973, 1978) gelang es Szathmáry (1993b) herzuleiten, welcher Art die Epistasie zwischen Enzymmutationen ist.

Die Stoffwechselkontrolltheorie berechnet den Umsatz eines Stoffwechselweges als Funktion der Aktivität der Enzyme, welche die einzelnen Schritte dieses Reaktionsweges katalysieren. Die Reduktion des Umsatzes infolge der verringerten Aktivität eines Enzyms ist leicht zu berechnen. Ob Mutationen einen synergistischen oder einen antagonistischen Effekt auf die Fitneß haben, hängt davon ab, ob die Selektion einen optimalen oder einen maximalen Umsatz begünstigt, und zwar folgendermaßen:

- Wenn die Selektion eine konstante, optimale Konzentration eines Metaboliten begünstigt, sind die Auswirkungen von Mutationen auf die Fitneß synergistisch, so daß die Epistasie – wie es Kondrashovs Theorie erfordert – die sexuelle Fortpflanzung begünstigt.
- Wenn die Selektion die schnellstmögliche Synthese des Endprodukts des Stoffwechselweges begünstigt, sind die Effekte von Mutationen antagonistisch, und Rekombination ist nachteilig.

Diese theoretischen Überlegungen passen relativ gut zu Kondrashovs Mutationstheorie. Für Einzeller und vor allem für Prokaryoten wirkt das Nährstoffangebot oft limitierend, so daß ihr Metabolismus und damit ihre Teilungsrate durch den Umsatz bestimmter Stoffwechselwege beschränkt sind. Die Tatsache, daß es bei Prokaryoten keine meiotische Sexualität und bei vielen Protisten keinerlei sexuelle Fortpflanzung gibt, steht daher im Einklang mit der Theorie. Eine zweite Vorhersage, die sich mit der ersten teilweise überschneidet, lautet, daß Rekombinationen bei *r*-selektierten Organismen selten und bei *K*-selektierten häufig sein müßten – eine Vorhersage, die sich ebenfalls bestätigt hat (Bell 1982).

Wie Maynard Smith (1979b, 1988b) zeigte, kommt es bei gerichteter Selektion eines Merkmals, das durch Gene an verschiedenen Loci determiniert ist, auch zur Selektion von Genen, welche die Rekombinationshäufigkeit zwischen diesen Loci steigern; wenn sich allerdings die Selektion an dem Merkmal normalisiert, wird eine Reduzierung der Rekombination selektiert. Nach Ansicht von Hamilton (1980) ist ein Wettrüsten zwischen Wirtsorganismen und Parasiten ein wahrscheinlicher Grund für die Selektion von Veränderungen, und Bell und Maynard Smith (1987) stellten fest, daß ein derartiges System vermehrte Rekombination selektieren kann. Selektion an synergistisch wirkenden schädlichen Mutationen und gerichtete Selektion an polygenen Merkmalen kann also die Evolution des Crossing-over begünstigt haben. Einer dieser Prozesse oder beide gemeinsam können zur Entstehung des Crossing-over während der Meiose geführt haben. Dabei handelte es sich um einen trotz seiner enormen Auswirkungen eher kleinen Schritt: Sowohl die Ein-Schritt-Meiose als auch die für das Schneiden und Wiederzusammenfügen der Chromosomen erforderlichen Enzyme existierten bereits.

9.3.4 Warum eine Zwei-Schritt-Meiose?

Für das Crossing-over ist keine Zwei-Schritt-Meiose erforderlich. Warum also verdoppeln sich die Chromosomen vor der Meiose? Auf den ersten Blick erscheint dieser Prozeß absurd: Die Meiose hat den Zweck, die Chromosomenzahl zu halbieren, dennoch beginnt sie mit deren Verdopplung. Die erste uns bekannte Erklärung hierfür stammt von Bernstein et al. (1988): Zwar existieren Dutzende von spezifischen Enzymen, die verschiedene Arten von Einzelstrangschäden der DNA beheben, doch kann nicht für jede Art von Schaden ein eigenes Enzym vorhanden sein, da es zahllose Schadenstypen gibt. Es ist jedoch leicht, aus einer DNA mit einem schadhaften Einzelstrang durch Replikation zwei DNAs zu machen: eine intakte und eine mit einem Doppelstrangschaden. Die Funktion der prämeiotischen Verdopplung der DNA besteht also darin, einen irreparablen Einzelstrangschaden in einen behebbaren Doppelstrangschaden umzuwandeln. Diese Hypothese ist genial. Für sie spricht auch die Tatsache, daß die Zwei-Schritt-Meiose von den Metakaryoten erfunden wurde, denn deren vorwiegend aerober Stoffwechsel mit Mitochondrien und Peroxisomen erfordert wegen der Bildung oxidierender freier Radikale einen effektiven Mechanismus zur DNA-Reparatur.

Trotz ihrer Genialität wirft diese Idee auch Probleme auf. Die Reparatur von Einzelstrangschäden kommt bei klonalen Prokaryoten und bei der normalen Mitose vor.

Die prämeiotische Chromosomenverdoppelung erweitert die Meiose lediglich um einen Prozeß, der jeder mitotischen Teilung vorangeht. Wenn ihre Funktion in der Erleichterung der Reparatur von Einzelstrangschäden besteht, wird sie nur benötigt, um die Schäden zu reparieren, die seit der letzten Mitose aufgetreten sind.

Für Haig und Grafen (1991) liegt ein möglicher Vorteil einer Zwei-Schritt-Meiose darin, daß sich ein sogenanntes *sister-killer*-Allel nicht ausbreiten könnte. Man denke sich ein Allel, das in der Lage ist, seinen Schwestergameten zu töten. Bei einer Ein-Schritt-Meiose würde sich ein solches Allel, solange es selten wäre, ausbreiten, da es sich vor der Teilung in einer Heterozygoten befände. Bei einer Zwei-Schritt-Meiose wäre dies nicht der Fall, denn wenn die erste Teilung an einem Locus eine Reduktionsteilung ist, wird die zweite eine Äquationsteilung sein und umgekehrt (die erste Teilung ist eine Reduktionsteilung, wenn es kein Crossing-over zwischen dem Locus und dem Centromer gab). Der *sister-killer* kann in der ersten oder der zweiten Teilung aktiv sein, aber da ungewiß ist, welche von beiden die Reduktionsteilung sein wird, besteht eine 50prozentige Wahrscheinlichkeit dafür, daß er sich selbst tötet. Für dieses Allel gibt es also keinen Nettoreproduktionsvorteil.

Nach Ansicht von Haig (1993) könnten spezielle Teilungsmechanismen, die man bei den (zu den Archaezoen gehörenden) Microsporidien und den Rhodophyten findet, Anpassungen sein, die das Problem auf alternative Weise lösen (siehe Exkurs 9B).

Exkurs 9B: Einige Alternativen zu einer Zwei-Schritt-Meiose

Wie im Haupttext ausgeführt ist, könnte nach Ansicht von Haig und Grafen (1991) eine Funktion der Zwei-Schritt-Meiose darin bestehen, die Ausbreitung von *sister-killer*-Mutanten zu verhindern. Haig (1993) deutet einige spezielle Teilungsmechanismen als alternative Lösungen des gleichen Problems.

Eine Zeitlang dachte man, daß Microsporidien eine Ein-Schritt-Meiose durchlaufen, und bis vor kurzem gab es keine Hinweise auf ein Crossing-over oder einen synaptischen Komplex (Raikov 1982). Canning (1988) hat jedoch kürzlich entdeckt, daß nach einer diploiden Meiose, die auf eine Syngamie folgt, ein synaptischer Komplex gebildet wird; sodann folgt eine zweite Syngamie zwischen den diploiden Mitoseprodukten (Abbildung 9.2). Da es kein Crossing-over gibt, besteht jeder der beiden synaptischen Komplexe aus einem Paar Nicht-Schwesterchromatiden. Geht man davon aus, daß sich die Chromatiden der beiden „Bivalente" bei der ersten Teilung unabhängig verteilen, so sind entweder an der ersten oder an der zweiten Reduktionsteilung Nicht-Schwesterhomologe beteiligt. Dies hat für einen *sister-killer* die gleiche Art Unsicherheit zur Folge wie die normale Meiose mit Crossing-over.

Eine alternative Strategie wird für bestimmte Rotalgen postuliert, vor allem für *Choreocolax* und *Polysiphonia* (Abbildung 9.3). Sie durchlaufen regelmäßige Zyklen von Endomitose (DNA-Replikation ohne Zellteilung) und Depolyploidisierung (Zellteilung ohne DNA-Replikation). Ihre Ploidiestufe kann bis zu 128 betragen. Es ist anzunehmen, daß es eine Art synaptischen Komplex gibt, um Non-disjunction der Homologen bei der Teilung zu verhindern, aber es gibt keine cytologischen Belege dafür. Bei der Ploidiestufe 16 beispielsweise müssen sich acht Bivalente bilden, die nicht unbedingt aus einem väterlichen und einem mütterlichen Chromosom bestehen. Falls die Chromosomen sich unabhängig verteilen, kommt es auf der diploiden Stufe zu einer Binomialverteilung der Allele. Wenn die anfängliche hohe Ploidiestufe zunimmt, nähert sich die Wahrscheinlichkeit, daß ein *sister-killer* sich selbst angreift, also 50 Prozent.

Diese speziellen Teilungsmechanismen sind zumindest als Anpassungen gegen die Ausbreitung von *sister-killers* sinnvoll. Ihre Existenz deutet darauf hin, daß solche Mutanten tatsächlich ein Problem darstellen; dies unterstützt die Vermutung, daß die Zwei-Schritt-Meiose ursprünglich eine ähnliche Funktion hatte.

9.3.5 Schlußfolgerungen

Die in Abbildung 9.1 dargestellten Übergänge lassen sich durch Selektionsvorgänge erklären, aber dabei handelt es sich zwangsläufig um eine vorläufige Erklärung. Zwei Punkte bereiten uns besondere Schwierigkeiten. Erstens die Entstehung eines zyklischen Wechsels zwischen Haploidie und Diploidie ohne Syngamie: Die Bedeutung der Diploidie ist klar – sie ermöglicht die Reparatur von Doppelstrangschäden –, aber welche Vorteile eine Rückkehr zur Haploidie bietet, ist schwerer zu erklären. In diesem Zusammenhang wären genauere Kenntnisse der Ökologie von Protisten mit einem vergleichbaren Lebenszyklus hilfreich. Zweitens ist die Annahme, die prämeiotische Chromosomenverdoppelung diene der Reparatur von DNA-Schäden, nicht gänzlich überzeugend, denn diese Funktion könnte nur bei Schäden, die seit der letzten Mitose aufgetreten sind, eine Rolle spielen. Wir benötigen daher genauere Kenntnisse über rezente Organismen mit einer Ein-Schritt-Meiose, und zwar vor allem darüber, ob es bei ihnen Crossing-over gibt.

9.4 Paarungstypen und der Ursprung der Anisogamie

Selbst bei Organismen mit sexueller Fortpflanzung, die keine morphologisch voneinander unterscheidbaren Gameten besitzen – sogenannten isogamen Organismen –, gibt es generell zwei Paarungs- oder Kreuzungstypen, die man als + und – bezeichnet. Gameten des einen Typs verschmelzen nur mit solchen des anderen

Typs. Diese Verhältnisse haben sich vermutlich sehr früh aus einem Zustand entwickelt, in dem jeder Gamet mit jedem anderen fusionieren konnte. Hoekstra (1982, 1987) hat einen möglichen Mechanismus für den Übergang vorgeschlagen (Abbildung 9.4). In der promisken Anfangsphase codierten zwei Gene, *A* und *B*, zwei Proteine, die dem entsprachen, was ein Techniker passenderweise als männliche und

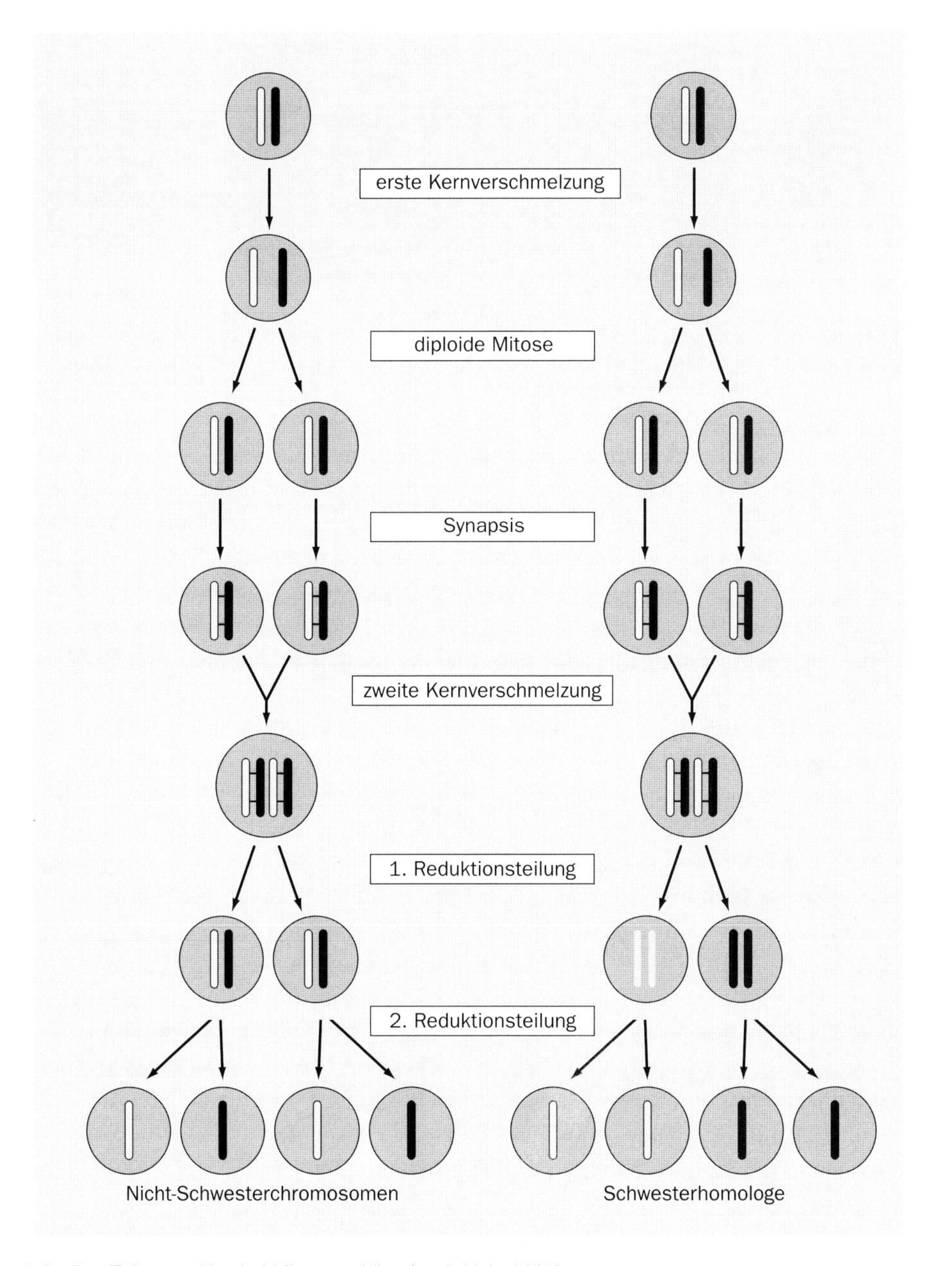

9.2 Der Teilungszyklus bei Microsporidien (nach Haig 1993).

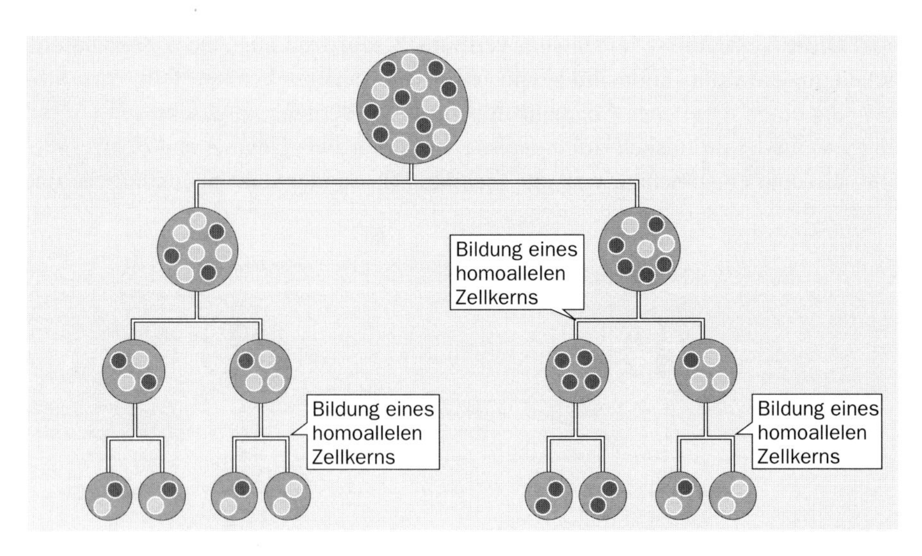

9.3 Reduktion der Ploidiestufe bei Rotalgen (nach Haig 1993). Die Ploidiestufe wird in drei Teilungen von 16 auf zwei reduziert. Helle und dunkle Kreise stehen für verschiedene Allele an einem Locus.

weibliche Stecker bezeichnen würde. Durch Verlustmutationen – $A \rightarrow a$ und $B \rightarrow b$ – läßt sich dieser Zustand leicht in ein System mit zwei Paarungstypen überführen, diese wären dann *Ab* und *aB*. Weil durch Rekombination zwischen ihnen der Genotyp *ab* entstehen würde, der überhaupt nicht zur Fusion in der Lage wäre, würde die Selektion eine enge Kopplung der beiden Loci begünstigen. Tatsächlich besteht der „Locus“ für den Paarungstyp bei der Grünalge *Chlamydomonas reinhardii* aus einem Cluster eng gekoppelter Gene, die alle funktionell am Paarungsprozeß beteiligt sind.

Das Modell geht also vom Vorhandensein von zwei Genen aus, die beide für die Fusion erforderlich sind. Dies muß jedoch keine Schwierigkeit darstellen, da einer der Loci ursprünglich ein Oberflächenprotein mit einer anderen Funktion codiert haben könnte. Hoekstra sieht ein großes Problem darin, den Übergang von *AB* zu *Ab* und *aB* durch Selektion zu erklären, da er annimmt, daß dieser Übergang einen zweifachen Nachteil mit sich brachte. In einer Population, die je zur Hälfte aus *Ab* und *aB* bestand, konnte eine *AB*-Mutante mit jedem anderen Gameten fusionieren, während für *Ab* und *aB* nur die Hälfte der übrigen Gameten für eine Fusion in Frage kam. Dies braucht jedoch keinen großen Selektionsvorteil für *AB* bedeutet zu haben. Schließlich hat ein Gamet, der nicht in der Lage ist, mit dem ersten Partner, auf den er trifft, zu verschmelzen, stets die Gelegenheit zu einem weiteren Versuch. Und falls die Fusion von zwei Gameten verschiedenen Types einen Selektionsvorteil mit sich bringt, könnte, wie leicht vorstellbar ist, eine ausschließlich aus *AB* bestehende Population von *Ab*- und *aB*-Mutanten unterwandert werden, die dann gemeinsam häufiger werden könnten, bis *AB* eliminiert wäre.

Offen bleibt jedoch, warum eine Fusion zunächst überhaupt vorteilhaft sein könnte und welchen Nutzen es dann haben könnte, mit einem Partner eines anderen gene-

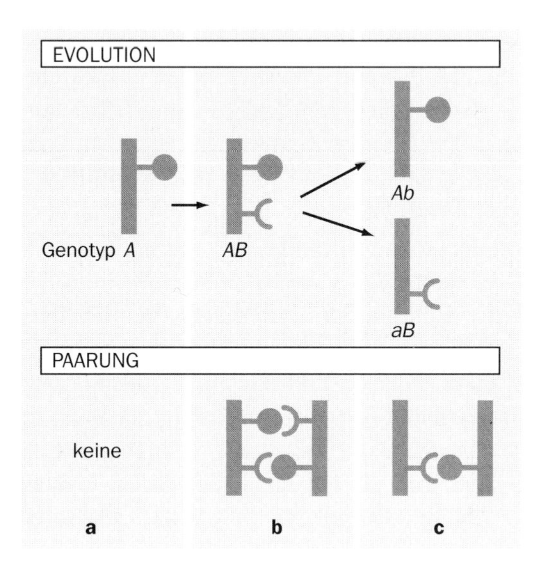

9.4 Der Ursprung der Paarungstypen + und – (nach Hoekstra 1987). a) Gen *A* codiert ein Oberflächenprotein, das nichts mit der Zellfusion zu tun hat. b) Gen *B* codiert ein Protein, das die Zellfusion verursacht; jede Zelle kann mit jeder beliebigen anderen verschmelzen. c) Durch die Verlustmutationen $A \rightarrow a$ und $B \rightarrow b$ entstehen zwei Paarungstypen, die nur mit dem jeweils anderen Typ (oder mit dem noch existierenden Vorläufertyp *AB*) verschmelzen können. In diesem Stadium kommt es zur Selektion einer engen Kopplung zwischen den Loci *A* und *B*, weil die rekombinanten *ab*-Genotypen nicht fusionieren können. Während der anfänglichen Ausbreitung von *Ab* und *aB* muß es einen Selektionsvorteil mit sich bringen, nicht mit dem eigenen Typ zu fusionieren, vermutlich durch die Verdeckung nachteiliger Mutationen; außerdem sorgt die Selektion dafür, daß die beiden Typen etwa gleich häufig bleiben.

tischen Typs zu fusionieren. Diese Frage wurde in Abschnitt 9.3 erörtert. Unserer Ansicht nach lautet die plausibelste Antwort, daß der Fusion die Endomitose in einem Lebenszyklus mit Ploidiewechsel voranging; dann nämlich hätte die Fusion den Vorteil gehabt, nachteilige Mutationen zu verdecken.

Das nächste Stadium in der Evolution der Gametendifferenzierung ist die Weitergabe von Organellen durch nur einen Elter. Cosmides und Tooby (1981) vermuteten als erste, daß Konflikte zwischen den von beiden Eltern stammenden Organellen zur Evolution der Anisogamie geführt haben könnten. Sie argumentierten, daß beispielsweise Gene in Mitochondrien, die eine Zunahme der Gametengröße verursacht hätten, von der Selektion begünstigt worden wären. Von Hurst und Hamilton (1992) stammt die Überlegung, daß, da Konflikte zwischen Organellen für die Zygote schädlich wären, Kerngene selektiert würden, die in der Lage wären, solchen Konflikten vorzubeugen, indem sie dafür sorgen, daß die Organellen von nur einem Elter ererbt werden. Diese Art der Vererbung ist in der Tat verbreitet, und zwar selbst bei isogamen Protisten (siehe Übersichtsartikel von Grun 1976 und Whatley 1982). Bei *Chlamydomonas* beispielsweise werden Mitochondrien nur vom Paarungstyp – weitervererbt, Chloroplasten nur vom Typ +. Es gibt Hinweise darauf, daß diese Art der Vererbung von Kerngenen gesteuert wird.

Natürlich kann sich die uniparentale Vererbung leichter entwickeln, wenn es nur zwei Kreuzungstypen gibt. Es wäre schwierig, wenn es mehrere Inkompatibilitätstypen gäbe, die sich jeweils mit jedem anderen, nicht aber mit dem eigenen Typ paaren könnten. Hurst und Hamilton untermauern ihre Ansicht, daß ein kausaler Zusammenhang zwischen uniparentaler Vererbung, Konflikten zwischen Organellen und der Existenz von zwei Paarungstypen besteht, durch den Hinweis, daß man ein System mit multipler Inkompatibilität nur in Gruppen findet, bei denen es bei der Paarung nicht zur Fusion des Cytoplasmas kommt und folglich nicht die Möglichkeit für Konflikte zwischen Organellen besteht, nämlich bei den Basidiomyceten und den Ciliaten. Bei der Konjugation der Ciliaten werden die Mikronuclei ausgetauscht, aber das Cytoplasma vermischt sich nicht, und es gibt mehrere Paarungstypen. Besonders überzeugend ist, daß man bei den Hypotrichiden, bei denen es sowohl Konjugation als auch Gametenfusion gibt, mehrere Inkompatibilitätstypen für die Konjugation, aber nur zwei Paarungstypen für die Gametenfusion findet.

Ein System mit mehreren Paarungstypen ist wahrscheinlich nicht primitiven Ursprungs, und sei es nur, weil es biochemisch schwerer zu entwickeln ist als die in Abbildung 9.4 dargestellten bipolaren oder unipolaren Systeme. Wenn die Existenz von mehr als zwei Typen keinen Nachteil mit sich brächte, wäre es allerdings wahrscheinlich, daß sich mehrere Typen herausbilden. Ein neuer, seltener Typ, der in der Lage wäre, sich mit allen anderen Populationsmitgliedern zu paaren, wäre häufigeren Typen gegenüber im Vorteil, auch wenn dieser Vorteil vielleicht geringer wäre als die von Hoekstra vermutete Verdopplung der Fitneß. Der Selektionsprozeß ist der gleiche wie der zuerst von Wright (1939) postulierte, der für die fortgesetzte Existenz mehrerer Inkompatibilitätstypen bei höheren Pflanzen sorgt. Hurst und Hamilton (1992) haben daher höchstwahrscheinlich recht, wenn sie sagen, daß in der Regel zwei Paarungstypen erhalten bleiben, weil bei mehr als zwei Typen die uniparentale Vererbung von Organellen nicht funktionieren würde, und daß dieser Zwang wegfällt, wenn es keine Cytoplasmafusion gibt, und sich dann mehrere Kreuzungstypen ausbilden können.

Unter welchen Bedingungen würde sich ein Kerngen R, das die Mitochondrien in seinem eigenen Gameten vor oder unmittelbar nach der Fusion zerstört, in einer Population etablieren? In einer promisken Population könnte es sich nicht ausbreiten, weil $R \times R$-Kreuzungen letal wären. Falls es jedoch bereits einen den Paarungstyp bestimmenden Locus mit zwei Allelen gäbe, könnte R sich vermehren, wenn es eng mit einem dieser beiden Allele gekoppelt wäre.

Das nächste Stadium ist die Evolution des Größendimorphismus der Gameten. Von Parker et al. (1972) stammt ein Modell, in dem eine Population „männlicher" Individuen, die kleine, bewegliche Gameten produzieren, von „weiblichen" Individuen mit großen, unbeweglichen Gameten unterwandert werden könnte. Die entscheidende Annahme dieses Modells ist, daß die Wahrscheinlichkeit $P(S)$, mit der eine Zygote bis zur Reproduktion überlebt, eine wachsende Funktion der Zygotengröße S ist. Maynard Smith (1978) entwickelte das Modell weiter: Er zeigte, welche Form die Kurve $P(S)$ haben muß, damit Weibchen eine nur aus Männchen bestehende Population unterwandern können, so daß eine stabile Population aus zwei

Geschlechtern entsteht. Parker et al. gingen nicht von der Existenz von zwei Paarungstypen aus, aber ihr Modell funktioniert unter dieser Voraussetzung gut. Unterstützung erhielt ihre Idee durch eine vergleichende Untersuchung von Knowlton (1974) über den Gametendimorphismus innerhalb einer Gruppe koloniebildender Algen, der Volvocales. Arten mit geringer Koloniegröße besitzen gleich große, bewegliche Gameten; Arten mit mittelgroßen Kolonien bilden bewegliche Gameten variabler Größe; die Spezies mit den größten Kolonien produzieren große, unbewegliche und kleine, bewegliche Gameten.

Wir vermuten also, daß die Evolution über die folgenden Stadien verlief:

- eine promiske Population, in der die Endomitose als Möglichkeit zur Diploidisierung in einem Lebenszyklus mit regelmäßigem Wechsel zwischen haploiden und diploiden Phasen durch Fusion ersetzt wurde;
- die Evolution von zwei Paarungstypen, die sicherstellte, daß die Fusion den Vorteil der Heterosis mit sich brachte;
- die von Kerngenen gesteuerte uniparentale Vererbung von Organellen, die Konflikte zwischen Organellen verhindert;
- die Größendifferenzierung zwischen den Gameten der beiden bereits existierenden Paarungstypen als direkte Folge der Beziehung zwischen Gametengröße und Überlebenschancen.

Wir halten dieses Szenario für denkbar, aber nicht für das einzig mögliche. Um einige interessante Alternativen zu erwähnen: Hickey und Rose (1988) vermuten, daß die Fusion ursprünglich von Genen eines Endosymbionten – vielleicht eines Virus –, der auf diese Weise für seinen horizontalen Transfer sorgte, gesteuert wurde, so wie die Konjugation von *E. coli* vom F-Plasmid veranlaßt werden kann. Hoekstra (1990), der ebenfalls den horizontalen Transfer eines Symbionten für die treibende Kraft hält, nimmt an, daß die Zellfusion von Anfang an asymmetrisch verlaufen sein könnte; und Hurst (1990) argumentiert, daß die Anisogamie sich entwickelt haben könnte, weil sie die Parasitenvielfalt reduziert.

9.5 Sexuelle Fortpflanzung und die Existenz von Arten

Zumindest bei den höheren Tieren besteht innerhalb einer geographischen Region keine kontinuierliche Variation. Ein Ornithologe wird die Vögel, die er beobachtet, als Blaumeisen, Kohlmeisen, Tannenmeisen, Sumpfmeisen und so weiter identifizieren, und andere Beobachter werden ihm zustimmen. Wie kommt es dazu? Es gibt drei verschiedene Hypothesen:

- Die Existenz von Arten hat im Prinzip die gleichen Ursachen wie die der chemischen Elemente. Arten stellen stabile Zustände belebter Materie dar, die durch (bisher unbekannte) „Formgesetze" (Bateson 1894; Webster 1984) determiniert sind. Die im folgenden diskutierten Tatsachen über die Variabilität innerhalb von Taxa scheinen eine derartige Erklärung auszuschließen.
- Arten existieren, weil sie an diskontinuierliche ökologische Nischen angepaßt sind. Manchmal trifft dies zu, beispielsweise können herbivore Insekten an verschiedene Nahrungspflanzen und Parasiten an verschiedene Wirte angepaßt sein. Allerdings bietet die Anpassung an ökologische Nischen keinesfalls eine generelle Erklärung, weil sie die Existenz von Arten eines Taxons durch die von Arten eines anderen Taxons erklärt; es ergibt sich zwangsläufig ein Zirkelschluß.
- Ursache für die Existenz der Spezies ist die sexuelle Fortpflanzung. Dies ist zwar die allgemein akzeptierte Sichtweise, aber sie ist – theoretisch wie empirisch – vielleicht nicht ganz so offensichtlich richtig, wie man es sich wünschen würde.

9.5.1 Die Theorie

Roughgarden (1979) betrachtete das folgende Modell: Es gibt eine Ressourcenachse und ein Spektrum an Klonen, von denen jeder an einen bestimmten Punkt auf der Achse am besten angepaßt ist. An jedem Punkt der Achse ist die Ressourcenzufuhr konstant. Für jeden Klon gibt es eine Ressourcennutzungskurve, deren Maximum am Punkt der besten Anpassung liegt. Von Interesse ist nun, an welcher Stelle der Achse derjenige Gleichgewichtszustand mit der dichtesten Häufung von Klonen liegt. Es zeigt sich, daß es keine solche Häufung gibt: Neuartige Klone können sich, wenn sie selten sind, stets ausbreiten, und als Grenzwert existiert eine unendliche Anzahl von Klonen, deren Dichte jeweils null ist.

Wie Hopf und Hopf (1985) gezeigt haben, ändert sich die Situation dramatisch, wenn die Pro-Kopf-Vermehrungsrate mit abnehmender Individuendichte sinkt. Die Autoren dachten dabei an die sexuelle Fortpflanzung: Die Vermehrungsrate sinkt wegen der Kosten, welche die Suche nach einem Partner erfordert. Unter diesen Bedingungen gibt es stets eine bestimmte Artendichte, die sich nicht weiter steigern läßt: Neue Arten können sich nicht ausbreiten, wenn sie selten sind (siehe Übersichtsartikel von Szathmáry 1991a). Dieses Ergebnis ist gut mit der Existenz getrennter Arten vereinbar. Festzuhalten ist jedoch, daß diese Analyse die Existenz von Arten nicht erklärt, sondern sie voraussetzt. Sie zeigt lediglich, daß es keine unbegrenzte Anzahl reproduktiv isolierter Arten geben kann, schließt aber nicht die folgende Möglichkeit aus, die wir als Modell des sexuellen Kontinuums bezeichnen. Angenommen, zwei Populationen können sich untereinander kreuzen, wenn sie sich phänotypisch nicht zu stark unterscheiden. Selbst wenn Individuen „weit auseinanderliegender" Populationen sich nicht kreuzen können, gibt es dann keine echten Arten, weil Gene aus einer Population, deren Phänotyp ein Extrem eines Kontinuums darstellt, nach einer ausreichenden Anzahl von Generationen in eine Population am anderen Ende des Kontinuums gelangen können. Wir kommen auf diese Möglichkeit zurück, nachdem wir die empirischen Daten erörtert haben.

9.5.2 Beobachtungen

Man könnte vermuten, daß es in Taxa mit parthenogenetischer Fortpflanzung keine Diskontinuität zwischen Arten gibt. In Wirklichkeit ist es jedoch nicht ganz so einfach. Wir behandeln die Verhältnisse für Pflanzen, Tiere und Bakterien getrennt.

Parthenogenese bei Pflanzen

Parthenogenese findet man in vielen Pflanzengruppen, aber in den meisten dieser Taxa (etwa bei *Rubus*, *Hieraceum* und *Taraxacum*) gibt es auch Formen mit sexueller Fortpflanzung, und aus diesen gehen immer wieder neue parthenogenetische Klone hervor. Es gibt jedoch auch Gruppen, in denen sexuelle Formen selten sind und vermutlich wenig zur Variation beitragen. Die europäische Gattung *Alchemilla* (Frauenmantel) beispielsweise besteht fast ausschließlich aus parthenogenetischen Formen (allerdings gibt es auch eine alpine Zwergart, *A. pentaphylla*, mit sexueller Fortpflanzung; Briggs und Walters 1984). Morphologisch lassen sich über 300 Formen unterscheiden. Zwar sind viele von ihnen weit verbreitet und stellen vielleicht einzelne Klone dar, aber die große Anzahl der Formen sowie die Geringfügigkeit der Unterschiede zwischen ihnen unterscheiden *Alchemilla* von den meisten Taxa mit sexueller Fortpflanzung.

Die Anzahl der Klone von *Alchemilla* ist nicht unbegrenzt, aber das ist in einer Welt, die endlich ist und nicht unendlich wie in Roughgardens Modell, zu erwarten. Die Daten über *Alchemilla* stützen also die Ansicht, daß die Existenz getrennter Arten auf die sexuelle Fortpflanzung zurückzuführen ist. Ein gravierenderes Problem stellt die Tatsache dar, daß auch manche Gruppen mit sexueller Fortpflanzung sich nicht leicht in Arten unterteilen lassen. So kommt *Potentilla glandulosa* in einer Reihe ökologisch angepaßter Populationen von den Hügeln der kalifornischen Küste bis in die Sierra Nevada hinein vor. Obwohl die Extremformen nicht im Lebensraum des jeweils anderen Extrems überleben könnten, bestehen keine Barrieren für den Genfluß; der gesamte Komplex bildet ein sexuelles Kontinuum. Ein extremeres Beispiel bieten die nordamerikanischen Weißeichen (Muller 1951; Hardin 1975). Es gibt über 30 nominelle „Arten“, aber von allen ist bekannt, daß sie in der Natur mit wenigstens einigen anderen hybridisieren, und die ganze Gruppe bildet ein einziges sexuelles Kontinuum. Eine solche ausgeprägte Variation ohne reproduktive Isolation ist vermutlich für Gruppen charakteristisch, die erst kürzlich eine adaptive Radiation durchgemacht haben. Entsprechend findet man sie auch bei Pflanzen, die in jüngerer Zeit Meeresinseln besiedelt haben. Beispielsweise gehören die wichtigsten Bäume des Kronendaches in den Feuchtwäldern des hawaiianischen

Hochlandes ebenso zur Gattung *Metrosideros* wie die ersten Kolonisten erstarrter Lavaströme, dennoch scheint es keine Barriere für den Genfluß zu geben.

Das Muster der Variation bei Pflanzen entspricht also den Erwartungen für den Fall, daß die Existenz von Arten eine Folge der sexuellen Fortpflanzung ist, allerdings mit zwei Einschränkungen. Erstens ist die Anzahl der Klone bei asexuellen Taxa zwar groß, aber nicht unendlich – dies sollte uns in einer endlichen Welt nicht überraschen. Zweitens lassen sich einige Taxa mit sexueller Fortpflanzung nicht leicht in Arten unterteilen; dabei handelt es sich vermutlich um Gruppen, bei denen vor kurzem eine Radiation, aber noch keine Artbildung erfolgt ist.

Parthenogenese bei Tieren

Bei den Tieren sind die meisten parthenogenetischen Formen relativ neuen Ursprungs und durch Hybridisierung sich sexuell vermehrender Spezies entstanden. Soweit sie getrennte „Arten“ bilden, ist dies eine Folge ihrer Abstammung von getrennten Arten. Manchmal besteht eine sich ungeschlechtlich vermehrende „Spezies“ eindeutig aus mehreren Klonen, die unabhängig voneinander durch Hybridisierung derselben beiden sich sexuell vermehrenden Arten entstanden sind. Nur wenige Taxa scheinen ausschließlich aus parthenogenetischen Formen zu bestehen. Ein bei Tieren besonders wichtiger Punkt ist die geographische Variation. Populationen aus entgegengesetzten Extremen im Verbreitungsgebiet einer Art können sich, obwohl sie durch eine Reihe von Übergangsformen verbunden sind, so stark voneinander unterscheiden wie viele Paare sympatrischer Arten. Nur aus Bequemlichkeit und Gewohnheit werden sie derselben Art zugerechnet. Solche Fälle sind geeignet, die Hypothese über das Wirken von „Formgesetzen“ bei der Artbildung zu widerlegen.

Der allgemein anerkannten Sichtweise zufolge ist die Existenz getrennter Arten bei Tieren und in einem geringeren Ausmaß auch bei Pflanzen eine Folgeerscheinung der sexuellen Fortpflanzung. Allerdings gibt es nur wenige vergleichende Untersuchungen über das Variationsmuster verwandter Arten mit und ohne sexueller Fortpflanzung, deren ausdrückliches Ziel es war, diese Hypothese zu überprüfen. Holman (1987) verglich frühere taxonomische Untersuchungen über (sich ungeschlechtlich vermehrende) bdelloide und (sich sexuell fortpflanzende) monogononte Rotiferen. Überraschenderweise stellte er fest, daß synonyme Artnamen bei den Bdelloiden seltener sind als bei den Monogononten, was darauf hindeutet, daß die Arten der ersten Gruppe leichter zu identifizieren sind. Dieses Ergebnis ist schwer interpretierbar, weil es sowohl durch die Gewohnheiten der Taxonomen als auch durch reale Variationsmuster in der Natur beeinflußt ist. Doch ist Holmans Feststellung potentiell bedeutsam: Wenn es gelänge, sie durch eine direkte morphometrische Untersuchung der beiden Gruppen zu bestätigen, könnte dies unsere Ansichten über das Wesen der Arten gravierend verändern.

Parthenogenese bei Bakterien

Bei Bakterien gibt es weder Meiose noch Syngamie, sie verfügen aber über verschiedene Möglichkeiten für den Austausch chromosomaler Gene. Es ist üblich, ihnen Artnamen zu geben, etwa *Escherichia coli*, *Salmonella typhimurium* oder *Neisseria meningitidis*. Geschieht dies lediglich aus Bequemlichkeit, oder gehören Bakterien tatsächlich reproduktiv isolierten Gruppen an? Selbst wenn dies der Fall sein sollte, ist klar, daß die gegenwärtig verwendeten Namen sich nicht auf monophyletische Gruppen beziehen. Beispielsweise unterscheidet man *Shigella* von *Escherichia*, weil sie beim Menschen Krankheitssymptome verursacht; eine molekulare Untersuchung hat jedoch gezeigt, daß *Shigella* in die „Gattung" *Escherichia* eingegliedert werden sollte (Ochman et al. 1983). Daraus folgt natürlich nicht, daß es keine reproduktiv isolierten Gruppen gibt – vielleicht haben wir sie einfach nur falsch identifiziert. Doch selbst bei einer Beschränkung auf Gruppen, in denen der Transfer chromosomaler Gene durch Mechanismen erfolgt, bei denen es zur homologen Rekombination kommt (eine Übersicht über die evolutionären Konsequenzen derartiger Prozesse bieten Maynard Smith et al. 1991), ist nicht klar, daß Arten existieren. Homologe Rekombination ist nur möglich, wenn die Nucleotiddivergenz nicht zu groß ist; die Obergrenze liegt bei vielleicht 20 Prozent Divergenz. Es spricht jedoch nichts dagegen, daß zwei Bakterien, die sich sehr viel stärker voneinander unterscheiden, über Zwischenformen Teil eines sexuellen Kontinuums sein können. Cohan et al. (1991) maßen die Häufigkeit von Transformationen zwischen aus dem Freiland isolierten Stämmen von *Bacillus* und fanden eine erhebliche Variabilität. Ausschlaggebend waren vor allem die Sequenzähnlichkeit und der Restriktionsmodifikationstyp.

9.5.3 Schlußfolgerungen

Wie immer sind die Fakten nicht eindeutig. Eine klare Aufteilung in Arten scheint es jedenfalls nur – allerdings nicht stets – bei Organismen mit meiotischer Sexualität zu geben, die in ein und derselben Region leben.

Glücklicherweise verfügen wir über eine relativ zufriedenstellende Theorie darüber, wie es zur reproduktiven Isolation kommt. Zwar kann man genetische Modelle konstruieren, die Möglichkeiten für eine sympatrische Entstehung der Isolation aufzeigen (zum Beispiel Maynard Smith 1966), aber es scheint, als hätten die meisten Speziationsereignisse eine Periode der räumlichen Isolation erfordert (Mayr 1942). Räumlich voneinander isolierte Populationen divergieren genetisch. Wenn sie später wieder aufeinandertreffen, gibt es drei Möglichkeiten: 1. Sie sind einander noch ähnlich genug, um zu einer Population zu verschmelzen; 2. die Divergenz ist so stark, daß Hybridisierung unmöglich ist oder Hybride steril sind; 3. Hybridisierung ist möglich, aber die daraus hervorgehenden Individuen sind weniger vital oder fruchtbar. Wenn sterile Hybride oder solche mit reduzierter Vitalität oder Fruchtbarkeit entstehen, wird es zur Selektion von Merkmalen kommen, welche die Hybridisierung verhindern (Dobzhansky 1951; Coyne und Orr (1989) fanden Hinweise darauf, daß eine derartige Selektion bei *Drosophila* wirksam war).

In den oben genannten Fällen 2 und 3 entstehen aus einer Art zwei neue. Es kann natürlich vorkommen, daß eine dieser neuen Arten durch Konkurrenz mit der anderen eliminiert wird. Dennoch haben wir damit einen Mechanismus gefunden, durch den im Laufe der Zeit immer mehr reproduktiv isolierte Arten entstehen werden. Warum trifft dann Roughgardens Schlußfolgerung hier nicht zu – warum wächst die Artenzahl nicht unbegrenzt? Darauf gibt es zwei mögliche Antworten:

- In einer endlichen Welt werden seltene Arten zufallsbedingt eliminiert. Wenn dies der einzige Grund wäre, müßten Organismengruppen mit sexueller Fortpflanzung aus zahlreichen nur geringfügig verschiedenen Arten bestehen, ähnlich den parthenogenetischen Klonen von *Alchemilla*.
- bei sich sexuell vermehrenden Arten entstehen durch die Schwierigkeit, einen Geschlechtspartner zu finden, „Seltenheitskosten", wie es Hopf und Hopf (1985) vermuteten.

Wir konstatieren, daß es für das „Speziesproblem" noch keine befriedigende Lösung gibt, obwohl Biologen sich seit über zwei Jahrhunderten intensiv damit auseinandersetzen. Die Vorstellung, daß Arten ähnlich wie chemische Elemente mögliche stabile Zustände von Materie darstellen, kann sich kaum auf beobachtbare Daten stützen; das Phänomen der geographischen Variation reicht hin, sie zu widerlegen. Die meisten Daten über Tiere und Pflanzen sind mit der Hypothese vereinbar, daß die Existenz getrennter Arten eine Folgeerscheinung der sexuellen Fortpflanzung ist, es gibt jedoch in diesem Zusammenhang auch Probleme. Einige Taxa mit sexueller Fortpflanzung bestehen nicht aus sauber getrennten Arten, vermutlich weil es bei ihnen erst kürzlich zur Radiation gekommen ist und für die Evolution von Mechanismen zur reproduktiven Isolation noch nicht genügend Zeit war. Gravierender sind die Ergebnisse einer der wenigen Untersuchungen, in denen versucht wurde, die Hypothese durch den Vergleich von Taxa mit geschlechtlicher und solchen mit ungeschlechtlicher Vermehrung zu überprüfen: Die bei Rotiferen gefundenen Daten stehen im Widerspruch zur allgemein akzeptierten Sichtweise.

Theoretisch ist die Vorstellung plausibel, daß ein „sexuelles Kontinuum", in dem es keine getrennten Arten gibt und Individuen sich mit anderen, von ihnen selbst nicht allzu verschiedenen Individuen paaren können, wegen der verminderten Vitalität und Fruchtbarkeit der von stärker verschiedenen Eltern abstammenden Hybride in Arten zerfallen kann. Wir kennen jedoch kein Modell, das die Instabilität eines sexuellen Kontinuums eindeutig demonstriert. Wichtig ist auf jeden Fall die Unterscheidung zwischen Prozessen, die zur Entstehung getrennter Arten mit sexueller Fortpflanzung führen, und Prozessen, die verhindern, daß die Zahl solcher Arten unbegrenzt steigt oder zumindest die Anzahl der Klone innerhalb eines Taxons mit ungeschlechtlicher Vermehrung erreicht.

10. Intragenomische Konflikte

10.1 Einführung

Die Idee, daß es zwischen verschiedenen genetischen Elementen – etwa zwischen chromosomalen und mitochondrialen Genen – Konflikte geben könnte, ist naheliegend. Zahlreiche Phänomene, vom gestörten Geschlechterverhältnis und der Sterilität des männlichen Geschlechts bei Pflanzen bis hin zur Evolution der Chromosomenform, lassen sich am besten als Folgeerscheinungen derartiger Konflikte deuten. Bevor wir auf einzelne Beispiele eingehen, ist es sinnvoll, zu definieren, was wir mit Konflikten zwischen genetischen Elementen meinen. Angenommen, zwei genetische Elemente A und B beeinflussen ein phänotypisches Merkmal T. Nehmen wir weiterhin an, daß sich die Ausprägung T_A dieses Merkmals entwickelt, wenn allein das genetische Element A wirkt, und die Ausprägung T_B, wenn nur das genetische Element B wirksam ist. Wenn T_A und T_B nicht identisch sind, besteht ein Potential für einen Konflikt zwischen den genetischen Elementen A und B. In diesem Kapitel befassen wir uns hauptsächlich mit Fällen, in denen die beiden genetischen Elemente in derselben Zelle lokalisiert sind, daher der Ausdruck „intragenomischer Konflikt". Die Definition ist jedoch auch anwendbar, wenn die Elemente in verschiedenen Zellen eines Organismus oder in verschiedenen Organismen angesiedelt sind: Der „Eltern-Nachkommen-Konflikt" (Trivers 1974; Parker und Mac-

Nair 1978) beispielsweise ist ein Konflikt zwischen Genen, die in verschiedenen Organismen exprimiert werden.

Ob intragenomische Konflikte auftreten, hängt davon ab, auf welche Weise die Gene weitergegeben werden. Man denke sich einen einzelligen, asexuellen, haploiden Organismus mit einem einzigen Chromosom ohne transponierbare Elemente, von dem jede Tochterzelle eine Kopie erhält. Weiterhin soll die Zelle keine Symbionten oder zusätzlichen genetischen Elemente enthalten. In diesem Fall gäbe es keine Möglichkeit für intragenomische Konflikte. In der Realität entstehen Konflikte, weil Zellen Transposons, Plasmide, Organellen und Symbionten enthalten und sich sexuell fortpflanzen.

Auf die meisten Biologen wirkt das Phänomen des intragenomischen Konflikts befremdlich und unerwartet. Man könnte meinen, ein guter Weg, das Thema anzugehen, sei die Klassifikation der beteiligten Gene danach, ob sie in Parasiten, Mutualisten, Organellen oder Chromosomen enthalten sind. Der Haken daran ist, daß die Evolution aus Parasiten Mutualisten machen kann und umgekehrt; aus Symbionten können Organellen werden, Gene sind in der Lage, von Organellen zu Chromosomen überzuwechseln, und chromosomale Gene können sich normal verhalten, aber auch transponierbar oder segregationsverzerrend sein. Aus diesen Gründen werden wir die intragenomischen Konflikte unter vier Überschriften diskutieren, entsprechend den Möglichkeiten, die Gene haben, um sich einen unfairen Vorteil gegenüber ihren Kameraden zu verschaffen.

- *Ungleichgewichtige Segregation (meiotic drive)*. Chromosomale Gene können ein Segregationsungleichgewicht zu ihren Gunsten bewirken und dadurch in den Gameten überproportional stark vertreten sein (asymmetrische Meiose). Dieser Punkt wird in Abschnitt 10.2 diskutiert.
- *Transposition*. Eine zweite Möglichkeit für Gene, einen unfairen Vorteil zu erlangen, bietet die replikative Transposition. In Abschnitt 10.3 beschreiben wir, wie die Transposition reguliert ist. Es stellt sich heraus, daß die Regulation zumindest in einigen Fällen durch das Transposon selbst erfolgt. Dies ist auf den ersten Blick überraschend, ergibt aber Sinn, wenn man bedenkt, daß die Zukunft eines Transposons davon abhängt, daß Kopien von ihm an Nachkommen des Individuums, in dem es sich befindet, weitergegeben werden. Transposons sind sehr erfolgreiche Elemente: Nimmt man die DNA-Menge (statt der Menge codierten Proteins) als Maßstab, so sind sie erfolgreicher als ihre eukaryotischen Wirte. In Abschnitt 10.3 beschreiben wir einige Auswirkungen dieses Erfolgs auf die Evolution der Chromosomen und der Organismen.
- *Konflikte zwischen Organellen*. Da es keinen Mechanismus gibt, der wie bei der Chromsomensegregation dafür sorgt, daß die Organellen exakt segregieren, wird jedes Gen, das einer Organelle einen Vorteil gegenüber anderen verschafft, sich wahrscheinlich ausbreiten, auch wenn die Fitneß des Organismus darunter leidet. In Abschnitt 10.4 geht es darum, wie dieser potentiell schädliche Konflikt zwischen Organellen kontrolliert wird.

- *Konflikte zwischen Genen in den Organellen und im Zellkern.* In Organellen enthaltene Gene werden auf andere Art und Weise weitergegeben als Kerngene; von Bedeutung ist dabei vor allem die uniparentale Vererbung vieler Organellen. Dadurch entstehen Interessenkonflikte zwischen Kerngenen und Genen in Organellen. Einige Auswirkungen dieser Konflikte, vor allem auf das Geschlechterverhältnis, werden in Abschnitt 10.5 erörtert.

10.2 Eine gerechte Meiose

10.2.1 Ungleichgewichtige Segregation (*meiotic drive*)

Eine diploide Zygote enthält an jedem Genlocus zwei potentiell verschiedene Allele. In einer gerechten Meiose (*fair meiosis*) besteht für jedes dieser Allele genau die gleiche Chance, an die nächste Generation weitergegeben zu werden.

Hamilton (1967) machte darauf aufmerksam, daß es eine starke Selektion zugunsten von Allelen mit *meiotic drive* geben muß, also von Allelen, die mit mehr als 50prozentiger Wahrscheinlichkeit in die nächste Generation gelangen. Liegt ein solches „egoistisch“ segregierendes Gen (das auch als Segregationsverzerrer bezeichnet wird) auf einem Geschlechtschromosom, so kann seine Ausbreitung, wie Hamilton weiterhin zeigte, zum Aussterben der Population führen. In der Realität ist die Meiose allerdings in der Regel gerecht. Dafür gibt es zwei Hauptgründe:

- Ein Gen oder eine Gruppe gekoppelter Gene kann unter Umständen nur wenig für die Steigerung der eigenen Vererbungschance tun.
- Eine ungleichgewichtige Segregation in der Meiose hat in der Regel nachteilige Auswirkungen auf die Weitergabe von Genen an anderen Loci, und so wird es zur Selektion von *meiotic drive*-Modifikatoren kommen. Von Leigh stammt die einprägsame Formulierung, das „Parlament der Gene“ werde gegen die ungleichgewichtige Segregation stimmen.

Einige Beispiele sollen zeigen, daß es sich beim *meiotic drive* nicht bloß um eine hypothetische Möglichkeit handelt. Männliche Mäuse, die für ein Allel t heterozygot sind, geben an ihre Nachkommen fast ausschließlich t weiter und nicht das Wildtypallel. (Wie man inzwischen weiß, handelt es sich bei t um einen Chromosomenabschnitt von etwa 2×10^4 kb, in dem es durch Inversionen nicht zur Rekombination kommen kann; Silver 1985.) Spermien mit dem Wildtypallel wirken hinsichtlich ihrer Morphologie und Beweglichkeit normal, sind aber wenig erfolgreich bei der Befruchtung. Vermutlich werden sie während der Spermatogenese durch Einwirkung des Allels t geschädigt. t-Allele etablieren sich in Mauspopulationen nicht, weil t/t-Männchen steril sind. Ein zweites Beispiel ist *Drosophila melanogaster*.

Männchen, die für das Gen *SD* (*segregation distorter*, Segregationsverzerrer) heterozygot sind, geben es an mindestens 95 Prozent ihrer Nachkommen weiter (Hartl und Hiraizumi 1976). Spermien ohne dieses Allel sind bei solchen Männchen nicht funktionstüchtig. Wir werden auf dieses Beispiel noch zurückkommen.

Als letztes Beispiel sei die Mücke *Aedes aegypti* erwähnt: Die Nachkommenschaft von Männchen, die ein segregationsverzerrendes Y-Chromosom besitzen, besteht je nach Herkunft des X-Chromosoms zu nur sechs bis 43 Prozent aus Weibchen (Wood 1976).

Diese Beispiele sind insofern typisch, als sie sämtlich die Meiose im männlichen Geschlecht bei Arten mit innerer Befruchtung betreffen. Um dies verständlich zu machen, folgt eine kurze Übersicht über die Umstände, unter denen eine ungleichgewichtige Segregation beziehungsweise asymmetrische Meiose auf der Ebene der Gene begünstigt ist.

Isogame Arten

Angenommen, ein Gen in einem diploiden Gametocyten wäre in der Lage, Gameten, die sein Wildtypallel tragen, zu zerstören oder zu inaktivieren. Wenn es selten wäre, hätte ein solches Gen kaum einen Selektionsvorteil, denn die Chancen für eine Fusion mit einem Gameten entgegengesetzten Paarungstyps würden dadurch, daß es seine „Geschwister"-Gameten tötet, nicht nennenswert erhöht. Gene an anderen Loci hätten dagegen durch Unterdrückung seiner Auswirkungen viel zu gewinnen. Es ist daher nicht überraschend, daß derartige Gene nicht bekannt sind.

Es hat also den Anschein, als könnten bei isogamen Arten einzig und allein solche Segregationsverzerrer stark begünstigt werden, die in der Lage wären, ihre Allele so zu verändern, daß diese ihnen selbst ähnlich würden, die also eine Genkonversion mit einer bevorzugten Richtung verursachen könnten. Wenn aber bei der Genkonversion eine Richtung bevorzugt ist, liegt das daran, daß die Enzyme, welche die DNA replizieren, bestimmte Arten der Konversion häufiger durchführen als andere. Diese Eigenschaft könnte selektiert werden. Bengtsson (1985) hatte den folgenden genialen Gedanken: Da die meisten Mutationen schädlich sind, wird die Selektion, falls es bei Mutationen einen „bevorzugten" Typ gibt, Replikasen begünstigen, die, wenn sie auf heterozygote Loci treffen, Konversionen durchführen, die der Richtung der Mutation entgegengesetzt sind. Träten beispielsweise häufiger Basendeletionen als Insertionen auf, so würde die Selektion Replikasen begünstigen, die bei Fehlpaarungen während der Meiose eine Base einfügen statt entfernen würden. Was immer der Grund sein mag, es gibt jedenfalls Genkonversionen mit einer bevorzugten Richtung, und sie führen zu Merkmalsverteilungen, die nicht den Mendelschen Gesetzen folgen. Ursache dafür ist vermutlich die Selektion, die auf den Replikationsapparat wirkt, nicht auf die konvertierten Gene. Sobald sich aber ein solches Ungleichgewicht bei der Genkonversion ausgebildet hat, wird es die Richtung der auftretenden Mutationen beeinflussen.

Anisogame Arten

Weibchen. Ein Gen, das dafür sorgen könnte, daß es in den Vorkern der Eizelle gelangt und sein Allel in einen Polkörper, wäre stark begünstigt. Erstaunlicherweise sind nur wenige derartige Fälle bekannt. Manche Weibchen des Schmetterlings *Acraea encedon* produzieren nur weibliche Nachkommen (Owen 1970). Diese Eigenschaft wird von der Mutter auf die Tochter vererbt. Da bei Schmetterlingen die Weibchen das heterogametische Geschlecht sind, ist dieser Sachverhalt mit der Anwesenheit eines Segregationsverzerrers auf dem Y-Chromosom vereinbar. Ähnliche, jedoch kompliziertere Verhältnisse wurden für *Danaus chrysippus,* eine andere Schmetterlingsart, beschrieben (Smith 1975). Möglicherweise kennt man nur deshalb so wenige Fälle von asymmetrischer Meiose bei Weibchen, weil das Segregationsungleichgewicht sich in der Regel im Geschlechterverhältnis bemerkbar macht, so daß *meiotic drive* bei Weibchen nur in solchen Gruppen auffällt, in denen diese das heterogametische Geschlecht sind. Erstaunlich ist, daß man bei *Drosophila* keinen entsprechenden Fall kennt. Kaufman (1972) stellte fest, daß bei X0-Mäusen Chromosomensätze ohne ein X-Chromosom bevorzugt in einen Polkörper eingehen, doch kann dies schwerlich als Beispiel für einen Segregationsverzerrer dienen, der von der Selektion begünstigt wurde.

Diese Daten deuten darauf hin, daß Gene in den Chromosomen von Eizellen während der Meiose wenig Einflußmöglichkeiten auf ihre Chance haben, in den Vorkern (Pronucleus) zu gelangen. Es ist nicht klar, inwiefern diese Hilflosigkeit durch auf der Ebene der Organismen ansetzende Selektion gegen asymmetrische Meiose bedingt ist und inwiefern es sich um eine selektionsunabhängige Folge der Chromosomenkondensation handelt. Die Kondensation entwickelte sich in der Evolution wahrscheinlich, weil kondensierte Chromosomen leichter zu bewegen sind, sie hat jedoch sekundär die Inaktivierung der Gene zur Folge.

Männchen. Im Hinblick auf Selektionsprozesse unterscheiden sich die Männchen anisogamer Arten in zwei Punkten von isogamen Individuen. Erstens konkurrieren die Gameten verschiedener Männchen intensiv um die Befruchtung. Zweitens konkurrieren bei Arten mit innerer Besamung (oder bei Arten, die sich in Paaren oder in kleinen Gruppen fortpflanzen) die Gameten eines Individuums untereinander. Ein Gen, das Gameten, die sein Allel enthalten, zerstören kann, wird daher begünstigt sein. Bei Konkurrenz zwischen den Spermien eines Männchen untereinander gilt dies auch dann, wenn das Gen selten ist. Tatsächlich gehören die meisten bekannten Fälle von asymmetrischer Meiose in diese Gruppe.

In denjenigen Fällen, die man eingehend untersucht hat, stellte sich heraus, daß für die Entstehung eines *meiotic drive* mindestens zwei Loci erforderlich sind. Der vielleicht am besten erforschte Fall ist der Segregationsverzerrer *SD* von *Drosophila* (über seine Populationsgenetik siehe Charlesworth und Hartl 1978 sowie die darin enthaltenen Literaturverweise). Dabei interagieren zwei eng gekoppelte Loci: Der „Verzerrerlocus" (*distorter locus*) mit den Allelen *SD* und + und der „Responderlocus" (*responder locus*) mit den Allelen *Rsp* und Rsp^+. Das Genprodukt von *SD* inaktiviert jeden Gameten mit dem Allel *Rsp*$^+$, nicht jedoch mit *Rsp*. Daraus folgt, daß die ursprüngliche *SD*-Mutation gekoppelt mit *Rsp* entstanden sein muß, denn ein *SD*-Gen in Kopplung mit *Rsp*$^+$ hätte nicht in die Population eindringen können, weil es sich selbst zerstört hätte.

Für die Entstehung eines *meiotic drive* ist also zum einen ein Gen erforderlich, das ein „Toxin" produziert (*SD*), zum anderen ein „Zielgen" (*Rsp*). Bei autosomalen Genen müssen zwei weitere Bedingungen erfüllt sein:

- Die Loci müssen eng gekoppelt sein; andernfalls würde das notwendige Kopplungsungleichgewicht mit *SD* und *Rsp* in Kopplung zerstört.
- Das Gen *Rsp* muß anfangs selten sein. Wenn schon vor dem Auftreten der *SD*-Mutation die meisten Chromosomen *Rsp* tragen würden, wäre der Vorteil dieser Mutation gering.

Hurst und Pomiankowski (1991a) führten aus, daß es aufgrund dieser Bedingungen bei autosomalen Genen nur selten zur asymmetrischen Meiose kommen kann. Ist dagegen ein Geschlechtschromosom betroffen, so kann sich ein Segregationsungleichgewicht leichter etablieren, und zwar vor allem, weil es zwischen X- und Y-Chromosom keine Rekombination gibt. Ein auf einem Autosom gelegenes Gen vom Typ *SD* kann sich nur verbreiten, wenn es in der Nähe eines bereits existierenden, aber seltenen Zielgens vom Typ *Rsp* entsteht. Gibt es dagegen irgendeinen Allelunterschied zwischen dem X- und dem Y-Chromosom, der als Ziel dienen könnte, so wird sich eine Mutation vom Typ *SD*, die irgendwo auf dem Y-Chromosom auftritt und das Zielgen auf dem X-Chromosom attackiert, ausbreiten, vorausgesetzt es gibt keine Rekombination. Das gleiche gilt für eine Mutation vom Typ *SD* auf dem X-Chromosom, die ein Zielgen auf dem Y-Chromosom angreift.

Einmal etablierte Segregationsverzerrer dürften die Weitervererbungschance anderer Gene in derselben Zelle senken – aufgrund ihrer unmittelbaren nachteiligen Auswirkungen auf die Vitalität und Fruchtbarkeit und bei geschlechtsgebundenen Verzerrern außerdem infolge ihres Effekts auf das Geschlechterverhältnis. Aufgrund dessen wird die Selektion Modifikatoren begünstigen, die eine asymmetrische Meiose unterdrücken (Eshel 1985). Crow (1991) ist der Ansicht, daß die Meiose in der Regel so genau ist, weil die Auswirkungen neuentstandener Segregationsverzerrer immer wieder von Modifikatoren an anderen Stellen des Genoms unterdrückt worden sind. Damit baut er Leighs Bild vom Parlament der Gene weiter aus. Hurst und Pomiankowski (1991b) stimmen dem zu, vermuten aber außerdem, daß »Vorbeugen besser ist als Heilen«: Die Meiose weist möglicherweise generelle Eigenschaften auf, die sich ausgebildet haben, weil sie die Entstehung eines *meiotic drive* erschweren. Um welche Eigenschaften könnte es sich dabei handeln? Hamilton (1967) glaubte, die Inaktivierung des Y-Chromosoms könne eine solche Eigenschaft sein. Auch die Tatsache, daß der Phänotyp von Spermien im allgemeinen vom väterlichen und nicht vom eigenen Genotyp abhängt, ließe sich so interpretieren. Nach Ansicht von Haig und Grafen (1991) hat sich die Rekombination vielleicht deshalb entwickelt, weil sie durch Zerstörung des Kopplungsungleichgewichts die

Ausbreitung von Segregationsverzerrern verhindert. Diese Idee hat den Haken, daß Organismen sich erst gar nicht der sexuellen Fortpflanzung widmen würden, wenn die Rekombination nicht aus anderen Gründen vorteilhaft wäre. Schließlich könnte es nach Meinung von Hurst und Pomiankowski (1991b) Prozesse geben, die dafür sorgen, daß beim Auftreten einer ungleichgewichtigen Segregation alle produzierten Gameten zerstört werden.

Zusammenfassend kann man sagen, daß die Vermeidung intragenomischer Konflikte in der Meiose vielleicht leichter zu erklären ist, als es auf den ersten Blick den Anschein hat. *Meiotic drive* dürfte bei isogamen Organismen und bei Männchen von Arten mit externer Befruchtung nur schwach selektiert werden. Bei Weibchen sind Allele mit bevorzugtem Zugang zum Vorkern der Eizelle zwar selektiv stark begünstigt, aber die ungleichgewichtige Segregation wird möglicherweise durch Vorgänge (etwa die Chromosomenkondensation) erschwert, die sich aus anderen Gründen ausgebildet haben. Interessant ist allerdings, daß die Geschlechtschromosomen – also die Chromosomen mit der größten Wahrscheinlichkeit für das Auftreten eines *meiotic drive* – während der Meiose oft als erste kondensieren. Am häufigsten findet man das Problem der asymmetrischen Meiose bei den Männchen von Arten mit innerer Befruchtung oder von Arten, die sich in kleinen Gruppen fortpflanzen. Es ist leicht vorstellbar, warum sich für Segregationsverzerrer spezifische Suppressoren ausbilden dürften. Schwieriger zu beantworten ist die Frage, ob es generelle Eigenschaften der Meiose gibt, die sich entwickelt haben, weil sie den *meiotic drive* unterdrücken.

10.2.2 B-Chromosomen

An dieser Stelle bietet es sich an, die Biologie der B-Chromosomen zu erörtern, die verschiedene Möglichkeiten entwickelt haben, sich auf unfaire Weise Zugang zu künftigen Generationen zu verschaffen, darunter auch die Verzerrung der Meiose. B-Chromosomen sind kleine, oft heterochromatische, überzählige Chromosomen. Ihre Anzahl variiert von Population zu Population, von Individuum zu Individuum und von Zellkern zu Zellkern desselben Individuums. Man hat sie bisher bei mehr als 1 000 Arten gefunden, und sie kommen vermutlich bei zehn bis 15 Prozent aller Arten vor. Wahrscheinlich sind sie stark modifizierte Abkömmlinge normaler Chromosomen der jeweiligen Art, in der man sie findet.

Bell und Burt (1990) haben überzeugend dargelegt, daß man sie am besten als Parasiten ansieht, weil sie die Wachstumsrate und Fruchtbarkeit ihrer „Wirte" reduzieren, aber in Populationen überleben, weil sie in der Lage sind, innerhalb einer Linie an Zahl zuzunehmen. Einige Beispiele sollen dies illustrieren:

- Bei der Mitose trennen sich B-Chromosomen zwar normalerweise genauso wie die typischen A-Chromosomen, aber manchmal nehmen sie in bestimmten Zellinien infolge von *non-disjunction* an Zahl zu. In den oberirdischen Teilen von Pflanzen geschieht dies fast ausnahmslos. Beim Grünen Pippau (*Crepis capilla-*

ris) findet man vor allem in den Blüten häufig eine erhöhte Anzahl von B-Chromosomen.

- Bei der Heuschrecke *Myrmeleotettix maculatus* wandern B-Chromsomen bevorzugt in den Vorkern der Eizelle statt in die Polkörper (Hewitt 1973). Dies ist eine wichtige Ausnahme von der obigen allgemeinen Aussage, daß Gene in Chromosomen während der Meiose relativ hilflos sind. Bei Pflanzen gibt es eine Vielzahl anderer Mechanismen zur Anhäufung von B-Chromosomen (Jones und Rees 1982).
- Ein kleines B-Chromosom in der Wespe *Nasonia vitripennis* wird nur in Spermien weitergegeben. Nach der Befruchtung werden die väterlichen A-Chromosomen (nicht jedoch das B-Chromosom) kondensiert und gehen letztlich zugrunde, so daß das neue, haploide Individuum ein Männchen wird. Dieses gibt das B-Chromosom an seine gesamte Nachkommenschaft weiter.

Diese Beispiele unterstützen die Ansicht, daß es sich bei den B-Chromosomen um Parasiten handelt. Man sollte daher annehmen, daß sich auf den A-Chromosomen Gene entwickelt haben, die deren Effekte unterdrücken. Bell und Burt geben einen Überblick über die noch recht spärlichen Daten zur genetischen Variabilität von A-Chromosomen hinsichtlich ihrer Fähigkeit, B-Chromosomen zu unterdrücken.

10.3 Intrachromosomale repetitive DNA

10.3.1 Die Kontrolle transponierbarer Elemente

Schon 1980 äußerten Orgel und Crick sowie Doolittle und Sapienza die Ansicht, ein Großteil der repetitiven DNA im Eukaryotengenom sei als egoistisch anzusehen. Seither ist immer deutlicher geworden, daß sie recht hatten. Außerdem haben sich diese Elemente jedoch auch als sehr vielfältig und hochentwickelt erwiesen, und so stellt sich eine neue Frage: Woran liegt es, daß die höheren Organismen von der egoistischen DNA, die sie tragen, nicht zerstört worden sind?

Wie wird die Ausbreitung dieser Elemente kontrolliert? Der Einfachheit halber beginnen wir mit den P-Faktoren von *Drosophila* (siehe Übersichtsartikel von Engels 1989 und Anxolabehere et al. 1988), die zwar keineswegs typisch sind, aber deren Regulation relativ gut erforscht ist. Sie wurden durch eine Untersuchung der „Hybriddysgenese" entdeckt. Als man weibliche *D. melanogaster* aus seit langem gehaltenen Laborstämmen mit frisch gefangenen Männchen kreuzte, erhielt man Nachkommen mit verminderter Lebensfähigkeit und Fruchtbarkeit, während die reziproken Kreuzungen keine derartigen Effekte ergaben. Es stellte sich heraus, daß dieses als Hybriddysgenese bezeichnete Phänomen durch Chromosomenelemente von etwa 3 000 Basenpaaren verursacht wird, die bei freilebenden Taufliegen in etwa 30 bis 50 Kopien vorliegen. Diese sogenannten P-Faktoren codieren zwei Proteine: eine Transposase und ein Regulatorprotein, das in den Eiern von Weibchen, die den P-Faktor tragen, enthalten ist. Seit langem im Labor gezüchteten Stämmen fehlt der P-Faktor, und solche Weibchen legen Eier ohne das Regulatorprotein. Wenn Chromosomen von Wildtypmännchen in diese Eier gelangen, kommt es zur intensiven Transposition von P-Faktoren, wodurch Chromosomenbrüche entstehen, die für die verminderte Lebensfähigkeit und Unfruchtbarkeit verantwortlich sind.

Brookfield (1991) hat ein Modell für die Evolution dieses Systems erstellt. Er nimmt an, daß es drei Typen von P-Faktoren gibt:

- autonome P-Faktoren, die sowohl eine Transposase als auch ein Repressorprotein codieren. Diese Proteine wirken in *trans*, das heißt, sie beeinflussen die Transposition des P-Faktors, der sie codiert hat, sowie die anderer P-Elemente in derselben Zelle.
- nichtautonome P-Elemente, die transponierbar sind und einen in *trans* wirkenden Repressor, aber keine Transposase codieren;
- nichtautonome P-Elemente, die ebenfalls transponierbar sind, aber kein funktionstüchtiges Protein codieren.

In Simulationen führte die Evolution zu einem Anstieg der Häufigkeit nichtautonomer Elemente, und in der Tat sind solche Elemente in freilebenden Populationen häufig. Die Selektion begünstigt außerdem die Ausbreitung von P-Faktoren, die ein Repressorprotein bilden. Diese Ergebnisse hängen entscheidend davon ab, daß Individuen, in denen zahlreiche Transpositionen auftreten, absterben oder steril werden. Die Selektion zwischen den Fliegen, die durch den nachteiligen Effekt der Transposition entsteht, gleicht also die Selektion zwischen den Elementen aus, welche die Transposition begünstigt. Im Ergebnis entsteht eine Population, in der Transpositionen selten sind, weil einerseits viele P-Elemente keine Transposase codieren und andererseits im Eicytoplasma ein Repressorprotein enthalten ist, das vom P-Faktor selbst codiert wird.

P-Elemente sind keineswegs typische transponierbare Elemente. Sie sind keine Retrotransposons, das heißt, es gibt in ihrem Replikationszyklus keine RNA-Phase, wie die Tatsache zeigt, daß sie Introns enthalten. Sie codieren ein Protein, das ihre eigene Replikation unterdrückt. Ihre Wirkung auf die Fitneß ist im wesentlichen direkt, nämlich über den Transpositionsprozeß selbst. Sie sind keine alteingesessenen Bewohner des *Drosophila*-Genoms: Anxolabehere et al. (1988) haben überzeugend dargelegt, daß sie erst im Laufe der vergangenen 100 Jahre in *D. melanogaster* aufgetaucht sind. Alte Laborstämme haben die P-Elemente also nicht etwa verloren, sondern sie nie besessen.

Im Gegensatz zu den P-Elementen sind die sogenannten copia-ähnlichen Elemente Retrotransposons. Sie codieren, soweit man weiß, keinen Repressor, haben einen weniger unmittelbaren Effekt auf die Fitneß ihrer Wirte und existieren schon lange im *Drosophila*-Genom. Einen Überblick über ihre Populationsbiologie bieten Charlesworth und Langley (1989). Wichtig ist, daß es viele potentielle Positionen für den Einbau von Copia-Elementen (sowie für verschiedene Familien Copia-ähnlicher Elemente) gibt; die meisten davon sind nicht besetzt, und es kommt selten vor, daß zwei nicht verwandte Fliegen ein Copia-Element an derselben Position tragen. Die Transpositionsraten sind zwar gering, aber hoch genug, um die Kopienzahl stetig steigen lassen zu können, wenn es keine Kraft gäbe, die dem entgegenwirkte. Um welche Kraft handelt es sich dabei? Es gibt mindestens drei Möglichkeiten:

- Wenn ein Element an eine neue Position springt, kann es eine Mutation verursachen, die mit einiger Wahrscheinlichkeit nachteilig sein wird. Viele Mutationen entstehen auf diese Weise; die Augenfarbenmutante *apricot* beispielsweise ist durch den Einbau eines Copia-Elements in das *white*-Gen entstanden. Verschiedenes spricht jedoch dagegen, daß die Vermehrung der Kopien durch das Auftreten von Mutationen begrenzt ist: unter anderem die Tatsache, daß Copia-ähnliche Elemente auf dem X-Chromosom (wo sie der Selektion in Männchen unterworfen sind) ebenso häufig sind wie auf Autosomen (Montgomery et al. 1987).
- Entweder das Fliegengenom oder das Element selbst codiert ein Repressorprotein; die synthetisierte Menge steigt mit der Anzahl der Kopien. Direkte Hinweise auf einen solchen Repressor gibt es nicht. Es sei aber daran erinnert, daß der Repressor der Transposition von P-Elementen entdeckt wurde, weil manche Weibchen keine P-Elemente besitzen, was zur Hybriddysgenese führte – alle Taufliegen besitzen Copia-Elemente.
- Wenn es in einem Genom viele Elemente mit derselben Sequenz gibt, kann dies zu ektopischer Rekombination führen (Rekombination zwischen Elementen an verschiedenen Chromsomenorten), wodurch aneuploide Gameten entstehen. Diese Hypothese wird von Charlesworth und Langley favorisiert. Theoretische Analysen (Langley et al. 1988) zeigen, daß dieser Prozeß die Verteilung der Elemente im Genom erklären kann, insbesondere den Überschuß von Elementen in Regionen mit geringer Crossing-over-Rate.

Es ist also anzunehmen, daß für die Copia-ähnlichen Elemente ein Gleichgewicht zwischen Vermehrung durch Transposition und Reduzierung durch verringerte Fertilität infolge ektopischer Rekombination besteht. Darüber hinaus müssen jedoch noch andere Faktoren eine Rolle spielen. Das von Langley et al. untersuchte Modell geht von einer identischen Transpositionsrate für alle Elemente aus und fragt nach der Häufigkeit und Verteilung der Elemente im Gleichgewichtszustand. Doch nehmen wir an, die Transpositionsrate ist von Element zu Element verschieden. Würde dann nicht die Selektion dazu führen, daß die Transpositionsrate und damit die Kopienzahl unbegrenzt zunimmt?

Eine mögliche Erklärung (Nee und Maynard Smith 1990) geht davon aus, daß die Molekularbiologie von Retrotransposons der von Retroviren ähnelt. Wenn dies der Fall ist, sind für ein RNA-Transkript wahrscheinlich zwei Schicksale möglich: Entweder es dient als Matrize für die Transposition, oder es wird zu Messenger-RNAs für die Proteinsynthese weiterverarbeitet. Wenn Sequenzunterschiede auf das Schicksal eines Transkripts Einfluß haben, wird die Selektion zwischen den Elementen für einen hohen Anteil inaktiver Matrizen, die auf die Transkription warten, und cinen geringen Anteil in der Translation aktiver RNAs sorgen. Dies würde erklären, warum Transpositionsereignisse selten sind, obwohl in manchen Zellinien etwa drei Prozent der polyadenylierten RNA aus Copia-Transkripten bestehen.

Die Evolution der Transposons ist noch in vieler Hinsicht unverstanden. Beispielsweise besteht zwischen *Drosophila* und Säugern ein auffälliger Unterschied in der Verteilung der Transposons. Bei *Drosophila* ist die Frequenz, mit der sich an den einzelnen potentiellen Positionen tatsächlich ein transponierbares Element befindet, gering, und es ist schwer, bei zwei nichtverwandten Individuen eine Position zu finden, die bei beiden besetzt ist. Beim Menschen sind die meisten Elemente fixiert, und Polymorphismus ist selten. Die Ursachen für diesen Unterschied sind unbekannt.

Wenn sich herausstellt, daß die obige Darstellung zutrifft und typisch für die Regulation transponierbarer Elemente ist, ergibt sich daraus eine interessante Schlußfolgerung. Die Selektion auf der Ebene der Organismen, die durch die nachteiligen Effekte der transponierbaren Elemente entsteht, ist zwar von großer Bedeutung, aber die eigentliche Regulation hängt von Eigenschaften ab, welche die Elemente selbst entwickelt haben, und nicht, wie man erwarten könnte, von der Kontrolle durch den Organismus. Das liegt natürlich daran, daß der dauerhafte Erfolg eines Elements davon abhängig ist, daß der Organimus überlebt und sich fortpflanzt. Wesentlich für die Begünstigung der Transposition ist die sexuelle Fortpflanzung. Ein transponierbares Element kann von nur einem Elternteil ererbt, aber an alle Nachkommen weitergegeben werden. Interessant werden in diesem Zusammenhang Erkenntnisse über die repetitive DNA in langfristig parthenogenetischen Organismen sein. Auf die Bedeutung des Weitergabemodus werden wir auch bei der Erörterung der Symbiose im nächsten Kapitel zu sprechen kommen.

10.3.2 Repetitive DNA und das C-Wert-Paradoxon

Die Produktion eines Lungenfisches erfordert anscheinend etwa 40mal soviel DNA wie die eines Mannes oder einer Frau. Diese dem menschlichen Selbstwertgefühl nicht eben zuträgliche Tatsache ist ein Beispiel für das sogenannte C-Wert-Paradoxon (Thomas 1971); der C-Wert ist ein Maß für den DNA-Gehalt einer Zelle. Nun, da wir wissen, daß dieser Unterschied zwischen Mensch und Lungenfisch auf die größere Menge an nichtcodierender DNA beim Lungenfisch zurückzuführen ist, erscheint das Paradoxon nicht mehr so bedrohlich, es stellt sich jedoch die Frage, warum der Gehalt an nichtcodierender DNA so hoch und so variabel ist.

Da Prokaryoten nur wenig nichtcodierende DNA besitzen, beschränken wir uns auf Eukaryoten. Im folgenden eine kurze Zusammenfassung der Fakten (Cavalier-Smith 1985). Am stärksten variiert der DNA-Gehalt innerhalb der einzelligen Eukaryoten: zwischen Hefe und Amöben um den Faktor 80 000, innerhalb der Grünalgen um den Faktor 3 000. Innerhalb der einzelnen Klassen mehrzelliger Tiere und Pflanzen beträgt der Faktor dagegen nur zehn bis 100. Am geringsten – um den Faktor zwei bis vier – variiert der DNA-Gehalt bei den drei Klassen der amnioten Wirbeltiere (Reptilien, Vögeln und Säugern). Zwischen DNA-Gehalt, Kernvolumen und Zellvolumen besteht eine auffällige Korrelation, wobei die Relationen isometrisch sind. Die Korrelation zum Zellvolumen gilt nur für wachsende, sich teilende Zellen, nicht aber für postmitotische Zellen oder embryonale Zellen in Entwicklungsperioden mit Zellteilung, aber ohne oder fast ohne Proteinsynthese. Auch ist die Korrelation nicht perfekt. Haploide und diploide Hymenopteren (Hautflügler) besitzen gleich große Zellen, wenngleich die Zellen der sporadisch in diploiden Arten vorkommenden Haploiden etwa halb so groß sind wie typische Zellen. Dies deutet darauf hin, daß bei Hymenopteren Genmutationen selektiert worden sind, die das Verhältnis zwischen DNA-Gehalt und Zellvolumen verändern. Daß solche Mutationen möglich sind, zeigt die Tatsache, daß man sowohl bei Spalt- als auch bei Sproßhefen Mutationen kennt, die das Zellvolumen um etwa die Hälfte reduzieren, indem sie die Größe, bei der eine Zelle sich teilt, verändern (Nurse 1985).

Wie lassen sich diese Fakten erklären? Gibt es einen direkten physiologischen Zusammenhang zwischen DNA-Gehalt, Kernvolumen und Zellvolumen, oder sind die gefundenen Korrelationen durch Selektion bedingt? Wenn letzteres der Fall ist, wirkt dann die Selektion auf den Organismus, auf egoistische DNA-Elemente oder auf beide? Es bietet sich an, zunächst die von Cavalier-Smith (1985 und früher) angebotene Erklärung wiederzugeben und dann eine alternative Hypothese zu untersuchen. Cavalier-Smiths Überlegungen lassen sich folgendermaßen zusammenfassen:

- Es gibt einen unmittelbaren physiologischen Zusammenhang zwischen DNA-Gehalt und Kernvolumen, möglicherweise bedingt durch die strukturellen Eigenschaften der kondensierten Chromosomen und ihre Anheftung an die Kernhülle über die Centromeren und Telomeren. Dieser Hypothese zufolge entstehen Variationen im Kernvolumen bei gegebenem DNA-Gehalt durch genetisch bedingte Variation im Grad der Chromosomenkondensation.
- Bei wachsenden Zellen besteht eine annähernd konstante Beziehung zwischen Kernvolumen und Zellvolumen, die durch Selektion aufrechterhalten wird, weil es für das Verhältnis zwischen dem Raum, der für die Transkription und die Weiterverarbeitung der RNA im Zellkern zur Verfügung steht, und dem Raum für die Translation im Cytoplasma einen optimalen Wert gibt. Dieses Verhältnis hängt von Eigenschaften ab, die bei allen Eukaryoten gleich sind, und sollte daher konstant sein.
- Selektion auf der Ebene der Organismen verändert das Zellvolumen; dadurch wird wiederum ein verändertes Kernvolumen selektiert, das durch Veränderung der Menge nichtcodierender DNA erzielt wird. Die Zellgröße kann die Fitneß eines Organismus auf verschiedene Weise beeinflussen. Eine geringe Zellgröße korreliert offensichtlich mit einer hohen Wachstumsrate. Bei Tieren korrelieren große Zellen mit einer niedrigen Stoffwechselrate. Die Lungenfische *Protopterus* und *Lepidosiren* überleben Trockenzeiten in den Schlamm eingegraben mit stark reduziertem Stoffwechsel und haben die größten Genome, die man bisher bei Tie-

ren gefunden hat. Wie fossile Zeugnisse zeigen, hat dic Größc der Osteocyten von Lungenfischen im Verlauf der vergangenen 400 Millionen Jahre zugenommen (Thomson 1972). Bei den Pflanzen findet man, wie Grime (1983) herausfand, die größten Genome bei Arten mit einem besonders schnellen Längenwachstum der Blätter im Frühjahr: Vermutlich hängt schnelles Wachstum während dieser Periode nicht von der Zellteilung ab. Zweifellos gibt es weitere derartige Selektionseffekte.

Cavalier-Smith ist also der Ansicht, daß Selektion auf der Ebene der Organismen das Zellvolumen verändert und daß Veränderungen im Zellvolumen wiederum die Selektion eines veränderten DNA-Gehalts bedingen, damit ein günstiges Verhältnis zwischen Zell- und Kernvolumen erhalten bleibt. Er braucht folglich keine intragenomischen Konflikte zu postulieren. Wenn es jedoch eine Selektion auf der Ebene des Genoms gäbe, die einen Anstieg des DNA-Gehalts pro Zelle bewirkte, könnte dies zur Evolution eines Kernvolumens führen, das die bei gegebenem Zellvolumen optimale Größe überstiege, oder zur Evolution von Zellen, deren Größe über dem optimalen Wert läge. Eine Zunahme der Genomgröße, angetrieben durch Selektion effizienterer Transposition, ist durchaus denkbar. In einer Population mit sexueller Fortpflanzung werden repetitive Elemente, die besonders effektiv bei der Replikation und Transposition sind, zahlenmäßig zunehmen. Im folgenden beschreiben wir einen Fall, in dem DNA-Gehalt und Zellvolumen möglicherweise deutlich über das für den Organimus optimale Maß getrieben worden sind.

10.3.3 Die Evolution der Chromosomenform

Seltsamerweise haben Evolutionsbiologen trotz einer enormen Datenmenge und einer großen Zahl von Fachveröffentlichungen bisher wenig darüber herausgefunden, welchen Sinn die Form der Chromosomen hat. Möglicherweise, so unser Verdacht, wurde an der falschen Stelle nach einem Sinn gesucht. Wir beginnen daher mit einer etwas eingehenderen Beschreibung eines konkreten Falles – der Plethodontiden, einer Salamanderfamilie (lungenlose Salamander) –, in dem einiges über die Evolution der Morphologie und des Karyotyps bekannt ist. Es hat den Anschein, als sei die Evolution der Plethodontiden durch Selektion auf der Ebene der Gene angetrieben worden, als habe aber die Selektion auf der Ebene der Organismen kompensierende Veränderungen bewirkt. Möglicherweise gilt dies auch für andere Organismengruppen.

Bei den Plethodontiden besteht, der Erwartung gemäß, eine Korrelation zwischen großem Genomumfang, großem Zellvolumen, geringer Stoffwechselrate und langsamer Entwicklung (Roth et al. 1988). Im Tribus Bolitoglossini, einer tropischen Gattungsgruppe der Plethodontiden, kommt eine extreme Reduktion der Körpergröße hinzu. Mit einer Länge von 15 Millimetern von der Schnauze bis zur Kloake und einem extrem schlanken Körperbau ist *Thorius pennatulus* möglicherweise das kleinste tetrapode Wirbeltier überhaupt. Paradoxerweise gehören die Genome der Bolitoglossinen zu den größten, die man bei Tieren findet (mit 25 pg DNA pro haploidem Genom bei *T. pennatulus* und bis zu 75 pg bei einigen anderen Arten). Diese Salamander haben eine hochspezialisierte Ernährungsweise: Eine vorschnellbare Zunge und binokulares Sehen, das eine genaue Tiefenwahrnehmung ermöglicht, erlauben ihnen, sich von winzigen (weniger als fünf Millimeter langen) Milben und Collembolen zu ernähren. Die Beibehaltung dieser Ernährungsweise bei gleichzeitiger Miniaturisierung und Zunahme der Zellgröße hat umfangreiche anatomische Veränderungen erforderlich gemacht. Gehirn und Augen haben relativ an Größe zugenommen (bei *Thorius* auf zwölf respektive zehn Prozent des Kopfvolumens gegenüber vier beziehungsweise sieben Prozent bei einer größeren Art aus derselben Familie). Das Gehirn wurde anatomisch vereinfacht. Das Tectum, in dem visuelle Reize verarbeitet werden, ist relativ zu anderen Teilen des Gehirns, insbesondere zum Vorderhirn, vergrößert, und der Anteil der grauen Hirnsubstanz (Zellkörper) ist gegenüber dem der weißen Hirnsubstanz (Nervenfasern) vergrößert.

Der große Genomumfang der Bolitoglossinen ist fast mit Sicherheit ein abgeleitetes und kein ursprüngliches Merkmal, wenngleich es bei *Thorius* vermutlich zu einer sekundären Reduktion gekommen ist. Bei Fröschen gibt es eine ähnliche Korrelation zwischen großem Genom und vereinfachter Gehirnanatomie. Ausgehend von der Vergrößerung des Genoms und der daraus folgenden Zellvergrößerung sind die anatomischen Veränderungen sinnvoll. Aber warum nahm das Genom überhaupt an Größe zu? Die Vermutung drängt sich auf, daß Selektion auf der Ebene der Gene die treibende Kraft war, und zwar die Selektion erfolgreicher Transposition.

Macgregor (1982) hat die bekannten Daten über die Cytologie und Molekularbiologie eines anderen Vertreters der lungenlosen Salamander zusammengefaßt. Die Gattung *Plethodon* (Waldsalamander), die seit etwa 80 Millionen Jahren existiert, umfaßt heute 45 bekannte Arten, ihr Verbreitungsgebiet ist Nordamerika. Die einzelnen Arten sind einander morphologisch extrem ähnlich; sie unterscheiden sich vor allem hinsichtlich ihrer Körpergröße, ihrer geographischen Verbreitung und ihrer Körperfärbung. Außerdem weisen sie jedoch mit 20 bis 66 pg DNA unterschiedliche C-Werte auf. Ansonsten ist ihr Karyotp identisch – es ist, als hätten sich alle Chromosomen gleichmäßig vergrößert. Der größte Teil des Genoms besteht aus mittelrepetitiver DNA. Macgregor schätzte, daß es von etwa 250 Sequenzen mit einer Länge von 100 bis 200 Nucleotiden ungefähr je 6000 Kopien gibt. Bei nahe verwandten Arten ähneln sich 90 Prozent der Sequenzen, bei entfernter verwandten nur zehn Prozent. Genau dieses Muster würde man erwarten, wenn von Zeit zu Zeit eine neue in hohem Maße transponierbare Sequenz entstehen und sich zufällig im Genom verteilen würde; außerdem muß es einen Prozeß geben, der eine unbegrenzte Zunahme der Kopienzahl verhindert.

Nach Ansicht von Macgregor gibt es einen unmittelbaren kausalen Zusammenhang zwischen der Konstanz des Karyotyps und der morphologischen Konstanz (obwohl er Hinweise darauf hat, daß sich die Position bestimmter, vor allem ribosomaler Gene verändert hat). Dies halten wir für unwahrscheinlich. Veränderungen des Karyotyps ziehen nicht unbedingt morphologische Veränderungen nach sich. Beispielsweise ist bei zwei phänotypisch ähnlichen Hirscharten, dem Südostchinesischen Muntjak (*Muntiacus reevesi*) und dem Muntjak (*M. muntjak*), $2n = 46$ beziehungsweise $2n = 6$ oder 8. Die Situation in der Gattung *Plethodon* scheint uns eher auf die dort anzutreffenden Typen repetitiver DNA zurückzuführen zu sein. Wir wissen zwar nicht, ob alle Plethodontiden sich in molekularbiologischer Hinsicht gleichen, aber die soeben beschriebene Arbeit von Roth und seinen Kollegen läßt vermuten, daß die Veränderungen der Genomgröße autonom aufgetreten sind und daß Selektion auf der Ebene der Organismen zu den anatomischen Veränderungen geführt hat, die erforderlich waren, um die Veränderungen der Zellgröße zu kompensieren.

Möglicherweise gilt für die Evolution des Karyotyps generell eine ähnliche Erklärung. Es ist vielleicht natürlich, daß Wissenschaftler, die ihr Leben lang die Form der Chromosomen vor Augen haben, zu der Ansicht kommen, daß diese Form für den Organismus eine Bedeutung hat, aber tatsächlich spricht wenig für diese Annahme. Wahrscheinlicher ist, daß die Evolution des Karyotyps im wesentlichen von der Art der jeweils vorhandenen repetitiven DNA abhängt, die wiederum von der Selektion auf der Ebene der Gene und nicht der Organismen abhängig ist. Von Bedeutung ist auch die Tatsache, daß gewisse Veränderungen des Karyotps von bestimmten Organismen eher toleriert werden als von anderen. So sind Inversionen bei *Drosophila* und anderen Dipteren sehr häufig, weil sie bei ihnen, anders als bei anderen Organismen, nicht zur Unfruchtbarkeit führen: Bei Männchen gibt es keine Rekombination, die zur Bildung aneuploider Gameten führen könnte, und bei Weibchen werden aneuploide Zellkerne in den Polkörpern eliminiert.

10.4 Die Vermeidung von Konflikten zwischen Organellen

Grun (1976) vermutete, daß die uniparentale Vererbung sich entwickelt hat, weil sie die Ausbreitung egoistischer Organellen verhindert. Da die Teilung von Mitochondrien und Chloroplasten in der Regel nicht eng mit der Teilung des Zellkerns synchronisiert ist, besteht unzweifelhaft die Gefahr von Konflikten. Eine mutierte Organelle, die sich schneller replizieren könnte, dafür aber ihre Funktionen in der Zelle weniger effektiv erfüllen würde, würde häufiger werden und dadurch die Fitneß der Kerngene mindern. In der Realität wird die Wahrscheinlichkeit derartiger Konflikte dadurch erheblich gesenkt, daß die Organellen in der Regel von nur einem Elter ererbt werden (eine Übersicht über die Vererbung der Plastiden bei Pflanzen bietet Whatley 1982). Infolgedessen sind die Organellen in einer Zelle einander genetisch ähnlich, und egoistische Mutanten werden eliminiert, bevor sie sich in der Population ausbreiten können.

Von Interesse ist nun, ob die uniparentale Vererbung der Organellen lediglich eine unselektierte Folgeerscheinung des ungleichen Cytoplasmabeitrags der beiden Geschlechter ist, der sich aus anderen Gründen entwickelt hat, oder ob sie selbst selektiert worden ist. Im folgenden einige Gründe für die Vermutung, daß die Selektion eine Rolle spielte:

- Uniparentale Vererbung kommt auch bei isogamen Organismen vor. Bei der Grünalge *Chlamydomonas* wird der Chloroplast nur von dem Elter des Paarungstyps + ererbt, die Mitochondrien stammen ausschließlich vom Paarungstyp –. Der genetische Mechanismus (Sager 1977) ist nicht uninteressant, vor allem wegen der Beteiligung von Kerngenen; unter anderem codiert ein Gen im Zellkern des Paarungstyps + ein Enzym, das die zelleigene Mitochondrien-DNA abbaut. Die Zerstörung der Chloroplasten-DNA eines der Eltern erfolgt erst nach Fusion der beiden Chloroplasten. Dies ist ungewöhnlich: Bei den meisten Arten werden die Plastiden eines Elters aufgelöst.
- In manchen Fällen wird das Cytoplasma des männlichen Gameten vor der Befruchtung abgetrennt. Bei dem Farn *Mausilea vestita* (Myles 1975) beispielsweise wird der größte Teil des männlichen Cytoplasmas vor der Befruchtung entfernt: Zuerst schnürt sich eine anteriore Kappe ab, welche die meisten Mitochondrien enthält, später ein posteriorer Vesikel mit den Plastiden. Dieser Vorgang wirkt nicht wie eine unselektierte Folgeerscheinung der ungleichen Gametengröße.
- Bei Nadelbäumen werden die Plastiden in der Regel vom männlichen Elternteil ererbt. (Dies könnte nebenbei gesagt der Hauptgrund dafür sein, daß bei Koniferen niemals parthenogenetische Varietäten zu entstehen scheinen.)

10.5 Verschiebung der Geschlechterverteilung

Fisher (1930) behauptete, daß, falls das Geschlechterverhältnis von autosomalen Genen eines Elters bestimmt wird, Selektion zur gleichmäßigen Verteilung der Ressourcen auf die beiden Geschlechter führen wird, und zwar im Regelfall zu einem Geschlechterverhältnis von 1:1. Intragenomische Konflikte können jedoch Abweichungen davon bewirken (eine ausgezeichnete Übersicht bietet Hurst 1993).

Wie wir in Abschnitt 10.2 gesehen haben, können Segregationsverzerrer auf den Geschlechtschromosomen das Geschlechterverhältnis verschieben. Sobald es jedoch verschoben ist, werden autosomale Gene, welche die Verschiebung unterdrücken, von der Selektion begünstigt sein. Das Geschlechterverhältnis kann auch von Genen in uniparental vererbten Organellen beeinflußt werden; die im folgenden angeführten Beispiele sind dem Übersichtsartikel von Hurst entnommen.

Ein klassisches Beispiel für einen intragenomischen Konflikt liefert die cytoplasmatische männliche Sterilität der Angiospermen (Lewis 1941). Dabei handelt es sich um ein verbreitetes Phänomen. Die meisten Angiospermen sind Hermaphroditen. Theoretische Überlegungen lassen erwarten, daß Hermaphroditen ihre Ressourcen gleichmäßig auf männliche und weibliche Funktionen verteilen (Maynard Smith 1971). Diese Hypothese läßt sich schwer quantitativ überprüfen, aber es gibt reichlich – bis auf Darwin (1877) zurückgehende – Hinweise darauf, daß ein Hermaphrodit, der weniger Ressourcen in Pollen investiert, mehr Samen produzieren kann. Aus diesem Grunde wird die Selektion ein Gen in einer Organelle, die nur in der Eizelle weitergegeben wird, begünstigen, wenn es die männliche Funktion unterdrückt. Tatsächlich bestehen viele Pflanzenarten aus einer Mischung von Hermaphroditen und pollensterilen Individuen; man spricht in diesem Zusammenhang von Gynodiözie. An *Thymus vulgaris* wurden sowohl genetische Analysen als auch Populationsuntersuchungen durchgeführt (Couvet et al. 1986). Männliche Sterilität wird hier durch Allele in den Mitochondrien verursacht und durch Kerngene unterdrückt. Bei hermaphroditischen Tieren hat man erstaunlicherweise bisher keine männliche Sterilität entdeckt.

Bei diözischen Arten können Gene in von der Mutter ererbten Organellen sowie Parasiten ihre Fitneß auf verschiedene Weise steigern:

- **durch Umwandlung sich sexuell vermehrender in parthenogenetische Weibchen**. Ein cytoplasmatisches Gen, das an einen Sohn weitergegeben wird, hat keine Zukunft. Stouthamer et al. (1990) berichten, daß sich ungeschlechtlich fortpflanzende Stämme der solitären Wespe *Trichogramma* wieder zu zweigeschlechtigen Haplodiploiden wurden, wenn man sie mit bakterioziden Antibiotika behandelte, was darauf hindeutet, daß die Ungeschlechtlichkeit durch einen Endosymbionten verursacht wird.
- **durch Umwandlung von Männchen in Weibchen**. Beispielsweise berichtete Bulnheim (1978), daß weibliche Flohkrebse der Art *Gammarus duebeni*, die mit einem der beiden protozoischen Symbionten *Octospora effeminans* oder *Thelohania hereditaria* infiziert sind, nur weibliche Nachkommen produzieren und diese Eigenschaft an sie weitergeben. Durch experimentelle Infektion mit *Octospora* läßt sich die Produktion ausschließlich weiblicher Nachkommen induzieren.
- **durch Abtötung von Männchen in einem frühen Lebensstadium**. Wenn Männchen mit ihren Schwestern konkurrieren, vergrößert ein Endosymbiont, der das Männchen tötet, in dem er sich selbst befindet, die Überlebenschancen seiner Verwandten in den Schwestern dieses Männchens. Mehrere Beispiele für dieses Phänomen sind bekannt. Am besten untersucht ist der sogenannte SR-Zustand (*sex ratio*, Geschlechterverhältnis) bei neotropischen *Drosophila* der *willistoni*-Gruppe (Malagolowkin und Poulson 1957). Zunächst glaubte man, der Verursacher sei ein Spirochaet, doch nun vermutet man ihn in einer ziemlich rätselhaften Prokaryotengruppe, den Spiroplasmen (Whitcomb 1981). Infizierte Weibchen produzieren rein weibliche Gelege, da die männlichen Eier absterben. Diese Eigenschaft wird von den Töchtern geerbt. Das auslösende Agens wurde in zellfreier Lösung kultiviert und ist bei Reinjektion wirksam. Hurst (1993) stellte eine Reihe von Fällen zusammen, in denen Symbionten männliche Individuen töten. Er unterschied zwischen früh tötenden Parasiten wie SR und solchen, welche die Männchen erst in einem späteren Stadium töten, wenn diese nicht mehr mit ihren

Schwestern konkurrieren. Im letzteren Fall hat der Parasit nach Ansicht von Hurst den Vorteil, daß er nach dem Tod seines männlichen Wirtes über einen Sekundärwirt horizontal weitergegeben werden kann.

Strenggenommen handelt es sich nur bei einem der eben angeführten Beispiele um einen intragenomischen Konflikt, nämlich bei der cytoplasmatischen männlichen Sterilität bei Pflanzen. Die übrigen Fälle sind Beispiele für Konflikte zwischen Wirt und Parasit. Der Unterschied besteht darin, daß *Thymus* ohne seine Mitochondrien nicht überleben könnte, während *Trichogramma*, *Gammarus* und *Drosophila* ohne ihre Parasiten sehr gut existieren könnten. Den Beispielen mit den Parasiten ist allerdings gemeinsam, daß diese uniparental vererbt werden, wie viele Organellen auch. Was ein Gen in einem Parasiten bewirken kann, dazu ist ein Gen in einer Organelle vielleicht ebensogut in der Lage.

11. Symbiose

11.1 Einleitung

Die Entstehung einer dauerhaften und obligatorischen Koexistenz genetischer Einheiten, die zuvor selbständig existieren konnten, spielte eine wichtige Rolle beim Ursprung der Eukaryoten sowie, falls unsere bisherigen Spekulationen zutreffen, beim Ursprung von Zellen und Chromosomen. In diesem Kapitel geht es um andere Beispiele für Symbiose*. Der Begriff Symbiose wird immer dann verwendet, wenn zwei oder mehr verschiedenartige Organismen in enger Gemeinschaft leben; die Bandbreite reicht also vom Parasitismus bis hin zum Mutualismus. Als Mutualismus sind Beziehungen definiert, von denen beide Partner profitieren. Es ist, wie sich im folgenden noch zeigen wird, jedoch schwierig, solchen „Profit" zu messen oder auch nur zu definieren: Inwiefern geht es einem Mitochondrion besser, als es seinen freilebenden Vorfahren ging? In diesem Kapitel werden wir uns mit zwei Fragen befassen:

* In diesem Buch wird der Begriff Symbiose im weiteren Sinne verwendet. Im deutschen Sprachraum ist dagegen die enger gefaßte Definition üblich, nämlich für Beziehungen zum beiderseitigen Nutzen, also synonym zu dem hier verwendeten Begriff Mutualismus.

- Welche Selektionskräfte wirken auf die Partner in heutigen Symbiosen?
- Konnten derartige Selektionskräfte die Entstehung dauerhafter und obligatorischer Koexistenz bewirken?

Zunächst geben wir jedoch einen kurzen Überblick über die ökologisch wichtigsten Symbiosetypen (weitere Beispiele finden sich bei Pirozynski und Hawksworth 1988; Margulis und Fester 1991). Dabei erwähnen wir nur einen Bruchteil der bekannten mutualistischen Beziehungen. Weitere, darunter Fälle von Wechselbeziehungen zwischen Tieren und Prokaryoten, werden weiter unten besprochen. Auffällig ist, daß symbiontische Beziehungen bei der Nutzung nährstoffarmer Böden durch Pflanzen, bei der Besiedlung blanker Felsen, für das Leben im Bereich von Tiefseeschloten, den Aufbau von Korallenriffen und die Nutzung pflanzlicher Substanz durch Insekten wichtig sind.

11.2 Die Ökologie symbiontischer Beziehungen

11.2.1 Prokaryoten

Sonea (1991; siehe auch Sonea und Panisset 1983) hat die Welt der Bakterien als einen einzigen Superorganismus dargestellt, dessen Bestandteile, die einzelnen Bakterienzellen, ihr Überleben durch ökologischen Austausch von Stoffwechselprodukten sowie durch genetischen Austausch über Plasmide und Phagen sichern. Dieses Bild hat den Vorzug, auf die wichtige Rolle hinzuweisen, die Plasmide und temperente Phagen spielen, indem sie einzelnen Bakterien Eigenschaften übertragen, die diese zum Überleben in bestimmten Umgebungen benötigen – beispielsweise Antibiotikaresistenz, Schwermetalltoleranz oder die Fähigkeit, zusätzliche Substrate zu nutzen. Es hat aber wie alle holistischen Evolutionsmodelle, angefangen bei der Gaia-Hypothese, den Nachteil, daß es die Einheiten der Selektion aus den Augen verliert und infolgedessen kein Modell für die Dynamik evolutionärer Veränderungen liefert. Man kann ein Bakteriengenom durchaus als zeitweilige Allianz des Bakterienchromosoms und eines oder mehrerer kleiner Replicons, die zusätzliche Funktionen bereitstellen, ansehen. Allerdings ist das Bakterienchromosom selbst außerordentlich stabil, wie die Tatsache zeigt, daß Stammbäume, die auf verschiedenen chromosomalen Genen basieren, einander sehr ähnlich sind (Woese 1987). Dies wäre nicht der Fall, wenn horizontaler Gentransfer häufig wäre. Um ein konkretes Beispiel anzuführen: Man nimmt an, daß *Salmonella* und *Escherichia* sich seit vielen Millionen Jahren unabhängig voneinander entwickeln – vielleicht seit der Divergenz ihrer Hauptwirte, der Reptilien beziehungsweise Säugetiere. Dennoch sind ihre Genkopplungskarten nahezu identisch, und die Sequenzanalyse von über 100 Genen zeigt, daß es wenn überhaupt nur selten zum Genaustausch gekommen ist (Sharp 1991; Maynard Smith, unveröffentlichte Daten).

Statt als Superorganismus sollte man die Welt der Bakterien daher besser als eine Reihe sich unabhängig voneinander entwickelnder Chromosomenlinien ansehen, die Gene und Teile von Genen mit nahen Verwandten austauschen und zeitweilig symbiontische Beziehungen mit kleinen, oft sehr instabilen Replicons eingehen, von denen es zahlreiche verschiedene Typen gibt. Diese vorübergehenden Symbiosen sind für Bakterien wahrscheinlich der wichtigste Mechanismus zur schnellen Anpassung an lokale Gegebenheiten.

11.2.2 Symbiosen zwischen Tieren und Algen

Viele aquatische Wirbellose enthalten endosymbiontische Grünalgen, die ihnen Nährstoffe liefern. Die Algen sind meist in der Lage, freilebend zu existieren, und müssen von ihren Wirten individuell erworben werden. In Wirten aus ganz unterschiedlichen Taxa kommen nur wenige verschiedene Algen vor; beispielsweise hat man in drei Stämmen der marinen Wirbellosen – Cnidaria, Mollusca und Plathelminthes – bisher nur zwei Gattungen der Dinoflagellaten gefunden. Einige dieser Beziehungen sind ökologisch wichtig: Zum Beispiel können Coelenteraten nur mit Hilfe von Dinoflagellaten Korallenriffe aufbauen.

11.2.3 Symbiosen zwischen Pflanzen und Pilzen

Flechten sind Gemeinschaften von Pilzen und endosymbiontischen „Algen", bei denen es sich um Cyanobakterien oder Grünalgen handeln kann (siehe Übersichtsartikel von Hawksworth 1988). Man kennt etwa 13 000 Pilzarten aus über 500 Gattungen, die Flechten bilden. Die meisten gehören zu den Ascomyceten, bei denen sich die symbiontische Lebensweise viele Male unabhängig voneinander entwickelt hat. Bei den Algen ist die Vielfalt nicht so groß, sie entstammen weniger als 50 Gattungen. Alle flechtenbildenden Cyanobakterien sowie die meisten Grünalgen kommen auch freilebend vor, zwei der in Flechten am häufigsten vertretenen Grünalgengattungen, *Myrmecia* und *Trebouxia*, findet man allerdings nur selten freilebend. Mitunter scheint es sich um reine Ausbeutung der Alge durch den Pilz zu handeln; der Pilz *Collema* beispielsweise kann in eine Kolonie freilebender Algen (*Nostoc*) eindringen und sie in einen typischen Flechtenthallus umwandeln. In anderen Fällen ist die Verbindung dauerhafter, und es werden gemeinsame Fortpflanzungspartikel gebildet, die in der Regel viele Zellkerne beider Partner enthalten.

Von noch größerer ökologischer Bedeutung ist die Beziehung zwischen Mykorrhizapilzen und Landpflanzen (siehe Übersichtsartikel von Lewis 1991 und Kendrick 1991). Die primitivsten Mykorrhizapilze, welche die Gruppe der vesikulär-arbuskulären (VA-)Mykorrhiza bilden, sind schon von Versteinerungen aus dem Devon bekannt und möglicherweise sogar noch älter. Sie sind obligatorische Symbionten, deren Hyphen in die Zellen der Pflanzenwurzeln eindringen („Endomykorrhiza"). Sie vermehren sich ausschließlich ungeschlechtlich, und da die Klassifizierung der Pilze zu einem großen Teil auf Strukturen basiert, die der sexuellen Fortpflanzung dienen, ist ihre taxonomische Einordnung problematisch. Vielleicht haben sie bei der Eroberung des Festlandes eine wichtige Rolle gespielt, indem sie die Pflanzen in die Lage versetzten, Böden mit sehr geringem Gehalt an organischem Material zu besiedeln. Heute sind sie die wichtigsten Mykorrhizapilze in solchen Böden, vor allem in den Tropen. Da es einen Nettotransport von Mineralien vom Pilz zur Pflanze und von Kohlenstoff von der Pflanze zum Pilz gibt, kann man die Beziehung als mutualistisch ansehen. Die evolutionsgeschichtlich jüngeren Ektomykorrhizapilze, die nicht in Pflanzenzellen eindringen, gehören hauptsächlich zu den Basidiomyceten. Sie sind mit Pflanzen assoziiert, die in Böden mit höherem Gehalt an organischem Material wachsen und in den höheren Breiten und in größerer Höhe vorkommen. Besonders interessant sind die Ericoiden, die mit auf saurem Boden wachsenden Ericaceen assoziiert sind. Sie liefern der Pflanze nicht nur Mineralsalze, sondern auch Stickstoff aus organischen Verbindungen, den diese sonst nicht aufnehmen könnte. Es gibt nur sehr wenige Arten von Ericoiden – vielleicht auch nur eine –, und diese sind mit drei Pflanzenfamilien assoziiert. Sie kommen auch freilebend vor und lassen sich leicht in Kultur nehmen, während die ursprünglicheren Pilzarten, welche die VA-Mykorrhiza bilden, nur in Assoziation mit Pflanzen gedeihen.

11.2.4 Symbiosen zwischen Tieren und Pilzen

Zu den extremsten Beispielen für Mutualismus gehört der Anbau von Pilzen durch Insekten. In Mittel- und Südamerika bringen Blattschneiderameisen (*Atta*) Blattstückchen in ihre Baue ein. Die zerkaute Blattsubstanz wird dort von verschiedenen Spezies cellulasebildender Pilze verdaut; deren Mycel wiederum dient der Ameisenkolonie als Nahrung. Auf der einen Seite haben die Ameisen komplexe Verhaltensweisen entwickelt, die das Überleben der Pilze gewährleisten; auf der anderen Seite entwickelten die Pilze Hyphen mit verdickten Spitzen (Gongylidien), von denen sich die Ameisen ernähren. Während die meisten Termiten mit Hilfe einer vielfältig zusammengesetzten Mikroorganismenpopulation in ihrem Darm Cellulose verwerten können, besitzen die afrikanischen und asiatischen hügelbauenden Termiten der Familie Macrotermitinae keine derartigen Symbionten und kultivieren ähnlich wie *Atta* Pilze.

11.3 Ein Modell

In den meisten Fällen von Symbiose besteht eine Wechselbeziehung zwischen einem Wirtsorganismus und einem Symbionten, der in oder auf dem Wirt lebt. Der

Symbiont kann ein schädlicher Parasit oder auch ein lebensnotwendiger Mutualist sein. Um die Koevolution der Partner verstehen zu können, müssen wir die Möglichkeiten, die jedem der beiden offenstehen, untersuchen. Abbildung 11.1 zeigt ein einfaches Modell, das auf einem Modell von Law (1991) basiert. Die Fitneß wurde mit Zahlenwerten wiedergegeben, da uns nur Unterschiede interessieren und nicht

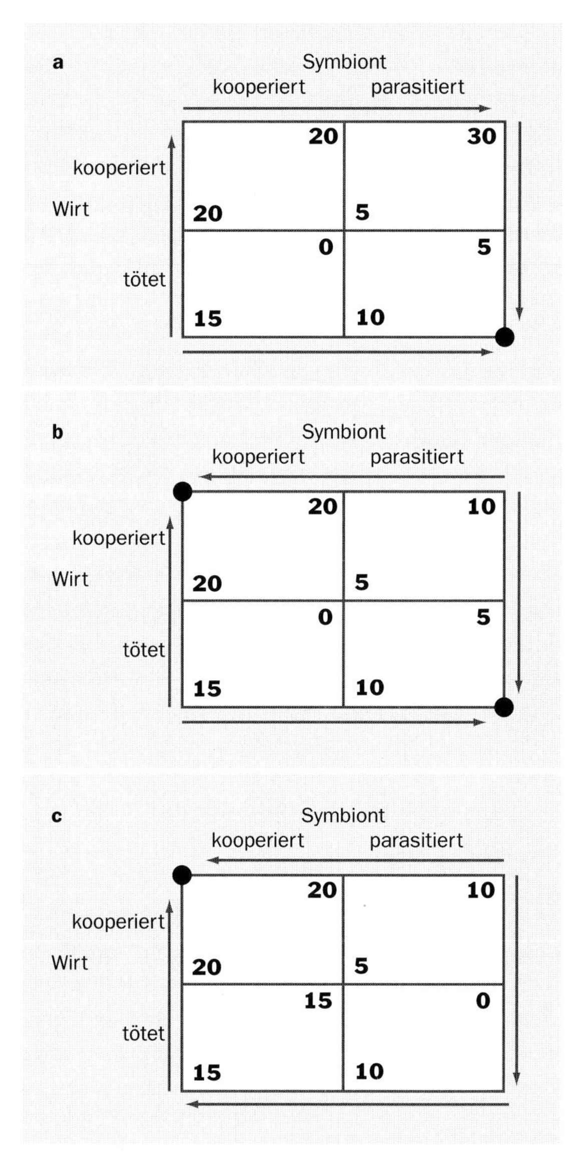

11.1 Ein Modell für die Evolution der Symbiose. In jedem Quadranten gibt die Zahl unten links die Fitneß des Wirtes an, der die links bezeichnete Strategie verfolgt, wenn der Symbiont nach der oben angegebenen Strategie verfährt; die Zahl oben rechts steht für die Fitneß des Symbionten, der die oben bezeichnete Strategie wählt, wenn der Wirt die links angegebene Strategie verfolgt. Die schwarzen Kreise bezeichnen stabile Zustände des Systems. (Verändert aus Law 1991.)

Absolutwerte. Zu beachten ist, daß nur das Verhältnis der Fitneß verschiedener Wirtstypen beziehungsweise verschiedener Symbionten wichtig ist; ein Vergleich der Fitneß von Wirt und Parasit ist irrelevant. Der Einfachheit halber betrachten wir für Wirt und Symbiont nur jeweils zwei verschiedene Strategien, obwohl es in der Realität auch alle Übergangsformen zwischen diesen Strategien geben könnte.

In Abbildung 11.1a gelten die folgenden Voraussetzungen:

1. Wenn die Symbionten kooperieren, lohnt es sich für den Wirt, sie zu beherbergen.
2. Wenn die Symbionten parasitieren, lohnt es sich für den Wirt, sie zu töten.
3. Es ist für den Wirt stets besser, wenn die Symbionten kooperieren, als wenn sie parasitieren.

4a. Unabhängig von der Strategie des Wirtes ist Parasitismus für den Symbionten lohnend.

Die ersten drei Voraussetzungen können als Definitionen für die Begriffe „kooperieren" und „parasitieren" dienen. Voraussetzung 4a dagegen trifft manchmal nicht zu. Vor allem wenn der Wirt den Symbionten beherbergt, kann es sich für diesen lohnen, ihn leben zu lassen: Es zahlt sich nicht aus, die Gans zu töten, die goldene Eier legt. In den Abbildungen 11.1b und 11.1c wird Voraussetzung 4a daher modifiziert:

4b. Wenn der Wirt den Symbionten beherbergt, lohnt es sich für diesen, zu kooperieren; verfolgt der Wirt dagegen die Strategie „töten", so lohnt es sich für den Symbionten, zu parasitieren.

4c. Unabhängig von der Strategie des Wirtes lohnt sich Kooperation für den Symbionten.

Die Evolution mündet in Abbildung 11.1a in Parasitismus und in die Entwicklung von Abwehrmechanismen durch den Wirt. Dieses Ergebnis erinnert insofern an das des Spieles „Gefangenendilemma" (siehe Abschnitt 16.2), als es für beide Parteien unvorteilhaft ist. In Abbildung 11.1b gibt es zwei stabile Zustände: Parasitismus und Mutualismus. Für Abbildung 11.1c ist das Ergebnis Mutualismus.

Welches dieser Diagramme einen konkreten Fall am besten wiedergibt, hängt davon ab, auf welche Weise die Symbionten von einer Wirtsgeneration an die nächste weitergegeben werden (Abbildung 11.2). Wir führen im folgenden einige Möglichkeiten auf.

Jeder Wirt nimmt mehrere Symbionten mit unterschiedlichen genetischen Eigenschaften aus der Umwelt auf (Abbildung 11.2a). In diesem Fall ist wahrscheinlich Abbildung 11.1a passend. Ein Symbiont zieht keinen Nutzen daraus, seinen Wirt durch Kooperation am Leben zu lassen, wenn dieser durch andere, parasitische Symbionten getötet wird. Allgemeiner ausgedrückt, ist es, sofern es genetische Unterschiede zwischen den Symbionten gibt, wahrscheinlich, daß eine phänotypi-

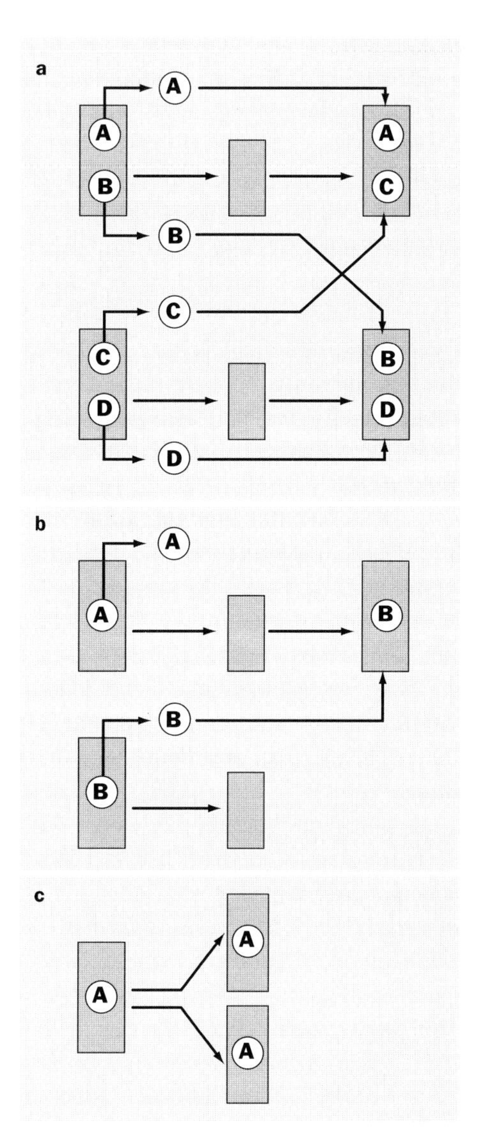

11.2 Möglichkeiten der Weitergabe von Endosymbionten. a) Indirekte Weitergabe, bei der jeder Wirt von mehreren Genotypen des Symbionten infiziert wird; b) indirekte Weitergabe, bei der jeder Wirt nur von einem Genotyp des Symbionten infiziert wird; c) direkte Weitergabe.

sche Veränderung es einem „egoistischen" Symbionten ermöglichen wird, in eine Population von kooperierenden Symbionten einzudringen. Zunächst entspricht dieser Phänotyp vielleicht nur dem, was Ökonomen als Trittbrettfahrer bezeichnen – er verschwendet keine Energie auf nützliches, kooperatives Verhalten. Auch im Falle von Parasitismus gibt es Trittbrettfahrer. Ein Beispiel sind Satellitenviren; ihre Anwesenheit ist mit einiger Wahrscheinlichkeit für den Wirt nützlich beziehungsweise mindert dessen Schaden. Wenn Symbionten nicht parasitisch sind, sondern kooperieren, würde die Gegenwart von Trittbrettfahrern den Nutzen für den Wirt vermindern; ein Beispiel beschreibt Nealson (1991) für einen komplizierten Fall von Symbiose. Häufig schädigen „egoistische“ Symbionten den Wirt natürlich aktiv.

Jeder Wirt nimmt nur einen Symbionten (oder einen Symbiontenklon) aus der Umwelt auf (Abbildung 11.2b). In diesem Fall ist die günstigste Strategie für einen Symbionten schwer vorherzusagen. Wenn der Wirt die Strategie „beherbergen“ verfolgt, ist es für den Parasiten wahrscheinlich lohnend, nach dem Prinzip der „goldenen Eier“ zu kooperieren. Wendet der Wirt dagegen die Strategie „töten“ an, so kann es für den Symbionten lohnend sein, sich ohne Rücksicht auf Nachteile für den Wirt so schnell wie möglich zu vermehren, bevor dessen Abtötungsmechanismus greift; es ergeben sich die Fitneßwerte aus Abbildung 11.1b. Wenn der Symbiont jedoch resistent gegen die Tötungsstrategie des Wirtes ist, kann es sich für ihn auszahlen, den Schaden für den Wirt wie in Abbildung 11.1c zu minimieren.

Diesen Fall analysiert das Modell, das May und Anderson (1983) für die Evolution der Myxomatose erstellt haben. Der Symbiont entwickelt den günstigsten Kompromiß zwischen ausgeprägter Virulenz, die den Wirt und mit ihm die Parasiten absterben läßt, und zu schwacher Virulenz, welche die Neuinfektionsrate senkt. Allgemeine Voraussagen sind dabei schwierig, da das Ergebnis von biologischen Details abhängt. Wird ein Wirt von einem einzelnen Symbionten befallen, so ist kooperativer Mutualismus, wenn er sich einmal ausgebildet hat, mit einiger Wahrscheinlichkeit stabil. Die Evolution von Parasitismus zu Mutualismus ist begünstigt, wenn der Tötungsmechanismus des Wirtes ineffektiv ist und wenn das Überleben des Wirtes die Ausbreitung des Symbionten fördert; sie wird nicht stattfinden, wenn der Wirt sich schnell von dem Parasiten befreien kann oder wenn der Parasit sich nur durch Abtöten des Wirtes ausbreiten kann.

Jeder Wirt übernimmt einen oder wenige Symbionten von einem seiner Eltern (Abbildung 11.2c). In diesem Fall werden die Symbionten eines Wirtes, abgesehen von kürzlich entstandenen Mutanten, genetisch identisch sein. Wenn jedes Wirtsei (oder jeder andere Fortpflanzungspartikel) Symbionten enthält, ist mit der Evolution von Mutualismus zu rechnen. Allerdings können sich, da Wirts- und Parasitengene keine Einheit bilden, Konflikte der in Kapitel 10 diskutierten Art ergeben.

Neben diesen Möglichkeiten gibt es noch weitere, beispielsweise die Weitergabe von Symbionten durch beide Eltern oder die Übernahme einer großen Anzahl von Symbionten von einem Elternteil. Dennoch sollte man beim folgenden Überblick über Weitergabemodi (Abschnitt 11.4) die eben gezogenen theoretischen Schlußfolgerungen im Gedächtnis behalten:

- Bei Aufnahme mehrerer Symbionten aus der Umwelt ist mit Parasitismus zu rechnen. Kooperation wird sich nur ausbilden, wenn dem Symbionten kein „egoistischer“ Phänotyp zur Verfügung steht.
- Bei Aufnahme einzelner Symbionten aus der Umwelt kann sich Mutualismus oder Parasitismus entwickeln. Mutualismus ist begünstigt, wenn die Tötungsre-

aktion des Wirtes relativ ineffektiv ist und wenn langes Überleben des Wirtes der Weitergabe des Symbionten dienlich ist.
- Bei direkter Weitergabe eines oder weniger Symbionten durch ein Geschlecht des Wirtsorganismus ist mit der Evolution von Mutualismus zu rechnen.

11.4 Weitergabe von Symbionten

Der Getreidekäfer *Sitophilus oryzae* besitzt endosymbiontische gramnegative Bakterien (Nardon und Grenier 1991). Er kann sich zwar auch ohne diese Bakterien entwickeln und fortpflanzen, allerdings sehr viel schlechter als mit ihnen. Die Bakterien sind bisher nicht außerhalb des Käfers kultiviert worden. Sie werden nur in der weiblichen Keimbahn weitergegeben und bilden fünf Vitamine, darunter Biotin und Pantothensäure. Um einen noch eindeutigeren Fall von direkter Weitergabe in der weiblichen Linie handelt es sich bei den intrazellulären bakteriellen Symbionten, die für das Überleben von Blattläusen unerläßlich sind. Munson et al. (1991) haben 16S-RNA aus diesen Bakterien sequenziert und stellten fest, daß die Symbionten aus vier Blattlausfamilien eine Phylogenese haben, die parallel zu derjenigen der Blattläuse ist.

Solche direkte Weitergabe scheint allerdings eher die Ausnahme als die Regel zu sein. Wie bereits erwähnt, bilden manche Flechten vielzellige Fortpflanzungspartikel, bei anderen dagegen muß jede Generation von Pilzen aufs neue Algen aus der Umwelt aufnehmen. Auch Pflanzen müssen in jeder Generation neue Verbindungen zwischen ihren Wurzeln und Mykorrhizapilzen herstellen. Manche Tiere sind vollkommen von symbiontischen Bakterien abhängig und müssen sie schon als Larven verschlucken. Ein Beispiel sind die Leuchtbakterien in den Leuchtorganen vieler Teleostier. Bei der am besten untersuchten Gruppe, den Leiognathiden, scheinen die Bakterien von jeder Generation aufs neue erworben zu werden, da sie in den Eiern dieser Fische nicht enthalten sind. Sie lassen sich aus dem Meerwasser züchten, in dem die Fische vorkommen (McFall-Ngai 1991). Der Vestimentifere *Riftia pachyptila*, ein wurmförmiger Bewohner von Tiefseeschloten, hat als adultes Tier weder Mund noch After. Er erhält seine Energie von symbiontischen Bakterien, die auf spezielle Organe von *Riftia* beschränkt sind und aus den Schloten austretende Sulfide oxidieren (Vetter 1991). Sulfid und Sauerstoff werden im Blut an ein spezielles Hämoglobin gebunden (das Sulfid bindet an das Globin, der Sauerstoff an das Häm) und getrennt zu diesen Organen transportiert. Die Larve von *Riftia* besitzt einen vollständigen Verdauungstrakt und nimmt die Bakterien mit der Nahrung auf.

Ein intermediäres Weitergabeschema findet man bei den Darmsymbionten der Termiten: Die Larven nehmen sie vom After adulter Tiere auf. Wegen der Abgeschlossenheit der Termitenkolonien erwerben Jungtiere die Symbionten von Verwandten und nicht zufällig aus der Umgebung, wie es bei den Leuchtfischen und bei *Riftia* der Fall ist.

11.5 Irreversibilität

Für Mitochondrien gibt es, wie wir bereits gesehen haben, zwar Möglichkeiten, sich egoistisch zu verhalten – etwa durch Verschiebung des Geschlechterverhältnisses –, sie haben jedoch nicht die Option, zu einem freien, unabhängigen Leben zurückzukehren. Einige andere Endosymbionten haben einen ähnlich irreversiblen Zustand erreicht. So hat man die Pilzarten, die vesikulär-arbuskuläre Mykorrhizen bilden, im Gegensatz zu evolutionsgeschichtlich jüngeren Mykorrhizapilzen bisher nicht unabhängig von Pflanzen kultivieren können. Auch die endosymbiontischen Bakterien aus Blattläusen sind noch nicht freilebend vermehrt worden. Noch extremer sind die Verhältnisse bei *Cyanophora paradoxa*, einem euglenoidenähnlichen Protisten: Er hat seinen Chloroplasten verloren und in der Folge ein endosymbiontisches Cyanobakterium erworben (Trench 1991), das ein Genom von nur 128 kb besitzt und 80 Prozent der in ihm enthaltenen Proteine von seinem Wirt importiert. Nicht nur die aus Endosymbionten hervorgegangenen Organellen – Mitochondrien, Chloroplasten und vielleicht noch weitere –, haben also die Fähigkeit, außerhalb ihrer Wirte zu überleben, für immer eingebüßt.

11.6 Entwickeln sich Symbiosen in Richtung Mutualismus?

Lange Zeit galt als anerkannte Meinung über die Koevolution von Wirtsorganismen und Symbionten, was Dubos (1965) folgendermaßen formulierte: »Nach einer ausreichenden Zeitspanne entwickelt sich zwischen jedem Wirt und seinem Parasiten schließlich eine friedliche Koexistenz.« Diese Ansicht stellten May und Anderson (1982) in Frage, indem sie darlegten, daß das Ergebnis der Koevolution von dem jeweiligen Verhältnis zwischen Virulenz (der Stärke der erfolgreichen Etablierung und der Pathogenität eines Pathogens) und Infektiosität (der Rate der Übertragung von Infizierten auf Nichtinfizierte) abhängt. Träfe die konventionelle Sichtweise zu, so müßte man sich fragen, warum es so viele virulente Parasiten gibt oder warum die Wirtsorganismen derartigen Aufwand getrieben haben, um Resistenzen gegen sie zu entwickeln. May und Anderson stützten ihre Schlußfolgerungen durch die bereits erwähnte Analyse der Daten über Myxomatose bei Kaninchen. In einer etwa gleichzeitig veröffentlichten Kritik von Dubos' Standpunkt verglich Ewald (1983) die Schwere von Erkrankungen, die verschiedene Parasiten beim Menschen hervorrufen: einerseits Parasiten, die typische Erreger menschlicher Krankheiten sind, und andererseits nahe verwandte Arten, die in der Regel Tiere befallen, mitunter aber auch Menschen infizieren. Beispielsweise verursacht der Erreger der menschlichen Malaria, *Plasmodium vivax*, beim Menschen schwerwiegendere Symptome als der nahe verwandte *P. cynomolgi*, der gelegentlich von Makaken auf Menschen übertragen wird. Natürlich gibt es auch Fälle, in denen es sich umgekehrt verhält, aber Ewald behauptet, Beispiele in der Art des eben angeführten seien häufiger und jedenfalls häufig genug, um zu widerlegen, daß Koevolution zwangsläufig zu Gutartigkeit von Parasiten führt.

Die Bedeutung der horizontalen im Gegensatz zur vertikalen Weitergabe von Symbionten wurde von Maynard Smith (1991) und Bull et al. (1991) hervorgehoben. Letztere stützten ihre theoretischen Überlegungen durch ein Experiment zur Koevolution des Bakteriums *E. coli* und eines filamentösen DNA-Phagen. Sie zeigten, daß unter Bedingungen, die nur die vertikale Weitergabe erlaubten, diejenigen Phagen überlebten, welche die Wachstumsrate des Wirtes am geringsten beeinträchtigten, während bei horizontaler Weitergabe Phagen mit stärker schädigender Wirkung selektiert wurden.

Die Voraussage eines Zusammenhangs zwischen horizontaler Weitergabe und stärkerer Virulenz ist verständlich. Vergleichende Untersuchungen scheinen sie zu bestätigen. Interessant ist ein Vergleich der Biologie der symbiontischen Plasmide und Phagen in Bakterien. Manche Plasmide werden nur vertikal weitergegeben, bei anderen ist durch Konjugation auch eine horizontale Weitergabe möglich, wobei das Donorbakterium nicht geschädigt wird. Virulente Phagen dagegen können nur horizontal weitergegeben werden; bei temperenten Phagen gibt es eine Phase, während der ihre DNA in das Wirtsgenom eingebaut und vertikal weitergegeben wird. Bei horizontaler Weitergabe wird das Wirtsbakterium stets zerstört.

Tatsächlich besteht zwischen der Art der Weitergabe und dem Grad des Mutualismus oder Parasitismus der erwartete Zusammenhang. Plasmide tragen oft Gene, die ihren Wirten nützen: Manche verleihen Resistenz gegen Antibiotika oder Schwermetalle, andere produzieren Toxine oder codieren Restriktionsenzyme, wieder andere ermöglichen die Nutzung zusätzlicher Substrate. Manche Plasmide können ihre Wirte aber auch zerstören, etwa das Plasmid ColE1. Temperente Phagen können ihren Wirten, wenn sie in deren Genom integriert sind, ebenfalls gewisse Vorteile verschaffen, aber vor der horizontalen Weitergabe zerstören alle Phagen ihre Wirte. Es erstaunt daher nicht, daß Bakterien schnell Resistenzen gegen Phageninfektionen entwickeln können; in der Regel verändern sie ihre Zelloberfläche in einer Weise, welche die Infektion unmöglich macht.

Belege für einen Zusammenhang zwischen erhöhter Virulenz und horizontaler Weitergabe bei eukaryotischen Wirten und ihren Parasiten liefert eine Untersuchung über Nematoden, die in Feigengallwespen parasitieren (Herre 1993). Befruchtete Wespenweibchen legen ihre Eier im Blütenstand von Feigen ab, bestäuben dabei die Blüten und sterben dann. Die Verbreitungsstadien der Nematoden dringen in die Körperhöhle frisch geschlüpfter Weibchen ein und werden von ihnen zu neuen Feigen getragen. Nachdem die Wespe ihre Eier abgelegt hat, fressen die Nematoden sie auf, schlüpfen, paaren sich und legen in derselben Feige Eier. Wenn nur eine einzige Gründerwespe in eine Feige eindringt, wird folglich jeder Nematode, den sie mit sich trägt, Nachkommen produzieren, welche die Nachkommen der Wespe infizieren, die Weitergabe erfolgt also vertikal. Wenn dagegen mehrere Wespenweibchen ihre Eier in derselben Feige ablegen, kann ein Nematode in einem dieser Weibchen

Nachkommen produzieren, welche die Nachkommen einer anderen Wespe infizieren; in diesem Fall ist die Weitergabe sowohl horizontal als auch vertikal.

Die einzelnen Feigenarten werden nur von bestimmten Wespenarten bestäubt, und diese wiederum werden nur von bestimmten Nematodenspezies infiziert. Herre untersuchte elf Paare aus Gallwespe und Nematode. Der Anteil der Feigen, in denen nur ein Weibchen seine Eier ablegte, lag zwischen 100 und 20 Prozent. Bei Wespenarten mit nur einem Gründerweibchen senkte die Infektion durch Nematoden den Fortpflanzungserfolg nicht, bei Arten mit mehreren Gründerweibchen lag der Fortpflanzungserfolg infizierter Weibchen etwa 20 Prozent unter dem nicht infizierter Individuen. Interessanterweise hatten Arten mit nur einer Gründerin außerdem ein zugunsten der Weibchen verschobenes Geschlechterverhältnis (wie es Hamilton 1967 vorausgesagt hatte), und ihre Männchen waren weniger aggressiv. Auf der Grundlage phylogenetischer Untersuchungen kommt Herre zu der Vermutung, daß es sich hier um eine schon lange bestehende Verbindung handelt, die als *Kommensalismus* begann; im Laufe der weiteren Evolution wurde daraus Parasitismus, zumindest bei den Arten mit horizontaler Weitergabe.

Die Ergebnisse einer Untersuchung von Clay (1988) über bestimmte Pilzarten, die Mutterkornalkaloide (Ergotamine) bilden, lassen auf eine Evolution in die entgegengesetzte Richtung schließen. Pilze der Gattungen *Balansia* und *Epichloe* sind systemische Endophyten von Gräsern. Sie vermehren sich sexuell und verbreiten sich durch Sporen. Die von ihnen gebildeten Mutterkornalkaloide schützen die Wirtspflanze gegen herbivore Säuger und Insekten, aber die Pilze machen sie steril und müssen daher als Parasiten gelten. Einige Arten der verwandten Gattung *Acremonium*, die ebenfalls endophytisch sind und Ergotamine bilden, sterilisieren ihre Wirte dagegen nicht. Interessanterweise vermehren sich diese Pilze ausschließlich asexuell und verbreiten sich über die Samen des Wirtes. Auch hier besteht ein Zusammenhang zwischen vertikaler Weitergabe und geringer Virulenz. Jedoch scheint in diesem Fall eine Evolution von horizontaler Weitergabe und Parasitismus hin zu vertikaler Weitergabe und Mutualismus stattgefunden zu haben.

Es existieren also Daten, welche die Ansicht belegen, daß die Art der Weitergabe von Symbionten – horizontal oder vertikal – Einfluß darauf hat, ob die Evolution in Richtung Parasitismus oder Mutualismus fortschreitet. Vieles bleibt jedoch verwirrend. Beispielsweise erfolgt die Weitergabe der Leuchtbakterien in Fischen und der Schwefelbakterien in Vestimentiferen zwar horizontal, aber ohne diese Symbionten können ihre Wirte nicht überleben.

11.7 Evolution innerhalb des Wirtsorganismus

Unsere Diskussion der Koevolution von Wirten und Symbionten ging von zwei Annahmen aus:

- Wenn es genetische Unterschiede zwischen den Parasiten eines Wirtes gibt, sind diese entstanden, weil der Wirt von mehr als einem Symbionten infiziert wurde – genetische Unterschiede zwischen den Abkömmlingen eines Symbionten, der den Wirt als einziger infiziert hat, sind zu vernachlässigen.
- Möglicherweise besteht eine positive Korrelation zwischen starker Virulenz und effektiver Übertragung auf neue Wirte. Eine Selektion zugunsten erfolgreicher Weitergabe führt daher wahrscheinlich zu erhöhter Virulenz.

Wie wir zur Zeit selber am Beispiel von HIV erfahren, trifft die erste Annahme jedoch nicht immer zu: Bestimmte Erreger können im Körper eines Wirtes eine umfangreiche Evolution durchmachen. Bei HIV handelt es sich um einen extremen Fall, da die hohe Mutationsrate von RNA-Viren zu sehr schneller Evolution führt. Wahrscheinlich ist die Evolution innerhalb von Wirtsorganismen jedoch ein häufiges Phänomen. Wie B. R. Levin und J. J. Bull (in einem unveröffentlichten Manuskript) ausgeführt haben, kann sie zu einer andernfalls verwirrenden Kombination von starker Virulenz und geringer Weitergabe führen. Ein Beispiel hierfür ist das Bakterium *Neisseria meningitidis*, der Erreger einer häufig tödlich verlaufenden Meningitis. Der normale Lebensraum dieses Bakteriums ist der menschliche Rachen, wo es keine Beschwerden verursacht und leicht an neue Wirte weitergegeben wird. Um Meningitis hervorrufen zu können, muß es zunächst in den Blutkreislauf gelangen und dann die Blut-Hirn-Schranke überwinden. Kurzfristig gesehen ist die Cerebrospinalflüssigkeit ein exzellenter Lebensraum für die Bakterien, aber ganz gleich wie schnell sie sich vermehren, sie können von dort aus keinen neuen Wirt infizieren; starke Virulenz ist also mit dem völligen Fehlen von Weitergabe gekoppelt. Dies ist darauf zurückzuführen, daß die Selektion im Körper des Wirtes zu Veränderungen führt, die für die Bakterien kurzfristig vorteilhaft, aber langfristig fatal sind.

11.8 Symbiose, Variabilität und Sexualität

Law und Lewis (1983) treffen zwei interessante Feststellungen über Mutualisten. Erstens ist die taxonomische Vielfalt der Mutualisten verglichen mit der ihrer Wirte gering. Einige Beispiele, die dies illustrieren, wurden in Abschnitt 11.2 erwähnt: In drei Stämmen mariner Wirbelloser kommen insgesamt nur zwei Gattungen endosymbiontischer Dinoflagellaten vor; relativ wenige Algenarten bilden gemeinsam mit vielen Pilzarten Flechten; und nur eine Art (vielleicht auch mehrere) der ericoiden Mykorrhizapilze ist mit drei Familien der Angiospermen assoziiert. Zweitens vermehren sich Mutualisten oft ungeschlechtlich, und auch dafür wurden bereits Beispiele erwähnt: die vesikulär-arbuskuläre Mykorrhizen bildenden Pilzarten sowie die evolutionsgeschichtlich wesentlich jüngeren ergotaminbildenden Pilze der Gattung *Acremonium*. Dafür läßt sich leicht eine Erklärung finden: verschiedene

Wirtsarten können auf einen einzigen mutualistischen Symbionten konvergieren; dagegen werden sie sich im phänotypischen Raum ausbreiten, um den Angriffen von Parasiten zu entgehen, wodurch sie wiederum deren Speziation fördern.

Parasiten müssen sich die Möglichkeit zur sexuellen Fortpflanzung bewahren, um Abwehrmechanismen ihrer Wirte begegnen zu können, während Mutualisten sich einen gleichbleibenden Phänotyp leisten können, an den sich ihre Wirte anpassen werden. Diese Erklärungen sind zwar intuitiv einleuchtend, ersetzen jedoch kein formales Modell. Außerdem gibt es auch viele wirtsspezifische Mutualisten mit sexueller Fortpflanzung.

12. Entwicklung bei einfachen Organismen

12.1 Die Ursprünge von Entwicklung

Im Laufe der Erdgeschichte entwickelten sich unabhängig voneinander drei Gruppen komplex aufgebauter mehrzelliger Organismen, deren Körper aus vielen verschiedenen Arten differenzierter Zellen bestehen: Tiere, höhere Pflanzen und Pilze. Außerdem kam es mehrmals zur Evolution mehrzelliger Organismen mit einer weniger ausgeprägten Zelldifferenzierung. Beispielsweise sind aus den Algen mehrfach „Tange" hervorgegangen. In diesem und den folgenden drei Kapiteln befassen wir uns mit dem Ursprung und der darauffolgenden Evolution derartiger Organismen.

Vor etwa 540 Millionen Jahren, zu Beginn des Kambriums, erschien in den Meeren plötzlich eine vielfältige Mehrzellerfauna, darunter auch Vertreter der wichtigsten heute noch existierenden Stämme, beispielsweise Coelenteraten, Plathelminthen, Anneliden, Arthropoden, Mollusken und Echinodermen. Auch Chordaten hat man in kambrischen Gesteinen gefunden – zwar nicht in den ältesten Lagerstätten, in denen nur harte Körperteile erhalten sind, aber im etwas jüngeren Burgess-Schiefer, in dem auch Formen mit weichem Körper versteinert wurden. Noch vor 40 Jahren war dieses plötzliche Auftauchen von fossilen Metazoen für Evolutionsforscher nicht nur rätselhaft, sondern es brachte sie auch in Verlegenheit: Das scheinbare Fehlen jeglicher Fossilien in älteren Gesteinen diente Kreationisten als schlagkräftiges Argument für ihre Position. Heute verfügen wir über fossile Zeugnisse, die belegen, daß es bereits vor drei Milliarden Jahren Prokaryoten und vor etwa einer Milliarde Jahre Protisten gab.

Die explosionsartige Zunahme der Formenvielfalt im Kambrium („kambrische Explosion“) bleibt jedoch ein ungelöstes Problem, das durch die Entdeckung der rätselhaften, aus Formen mit weichem Körper bestehenden Ediacara-Fauna, die vor 580 bis 560 Millionen Jahren weltweit verbreitet war, nur bruchstückhaft aufgeklärt wurde. Die Klassifizierung dieser Fossilien ist immer noch umstritten (Conway Morris 1993). Der vorherrschenden – und plausibleren – Ansicht zufolge dominierten in der damaligen Fauna Coelenteraten, einige Exemplare wurden aber auch als Echinodermen und Anneliden identifiziert. Eine alternative Deutung (Seilacher 1992) ordnet sie einer ausgestorbenen Gruppe mehrzelliger Eukaryoten zu, den Ventobionten, die weder einen Verdauungskanal noch Muskeln oder ein Nervensystem besaßen. Solche Organismen mögen zwar existiert haben, aber zumindest bei einem Teil der Ediacara-Fauna hat man Übereinstimmungen mit rezenten Metazoen gefunden. Die Identifizierung der meisten dieser Fossilien als Coelenteraten würde gut zu den morphologischen und molekularen Daten über diesen Tierstamm passen. Die molekularen Daten deuten darauf hin, daß die Coelenteraten sich früh, aber nicht unabhängig von den übrigen Metazoen entwickelt haben. Als (aus zwei Zellagen hervorgehende) Diploblasten sind sie, verglichen mit den im Kambrium vorherrschenden Triploblasten, morphologisch einfach aufgebaut.

Rätselhaft ist, warum die Formenvielfalt gerade im Kambrium so stark zunahm. Zwei Antworten sind möglich. Die eine lautet, daß komplex aufgebaute vielzellige Organismen sich erst entwickeln konnten, nachdem eine oder mehrere zellphysiologische oder genregulatorische Erfindungen gemacht worden waren. Danach kam es zu einer schnellen Ausbreitung (Radiation) in eine erst spärlich besiedelte Welt. Der offenbar monophyletische Ursprung der Metazoen, der sich aus den molekularen Daten ableiten läßt, paßt zu dieser Vermutung. In diesem und den folgenden drei Kapiteln werden wir uns damit auseinandersetzen, um welche Erfindungen es sich gehandelt haben könnte. Einer anderen Vermutung zufolge waren die physikalischen Bedingungen auf der Erde bis vor etwa 600 Millionen Jahren nicht für die Lebensweise der Metazoen geeignet. Ein Grund für die Entwicklung harter Körperstrukturen, wie Schalen und Panzer, zu Beginn des Kambrium könnte die Evolution der ersten erfolgreichen Prädatoren gewesen sein. Das erklärt jedoch nicht die Evolution mehrzelliger Körper. Die wahrscheinlichste Erklärung hierfür ist vielmehr ein Anstieg der Sauerstoffkonzentration in der Atmosphäre (Derry et al. 1992). Demnach fehlte den ersten mehrzelligen Eukaryoten ein Kreislaufsystem, so daß Sauerstoff die Zellen im Körperinneren nur durch Diffusion erreichen konnte – ein Prozeß, der eine hohe Konzentration des Gases im Medium erfordert.

Die Entwicklung eines mehrzelligen Organismus mit differenzierten Zellen erfordert die Lösung von drei Problemen:

- *Genregulation.* Weismann (1889) glaubte, daß im Laufe der Entwicklung verschiedene „ids“ – seine Bezeichnung für Gene – in verschiedene Gewebe wandern: Ein Bein wird zum Bein, weil seine Zellen nur beinbildende Gene enthalten. Interessanterweise war ihm jedoch bewußt, daß es noch eine andere Erklärungsmöglichkeit gibt, nämlich die, die wir heutzutage für zutreffend halten: Mit wenigen Ausnahmen sind in jedem Gewebe alle Gene vorhanden, und es kommt zur Differenzierung, weil verschiedene Gene aktiv sind. Das erste generelle Problem ist daher die Genregulation: Auf welche Weise werden in verschiedenen Zellen verschiedene Gene angeschaltet?

- *Zelluläre Vererbung und das duale Vererbungssystem.* Nicht nur werden in verschiedenen Zellen verschiedene Gene angeschaltet, sondern darüber hinaus wird der Differenzierungszustand bei der Zellteilung vererbt. In Gewebekultur gehen aus Fibroblasten Fibroblasten hervor, aus Epithelzellen Epithelzellen und so weiter. Wenn die Imaginalscheiben von *Drosophila*-Larven, aus denen später Beine, Flügel oder Antennen entstehen, mehrmals von einer Larve in eine andere verpflanzt werden, bleibt ihre Determination über viele Transplantationen und Zellteilungen hinweg erhalten (Hadorn 1965). Es existiert ein „duales Vererbungssystem" (Maynard Smith 1990): Das primäre System, das von der Nucleotidsequenz abhängt, sorgt für Ähnlichkeit zwischen Eltern und Nachkommen, das sekundäre System beruht auf der Weitergabe des Genaktivitätsmusters bei der Zellteilung. Wie funktioniert dieses sekundäre System?
- *Räumliche Muster.* Differenzierte Zellen sind in einem spezifischen und reproduzierbaren Muster im Raum angeordnet. Wie kommt es dazu? Es gibt zwei Möglichkeiten, die wir im folgenden als „Selbstorganisation" und „externe Spezifizierung" bezeichnen. Letztere ist leichter verständlich: Zwei Zellen A und B machen infolge eines äußeren Einflusses eine unterschiedliche Entwicklung durch. Bei der Induktion des Neuralrohres im Wirbeltierembryo beispielsweise differenzieren sich typische Ektodermzellen infolge des Kontakts mit der darunterliegenden embryonalen Chorda dorsalis (Notochord) zum Neuralrohr. Ein anderes Beispiel für derartige externe Einflüsse wird in Kapitel 14 beschrieben. Der Unterschied zwischen vorderem und hinterem Pol des *Drosophila*-Eies entsteht durch externe Reize, die von im mütterlichen Ovar an beiden Eipolen gelegenen Nährzellen ausgehen. Womöglich ist das alles, was für die Bildung räumlicher Muster erforderlich ist: eine Aufeinanderfolge externer Reize, die seit der fernen Vergangenheit von einer Generation an die andere weitergegeben wird. Ein alternativer Prozeß, die Selbstorganisation, wurde erstmals von Turing (1952) eindeutig formuliert. Vielleicht differenziert sich eine Lage zunächst identischer Zellen nicht infolge der Einwirkung externer Reize, sondern weil der räumlich homogene Zustand instabil ist und sich spontan ein räumliches Muster ausbildet. Bereits die Brownsche Molekularbewegung würde ausreichen, um die anfängliche Symmetrie zu zerstören. Spielen solche Prozesse der Selbstorganisation bei der Entwicklung eine Rolle? Wenn ja, können sie mehr als nur einen Unterschied – etwa den zwischen Vorder- und Hinterende – schaffen? Lassen sie durch die Erzeugung stehender Wellen von Substanzkonzentrationen wiederholte Muster entstehen?

In diesem Kapitel beschreiben wir Entwicklungsprozesse, die bei einfachen Organismen auftreten, das heißt bei Organismen, die keine Tiere, Pflanzen oder Pilze sind. In Kapitel 13 gehen wir genauer auf die Prozesse der Genregulation und zellulären Vererbung ein. Dabei stellen wir fest, daß die zellulären Vorgänge, die an der Entwicklung der höheren Organismen beteiligt sind, ebenso bei Protisten und oft auch bei Prokaryoten vorkommen. Es ist schwer vorstellbar, welche zellulären Vorgänge erst noch erfunden werden mußten, bevor es zur plötzlichen Zunahme der Organismenvielfalt im Kambrium kommen konnte.

Mechanismen für das An- und Abschalten von Genen und für die Weitergabe des Differenzierungszustands bei der Zellteilung reichen jedenfalls für die Entwicklung von Mehrzellern nicht aus – die differenzierten Zellen müssen außerdem in der richtigen dreidimensionalen Struktur angeordnet werden. Manche Protisten und sogar einige Prokaryoten bilden solche mehrzelligen Strukturen; sie werden in diesem Kapitel kurz beschrieben. In Kapitel 14 geht es um die Entwicklung räumlicher Muster bei Tieren und Pflanzen.

Die Kapitel 12 bis 14 fassen also das heutige Wissen über die Mechanismen der Entwicklung zusammen. Um Evolution geht es dabei nur insofern, als wir versuchen zu zeigen, daß die für Entwicklungsvorgänge erforderlichen Prozesse in rudimentärer Form bei den heutigen Protisten zu finden sind und daher wahrscheinlich auch schon vor dem Kambrium existierten. Die zusätzlichen, in Kapitel 14 beschriebenen Prozesse, die für die Entwicklung der dreidimensionalen Form erforderlich sind, sind zwar faszinierend, ihre Evolution muß aber nicht schwierig gewesen sein. Die Tatsache, daß solche Prozesse unabhängig voneinander mindestens dreimal entstanden sind, zeigt, daß ihre Evolution unter geeigneten Umweltbedingungen relativ leicht ist.

12.2 Die Grenzen des Selbstaufbaus

Die Morphogenese der Phagen erfolgt durch Selbstaufbau oder Selbstmontage (*self-assembly*; Darnell et al. 1986). Die molekularen und supramolekularen Bausteine passen wegen ihrer komplementären Form zusammen wie die Teile eines Puzzles. Charakteristisch für Selbstaufbauprozesse ist, daß die Form der fertigen Struktur durch die Form der sie aufbauenden Moleküle bestimmt ist. (Auf „Selbstorganisation“, die sich vom Selbstaufbau deutlich unterscheidet, gehen wir später ein.) Auch an der Morphogenese der Zellorganellen ist Selbstaufbau beteiligt. Dabei handelt es sich keineswegs um einen rätselhaften Prozeß. Wir wissen, wie die DNA die Aminosäuresequenz von Proteinen festlegt, und wir kennen die Prinzipien, nach denen diese Primärstruktur die dreidimensionale Struktur eines Proteins bestimmt, auch wenn Rechenprobleme uns nicht erlauben, sie vorherzusagen. Der Schritt von der dreidimensionalen Proteinstruktur zur Form eines Virus oder einer Organelle bereitet uns ebenfalls keine gedanklichen Schwierigkeiten. Man ist daher versucht zu glauben, daß auch die Zellmorphogenese der Kristallisation vergleichbar ist: daß durch sie stabile, beständige Strukturen im thermodynamischen Gleichgewicht entstehen statt Strukturen, die eine fortgesetzte Energiezufuhr benötigen, um nicht zu zerfallen.

Ein einfaches Gegenbeispiel ist die Zellwandbildung bei vielen Einzellern. Die Form solcher Zellen ist durch die Form der Zellwand vorgegeben. Die Zellwand entsteht jedoch nicht durch Selbstaufbau aus molekularen Legosteinen, sondern infolge der zeitlich kontrollierten Aktivität von Enzymmolekülen. Zwar kommt sie einer beständigen Struktur sehr nahe, aber ihr Aufbau erfordert die kontinuierliche Zufuhr von Stoffwechselenergie. Die räumlichen Dimensionen, innerhalb derer sich die Morphogenese von Einzellern abspielt, betragen einen bis 100 Mikrometer, weit mehr als die Entfernung, über die intermolekulare Kräfte wirken. Die Morphogenese von Einzellern ist eine Übung in der Thermodynamik der Nicht-Gleichgewichtszustände und in der Zellphysiologie, aber nicht im Selbstaufbau.

Der entscheidende Faktor bei der Morphogenese zellwandbesitzender Zellen ist sehr oft die Minimierung der Oberflächenbelastung durch den internen Turgordruck (osmotischen Binnendruck). Die Zellwandsynthese erfolgt durch Einschnitte in das bereits vorhandene Gefüge aus Wandmolekülen, lokale Ausdehnung und Wiederverschließen des Einschnitts. Bei Prokaryoten sind an diesem Prozeß keinerlei mechanische Moleküle beteiligt (die einzigen echten mechanochemischen Elemente bei Prokaryoten sind der ribosomale „Kassettenrekorder“ sowie der Geißelmotor). Bei Eukaryoten spielt das Cytoskelett, vor allem der Actomyosinkomplex, eine aktive Rolle beim apikalen Wachstum von Pilzhyphen, bei der Sprossung und Zellteilung von Hefen sowie beispielsweise bei der Keimung von *Fucus*-Embryonen (siehe Abschnitt 14.2).

Einfache makromolekulare Strukturen können durch Selbstaufbau entstehen, für die Bildung größerer, komplizierter aufgebauter Strukturen ist jedoch die sequentielle Aktivierung von Genen erforderlich. Allerdings gibt es Entwicklungsabläufe, deren einzelne Schritte zu schnell aufeinanderfolgen, um durch sequentielle Genaktivierung erklärbar zu sein. Ein extremes Beispiel ist die Keimung der Zoospore des Phycomyceten *Blastocladiella*, die aus den folgenden Schritten besteht: 1. Rezeption eines Umweltsignals; 2. die schwimmende Zoospore setzt sich fest und zieht ihre Geißel ein; 3. die Kernkappe bricht ab, und Ribosomen werden frei; 4. das Mitochondrion wird fragmentiert, und Gammapartikel werden aktiviert; 5. eine primäre Zellwand wird angelegt, und die Keimschlauchinitiale entsteht. All dies ereignet sich innerhalb weniger Minuten, ohne daß neue Gene transkribiert werden.

Abschließend kann man sagen, daß Selbstaufbau in der Zellmorphogenese eine Rolle spielt – etwa bei der Bildung der Ribosomen –, daß aber für die Bildung größerer, komplizierter aufgebauter Strukturen die zeitlich und räumlich differenzierte Aktivierung von Genen erforderlich ist.

12.3 Die zeitliche Organisation der Genaktivität: der Zellzyklus

Die Entwicklung von Organismen erfordert die kontrollierte Abfolge von Ereignissen. Ein Stadium muß auf das andere folgen: A → B → C → D → ... → Z. Kein Zwischenstadium darf ausgelassen werden, andernfalls kommt es zu Mißbildungen. Das bedeutet, daß es eine Möglichkeit geben muß, den Abschluß eines Schrittes festzustellen, bevor das System zum nächsten Schritt übergeht. Am Beispiel des Zellzyklus kann man eine Lösung dieses Problems aufzeigen (siehe Übersichtsartikel von Murray 1992). Das System hat zwei Hauptbestandteile: einen „Zellzyklusmotor" und eine Reihe von Rückkopplungskontrollen. Der Motor ist ein biochemischer Oszillator, der auch autonom funktionieren kann (was, wie wir noch sehen werden, in der Regel nicht erforderlich ist). Die verschiedenen Stadien dieser biochemischen Uhr lösen morphologische Ereignisse aus, wie in Abbildung 12.1 dargestellt ist.

Eine wichtige Aufgabe besteht darin, den Abschluß der DNA-Replikation mit dem Beginn der Mitose zu koordinieren, so daß sichergestellt ist, daß die beiden Prozesse nicht aus der Phase geraten. Bisher hat man bei verschiedenen Zelltypen zwei Lösungen dieses Problems gefunden: zeitliche Abstimmung und Rückkopplungskontrolle. Zeitliche Abstimmung (*relative timing*) bedeutet, daß die Geschwindigkeit der einzelnen Prozesse unabhängig voneinander so reguliert wird, daß die Ereignisse in der richtigen Reihenfolge eintreten. Dies erfordert eine zuverlässige

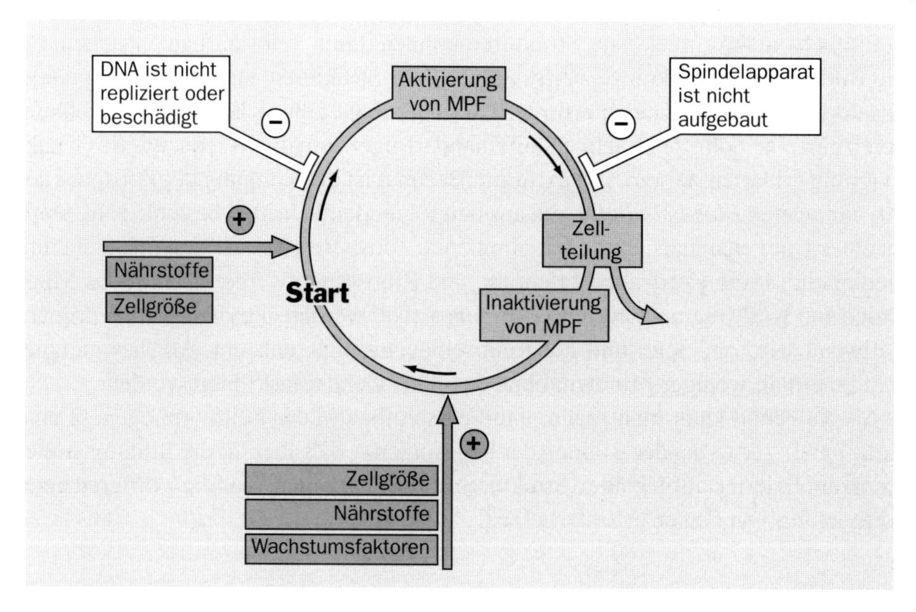

12.1 Der Zellzyklusmotor. Der mitosefördernde Faktor (MPF) wird von positiven und negativen Kontrollen gesteuert.

Einstellung der Geschwindigkeit von DNA-Replikation und MPF-Aktivierung (MPF: *mitosis promoting factor*, mitosefördernder Faktor), damit gewährleistet ist, daß die Replikation abgeschlossen ist, bevor die Mitose beginnt. Zellen, in denen die DNA-Synthese experimentell blockiert wird, durchlaufen eine mitotische Teilung ohne DNA-Replikation und sterben ab.

Der zweite Mechanismus ist gegen derartige Manipulationen unempfindlich: Unreplizierte DNA hemmt die Aktivierung von MPF, so daß eine Blockade der DNA-Replikation zum Stillstand des Zellzyklus führt, bis die Blockade aufgehoben wird.

12.4 Die „Entwicklung" eines Einzellers: Sproßhefe

Sproßhefen sind zwar Einzelzellen, aber es gibt in ihrem Lebenszyklus verschiedene Zelltypen. Wie beim Zellzyklus sind zu verschiedenen Zeiten verschiedene Gene aktiv, doch überdies werden bei der Zellteilung durch unterschiedliche Genaktivität charakterisierte Differenzierungszustände weitergegeben. Die Regulationssysteme, die für die Determination des Zelltyps zuständig sind, erinnern stark an analoge Prozesse bei mehrzelligen Eukaryoten. Tatsächlich besteht oft eine noch engere Verwandtschaft bis hin zur Homologie. Auf die folgenden Aspekte, die sämtlich für die Entwicklungsbiologie wichtig sind, werden wir eingehen: differentielle Genexpression, externe Induktion der Differenzierung, Regulationshierarchie und kombinatorische Kontrolle.

Der Lebenszyklus von *Saccharomyces cerevisiae* ist relativ gut erforscht (siehe Übersichtsartikel von Herskowitz 1988). Er besteht aus einem regelmäßigen Wechsel haploider und diploider Phasen. Es gibt zwei haploide Paarungstypen, *a* und α. Nur Zellen verschiedenen Paarungstyps können konjugieren, wobei eine diploide Zelle des Typs a/α entsteht. Solche heterozygoten Diploiden können bei geeigneten Bedingungen eine Meiose durchmachen und Sporen bilden. Uns interessiert vor allem homothallische Hefe, bei der Zellen beider Paarungstypen aus ein und derselben haploiden Zelle hervorgehen können.

Zellen des Typs *a* und des Typs α tragen am sogenannten Paarungstyplocus *MAT*, einem hierarchisch hochstehenden Regulatorgen, verschiedene Allele: *MATa* beziehungsweise MATα. In einer Zelle kann immer nur eines der beiden Allele aktiv sein, aber das andere ist – in stummer Form – ebenfalls vorhanden. Der Wechsel des Paarungstyps erfolgt über einen ungewöhnlichen „Kassettenmechanismus": Auf dem Chromosom, auf dem der *MAT*-Locus liegt, gibt es außerdem zwei Speicherloci, einen für *MATa* und einen für *MAT*α. Wenn eine Zelle den Paarungstyp wechselt, ersetzt eine Kopie des zuvor nicht exprimierten Allels das bis dahin am „Abspiellocus" (*MAT*) befindliche Allel. Das Originalallel verbleibt stets am Speicherlocus. Bei diesem Mechanismus handelt es sich um eine intrachromosomale Genkonversion, die durch einen Doppelstrangbruch im *MAT*-Locus initiiert wird. Nur Zellen, in denen ein weiteres Gen namens *HO* angeschaltet ist, sind in der Lage, den Paarungstyp zu wechseln; in Diploiden ist dieses Gen abgeschaltet.

Abbildung 12.2 illustriert die Kontrolle der Gene, die den Zelltyp determinieren. Haploidspezifische Gene (*hsg*) müssen in Diploiden abgeschaltet werden, und in Haploiden darf keine Meiose möglich sein. In Abhängigkeit davon, ob *MATa* oder *MAT*α aktiv ist, werden verschiedene Paarungstypgene exprimiert. Bemerkenswerterweise enthält jedes der beiden Allele eine Region, die der Homöobox ähnelt, der wir in Kapitel 15 begegnen werden, und zwar in Genen, die für die Determinierung der Segmente bei *Drosophila* verantwortlich sind. Es hat den Anschein, als ob die Homöobox bereits vor dem Ursprung der Mehrzelligkeit an der Kontrolle der Aktivität anderer Gene beteiligt war.

Wir kommen nun zur Induktion der Differenzierung. Die Allele *MATa* und *MAT*α sind zwar für die Unterschiede zwischen den entsprechenden Zelltypen verantwortlich, aber die zugehörigen Phänotypen bilden sich erst dann vollständig aus, wenn Zellen verschiedenen Paarungstyps aufeinandertreffen. α- und *a*-Zellen codieren verschiedene Pheromone, und jeder Paarungstyp besitzt nur für das Pheromon des jeweils anderen Rezeptoren. Wenn α-Pheromone von den Rezeptoren einer *a*-Zelle gebunden werden, aktivieren sie die *a*-spezifischen Gene. Auf diese Weise induzieren die Pheromone eine Hyperexpression der für den anderen Paarungstyp spezifischen Gene. Damit sind wir auf ein in der Entwicklungsbiologie häufig wiederkehrendes Prinzip gestoßen: Der Differenzierungszustand hängt von der intrinsischen Programmierung sowie von Umwelteinflüssen ab.

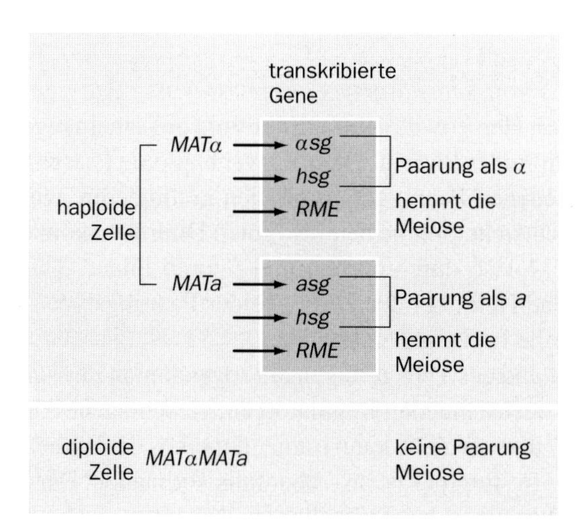

12.2 Kontrolle zelltypspezifischer Gene bei Sproßhefen. Bei haploiden Zellen ist der „Abspiellocus" von einem der beiden Allele *MAT*α oder *MATa* besetzt. Diese aktivieren ein Gen mit den paarungstypspezifischen Allelen *MAT*α und *MATa* sowie haploidspezifische Gene *hsg* und ein Gen *RME*, das die Meiose hemmt. In diploiden Zellen ist keines dieser regulierten Gene aktiv. Am Kontrollsystem sind Transkriptionsfaktoren mit positiven und negativen Effekten auf die Transkription beteiligt; einige Transkriptionsfaktoren entstehen durch Vereinigung der Produkte zweier Gene.

Man beachte, daß die Regulation dieser Prozesse hierarchisch organisiert ist und die Aktivierung sequentiell erfolgt. An der Spitze der Hierarchie stehen diejenigen Gene, welche die Expression von *HO* regulieren. Dieses Gen wird unter den folgenden Voraussetzungen aktiviert: die Zelle muß haploid sein (Kontrolle des Zelltyps), sich in der späten G_1-Phase befinden (Kontrolle des Zellzyklus) und eine Mutterzelle sein (Asymmetriekontrolle).

Der Wechsel des Paarungstyps beeinflußt den *MAT*-Locus, der wiederum für die Beibehaltung der spezialisierten Zelltypen verantwortlich ist. Bei der Frühentwicklung von *Drosophila* werden wir auf eine ähnliche hierarchische Regulation stoßen. Der „Kassettenmechanismus" für den Wechsel des Paarungstyps ist jedoch eine Besonderheit der Hefen; dieser Wechsel ließe sich auch ohne Umordnung des Chromosoms bewerkstelligen.

Komplizierend wirkt schließlich noch, daß nicht immer ein von nur einem Gen codiertes Protein die Kontrolle ausübt: Als Transkriptionsfaktoren können auch Komplexe aus zwei oder mehr Peptiden agieren. Diese Art kombinatorischer Kontrolle ist bei mehrzelligen Organismen weit verbreitet, in einfacher Form findet man sie jedoch schon bei Hefe.

Der einzige Entwicklungsprozeß, dessen Prinzip sich nicht an Einzellern demonstrieren läßt, ist der, durch den differenzierte Zellen in einem räumlichen Muster angeordnet werden. Wir wenden uns nun einigen einfachen Beispielen für diesen Prozeß zu.

12.5 Arbeitsteilung und der Ursprung der mehrzelligen Eukaryoten: *Volvox*

Adam Smith untersuchte in *The Wealth of Nations* (1776) die Bedeutung gesellschaftlicher Arbeitsteilung sowie die dafür erforderlichen Voraussetzungen. Er postulierte drei Prinzipien:

- Arbeitsteilung lohnt sich, wenn die folgenden Voraussetzungen gegeben sind: Die Konzentration auf eine einzige Aufgabe steigert die Geschicklichkeit bei deren Bewältigung; es braucht nicht zwischen verschiedenen Aufgaben abgewechselt zu werden; es ist relativ leicht, spezialisierte Maschinen zu erfinden.
- Arbeitsteilung macht sich erst ab einer bestimmten Marktgröße bezahlt.
- Welches Ausmaß der Arbeitsteilung bei gegebener Marktgröße sinnvoll ist, hängt von den Kommunikationsmöglichkeiten ab.

Bell (1985) untersuchte am Beispiel verschiedener Arten der Volvocales analoge Probleme bei der Organisation mehrzelliger Organismen (siehe auch Bell und Koufopanou 1991; über die Grundlagen des Lebenszyklus von *Volvox* siehe Kirk und Harper 1986; Kirk 1988).

Der wissenschaftliche Name *Volvox weismannia* erinnert daran, daß diese Algen das schrittweise Zustandekommen der Trennung von Keimbahn und Soma hervorragend illustrieren, wie Weismann (1889) erstmals hervorhob. Er vermutete außerdem, daß *Volvox* besonders gut für die Erforschung der Ursprünge dieser Zweiteilung geeignet sein könnte.

Nahe Verwandte von *Volvox* sind die ebenfalls zur Ordnung Volvocales gehörenden einzelligen Algen der Gattung *Chlamydomonas*. Bei den meisten Angehörigen der Volvocales gibt es nur einen Zelltyp, der alle vegetativen und reproduktiven Funktionen erfüllt. Bei der Gattung *Pleodorina* findet man eine zeitweilige Arbeitsteilung: Einige Zellen erfüllen zunächst vegetative Funktionen, differenzieren sich jedoch später zu Gonidien, die der ungeschlechtlichen Fortpflanzung dienen. In der Gattung *Volvox* besteht eine echte Trennung von Keimbahn und Soma: Im Inneren der auch als Sphäroid bezeichneten hohlkugelförmigen Kolonie befinden sich unbewegliche Gonidien, und die Somazellen tragen Geißeln, können sich aber nicht teilen. Abbildung 12.3 zeigt den asexuellen Lebenszyklus von *Volvox carteri* (ursprünglich als *Volvox weismannia* bezeichnet).

Der Prozeß der Teilung der Gonidien und Umstülpung der Tochterkolonien bildet eine faszinierende Parallele zur Gastrulation der Metazoen. Junge Gonidien verlassen das Muttersphäroid durch selbsterzeugte Löcher in dessen Oberfläche; die Mutterkolonie fällt dann der Seneszenz und dem programmierten Zelltod anheim. Durch Teilung des Gonidiums entsteht eine morulaähnliche Zellkugel. Asymmetrische Teilungen in präziser zeitlicher und räumlicher Ordnung führen schnell zur Bildung neuer Gonidienvorläufer. Nach Abschluß der Teilungen hat sich eine Hohlkugel gebildet. Dieses Stadium ähnelt einer Blastula – allerdings einer umgestülpten: Die im Vergleich zu den begeißelten Somazellen riesigen Gonidien sind an der Außenseite der Tochterkolonie verankert. Dieser Zustand wird durch Umstülpung korrigiert, und zwar beginnend an der sogenannten Phialopore, einem Loch in der Hohlkugel. Nach Abschluß der Teilungen läuft eine Kontraktionswelle über den Embryo hinweg, die Phialopore öffnet sich weit, und die vier ihr benachbarten Zellränder biegen sich über die Oberfläche des Embryos zurück. Die Krümmungszone, die durch dieses Zurückbiegen der Ränder entsteht, wandert nun über den Embryo hinweg, indem sie weiter und weiter von der Phialopore entfernte Zellen erfaßt; auf diese Weise gelangt ein immer größerer Teil des Kugelinneren nach außen. Plötzlich, wenn der Bereich der maximalen Krümmung den Äquator passiert hat, „flutscht" die hintere Hemisphäre durch die Öffnung. Nach dieser Umstülpung werden die Ränder der Phialopore wieder zusammengebracht.

Die treibende Kraft dieser Bewegungen sind Formveränderungen einzelner Zellen, die durch programmierte Aktivität des Cytoskeletts zustande kommen. Die Nachbarn dieser Zellen bleiben durchweg unverändert. Die Zellen sind durch Plasmabrücken untereinander verbunden; man kann *Volvox carteri* daher als Syncytium (Symplast) ansehen.

Bell (1985) folgend fragen wir nun, inwiefern Adam Smiths Gedanken über die Arbeitsteilung auf die Evolution und Entwicklung von *Volvox* anwendbar sind.

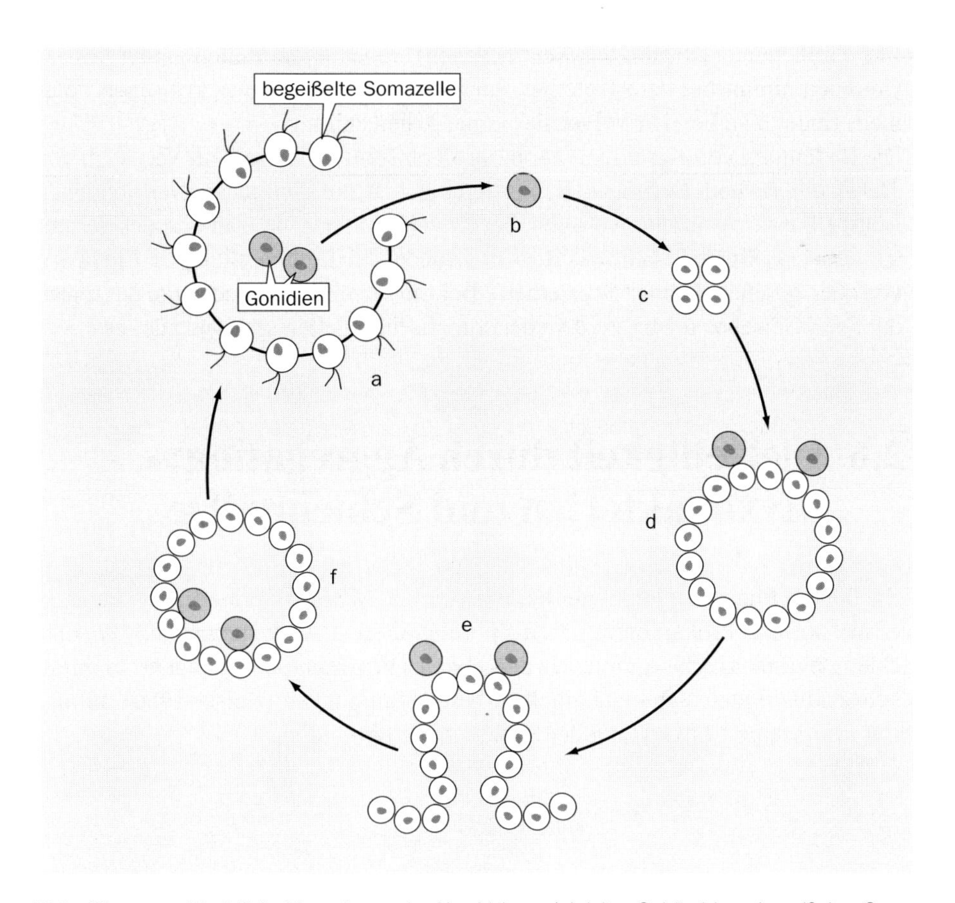

12.3 Die ungeschlechtliche Vermehrung der Alge *Volvox*. a) Adultes Sphäroid aus begeißelten Somazellen mit Gonidien. b) Die Gonidien verlassen das Sphäroid, das daraufhin abstirbt. c), d) Durch Teilung der Gonidienzelle entsteht eine Kugel aus Somazellen, an deren Außenseite neu differenzierte Gonidienzellen angeheftet sind. e), f) Durch einen der Gastrulation analogen Umstülpungsprozeß gelangen die Gonidien in das Innere des Tochtersphäroids.

- Alle Mitglieder der Ordnung Volvocales müssen in der Lage sein, sich zu bewegen und fortzupflanzen. Bei *Volvox carteri* wird dies durch vollständige Arbeitsteilung erreicht. Somazellen und Fortpflanzungszellen (Gonidien) unterscheiden sich hinsichtlich ihrer Größe und Morphologie erheblich. Der Nutzen dieser Differenzierung ist durch einen Vergleich der Wachstumsraten von Einzelzellen und Kolonien demonstriert worden. Bei derselben Gesamtgröße ist die Wachstumsrate bei Arbeitsteilung stets höher: Kolonien produzieren eine größere Anzahl kleinerer Nachkommen als Einzelzellen vergleichbarer Größe. Eine mögliche mechanistische Erklärung wäre, daß Gonidien auf Synthese- und Mitoseaktivität spezialisiert sind und Somazellen auf energieverbrauchende Aktivitäten, vor allem die Geißelbewegung.

- Der Größenunterschied zwischen (kleinen) vegetativen Zellen und (großen) Gonidien nimmt mit dem Kolonievolumen zu. Unterhalb eines kritischen Volumens findet man bei den Volvocales keine Arbeitsteilung.
- Die Bedeutung von Kommunikation (und Transport) illustriert ein Vergleich von *Merillisphera* und *Euvolvox*. Bei ersterer gehen die Cytoplasmaverbindungen während der Umstülpung verloren, bei letzterer bleiben sie während des gesamten Lebenszyklus erhalten (aus diesem Grunde ähneln die Zellen von *Euvolvox*, von oben gesehen, kleinen Seesternen). Bei *Euvolvox* ist das Wachstum des reproduktiven Gewebes relativ zu dem der somatischen Zellen sehr viel stärker.

12.6 Vielzelligkeit durch Aggregation: Myxobakterien und Schleimpilze

Vielzelligkeit findet man nicht nur bei Eukaryoten. Myxobakterien sind gramnegative, mehrzellige Prokaryoten, deren Sporulation eine Aggregation und die Entwicklung mitunter recht kompliziert aufgebauter Fruchtkörper vorangeht. In ihrem Lebenszyklus finden sich erstaunliche Übereinstimmungen (Kaiser 1986) mit der besser erforschten Entwicklung der Schleimpilze (Abbildung 12.4):

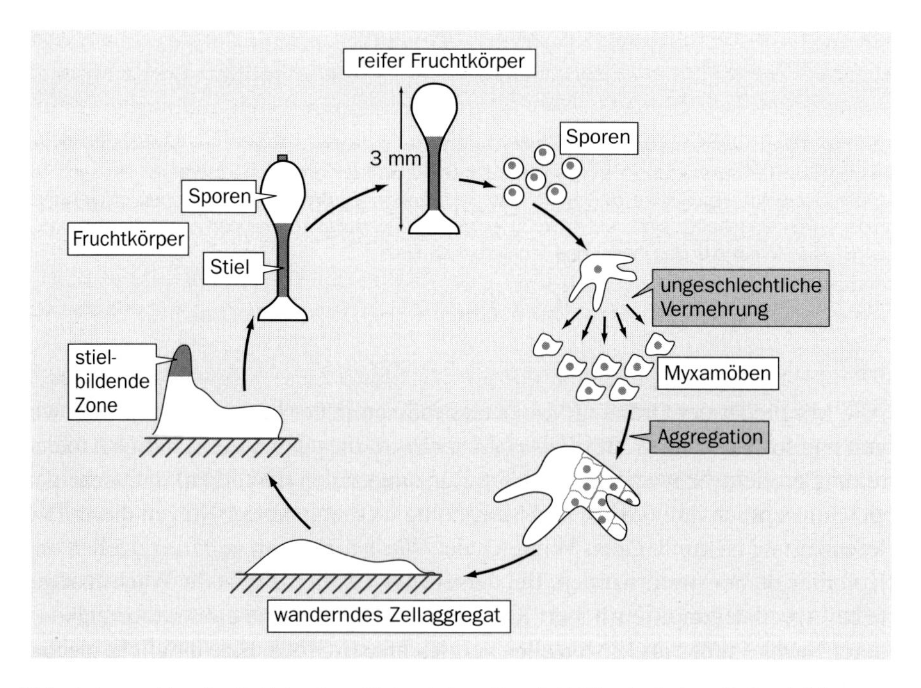

12.4 Lebenszyklus des Schleimpilzes *Dictyostelium*. Der drei Millimeter hohe reife Fruchtkörper produziert Sporen. Aus diesen treten Myxamöben aus, die sich asexuell vermehren. Durch Aggregation von Amöben entsteht eine wandernde Zellmasse, aus der sich ein Fruchtkörper entwickelt.

- Haploidie und Asexualität der in den Fruchtkörpern gebildeten Sporen;
- feuchter Boden als Lebensraum;
- Gleiten auf Substraten; Unfähigkeit zu schwimmen;
- Nahrungsmangel stoppt die Zellvermehrung und induziert Entwicklungsvorgänge, für letztere ist Aminosäuremangel ausschlaggebend;
- während der Aggregation sind Wanderwellen zu beobachten;
- die Produktion von Molekülen mit CAM-artiger Aktivität (CAM: Zelladhäsionsmoleküle) während des Übergangs von der vegetativen Phase zur Aggregationsphase;
- nicht alle Zellen werden zu Sporen, einige lysieren (*Myxococcus*) oder werden zu abgestorbenen Stielzellen (*Dictyostelium*);
- die Fruchtkörper enthalten 10^5 bis 10^6 Zellen.

Bei manchen Schleimpilzen erfolgt die interzelluläre Signalübermittlung durch Freisetzung und Detektion von cAMP. Die Abgabe und Zersetzung von cAMP ist ein oszillierender Prozeß, der zur koordinierten Aggregation der Einzelzellen (Myxamöben) führt (eine detaillierte Beschreibung findet sich bei Darnell et al. 1986). Bei Myxobakterien muß es ein funktionell ähnliches Signalmolekül geben, da Zellen, die bereits dabei sind, sich zu aggregieren, bei anderen das gleiche Verhalten induzieren können, ohne in nahen Kontakt mit ihnen zu treten.

Welche Selektionsvorteile bietet ein solcher Lebenszyklus? Bei Myxobakterien könnten am Anfang gemeinschaftlicher Nahrungserwerb und gemeinsames Wachstum gestanden haben (Shimkets 1990). Myxobakterien ernähren sich von anderen Bakterien: Sie sezernieren Verdauungsenzyme in die Umgebung und nehmen die verdaute Substanz der attackierten Bakterien auf. Da sie sich in Ermangelung eines Cytoskeletts nicht durch Phagocytose ernähren können, ist die Nahrungsaufnahme erfolgreicher, wenn sie in Gruppen enzymausscheidender Bakterien erfolgt. Der Vorteil eines Fruchtkörpers muß in der effizienteren Verbreitung der Sporen liegen (Bonner 1982). Die Differenzierung in Sporen und andere Zellen (beispielsweise Stielzellen) ist ein gutes Beispiel für Arbeitsteilung, vorausgesetzt, mechanische Effizienz und Effizienz der Sporenbildung lassen sich nicht in ein und derselben Zelle optimieren.

Da diese durch Aggregation gebildeten mehrzelligen Organismen in jedem Zyklus neu entstehen, besteht die Gefahr, daß egoistische Zellen (die sich beispielsweise weigern, einen Stiel zu bilden) den Aufbau der mehrzelligen Struktur stören. Die Selektionskraft, die dies verhindert, muß aus der Populationsstruktur erwachsen. Gleitende Bakterien bewegen sich ebenso wie kriechende Myxamöben langsam. Aufgrund der beschränkten Beweglichkeit ist es möglich, daß die Sporen in einem Fruchtkörper von einer einzigen Spore der vorigen oder vielleicht vorvorigen Generation abstammen. In diesem Fall wäre die Beibehaltung der Vielzelligkeit – wie meistens – teilweise auf Verwandtschaftsselektion zurückzuführen. Es müssen jedoch noch andere Faktoren eine Rolle spielen, da das Auftauchen von Betrügern unvermeidlich ist. Solche Zellen werden wahrscheinlich eliminiert, weil Aggregate, an denen sie beteiligt sind, ihre Sporen weniger effektiv verbreiten. Diese

Erklärung ist derzeit noch spekulativ und sollte durch genetische Untersuchungen an freilebenden Populationen überprüft werden.

12.7 Zwei Mechanismen der Zelldifferenzierung

Zwei Modelle der frühen Metazoen sind vorstellbar (Wolpert 1990). Das erste (Abbildung 12.5a) basiert auf der Annahme, daß bei der asymmetrischen Teilung einer Fortpflanzungszelle Tochterzellen mit unterschiedlichen Eigenschaften entstehen, die miteinander verbunden bleiben. Eine behält die Fähigkeit bei, sich zu teilen, während die andere diese Fähigkeit zugunsten einer Spezialisierung auf die Nahrungsaufnahme verloren hat. Wenn die „Stammzelle" sich erneut teilt, bleibt eine der Tochterzellen an die „Freßzelle" gebunden, die andere muß sich nochmals teilen, um eine neue Freßzelle zu produzieren. Dies ist ein Modell für eine mit Arbeitsteilung verbundene primitive Differenzierung zwischen Keimbahn und Soma. Damit es funktioniert, muß die Stammzelle „wissen", ob sie an eine Freßzelle

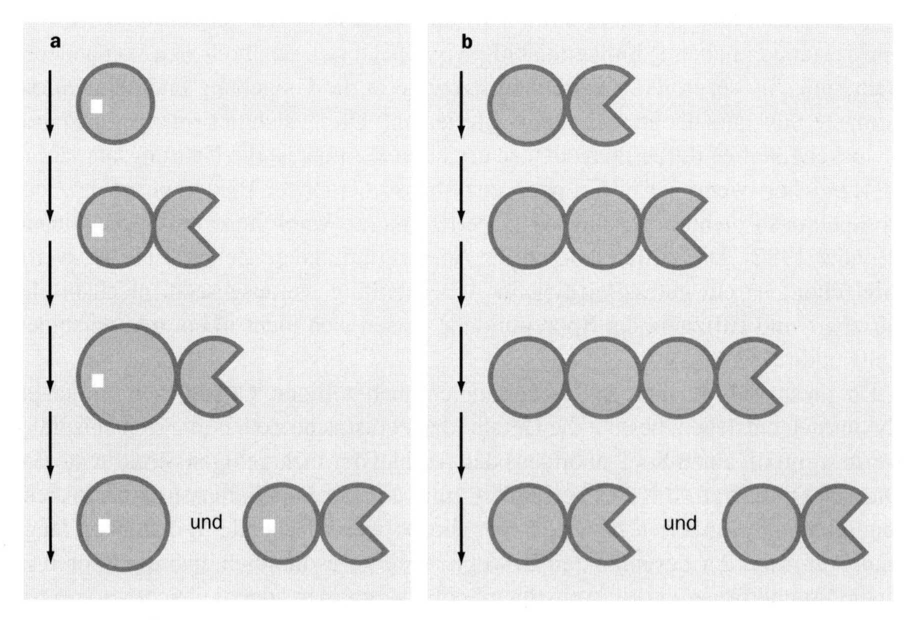

12.5 Zwei Modelle der Zelldifferenzierung (nach Wolpert 1990). Der Organismus besteht aus nur zwei Zelltypen, von denen man sich einen als auf die Nahrungsaufnahme spezialisiert vorstellen kann. In a) hängt die Entwicklung von der Abstammung und von der Existenz einer Stammzelle ab; das weiße Quadrat steht für einen Determinationsfaktor, der dafür sorgt, daß diejenige Zelle, die nicht für die Nahrungsaufnahme zuständig ist, Stammzelle bleibt. In b) ist die Entwicklung von Interaktionen zwischen Zellen abhängig, dazu sind Signalübermittlung und Polarität erforderlich.

gebunden ist oder nicht. Dazu ist keine Kommunikation zwischen den Zellen nötig; es reicht aus, wenn es zwei Arten von Zellteilung gibt: eine, bei der eine angeheftete Freßzelle entsteht, und eine andere für die Produktion einer freien Stammzelle. Dies erfordert ein Regulatorgen, das – jeweils ausgelöst von einer Zellteilung – periodisch zwischen den beiden Zuständen umschaltet. Detaillierte genetische Netzwerke in solchen „Spielzeugmodellen" der Entwicklung finden sich bei Szathmáry (1994). Ein derartiger Organismus wäre unfähig, sich nach Verletzungen zu regenerieren: Das „Wissen" über den Differenzierungszustand ist vorprogrammiert und entsteht nicht durch Überprüfung des Zustands benachbarter Zellen.

Ein alternativer Prozeß (Abbildung 12.5b) beruht auf Wechselbeziehungen zwischen Zellen. Ein imaginärer zweizelliger Organismus vermehrt sich durch Teilung (vegetative Fortpflanzung); für einen Fortpflanzungszyklus sind zwei Zellteilungen erforderlich. Nach der zweiten Teilung werden die beiden mittleren Zellen entkoppelt; dieser Vorgang löst die Differenzierung einer neuen Freßzelle in demjenigen Nachkommen aus, dem eine solche fehlt. In diesem Fall sind sowohl Zellpolarität als auch Kommunikation erforderlich: Die Zellen müssen Informationen über den Zustand benachbarter Zellen erhalten. Es ist anzunehmen, daß sich solche Organismen nach Verletzungen regenerieren können. Dieses Modell ist zwar hypothetisch, aber interessanterweise besteht der sehr einfache Placozoe *Trichoplax* aus nur zwei Zelltypen und vermehrt sich durch Teilung.

Der Wert dieser Modelle besteht darin, daß sie den Unterschied zwischen Mosaikentwicklung und Regulationsentwicklung – beide Prozesse kommen bei höheren Organismen vor – in einfachster Form illustrieren.

13. Genregulation und zelluläre Vererbung

13.1 Einführung

Zwei zelluläre Vorgänge sind für die Entwicklung von grundlegender Bedeutung. Der erste, die Genregulation, ermöglicht es, in verschiedenen Zellen verschiedene Gene anzuschalten und damit entweder auf externe Bedingungen oder auf die Aktivität anderer Gene in derselben Zelle zu reagieren. Der zweite, die zelluläre Vererbung, sorgt dafür, daß ein einmal induzierter Zustand der Genaktivität bei der Zellteilung weitergegeben werden kann, ohne daß dazu noch ein externer Induktor anwesend sein muß. In diesem Kapitel beschreiben wir, wie Genregulation und zelluläre Vererbung bei Metazoen funktionieren, und verweisen auf eine Reihe ähnlicher Mechanismen, die schon bei Prokaryoten vorhanden sind.

13.2 Genregulation

Das zentrale Problem der Genregulation wurde – in gesellschaftlichem Kontext – bereits von dem Scholastiker Meister Eckhart formuliert: »Quis custodiet ipsos custodes?« (Wer beaufsichtigt die Aufseher?). Die Annahme, jedes Gen benötige ein eigenes Regulatorgen, ist offensichtlich nicht haltbar, denn dies würde eine unendliche Reihe von Regulatoren bedeuten. Es gibt mehrere Möglichkeiten zur Auflösung dieses Paradoxons, unter anderem: 1. Ein Regulator kontrolliert mehrere andere Gene, darunter auch Regulatoren; 2. einzelne Gene, selbst Regulatoren, werden von mehreren anderen Genen kontrolliert; 3. manche Gene können sowohl Regulatoren als auch Strukturgene sein. Außerdem ist es erforderlich, daß manche Gene von Signalen reguliert werden, die von außerhalb der Zelle kommen.

Der grundlegende Mechanismus der Genregulation wurde von Jacob und Monod (1961; Abbildung 13.1) in *E. coli* entdeckt. Ein Regulatorgen codiert ein Protein, das durch Bindung an eine spezifische Regulationsstelle eines anderen Gens dessen Aktivität verändert (in dem zuerst von Jacob und Monod beschriebenen Fall negativ, der Effekt kann aber auch positiv sein). Die Regulation kann durch ein spezifisches Induktormolekül, das den Effekt des Regulatorproteins durch allosterische Bindung verändert, modifiziert werden. Interessanterweise sind diese beiden Eigenschaften der Regulatorproteine – ihre Fähigkeit, spezifische regulatorische Sequenzen zu erkennen, und die Veränderbarkeit ihrer Wirkung durch allosterische Bindung an Induktoren – bereits bei Prokaryoten zu finden.

Die Komplexität der Entwicklung mehrzelliger Eukaryoten macht es erforderlich, daß ein durchschnittliches Gen von vielen anderen Genen kontrolliert wird.

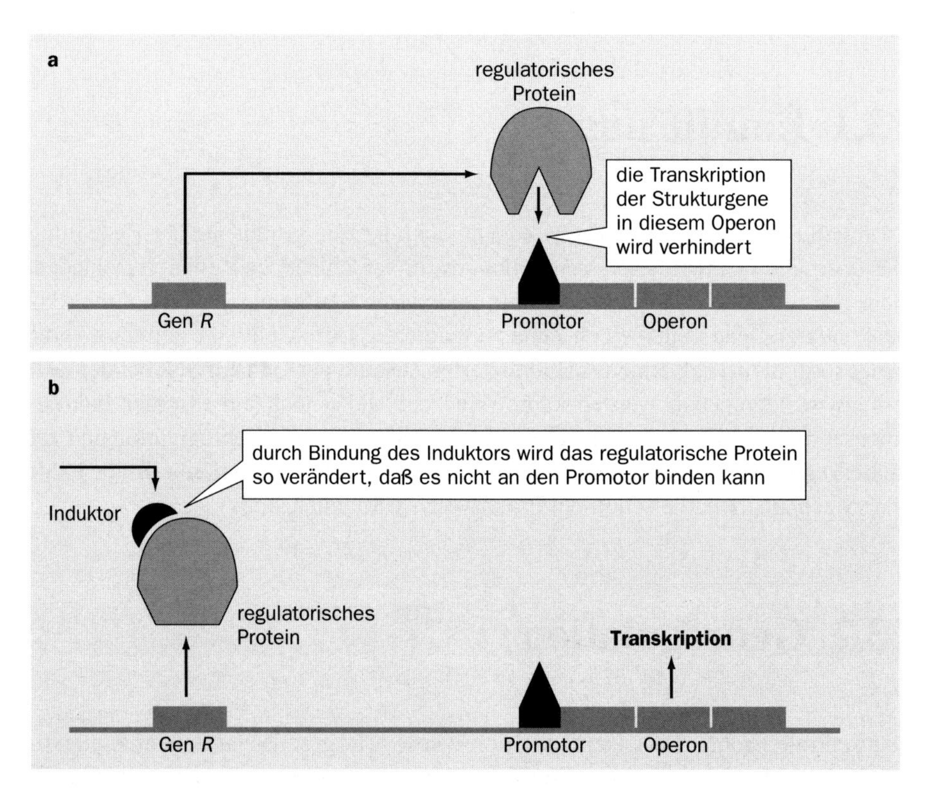

13.1 Regulation des *lac*-Operons (Jacob und Monod 1961). a) Das Gen *R* produziert ein regulatorisches Protein (den Repressor), das an einen Promotor bindet und dadurch die Transkription der Strukturgene im Operon verhindert. b) Ein Induktor bindet an den Repressor und verändert ihn dadurch so, daß er nicht an den Promotor binden kann; auf diese Weise wird die Transkription des Operons ermöglicht.

Während Regulatoren bei Bakterien meist einfache Schalter sind, besitzen Eukaryoten häufig „intelligente" Gene, die von einem Komplex aus mehreren Regulatorproteinen kontrolliert werden (Davidson 1990; Beardsley 1991). Eukaryotengene sind mit sogenannten Enhancerelementen assoziiert, die keineswegs in ihrer Nähe liegen müssen: Manche Transkriptionsfaktoren binden 40 000 Basenpaare vom Zielgen entfernt. Die durchschnittliche Anzahl der Regulationsstellen bei Eukaryotengenen wird auf etwa fünf geschätzt, bei Prokaryoten dagegen auf maximal drei. In einem Aktingen eines Seeigels hat man sogar 20 Regulationsstellen gefunden.

Davidson (1990) skizzierte ein intelligentes histospezifisches Gen mit Regulatoren für Zeit, Gewebespezifität, Abstammungs- oder Körperteilzugehörigkeit, Zellzykluskopplung, negative Funktion, Amplitudenkontrolle und Rezeption von Signalen benachbarter Zellen. Wie uns das Beispiel der Zelltypen bei Hefe gezeigt hat und wir bei der Beschreibung der Musterbildung bei *Drosophila* nochmals sehen werden, sind Gene in Regulationshierarchien eingebunden. Beispielsweise ist das Gen *engrailed* im jungen *Drosophila*-Embryo in sieben Streifen aktiv, scheint aber in jedem Segment von einer anderen Kombination regulatorischer Gene angeschaltet zu werden.

13.3 Zelluläre Vererbung

Charakteristisch für zelluläre Vererbung (*cell heredity*) ist, daß erworbene Eigenschaften vererbt werden. Dies läßt sich durch folgenden Versuch demonstrieren: Zellen werden unter Bedingungen inkubiert, die eine Zellteilung und damit die Möglichkeit zur Selektion ausschließen, und danach auf neuerworbene Eigenschaften getestet. Landmann (1991) schreibt in einem interessanten Übersichtsartikel: »Nach Exposition und Rückführung in die ursprünglichen Kulturbedingungen weisen alle oder ein großer Teil der Zellen (oder Organismen) neue Eigenschaften auf, die an folgende Generationen vererbt werden.«

Ein hervorragendes Beispiel für zelluläre Vererbung bei Prokaryoten ist die Erblichkeit des induzierten Zustands für die β-Galactosidase-Synthese bei *E. coli* – ein weiterer Aspekt des berühmten Operonmodells. Bei sehr geringer Konzentration des Induktors ist keine nennenswerte Enzymaktivität vorhanden. Setzt man die Zellen einer hohen Induktorkonzentration aus, so werden sie natürlich induziert und zeigen eine hohe Enzymaktivität. Überraschend ist jedoch, daß diese Zellen, wenn man sie wieder in das erste Medium mit geringer Induktorkonzentration überführt, den induzierten Zustand über mindestens 180 Generationen beibehalten.

Dies läßt sich folgendermaßen erklären: Unter den induzierenden Bedingungen wurden hohe Konzentrationen von β-Galactosidpermease und β-Galactosidase induziert. Wenn die Zellen in ein Medium mit geringer Induktorkonzentration zurückgeführt werden, ist die Permease noch aktiv und fährt fort, Induktor in die Zelle hineinzupumpen. (Ebenso ist auch die β-Galactosidase noch aktiv und macht aus Lactose Allolactose, den natürlichen Induktor.) Infolgedessen ist die Induktorkonzentration in der Zelle höher als im Medium und reicht aus, um den induzierten Zustand aufrechtzuerhalten. Bemerkenswert ist, daß bei unveränderter DNA-Sequenz ein autokatalytischer Vorgang eine entscheidende Rolle spielt: Die Transkriptionsaktivität der Operongene kann als autokatalytisch bezeichnet werden.

In der Eukaryotenentwicklung ist das Kopieren einer Markierung auf der DNA während der Replikation ein wichtigerer Mechanismus der zellulären Vererbung. Auch hierfür gibt es ein prokaryotisches Präzedens: die wirtsinduzierte Modifikation des Bakteriophagen T2. Diese erfolgt durch das Restriktions-Modifikationssystem der Bakterien, die ihre eigene DNA durch Methylierung spezifischer Sequenzen kennzeichnen und mit Hilfe von Restriktionsendonucleasen fremde, nicht auf diese Weise modifizierte DNA zerschneiden können. In *E. coli*-Zellen mit intaktem Restriktions-Modifikationssystem vermehrt sich der Phage T2 gut. Infizieren solche Phagen jedoch einen Bakterienstamm, der sowohl modifikations- als auch restriktionsdefekt ist, so reicht ein einziger Replikationsdurchgang, um Phagen entstehen zu lassen, die unfähig sind, in normalen Bakterien zu wachsen, während sie sich in den Defektmutanten weiter vermehren können.

Der Grund dafür ist, daß die Phagen-DNA normalerweise auf beiden Strängen modifiziert ist. Bei der Replikation erhalten die Tochterstränge neue Markierungen. In den defekten Bakterien werden neue Stränge nicht markiert, so daß diese Phagen-DNA in Bakterien des Wildtyps von Restriktionsendonucleasen zerschnitten wird. Weil den mutierten Bakterien auch das Restriktionssystem fehlt, können Viren ohne Markierungen sich in ihnen vermehren.

Durch Methylierung können phänotypisch verschiedene Bakterienstämme entstehen, die über viele Zellteilungen hinweg verschieden bleiben, obwohl sie genetisch identisch sind. *E. coli*-Zellen beispielsweise können verschiedene Arten von Pili haben, mit denen sie sich an Wirtszellen anheften. Solche Pili bilden sich nur bei geeigneten Lebensbedingungen aus; sie können aber, je nachdem in welcher von zwei „Phasen“ – ON und OFF – die Bakterien sich befinden, selbst unter günstigen Bedingungen fehlen (Van der Woude et al. 1992). Diese Phasen werden bei der Zellteilung stabil vererbt; in welcher von ihnen ein Bakterium sich befindet, hängt davon ab, welche von zwei GATC-Sequenzen stromaufwärts des Gens methyliert ist, außerdem vom Vorhandensein bestimmter methylierender Enzyme und von Transkriptionsfaktoren, die an diese Sequenzen binden. Mit anderen Worten, Prokaryoten besitzen ein zweites Vererbungssystem, das auf der Markierung der DNA statt auf Sequenzveränderungen basiert, analog zu dem System, das bei mehrzelligen Organismen für die Zelldifferenzierung verantwortlich ist.

Eine ähnliche Art der Markierung gibt es zumindest bei einigen Eukaryoten. Wie man seit einiger Zeit weiß, beeinflußt die Methylierung von Cytosin in CpG-Dinucleotiden die Transkription von Säugergenen. Durch die Methylierung wird die Chromatinstruktur lokal verändert, was sich wiederum auf die Zugänglichkeit für regulatorische Proteine und die Endonuclease DNAse I auswirkt. Generell gilt, daß inaktive Gene (zum Beispiel gewebespezifische Gene in der Keimbahn) methyliert sind und bei Demethylierung aktiv werden.

Dieses System läßt sich mit dem Cytidin-Analogon 5-Azacytidin überlisten. Bei Behandlung mit dieser Substanz, die C in DNA ersetzen kann, aber DNA-Transmethylase hemmt, müßten Zellen einige ihrer Methylmarkierungen verlieren, und einige ihrer Gene müßten aktiviert werden. Diese Prognose bestätigte sich, als man Mausembryozellen einer Linie mit Fibroblastenmorphologie vorübergehend mit 5-Azacytidin behandelte. Zellen aus 500 Kolonien wurden danach auf morphologische Veränderungen untersucht. Unter den neu aufgefundenen Phänotypen waren Adipocyten (für die Fettspeicherung), typische Myocyten und Chondrocyten. Die Kontrollansätze enthielten keine derartig differenzierten Zellen. Die Behandlung verursachte eine Festlegung, nicht die Differenzierung selbst: Einige Zellen, die selber keine Anzeichen von Differenzierung zeigten, produzierten später differenzierte Nachkommen. Die neuen Phänotypen wurden über mehrere hundert Generationen hinweg stabil vererbt.

All dies ergibt aus embryologischer Sicht Sinn. Es muß die Möglichkeit geben, zwischen verschiedenen Zelltypen umzuschalten, aber diejenigen differenzierten Zellen, die sich durch Zellteilung vermehren, müssen in der Lage sein, ihre Eigenschaften an ihre Tochterzellen weiterzugeben: Leberzellen differenzieren sich nur während der Entwicklung, müssen aber selbst neue Leberzellen hervorbringen können.

Die DNA von höheren Pflanzen und von Säugern ist zu einem großen Teil methyliert. Die Methylierung und Demethylierung der Genpromotoren ist mit der Hemmung respektive Aktivierung der Transkription korreliert. In den meisten Fällen ist zwar unklar, ob die Methylierung eine Ursache oder eine Folge der Geninaktivierung ist, aber einige Experimente, darunter das eben beschriebene, deuten darauf hin, daß zumindest gelegentlich der Methylierungszustand über die Genaktivität entscheidet. In allen untersuchten Fällen werden die Methylierungsmuster stabil vererbt; diese Weitergabe des Methylierungszustands durch eine Transmethylase erfolgt nicht sequenzspezifisch, sondern ist ausschließlich durch die semikonservative Natur der DNA-Replikation bedingt. Natürlich müssen die Zellen die Möglichkeit haben, den Methylierungszustand zu verändern. Das CpG-Dinucleotid allein kann die zu verändernden Stellen nicht kennzeichnen, vielmehr müssen die benachbarten Sequenzen an den Prozessen beteiligt sein, die zur Markierung beziehungsweise Entfernung von Markierungen führen. Diese Prozesse werden vermutlich von Enzymen ausgeführt, welche die entsprechenden Sequenzen erkennen.

Zwar liefert *Drosophila* einige der klarsten Beispiele für zelluläre Vererbung – etwa die in Kapitel 12 erwähnten Resultate bei der Verpflanzung von Imaginalscheiben –, aber ihre DNA ist nicht methyliert. Wir vermuten, daß *Drosophila*-DNA eine andere Art der Markierung aufweist, die bei der DNA-Replikation repliziert wird, doch ist dies zur Zeit reine Spekulation.

13.4 Was mußte erfunden werden?

Unser Hauptmotiv für die Erörterung von Genregulation und zellulärer Vererbung war die Suche nach einer Antwort auf die Frage: Was mußte erfunden werden, damit die Evolution der Metazoen möglich wurde? Wir müssen zugeben, daß sich keine eindeutige Antwort ergeben hat. Es ist erkennbar, warum der Evolution mehrzelliger Prokaryoten Grenzen gesetzt waren, wenn sie auch ohne Zweifel stattgefunden hat. Bakterien besitzen bereits Mechanismen zur Genregulation, und im wirtsinduzierten Modifikationssystem verfügen sie über eine Möglichkeit, bestimmte DNA-Sequenzen zu markieren und die Markierungen bei der Zellteilung weiterzugeben. Die Fähigkeit zu Genregulation und zellulärer Vererbung ist also vorhanden. Die weitere Evolution der Mehrzelligkeit könnte durch die folgenden Umstände begrenzt worden sein:

- eingeschränkte Beweglichkeit infolge des Fehlens von Mechanoproteinen. Ohne ein Cytoskelett kann das Zellwandwachstum vielleicht nicht so modifiziert werden, daß eine Verzweigung von Filamenten (*filament branching*) möglich wird – es gibt keine verzweigt wachsenden Bakterien.
- begrenzte Entwicklungsmöglichkeiten. Bewegungen, die eine Aktivität des Cytoskeletts erfordern, wie die Gastrulation, sind ausgeschlossen. Tierähnliche Organismen, die fähig sind, Beute aufzunehmen, können sich so grundsätzlich nicht entwickeln.
- Einschränkung von Genomgröße und genetischer Komplexität durch das Vorhandensein nur eines Replikationsstartpunktes.
- begrenzte Möglichkeiten der chemischen Kommunikation mit der Umwelt: Fehlen eines Golgi-Apparats.
- metabolische Beschränkungen. Atmungskette und Photosyntheseapparat sind in Bakterien, die beides besitzen, nicht strikt getrennt; solche Bakterien müssen Pflanzenzellen unterlegen sein. Bakterien, die lediglich über die Atmungskette verfügen, sind Tierzellen unterlegen, weil sie nicht zur Phagocytose in der Lage sind. Ohne Filamentverzweigung können nur einfache, pilzartige Organismen entstehen.

Schließlich scheint eine hohe Stoffwechseleffizienz eine relativ wichtige Voraussetzung für Mehrzelligkeit zu sein. Es gibt nur sehr wenige anaerobe mehrzellige Eukaryoten, wenn auch einige Pilze ihre Mitochondrien sekundär verloren haben. Mehrzellige Archaezoen (Eukaryoten ohne Mitochondrien) existieren überhaupt nicht.

Wenn schon nicht leicht erkennbar ist, was die Prokaryoten von der Evolution komplexer mehrzelliger Formen abhielt, so fällt die Antwort auf die Frage, worauf die Eukaryoten gewartet haben, noch schwerer. Wenn *Volvox* zur Gastrulation und zur Trennung von Keimbahn und Soma fähig ist, was fehlt dann noch? (Natürlich ist *Volvox* ein rezenter Organismus – im Präkambrium gab es vielleicht noch keine so erfinderischen Algen.) Man gewinnt den Eindruck, daß das, worauf die Eukaryoten gewartet haben, die ökologische Gelegenheit war, die vielleicht durch eine Zunahme der Sauerstoffkonzentration in der Atmosphäre gegeben war. Der wichtigste Umstand, der in die entgegengesetzte Richtung weist, ist der offenbar monophyletische Ursprung der Metazoen: Wenn der Evolution der Mehrzelligkeit keine intrinsischen Faktoren entgegenstanden, wäre zu erwarten, daß unabhängig voneinander aus verschiedenen Protisten Mehrzeller hervorgingen. Dies ist jedoch kein zwingendes Argument. Nachdem wir zu dem Schluß gekommen waren, daß der Auslöser für die explosionsartige Zunahme der Formenvielfalt im Kambrium nicht eine zelluläre Erfindung, sondern eine ökologische Gelegenheit war, entdeckten wir, daß Wolpert (1990) schon früher bemerkt hatte, daß »die Evolution von Entwicklung nur wenige neue Eigenschaften erforderte, welche die Eukaryotenzelle nicht bereits besaß, wie der Zellzyklus veranschaulicht«.

Auf welche Weise können wir zu weiteren Erkenntnissen gelangen? Am vielversprechendsten ist die Molekulargenetik. Hauptsächlich aufgrund molekularer Daten gilt der monophyletische Ursprung der Metazoen mittlerweile als gesichert. Aus den bekannten Tatsachen über die in Kapitel 15 behandelte Homöobox geht hervor, daß der gemeinsame Ahne von Chordaten und Arthropoden vermutlich bereits einen differenzierten Kopf, Mittelteil und Schwanz besaß. Die regulatorischen Gene für diese Differenzierung waren schon vorhanden. Da die Homöobox, welche die DNA-bindende Homöodomäne der entsprechenden Proteine codiert, auch in dem Gen vorkommt, das den Paarungstyp bei Hefe festlegt, ist es wahrscheinlich, daß der gemeinsame Vorfahre dieser Gene schon im gemeinsamen protistischen Vorfahren von Hefe, Arthropoden und Chordaten vorhanden war. Diese Beobachtungen waren nicht vorhersehbar, und so dürfen wir durchaus hoffen, daß zukünftige Entdeckungen ebenso erhellend sein werden.

14. Die Entwicklung räumlicher Muster

14.1 Blütenentwicklung als ein Beispiel für Morphogenese

Verschiedene Gründe sprechen dafür, dieses Kapitel mit einem Überblick über die Blütenentwicklung des Kreuzblütlers *Arabidopsis* (Coen und Meyerowitz 1991) zu beginnen. Die Entwicklung von Pflanzen ist in einer Hinsicht einfacher als die von Tieren: Ihre Zellen bewegen sich relativ zueinander nicht. Ein Großteil der tierischen Entwicklung erfolgt durch die Bewegung von Zellen, durch Kontraktion und Adhäsion; wenn wir über Pflanzen nachdenken, brauchen uns diese Prozesse nicht zu kümmern. Bisher weiß man über *Arabidopsis* weniger als über *Drosophila* oder verschiedene Wirbeltiere; die bekannten Fakten sind jedoch einfach, fügen sich elegant zusammen und machen deutlich, wo noch Forschungsbedarf besteht.

Die *Arabidopsis*-Blüte entwickelt sich aus einer Zellscheibe (Abbildung 14.1), in der sich vier konzentrische Ringe differenzieren. Aus dem äußersten Ring gehen vier Kelchblätter (Sepalen) hervor, aus dem zweiten von außen vier Kronblätter (Petalen), aus dem dritten sechs Staubblätter (Stamina) und aus dem innersten zwei miteinander verwachsene Fruchtblätter (Karpelle). Es gibt Mutanten, bei denen dieses Muster verändert ist; die Veränderung betrifft in der Regel zwei benachbarte Organringe (Tabelle 14.1). Ein einfaches Modell erklärt diese Art der Mutation (Abbildung 14.2). Hinsichtlich der Genexpression lassen sich auf der Scheibe drei

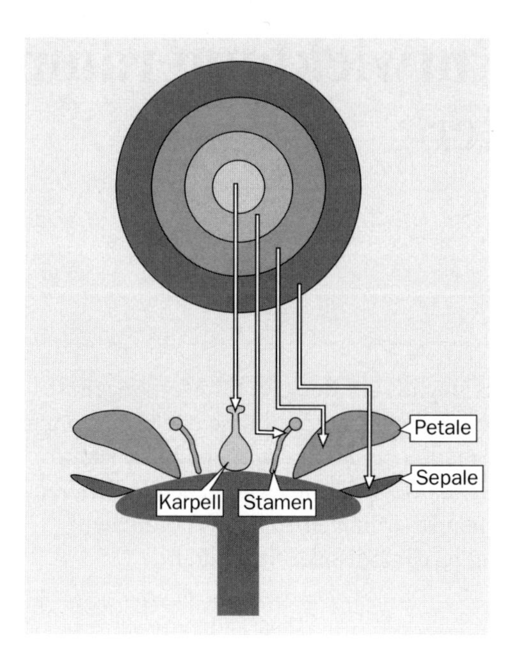

14.1 Die Blüte von *Arabidopsis*. Oben ist die Zellscheibe dargestellt, aus der sich die Blüte entwickelt, unten ein Längsschnitt durch die Blüte mit den Strukturen, die aus den einzelnen Zellringen hervorgehen.

Regionen – A, B und C – unterscheiden. Wenn wir die entsprechenden regulatorischen Gene mit *a*, *b* und *c* bezeichnen, ist *a* für die Ausbildung der Sepalen zuständig, *ab* für die der Petalen, *bc* für die der Stamina und *c* für die der Karpelle. Damit ist die normale Entwicklung erklärt; wenn wir aber auch die Mutanten erklären wollen, müssen wir annehmen, daß die Gene *a* und *c* sich gegenseitig hemmen: Wenn *a* fehlt oder defekt ist, wird *c* auf der gesamten Scheibe exprimiert, und umgekehrt.

Dieses Modell ist auf zweierlei Art und Weise bestätigt worden. Erstens liefert es eine befriedigende Erklärung für Doppelmutanten (Tabelle 14.2). Dreifachmutanten, bei denen alle drei Gene inaktiv sind, entwickeln in allen vier Ringen blattartige Strukturen; dies bestätigt die seit langem bestehende Ansicht, daß die Blütenorgane modifizierte Blätter sind. Die Phänotypen der verschiedenen Doppelmutanten lassen sich mit Hilfe des Modells korrekt vorhersagen. Eine direktere Bestätigung des Modells lieferte die *in situ*-Hybridisierung der RNA-Transkripte der verschiedenen Gene, die sich zu Beginn der Entwicklung des Blütenprimordiums an den erwarteten Stellen nachweisen lassen.

Tabelle 14.1: Mutanten von *Arabidopsis*

Wildtyp		Sepale	Petale	Stamen	Karpell
Klasse 1	*(a)*	Karpell	Stamen	Stamen	Karpell
Klasse 2	*(b)*	Sepale	Sepale	Karpell	Karpell
Klasse 3	*(c)*	Sepale	Petale	Petale	Sepale

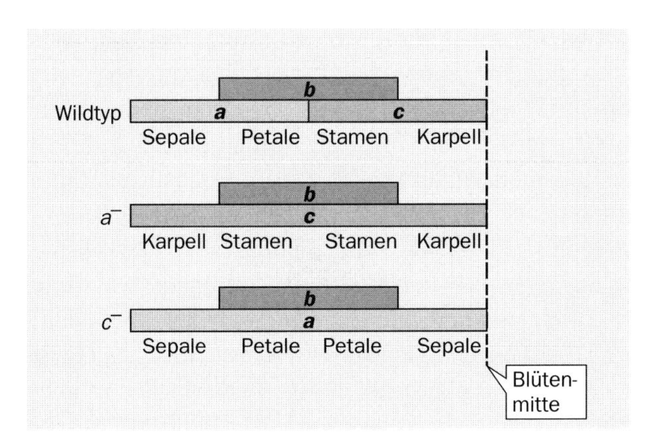

14.2 Ein Modell der Blütenentwicklung bei *Arabidopsis*. Die drei Gene *a*, *b* und *c* werden in verschiedenen Bereichen der Scheibe exprimiert. Sie determinieren die Blütenstrukturen wie folgt: nur *a* – Sepale, *a* und *b* – Petale, *b* und *c* – Stamen, nur *c* – Karpell. Wenn Gen *a* inaktiviert ist, wird *c* über die gesamte Scheibe exprimiert, und umgekehrt.

Ein fast identisches System findet man bei *Antirrhinum*. Zwischen den Genen der beiden Arten bestehen molekulare Homologien. Beispielsweise ist die Klasse-3-Mutante *agamous* von *Arabidopsis* der Mutante *deficiens* von *Antirrhinum* homolog. Die beiden Gene codieren Proteine mit einer DNA-Bindungsregion aus 56 Aminosäuren, von denen 40 identisch sind. Eine ähnliche Region, die sogenannte MADS-Box, kommt in einigen der übrigen Gene vor.

Es stellen sich spontan zwei Fragen:

- Auf welche Weise werden im äußeren Ring Gene der Klasse 1, im Zentrum Gene der Klasse 3 und dazwischen Gene der Klasse 2 angeschaltet? Die kurze Antwort auf diese Frage lautet: Wir wissen es nicht. Denkbar wäre, daß sich zunächst zwischen dem Zentrum und dem Rand des Primordiums ein Gradient einer oder mehrerer Substanzen aufbaut und daß die Gene durch verschiedene Konzentrationen dieser Substanzen aktiviert werden. In der Terminologie von Wolpert (1969) ausgedrückt, liefert der Gradient „Positionsinformation". In Abschnitt 14.3 gehen wir anhand von zwei Beispielen aus dem Tierreich näher auf diese Art der Information ein.

Tabelle 14.2: Doppelmutanten von *Arabidopsis*

Wildtyp	Sepale	Petale	Stamen	Karpell
a⁻ c⁻	Sepale	Sepale	Sepale	Sepale
a⁻ b⁻	Karpell	Karpell	Karpell	Karpell
a⁻ c⁻	Blatt	P–S*	P–S*	Blatt
a⁻ b⁻ c⁻	Blatt	Blatt	Blatt	Blatt

* P–S steht für eine Intermediärform zwischen Petale und Stamm.

- Wenn die Positionsinformation gegeben ist, wozu sind dann überhaupt die Gene *a*, *b* und *c* notwendig? Warum schaltet die Substanz, deren Konzentration die Positionsinformation liefert, nicht direkt alle Gene an, deren Produkte für das Blütenwachstum erforderlich sind? Warum werden zunächst die Gene *a*, *b* und *c* angeschaltet und dann dazu verwendet, andere Gene anzuschalten? Die Antwort hängt vermutlich mit der erforderlichen Exaktheit des Prozesses zusammen. Beispielweise ist interessant, daß die Gene *a* und *c* sich gegenseitig hemmen, so daß in jeder Zelle nur eines von ihnen aktiv ist. Infolgedessen werden nur petalenbildende oder nur staminabildende Gene angeschaltet, aber nicht beide oder keines von beiden. Würden diese Gene direkt vom chemischen Gradienten gesteuert (vorausgesetzt es existiert überhaupt ein solcher), so gäbe es unvermeidlich Zellen, in denen beide Typen oder keiner von beiden aktiv wäre. Generell scheint zu gelten, daß in einem Schritt nur ein begrenzter Grad räumlicher Komplexität erreicht werden kann und daß für den Aufbau komplexer Formen eine Kaskade hierarchisch geordneter Genaktivitäten erforderlich ist.

14.2 Positionsinformation: äußere Einflüsse oder Selbstorganisation?

Bei *Arabidopsis* werden an verschiedenen Stellen verschiedene regulatorische Gene angeschaltet, die durch ihre Aktivität die Entwicklung verschiedener Organe – Sepalen, Petalen, Stamina und Karpelle – induzieren. Offen bleibt die Frage, wodurch bestimmt wird, welches Gen wo aktiv sein soll oder, um Wolperts (1969) Ausdruck zu verwenden, woher die Positionsinformation stammt. Wie wir bereits in Kapitel 12 erwähnt haben, sind zwei Antworten auf diese Frage möglich: Die Positionsinformation wird von außen geliefert, oder sie entsteht im Organismus selbst, durch Selbstorganisation. Wir führen diese Alternativen nun genauer aus und referieren einige in diesem Zusammenhang interessante Forschungsergebnisse.

In seiner Veröffentlichung von 1969 ging Wolpert davon aus, daß die Information ursprünglich von außen stammt. Ein Muster entsteht in einem zunächst homogenen Gewebe als Reaktion auf einen monotonen Konzentrationsgradienten einer induzierenden Substanz, eines „Morphogens". Der Gradient wird durch einen äußeren Einfluß verursacht. Weiter unten beschreiben wir, wie sich im *Drosophila*-Ei ein anteroposteriorer Gradient in der Konzentration des bicoid-Genprodukts ausbildet, weil dieses von Nährzellen am vorderen Pol des Eies produziert wird. Natürlich setzt Wolperts Modell nicht voraus, daß der Gradient vom mütterlichen Organismus erzeugt wird oder daß es sich um den Gradienten eines Genprodukts handelt, das von Zellen außerhalb des sich entwickelnden Gewebes produziert wird. Ein Gradient könnte beispielweise auch entstehen, indem Zellen an einem Pol eines Gewebes durch Kontakt mit einem externen Induktor aktiviert werden. Manche Muster erfordern die gleichzeitige Anwesenheit zweier sich überschneidender Gradienten. Die

Weiterentwicklung des Musters erfolgt dann als Reaktion der Zellen auf die lokale Konzentration eines oder mehrerer Morphogene; die unmittelbare Reaktion ist in der Regel das Anschalten eines regulatorischen Gens, das dann wiederum andere, in der Hierarchie weiter unten stehende Gene aktiviert.

Interessant ist auch die Frage, inwieweit es möglich ist, mehr als eine einfache An-aus-Reaktion zu erhalten: Können Zellen mehrere qualitativ unterschiedliche Reaktionen auf verschiedene Konzentrationen desselben Morphogens zeigen? Die Antwort lautet „ja". Driever und Nüsslein-Volhard (1988) untersuchten die Reaktion des *Drosophila*-Embryos auf verschiedene Konzentrationen des mRNA-Transkripts des Gens *bicoid*. Dieses Gen ist in den mütterlichen Nährzellen am vorderen Pol des Eies aktiv, und die mRNA-Konzentration läßt sich durch Veränderung des mütterlichen Genotyps variieren. Die Autoren zeigten, daß es (mindestens) drei qualitativ unterschiedliche Reaktionen auf verschiedene Konzentrationen gibt: Bei niedriger Konzentration bilden sich Kiefer- und Thoraxstrukturen, bei mittlerer Kopfstrukturen und bei hoher die am weitesten vorn (vor dem segmentierten Kopf) liegenden Strukturen. Green und Smith (1990) erhielten für die Maus ähnliche Ergebnisse. Sie behandelten Mausblastomeren mit verschiedenen Konzentrationen des Proteins XTC-MIF, eines Homologs des mesodermale Strukturen induzierenden Activin A. Sie fanden zwei Schwellenwerte, die drei verschiedene Reaktionen voneinander trennen: Eine Veränderung der Konzentration um den Faktor 1,5 reichte aus, um die Reaktion von Epidermiskeratin auf Muskel umzuschalten. Die beiden Versuchsreihen stimmen darin überein, daß ein Gradient mehrere (mehr als zwei) verschiedene Reaktionen auslösen kann. Im einzelnen müssen dabei jedoch verschiedene Mechanismen wirken, da das bicoid-Protein ein DNA-bindender Transkriptionsfaktor ist, während XIC-MIF extrazellulär wirkt; es sei daran erinnert, daß die frühe Differenzierung bei *Drosophila* in einem Syncytium erfolgt.

Die Entwicklung der adulten Form läßt sich natürlich nicht durch lokale Reaktionen auf die Konzentration nur eines Satzes einander überschneidender Gradienten erklären: Die schwarzen Streifen eines Zebras werden nicht durch eine Reihe verschiedener Konzentrationen eines einzigen Morphogens induziert. Aber es ist logisch möglich, daß die adulte Form über eine Serie solcher Stadien erreicht wird, in der die räumliche Komplexität immer weiter zunimmt und jedes Stadium den Ausgangspunkt des nächsten bildet. Gibt es in der Entwicklung überhaupt Raum für sich selbst organisierende Prozesse? Charakteristisch für Selbstorganisation ist, daß sich in einem zunächst homogenen Gewebe ein räumliches Muster entwickelt, ohne daß dazu ein asymmetrischer Reiz erforderlich ist. Zwischen einem solchen Prozeß und der Wirkung eines externen Gradienten kann nicht immer klar unterschieden werden. Das zeigt beispielsweise die in Abbildung 14.3 dargestellte Frühentwicklung des Tanges *Fucus*.

Vielleicht spielt es keine große Rolle, ob man in *Fucus* ein Beispiel für Selbstorganisation oder für die Auswirkungen eines externen Reizes sieht: In beiden Fällen bildet sich nichts weiter als eine einfache Polarität aus. Selbstorganisation wird interessanter, wenn man zeigen kann, daß sie komplexere räumliche Muster entstehen läßt, insbesondere sich wiederholende Muster. Dies ist theoretisch zweifellos

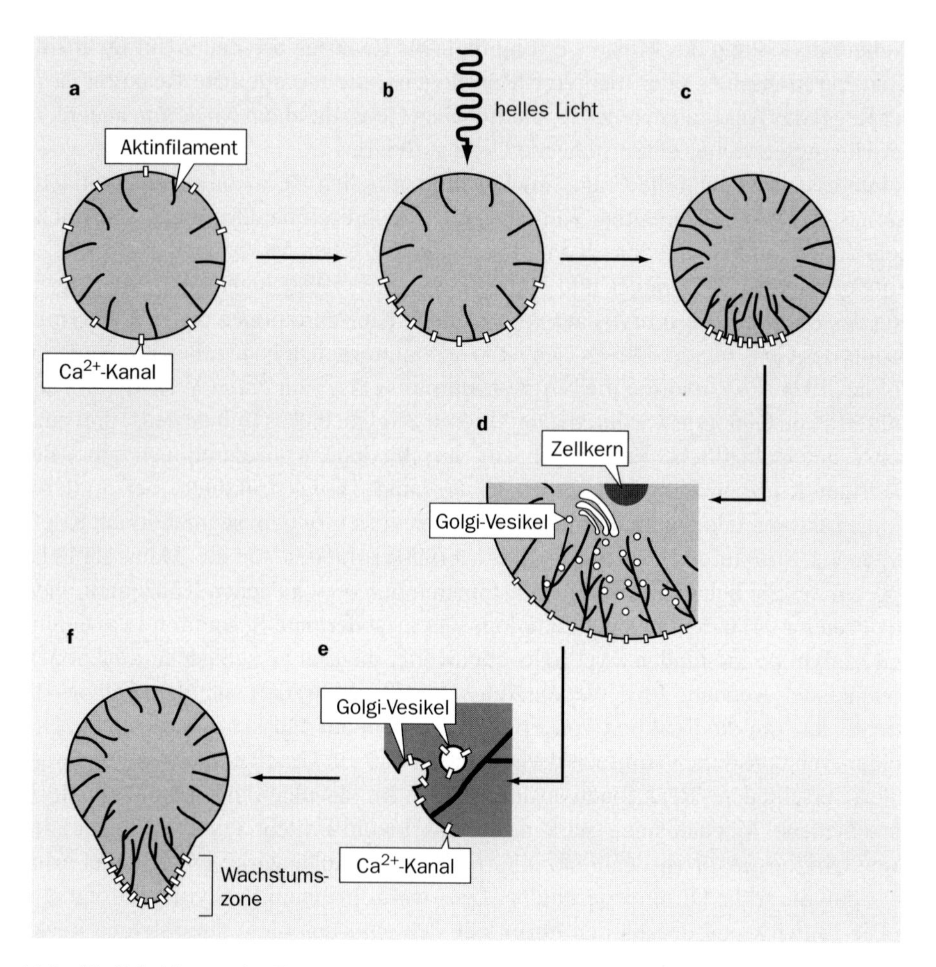

14.3 Die Polarisierung des *Fucus*-Embryos (nach Harold 1990). a) Anfängliche, symmetrische Verteilung von Ca^{2+}-Kanälen und Aktinfilamenten; b) nach Belichtung wandern die Kanäle in die lichtabgewandte Hälfte der Zygote; c) die Ca^{2+}-Kanäle initiieren das Wachstum eines Netzwerks aus Aktinfilamenten; d) Golgi-Vesikel werden zum Rhizoidpol geleitet; e) Vesikel mit Ca^{2+}-Kanälen verschmelzen mit der Plasmamembran; f) die Aktinstränge verlängern sich zum Zellkern hin, und das Wachstum des Rhizoids beginnt.

möglich. Im Jahre 1952 veröffentlichte Turing einen zukunftsweisenden Aufsatz, der die Reaktions-Diffusions-Erklärung für Musterbildung begründete. Diese Hypothese läßt sich wie folgt umreißen (Abbildung 14.4): Von zwei chemischen Substanzen X und Y fördert die eine, X, autokatalytisch ihre eigene Bildung und heterokatalytisch die Bildung von Y, während Y am Abbau von X beteiligt ist (Hemmung). Beide Substanzen sind in einem indifferenten Medium löslich. Die Diffusionsgeschwindigkeit von Y ist sehr viel höher als die von X. Die Abbildung zeigt, wie sich eine stehende Konzentrationswelle entwickelt.

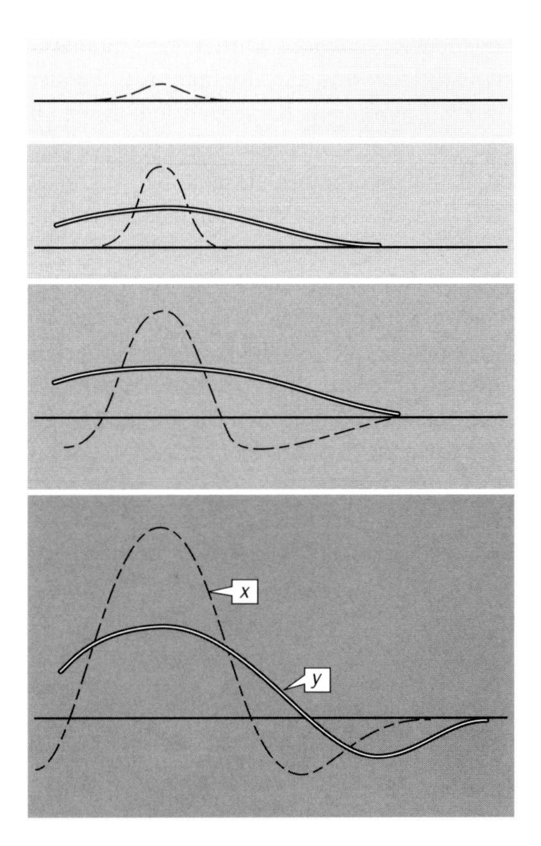

14.4 Turings (1952) Theorie der chemischen Morphogenese. Es gibt zwei Morphogene X und Y mit den Konzentrationen x und y, jeweils gemessen als Abweichung vom homogenen Gleichgewichtszustand. X stimuliert seine eigene Synthese sowie die von Y. Die Anwesenheit von Y verursacht die Zerstörung von X. Beide Morphogene diffundieren, Y allerdings schneller als X. Das Ergebnis ist die Entwicklung einer stehenden Welle.

Das Revolutionäre an dieser Arbeit ist die Entdeckung, daß Diffusion in Kombination mit geeigneten chemischen Reaktionen ursächlich an der Musterbildung beteiligt sein kann. Wichtig ist, daß Turing-Strukturen sich entfernt vom Gleichgewicht und dissipativ, das heißt unter Entropievermehrung, ausbilden: Zu ihrer Aufrechterhaltung benötigen sie eine stetige Energiezufuhr. Das Modell geht davon aus, daß die Autokatalyse von X von einem „Nährstoff" abhängig ist; ohne ihn bricht das System zusammen. Man beachte, daß das in Abbildung 14.4 dargestellte Modell insofern unrealistisch ist, als es linear ist. Die nichtlineare Analyse bestätigt jedoch die Möglichkeit einer stehenden Welle.

Verschiedene Wissenschaftler haben versucht, diese Ideen auf Entwicklungsprozesse anzuwenden. Maynard Smith und Sondhi (1961) erklärten die Anordnung von Borsten bei *Drosophila* – auch die abnormale Anordnung bei einem mutierten Stamm – auf der Grundlage von Turing-Wellen. Murray (1990) zeigte mit Hilfe numerischer Berechnungen, daß sich alle bekannten Fellzeichnungen bei Säugern durch entsprechend angepaßte Reaktions-Diffusions-Modelle erklären lassen. Weitere theoretische Entwicklungen sind die Ableitung von Wanderwellen, modifizierte Gleichungen für durch Chemotaxis hervorgerufene Musterbildung und mechanochemische Modelle der Morphogenese (siehe Übersichtsartikel von Murray 1990). All diese Modelle haben eine gemeinsame Schwäche: Sie zeigen zwar, daß biologische Muster durch einen Turing-Mechanismus entstanden sein könnten, weisen aber nicht nach, daß dies tatsächlich geschehen ist.

Viele Biologen stehen solchen Ideen nach wie vor skeptisch gegenüber – unter anderem weil man bis vor kurzem selbst in der Chemie keine tatsächlich existierende Turing-Struktur kannte. Über 40 Jahre nach Turings Erstveröffentlichung waren Versuche, eine solche Struktur zu produzieren, erstmals erfolgreich. Castets et al. (1990) erzeugten in einem chemischen System aus Chlorit, Iod, Malonsäure und Stärke eine Turing-Struktur. Iodid ist ein Aktivator, Chlorit ein Inhibitor. Die wichtigste Neuerung war die Zugabe von Stärke, da Iod einen relativ stabilen Komplex mit ihr bildet und so seine Diffusionsrate effektiv gesenkt wird. Frühere Versuche zur Herstellung chemischer Turing-Systeme scheiterten daran, daß alle Moleküle in wäßriger Lösung ähnliche Diffusionsraten besitzen. Lengyel und Epstein (1991) lieferten eine scharfsinnige mathematische Analyse des Systems und konnten beweisen, daß es sich tatsächlich um eine stehende Welle handelte. Möglicherweise bringen biologische Systeme mit ihren reichlich vorhandenen Membranrezeptoren leichter Turing-Strukturen hervor als rein chemische.

Es lohnt sich, die theoretischen Ergebnisse zusammenzufassen – vor allem im Hinblick auf den Unterschied zwischen Wanderwellen und stehenden Wellen, weil letztere bei der embryologischen Induktion eine Rolle spielen, aber erstere sich leichter experimentell erzeugen lassen. Stehende Wellen basieren auf Systemen mit einem stabilen Gleichgewicht, wenn sie in einer räumlich homogenen Umgebung (wie einem gut umgerührten Durchflußreaktor) auftreten; das System muß außerdem für räumliche Störungen instabil sein. Dagegen bilden sich Wanderwellen aus, wenn das homogene System stabile Oszillationen (Grenzzyklen) aufweist. Wenn ein solches System für räumliche Störungen instabil ist, wird es an verschiedenen Stellen aus der Phase geraten, und es entstehen Wellen, wie in der berühmten Belousov-Zhabotinski-Reaktion.

Der Hauptgrund für die existierenden Vorbehalte gegenüber Turing-Strukturen ist möglicherweise das Fehlen überzeugender biologischer Beweise für deren Existenz. Die Ausbildung der Segmente bei *Drosophila* ist dafür ein gutes Beispiel. Betrachtet man Abbildung 14.5, in der sieben gleichmäßig voneinander entfernte Banden erkennbar sind, so fällt es zunächst schwer, hier nicht an die Wirkung eines Turing-Mechanismus zu glauben. In jeder dieser Banden ist das gleiche Gen aktiv, allerdings gibt es, wie wir weiter unten ausführen, gute Gründe für die Annahme, daß es in jedem Segment von einem anderen Induktor angeschaltet wird. Bei einem Turing-Prozeß würde man dies nicht erwarten. Die Angelegenheit bleibt jedoch ungeklärt. Es gibt andere Strukturen – etwa die regelmäßig angeordneten Petalen in einer Blütenscheibe –, von denen sich herausstellen könnte, daß sie durch eine Konzentrationswelle erzeugt werden. Und selbst im Fall der Segmente von *Drosophila* kann es

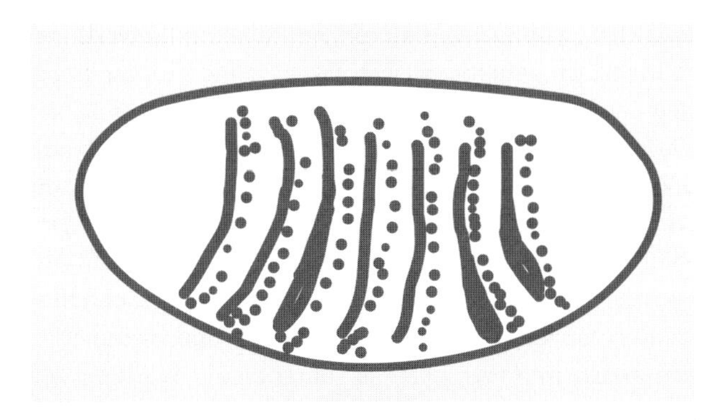

14.5 Determinierung der Segmente bei *Drosophila*; Zellringe mit RNA, die von den Genen *hairy* und *even-skipped* transkribiert wurde.

sein, daß eine Turing-Welle für die gleichmäßigen Abstände der Banden sorgt und daß die unterschiedlichen Induktoren notwendig sind, damit die einzelnen Segmente in ihren späteren Entwicklung unterschiedliche Wege einschlagen. Glücklicherweise werden die Zeit und weitere Experimente hier für Klarheit sorgen.

14.3 Positionsinformation bei *Drosophila* und beim Huhn

Bei *Drosophila* wird die primäre Positionsinformation, die das anteriore vom posterioren Ende des Embryos unterscheidet, vom mütterlichen Organismus geliefert (einen Überblick über die Entwicklung von *Drosophila* geben Ingham 1988 und Lawrence 1992). Während das Ei im Ovar heranwächst, nimmt es Substanzen auf, die in den mütterlichen Nährzellen gebildet werden. In den Nährzellen am anterioren Pol des Eies ist das maternale Gen *bicoid* aktiv, und RNA-Transkripte dieses Gens dringen in das Ei ein. Die Konzentration des bei ihrer Translation gebildeten Proteins fällt vom anterioren zum posterioren Pol hin ab. Gleichzeitig ist in Nährzellen am posterioren Pol ein anderes maternales Gen, *oskar*, aktiv und erzeugt einen zweiten Konzentrationsgradienten mit umgekehrtem Gefälle.

Diese beiden Gradienten aktivieren in den Zellkernen des sich entwickelnden Embryos drei Gene, *hunchback* (*hb*), *Krüppel* (*Kr*) und *knirps* (*kni*), die man zusammenfassend als Lückengene (*gap genes*) bezeichnet. Auf diese Weise differenzieren sich zwischen anteriorem und posteriorem Pol des Embryos vier Regionen, die sich hinsichtlich der Aktivität der drei Lückengene unterscheiden. Die Analogie zur Blütenscheibe von *Arabidopsis* ist bemerkenswert, es handelt sich hier aber um funktionelle Konvergenz und nicht um Homologie.

Die primäre anteroposteriore Differenzierung von *Drosophila* könnte sich in zweierlei Hinsicht als atypisch erweisen:

- Die Frühentwicklung von *Drosophila* erfolgt in einem Syncytium. Der Zygotenkern teilt sich mehrfach, und die entstehenden Zellkerne wandern nach außen, wo sie in der Nähe der Eimembran eine Schicht bilden, bevor sich Zellwände bilden. Die von den Lückengenen gesteuerte Differenzierung unterschiedlicher Bereiche findet also in einem Syncytium statt und kann daher über DNA-bindende Proteine erfolgen, die keine Zellmembranen durchqueren müssen. In den meisten anderen Embryonen dagegen erfordert die räumliche Differenzierung die Weiterleitung von Signalen zwischen verschiedenen Zellen; dies geschieht entweder durch Sekretion von Substanzen oder durch Transmembranproteine.
- Die erste Asymmetrie im *Drosophila*-Ei, nämlich die zwischen Vorder- und Hinterende, wird durch den mütterlichen Organismus festgelegt. Im Froschei kommt es früh zu einer Differenzierung in „animalen" und „vegetativen" Pol, die sich unter anderem in einer unterschiedlichen Dotterkonzentration äußert. Das Ei befindet sich zu diesem Zeitpunkt noch im Ovar, doch stimmt die Orientierung benachbarter Eier nicht überein. Offenbar ist die anfangs symmetrische Verteilung der Substanzen in der Zelle instabil, und die Asymmetrie entsteht ohne den Einfluß von der Mutter ausgehender Faktoren. Eine ähnliche intrinsische Instabilität führt zur Entstehung einer dorsoventralen Asymmetrie. Wahrscheinlich ist ein solcher intrinsischer Ursprung von Asymmetrien die Regel.

Ein zweites gut erforschtes Beispiel für einen chemischen Gradienten, der eine morphologische Differenzierung verursacht, findet man in der Entwicklung des Flügels beim Hühnchen. In der normalen Entwicklung entstehen drei morphologisch unterscheidbare Finger, die man mit den Nummern 2, 3 und 4 bezeichnet, um ihre Homologie zu den Fingern einer fünfstrahligen Extremität deutlich zu machen. Entfernt man eine kleine Zellgruppe, die sogenannte polarisierende Zone, vom posterioren Rand der Extremitätenknospe und transplantiert sie an den anterioren Rand einer zweiten Extremitätenknospe, so entwickelt diese Knospe sechs Finger, die sich morphologisch als 4, 3, 2, 2, 3 und 4 identifizieren lassen. Die Interpretation legt nahe (Abbildung 14.6), daß die polarisierende Zone ein Morphogen produziert, das bei niedriger Konzentration den zweiten, bei mittlerer den dritten und bei hoher den vierten Finger induziert. Dieses diffundierende Morphogen ist inzwischen mit einiger Sicherheit als Retinsäure identifiziert: Ein in Retinsäure getränktes Mullkügelchen ruft die gleichen Effekte hervor wie eine transplantierte polarisierende Zone.

14.4 Segmentierung als Beispiel für weitergehende Differenzierung

Abbildung 14.5 zeigt einen *Drosophila*-Embryo kurz vor der Trennung der Zellkerne durch Ausbildung von Zellwänden. In sieben gleichmäßig voneinander entfernten Zellkernringen ist das Gen *hairy* aktiv, in sieben dazwischenliegenden Rin-

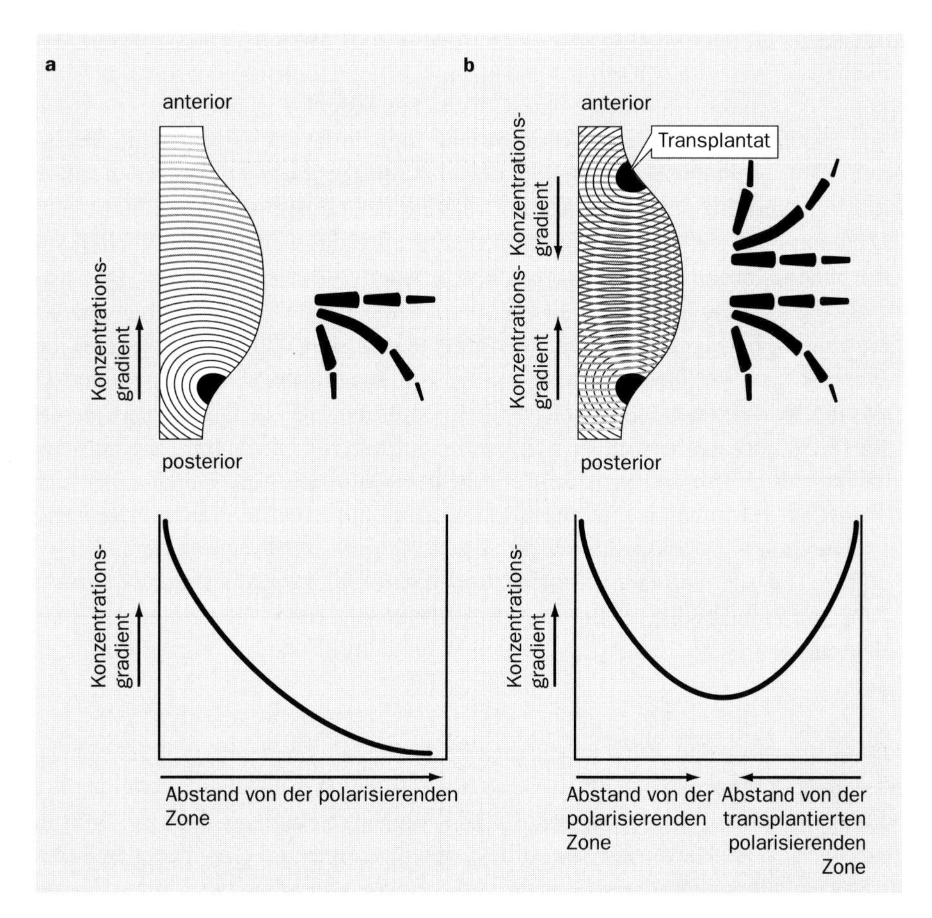

14.6 Positionsinformation bei der Entwicklung der Hühnerextremität (nach Wolpert 1991). a) Normale Entwicklung; b) nach Verpflanzung einer zusätzlichen polarisierenden Region in den anterioren Bereich.

gen das Gen *even-skipped*. Diese 14 Zellringe sind die Vorläufer der 14 Segmente des adulten Insekts: drei posteriore Kopfsegmente, drei Thoraxsegmente und acht Abdominalsegmente. Die Transformation dieser Zellringe in Segmente ist ein komplizierter Prozeß, der von einer Reihe sogenannter „Paar-Regel-Gene" (*pair rule genes*) gesteuert wird. Wir befassen uns im folgenden nur mit der Bildung der Zellringe selbst, für die anscheinend drei der Paar-Regel-Gene erforderlich sind: *hairy*, *runt* und *eve* (*even-skipped*).

Prinzipiell scheint es zwei Möglichkeiten zu geben:

- *Morphogenetische Wellen*. Die Streifen entstehen durch eine stehende Konzentrationswelle der Art, wie Turing sie postuliert hat, wobei die Maxima *hairy*, die Minima *eve* aktivieren. Eine leichte Modifikation von Turings Modell mit Aktivierung und Repression von Genen ist leicht vorstellbar. Meinhardt (1986) hat für die Segmentbildung bei *Drosophila* ein derartiges Modell vorgeschlagen. Dennoch ist es, wie wir noch sehen werden, unwahrscheinlich, daß die Ringe in Abbildung 14.5 tatsächlich durch einen periodischen Prozeß entstehen.

- *Spezifische Genaktivierung*. Verschiedene Signale lassen verschiedene Streifen entstehen. Es ist unwahrscheinlich, daß ein einziger Gradient – etwa des mütterlichen bicoid-Genprodukts – die notwendige Positionsinformation liefern kann. Dazu müßte es sieben Konzentrationen geben, die das Gen *hairy* anschalten, und mit ihnen abwechselnd sieben Konzentrationen, die *eve* anschalten. Das wäre zwar logisch möglich, wird aber von niemandem, der auf diesem Gebiet arbeitet, ernsthaft in Erwägung gezogen. Es könnte jedoch sein, daß die Paar-Regel-Gene spezifisch auf Gradienten reagieren, die von den Lückengenen *hb*, *Kr* und *kni* erzeugt werden (siehe Übersichtsartikel von Akam 1989a). Die Transkripte dieser Gene sind auf bestimmte Regionen des Embryos beschränkt, die entweder aneinander grenzen oder sich nur wenig überschneiden; sie können daher nicht Träger der Information sein, die für die Ausbildung von 14 Streifen erforderlich ist. Die Proteinprodukte dieser Gene dagegen kommen in größeren Bereichen vor und sind bei sehr geringen Konzentrationen wirksam. Deshalb ist es möglich, daß Konzentrationsgradienten dieser drei Genprodukte – und vielleicht auch der von mütterlichen Genen codierten Proteine – gemeinsam die benötigte Information liefern.

Die Vermutung, daß die Gene auf spezifische Signale reagieren, gründet sich darauf, daß die fraglichen Paar-Regel-Gene *hairy*, *runt* und *eve* mehrere getrennte Promotoren enthalten, von denen jeder für die Ausbildung anderer Teile des Musters verantwortlich ist. Beispielsweise verursachen Deletionen an verschiedenen Stellen der 5′-Regulationsregion des Gens *hairy* die Fusion von Segmenten in jeweils verschiedenen Bereichen des Embryos. Außerdem gibt es Hinweise darauf, daß das Gen *eve* auf mehr als eine Weise angeschaltet werden kann; man kennt Regulationsmutanten, die entweder Streifen 3 oder die Streifen 2 und 7 aktivieren. Schließlich weiß man auch, daß die Lückengene Zinkfingerproteine codieren, deren Bindungsstellen nahe beieinander in den Regulationsregionen der Paar-Regel-Gene liegen. Es hat also den Anschein, als reagierten die Gene *hairy*, *runt* und *eve* bei der Spezifizierung verschiedener Segmente auf verschiedene Signale. Daraus folgt, daß die 14 Segmente sich von Anfang an qualitativ unterscheiden; wäre ein Turing-Prozeß wirksam, so müßten sie zunächst qualitativ identisch sein.

Möglicherweise wird das Segmentmuster durch einen periodischen Prozeß des von Turing vorgeschlagenen Typs stabilisiert und verstärkt, aber es gibt keinerlei Hinweise darauf, daß ein solcher Prozeß für das Einsetzen der Periodizität verantwortlich ist. Es wird sehr interessant sein, zu erfahren, wie die vier Petalen von *Arabidopsis* oder die fünf von *Antirrhinum* entstehen.

Die Segmentbildung basiert also auf zwei aufeinanderfolgenden Prozessen: Signalemission und lokale Gendifferenzierung. Die Emission eines einzelnen Signals, durch die ein Gradient entsteht, kann nur zwei – oder wenige – verschiedene Genaktivitätszustände auslösen. Diese Zustände werden dann stabil vererbt, wodurch

Zonen entstehen, die sich hinsichtlich der in ihnen exprimierten Gene unterscheiden. Von diesen können wiederum neue Gradienten in kleineren Domänen ausgehen, die weitere Bereiche mit unterschiedlicher Genexpression entstehen lassen, und so weiter, bis durch diesen Wechsel alle notwendigen Feinstrukturen entstanden sind.

14.5 Von kartesischen Koordinaten zu Polarkoordinaten: die Entstehung proximodistaler Strukturen

Vor dem Aufkommen der Molekulargenetik wurden umfangreiche Untersuchungen über die Regeneration teilweise amputierter Amphibien- und Schabenbeine durch-

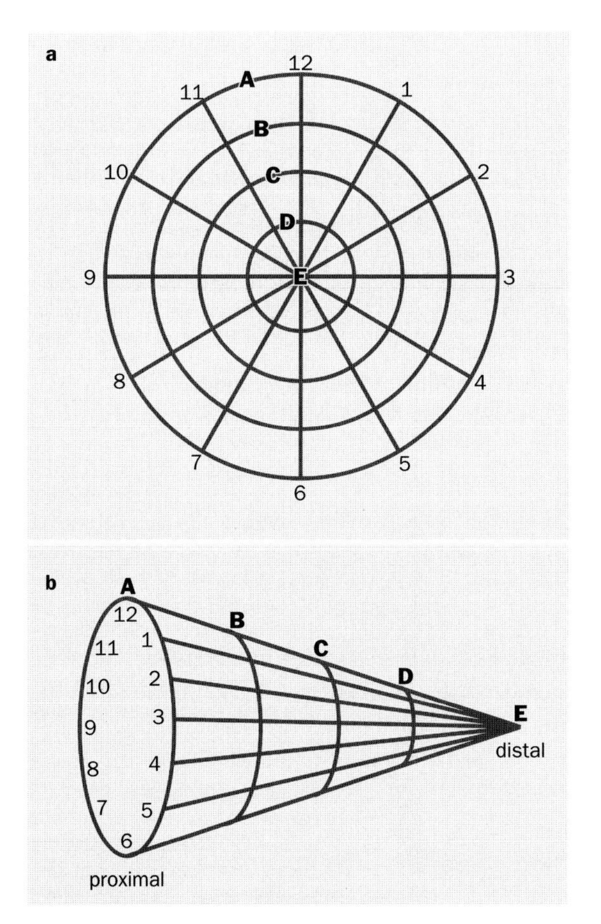

14.7 Positionsinformation im Polarkoordinatenmodell (nach French et al. 1976). a) Die Zellposition ist durch den radialen (A bis E) und den peripheren (1 bis 12) Koordinatenwert determiniert; b) Projektion der Imaginalscheibe auf die proximodistale Struktur einer Extremität.

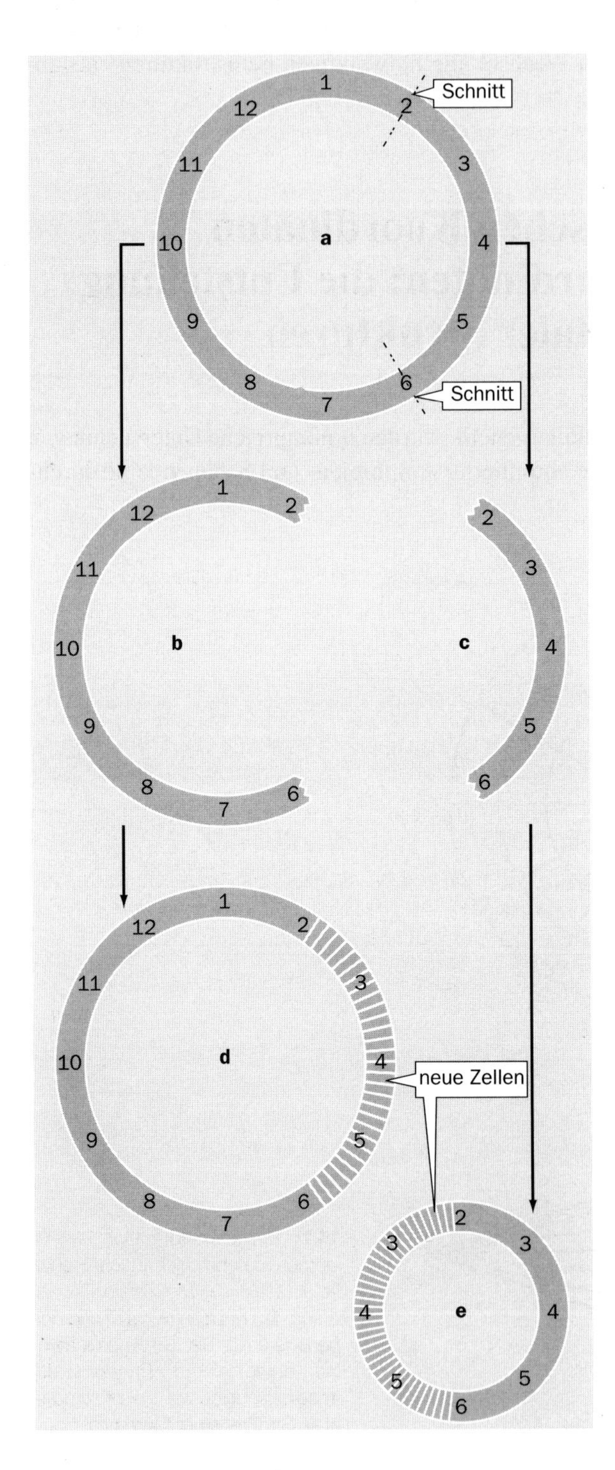

14.8 Ein Modell für die Regeneration einer Insektenextremität (Bryant et al. 1981). a) Querschnitt durch die Extremität mit Angabe der peripheren Positionsinformation; b) Teil der Extremität nach einer Verletzung mit Schnitten an den Positionen 2 und 6; d) Die Extremität regeneriert sich durch Interkalation zu einem Ring. Die Positionswerte der neuen Zellen sind durch die Regel der „Interkalation auf kürzestem Wege" determiniert, nach der die Zellen an den Schnittstellen ihre Werte (2 und 6) beibehalten und die neuen Zellen Werte annehmen, die diese auf dem kürzesten Weg, also über 3, 4 und 5, verbinden (und nicht über die längere Alternative 1, 12, 11, 10, 9, 8 und 7). Das Resultat ist ein Zellring mit der vollständigen Anzahl der Positionswerte, der daher eine komplette Extremität regeneriert; c), e) Auch ein kleineres Fragment der Extremität regeneriert sich nach einer Verletzung mit Schnitten an den Stellen 2 und 6 über den kürzeren Weg 3, 4 und 5. Dabei entsteht eine Struktur, in der einige Werte verdoppelt sind und einige fehlen, es kommt also zur spiegelbildlichen Verdoppelung eines Teiles der Extremität.

geführt, in jüngerer Zeit auch über die Imaginalscheiben der Flügel und Beine von *Drosophila*. Diese Untersuchungen mündeten in die Formulierung des „Polarkoordinatenmodells" (auch Zifferblattmodell genannt), mit dem sich die Versuchsergebnisse erklären ließen (Abbildungen 14.7 und 14.8). Dabei handelt es sich um ein formales Modell auf der Grundlage der räumlichen Verteilung von Größen, deren physikalische oder chemische Natur unbekannt ist. Es besteht aus einer Reihe einfacher Regeln, die festlegen, wie diese Größen sich ändern, wenn das System experimentell gestört wird. Das Modell ist in zweierlei Hinsicht interessant. Erstens läßt sich damit eine erstaunliche Vielfalt von Phänomenen erklären, von denen einige auf den ersten Blick entschieden sonderbar wirken. Zweitens liefern molekulargenetische Untersuchungen der Imaginalscheiben zur Zeit erste Hinweise auf die beteiligten Gene.

In der Imaginalscheibe des Beins sind die Bereiche, die später eine unterschiedliche Entwicklung durchlaufen, in konzentrischen Ringen angeordnet: Aus dem äußersten Ring geht die Coxa hervor, aus dem innersten der Tarsus. French et al. (1976) entwarfen für die Positionsinformation das in Abbildung 14.7 wiedergegebene Modell. Jede Zelle besitzt Informationen über ihre Lage auf den Koordinaten A bis E und 1 bis 12 eines Polarkoordinatensystems. Wird ein Teil der Imaginalscheibe operativ entfernt, ersetzt das verbleibende Fragment die fehlenden Teile entweder vollständig, oder es produziert eine spiegelsymmetrische Ergänzung seiner selbst. Bryant et al. (1981) schlugen eine Erklärung für dieses seltsame Phänomen vor, die in Abbildung 14.8. wiedergegeben ist.

Das Modell gleicht nach Ansicht seiner Autoren den Mendelschen Gesetzen vor der Entdeckung der Molekulargenetik: Es besteht aus einer Reihe formaler Regeln ohne eine molekulare Erklärung. Erst seit wenigen Jahren wird es auch durch genetische Daten unterstützt (Bryant 1993), nämlich durch zwei Entdeckungen. Erstens fand man Gene, deren Expression sowohl mit dem peripheren als auch mit dem proximodistalen Gradienten des Modells räumlich korrespondiert. Zweitens sind einige der an der Segmentbildung beteiligten regulatorischen Gene auch in den Extremitäten aktiv. Bisher wissen wir jedoch nicht, wie die Positionsinformation zusammengesetzt wird. In dieser Hinsicht befindet sich die Erforschung der Extremitätenscheibe also im gleichen Stadium wie die der Blütenentwicklung: Wir wissen, daß an verschiedenen Stellen verschiedene regulatorische Gene aktiv sind, aber nicht, wie es zu diesen lokalen Unterschieden kommt.

15. Entwicklung und Evolution

15.1 Einleitung

Im 19. Jahrhundert bildeten die Vorstellungen über Entwicklung, Vererbung und Evolution eine unauflösliche Einheit, da man wie selbstverständlich davon ausging, daß in der Entwicklung neu auftretende Veränderungen erblich werden und damit zur Evolution beitragen können. Nicht nur Lamarck, sondern auch Darwin hing dieser Sichtweise an, die er in seiner Pangenesis-Theorie formulierte. Weismann befreite uns von diesem Irrtum, indem er die Ansicht vertrat, daß Information von der Keimbahn ins Soma fließen, nicht aber den umgekehrten Weg nehmen kann. Wenn er recht hatte, durften Genetiker und Evolutionsbiologen die Entwicklung als *black box* behandeln: Man brauchte nicht erst alles über Entwicklung zu wissen, bevor man die genetische Weitergabe (von Information) oder die Evolution verstehen konnte. Seit Weismann hat die Entwicklungsbiologie nur noch geringen Einfluß auf die Evolutionsbiologie gehabt. Eines Tages, so haben wir uns selbst versprochen, werden wir die *black box* öffnen, aber bis dahin können wir auch so sehr gut zurechtkommen.

Die jüngsten Fortschritte in der Entwicklungsgenetik, von denen einige in den letzten drei Kapiteln dargestellt wurden, verpflichten uns, uns wieder der Entwicklungsbiologie zuzuwenden. Drei miteinander verwandte Fragen sind dabei von besonderem Interesse. In der ersten, im Kontext dieses Buches bedeutsamsten Frage geht es um Selektionsebenen: Warum wird die Integration auf der Ebene des Organismus nicht durch Selektion zwischen den Zellen des Organismus verhindert? Dieser Punkt wird in Abschnitt 15.2 erörtert. Die zweite Frage betrifft die Vererbung erworbener Eigenschaften. Dieses alte Problem ist in abgewandelter Form wieder aktuell geworden. Wir haben erkannt, daß es zelluläre Vererbung gibt und daß an ihr andere Mechanismen beteiligt sind als an der Weitergabe von Information von einer Generation an die nächste. In Abschnitt 15.3 diskutieren wir, ob sie beim evolutionären Wandel eine Rolle spielt.

Schließlich wenden wir uns in den Abschnitten 15.4 und 15.5 der Frage zu, ob die neuen molekularbiologischen Erkenntnisse Licht auf ein anderes altes Problem werfen, nämlich auf die außerordentliche morphologische Beständigkeit biologischer Strukturen trotz dramatischer Veränderungen ihrer Funktion. Aufgrund dieses Konservatismus konnten Anatomen eine kleine Anzahl von Archetypen oder Bauplänen ausmachen. Der Konservatismus als solcher ist ein kaum bezweifelbares Phänomen. Ein Beispiel sind die Knochen und Knorpel, die beim Menschen am Schluckvorgang, an der Lauterzeugung und am Hören beteiligt sind: Sie leiten sich von Teilen des Kiemenapparats ab, über den unsere Fischvorfahren Gase mit dem Meerwasser austauschten und der selbst aller Wahrscheinlichkeit nach aus Elementen eines Filtrierapparats hervorgegangen ist. Die Entdeckung solcher morphologischen Homologien ist ein Triumph der vergleichenden Anatomie; der Grund für die Beständigkeit morphologischer Strukturen ist dagegen noch umstritten.

Eine einfache Erklärung ist, daß Baupläne durch funktionelle Anpassung an bestimmte Lebensweisen entstanden sind. Beispielsweise entwickelten sich die segmentierte Muskulatur, die Chorda dorsalis, die paarigen Flossen und der postanale Schwanz, die grundlegende Elemente des Chordatenbauplans sind, in erster Linie als Anpassungen an das Schlängelschwimmen. Spätere ökologische Anpassungen – etwa Gehen und Fliegen – wurden nicht durch Schaffung neuer, sondern durch Modifikation existierender Strukturen ermöglicht. In Anbetracht des schrittweisen Verlaufs der Evolution ist dies nicht verwunderlich. Seit der Zeit von Goethe und Geoffroy Saint-Hilaire hatten jedoch einige Anatomen das Gefühl, daß Baupläne mehr darstellen als eingefrorene Zufälle der Geschichte: Sie offenbaren in gewisser Weise fundamentale Formgesetze. Molekulare Daten haben dieser alten Debatte eine neue Wendung gegeben. Es scheint inzwischen, als sei das genetische Signalsystem der Tiere älter und konservativer als die von ihm determinierten morphologischen Strukturen.

15.2 Entwicklung und Selektionsebenen

Inwieweit hat ein Konflikt zwischen der Selektion auf der Ebene der Zellen und der Selektion auf der Ebene der Organismen das Muster der Entwicklung beeinflußt? Buss (1987) zufolge muß ein solcher Einfluß eine entscheidende Rolle gespielt haben. Seine grundsätzliche Sicht der wichtigsten Ereignisse in der Evolution ähnelt der unseren. Seiner Meinung nach gab es eine Reihe entscheidender Übergänge zwischen verschiedenen Einheiten der Selektion, und seine Liste dieser Übergänge ist mit unserer nahezu identisch. Der erste Vorentwurf unseres Buches (Maynard Smith

1988a) war stark von seinen Thesen beeinflußt. Dies hervorzuheben ist uns deshalb besonders wichtig, weil wir Buss im Detail nicht zustimmen können.

Buss befaßte sich hauptsächlich mit dem Übergang von einzelligen zu mehrzelligen Organismen. Wir haben in Abschnitt 1.4 die Behauptung aufgestellt, der entscheidende Grund dafür, daß Organismen nicht durch Konkurrenz zwischen ihren Zellen zerstört werden, sei, daß die Entwicklung in der Regel mit einer einzigen Zelle beginnt, weshalb die Zellen eines Organismus, wenn man von somatischen Mutationen absieht, genetisch identisch sind. Buss hat diese Tatsache nicht erwähnt. Statt dessen hob er zwei Aspekte der Entwicklung hervor – maternale Kontrolle und die frühe Segregation der Keimbahn –, die seiner Ansicht nach die Ausbreitung egoistischer Mutationen verhindern oder weniger wahrscheinlich machen. Dabei argumentiert er wie folgt. Man denke sich eine egoistische Mutation *S* (*S* steht für *selfish*) in einer Somazelle, die auf Kosten der Fitneß des Gesamtorganismus die Wahrscheinlichkeit erhöht, daß aus dieser Zelle eine Keimzelle hervorgeht. Gene in der Mutter des Individuums mit dieser Mutation oder Gene an anderen Loci in dem Individuum selbst steigern ihre Überlebenschance, wenn es ihnen gelingt, die Effekte von *S* zu unterdrücken. Gene in der Mutter können dies durch Ausdehnung der maternalen Kontrolle auf die Frühentwicklung erreichen, Gene in dem Individuum selbst durch Beschränkung der Fähigkeit, Keimzellen hervorzubringen, auf eine bestimmte Zellinie, das heißt durch frühe Segregation der Keimbahn.

Die beiden Möglichkeiten müssen getrennt besprochen werden. Betrachten wir zunächst die maternale Kontrolle. Wenn die gesamte Entwicklung eines Individuums durch dessen Mutter kontrolliert würde, könnte in ihm keine Mutation Auswirkungen haben – tatsächlich hätte überhaupt kein Gen des Individuums selbst Einfluß auf dessen Phänotyp. Wir wären mit einem seltsamen System konfrontiert, in dem der Phänotyp jeder Generation durch Gene in der vorigen Generation determiniert wäre. Es wäre eine interessante Übung, die Konsequenzen eines solchen Systems auszuarbeiten. In der Realität ist das Ausmaß der maternalen Kontrolle dagegen sehr beschränkt. Selbst bei *Drosophila*, bei der es vielleicht größer ist als bei jeder anderen hinreichend erforschten Art, könnten Schäden, die durch *S*-Mutationen in einem Individuum verursacht würden, nur sehr begrenzt durch maternale Kontrolle reduziert werden. Das Ausmaß der maternalen Kontrolle bei Fliegen hängt – wie einige andere ungewöhnliche Eigenheiten ihrer Entwicklung, etwa der Ablauf der ersten Teilungen in einem Syncytium – wahrscheinlich damit zusammen, daß viele Fliegenarten an das Leben in vergänglichen Habitaten angepaßt sind, etwa in faulendem Fleisch, Obst oder Tang oder in temporären Gewässern. Vielleicht trägt die maternale Kontrolle dazu bei, eine schnelle Entwicklung zu gewährleisten.

Bevor wir uns der Bedeutung einer frühen Segregation der Keimbahn zuwenden, ist es sinnvoll, zwischen zwei Arten somatischer Mutationen zu unterscheiden: *G*-Mutationen steigern die Chance, daß aus einer Zelle eine Gamete hervorgeht, *M*-Mutationen (maligne Mutationen) verursachen unkontrollierte Zellvermehrung und senken dadurch die individuelle Fitneß. Auf Gene an anderen Loci wird die Selektion nicht dahingehend wirken, *G*-Mutationen *per se* zu unterdrücken, es sei denn, diese sind ebenfalls maligne oder senken die individuelle Fitneß auf andere Weise.

Die wichtigste Selektionskraft wird also die Vermeidung oder Verzögerung von Malignität sein. Dabei wäre die Segregation der Keimbahn nicht von Nutzen. Es sind jedoch *G*-Mutationen vorstellbar, die nicht maligne sind, aber auf andere Weise die Fitneß senken. Man denke beispielsweise an eine somatische Mutation in einer pflanzlichen Meristemzelle, die zur Folge hat, daß aus der Zelle eher eine Blüte als ein Blatt hervorgeht. Im allgemeinen würden solche Mutationen das ausbalancierte Gleichgewicht zwischen Blatt- und Blütenbildung stören. Zweifellos treten sie auf, werden aber durch Individualselektion an der Ausbreitung gehindert. Aus Gameten mit einer solchen Mutation würden sich Individuen entwickeln, die zu wenige Blätter und zu viele Blüten tragen. Man beachte jedoch, daß diese Art der Selektion nur auftreten kann, wenn Pflanzen sich aus einer einzigen Zelle entwickeln – bei Pflanzen gibt es natürlich keine Segregation der Keimbahn.

Eine frühe Segregation der Keimbahn ist bei Pflanzen nicht möglich, weil Pflanzenzellen sich nicht bewegen und es keine Möglichkeit gäbe, Zellen einer segregierten Linie zu den Samenanlagen oder Pollenkörnern zu transportieren. Aber warum ist die Trennung von Keimbahn und Soma bei Tieren so verbreitet? Zwei Erklärungen sind denkbar, für beide gibt es allerdings wenig direkte Belege:

- Die Selektion hat auf eine Senkung der Mutationsrate in den Gameten hingewirkt. Dies ist am leichtesten zu erreichen, wenn die Gameten von einer spezialisierten Linie gebildet werden, die keine anderen Funktionen erfüllt.
- Bei der Bildung von Gameten müssen alle Gene in den in einer totipotenten Zelle herrschenden Zustand zurückversetzt werden. In diesem Prozeß werden weniger Fehler auftreten, wenn sich die Differenzierung von vornherein auf weniger Gene erstreckt.

Jeder dieser Selektionsvorteile oder auch beide zusammen könnten zur frühen Segregation der Keimbahn geführt haben. Es gibt also keinen Grund zu der Annahme, die maternale Kontrolle oder die Segregation der Keimbahn hätten sich in der Evolution entwickelt, um die Konkurrenz zwischen Zellen eines Organismus zu unterdrücken. Aber die Frage nach dem Einfluß der Konkurrenz auf Zellebene ist von Bedeutung, und wir halten unsere Argumente nicht für zwingend.

Noch schwerer fällt es uns aber, Buss' zweite These in bezug auf diese Prozesse zu akzeptieren: Die Evolution radikal neuartiger Baupläne sei schwierig oder unmöglich geworden, als sich das Fenster zwischen maternaler Kontrolle und Keimbahnsegregation verengte. Dies begründet er damit, daß wichtige evolutionäre Neuerungen synergistisch sein müßten, das heißt, sie müßten sowohl auf der Zell- als auch auf der Organismenebene selektiert werden. Wir können dafür keine Notwendigkeit erkennen. Man denke sich eine Mutation in einer Keimbahnzelle, die keinen Effekt auf diese Zelle oder ihre direkten Abkömmlinge hat, aber die Morphogenese beeinflußt, wenn sie in Somazellen der nächsten Generation vorkommt. Eine derartige Mutation kann sich durch natürliche Selektion ausbreiten. Die Keimbahnsegregation ist dabei irrelevant. In Abbildung 15.1 wird dieser Punkt genauer untersucht. Der Tatsache, daß seit dem Kambrium wenige, vielleicht auch überhaupt

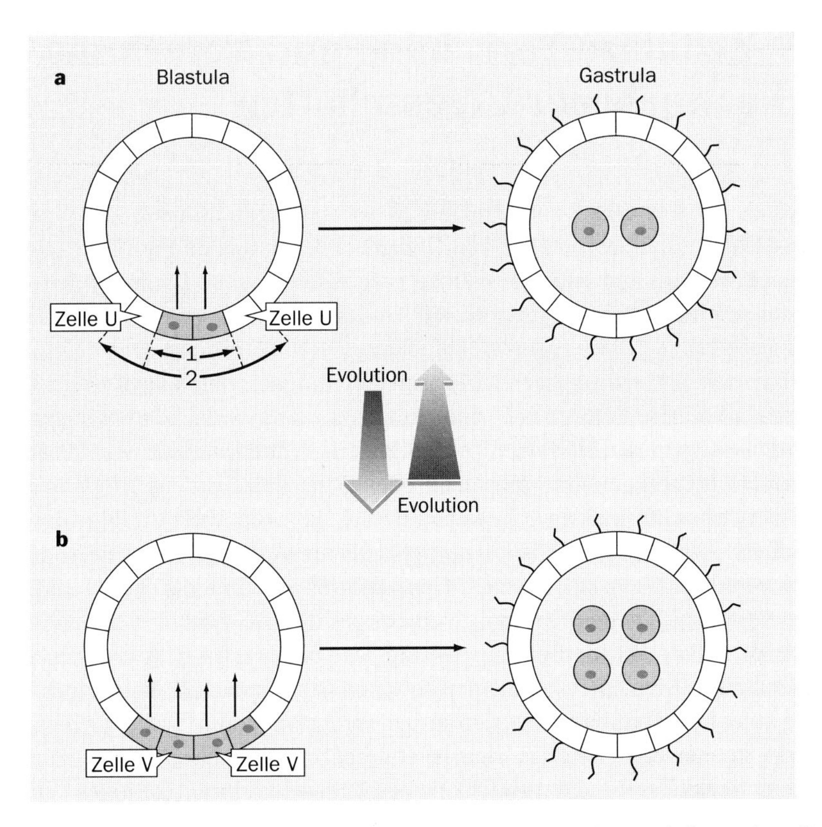

15.1 Ein Modell der „synergistischen Selektion“. Keimbahnzellen sind grau wiedergegeben, Somazellen weiß. Zwei Evolutionsstadien sind dargestellt: In a) gehen nur zwei Zellen der Blastula in die Keimbahn ein, in b) vier. Betrachten wir zunächst den Fall, daß die Selektion auf der Ebene der Organismen die Evolution von a) nach b) begünstigt. Im Zustand a) haben die Zellen die Eigenschaft X: „Wenn du dich an Position 1 befindest, entwickle dich zur Keimzelle“. Erforderlich ist nun eine Mutation zur Eigenschaft Y: „Wenn du dich an Position 1 oder Position 2 befindest, entwickle dich zur Keimzelle“. Die Selektion begünstigt Y synergistisch: Neue Mutationen gelangen mit größerer Wahrscheinlichkeit in eine Keimzelle (wenn sie in den mit U bezeichneten Zellen auftreten), und Zygoten, die das Merkmal Y tragen, haben eine höhere Fitneß. Die Mutation Y würde sich jedoch durch Selektion zwischen den Individuen ausbreiten, wenn es keine Selektion innerhalb der Individuen gäbe (etwa wenn die Mutation erst nach der Gastrulation aufträte). Der Effekt der synergistischen Selektion besteht also lediglich in einer Steigerung der effektiven Mutationsrate (das heißt der Mutationsrate in den Gameten). Betrachten wir nun die Selektion, die zur Evolution in die umgekehrte Richtung führt: von b) nach a). Erforderlich ist dazu eine Mutation von Y nach X. Eine neue Mutation hat nur dann die Gelegenheit, sich auszubreiten, wenn sie in den mit V bezeichneten Zellen oder deren Abkömmlingen auftritt. Der Effekt einer entgegengesetzten Selektion innerhalb des Individuums besteht daher lediglich in einer Senkung der effektiven Mutationsrate; die Evolution von b) nach a) wird dadurch nicht verhindert.

keine neuen Baupläne entstanden sind, ist viel Bedeutung beigemessen worden, dabei ist schwer vorstellbar, wie es hätte anders sein können. Organismen mit bereits entwickeltem Bauplan konnten schwerlich Abkömmlinge mit komplett andersartigem Körperbau hervorbringen, die einzige Möglichkeit für die Entstehung neuer Phyla war also die Evolution aus Einzellern. Dies wurde offenbar durch die bereits vorhandene Vielfalt an hochentwickelten Metazoen verhindert.

15.3 Zelluläre Vererbung und Vererbung erworbener Eigenschaften

Angesichts der Existenz von zellulärer Vererbung liegt es nahe zu fragen, ob gelegentlich Regulationszustände von Genen bei der sexuellen Fortpflanzung weitergegeben werden, und wenn ja, welche Folgen dies für die Evolution hat. Einer der ersten, die diese Fragen stellten, war Holliday (1987), später wurden sie von Jablonka und Lamb (1989) und von Jablonka et al. (1992) erörtert. Den deutlichsten Hinweis darauf, daß epigenetische Eigenschaften mitunter durch die Keimbahn vererbt werden können, liefert das Phänomen des *genomic imprinting* („genomische Prägung"). Beispielsweise können bei Säugern die vom Vater und von der Mutter stammenden homologen Chromosomen oder Gene verschiedene Methylierungsmuster aufweisen. In manchen Geweben ist nur das vom Vater ererbte Gen eines bestimmten Locus aktiv, in anderen nur das von der Mutter ererbte. Die vom Vater und die von der Mutter stammenden Gene müssen also unterschiedliche Markierungen aufweisen. Da die Chromosomen bei der Meiose zufällig verteilt werden, bedeutet dies, daß das Methylierungsmuster der maternalen Chromsomen in der Keimbahn eines Männchens und der paternalen in der eines Weibchens verändert werden muß. Die Keimbahn läßt sich also umprogrammieren, und die neuen Markierungen können dann über die Meiose weitergegeben werden.

Andere Beispiele für die Erblichkeit epigenetischer Modifikationen sind die Effekte von Düngung bei Flachs (*Linum*) und der heteromorphe Generationswechsel bei Wirbellosen. Wie man seit einiger Zeit weiß (Durrant 1962), sind gedüngte Flachspflanzen stärker verzweigt und haben breitere Blätter als ungedüngte. Diese Merkmale können an die Samen weitergegeben werden. Es zeigte sich, daß die Zellen des Flachses auf Düngung mit der Vervielfältigung bestimmter Abschnitte des Genoms reagieren (Cullis 1983). Beim Generationswechsel der Leberegel kann sich aus einer einzigen Zelle mit einem unveränderten diploiden Genom ein Miracidium, eine Redie oder eine Cercarie entwickeln, je nach ihrer jüngsten epigenetischen Geschichte. Natürlich wird in diesem Fall der epigenetische Zustand nicht über eine Meiose weitergegeben, sondern durch eine einzige Fortpflanzungszelle.

Welche Folgen hat es für die Evolution, wenn epigenetische Zustände zumindest gelegentlich sexuell weitergegeben werden? In einem Versuch, diese Frage zu beantworten, entwickelte Maynard Smith (1990) ein formales Modell eines „dualen Vererbungssystems". Dieses Modell basiert auf den folgenden Annahmen:

- Jedes Gen – ob Strukturgen oder regulatorisches Gen – enthält eine bestimmte Sequenz, die über seine Aktivität entscheidet. Ist sie markiert, so ist das Gen inaktiv, fehlt die Markierung, ist es aktiv. Bei der Zellteilung werden die Markierungen kopiert.

- Der Zustand einer solchen Sequenz – markiert oder nicht markiert – kann durch die Aktivität eines Markierungsgens verändert werden; dieses codiert ein Protein, das die betreffende Sequenz erkennen kann.
- Die Aktivität der Markierungsgene ist wiederum von einer Reihe regulatorischer Gene abhängig: Das von einem regulatorischen Gen produzierte Protein schaltet nur dann ein bestimmtes Markierungsgen an, wenn es an einen passenden Induktor gebunden ist. Ein Induktor kann also den Zustand einer Zelle verändern, indem er sich mit einem regulatorischen Protein verbindet; dieses aktiviert dann ein Markierungsgen, dessen Produkt wiederum die Markierungen und damit die Aktivität vieler Gene in der Zelle verändern kann.

Das Modell erscheint – und ist in der Tat – relativ kompliziert, aber vielleicht kann ein Modell, das die Phänomene der Differenzierung und der zellulären Vererbung erklärt, nicht einfacher sein. Überdies setzt es nichts voraus, was sich nicht durch experimentelle Daten stützen ließe.

Auf der Grundlage eines solchen Modells lassen sich relativ leicht Systeme mit den gewünschten Eigenschaften entwerfen; Genaueres ist der Originalveröffentlichung zu entnehmen. Insbesondere die folgenden Systeme sind möglich:

- Keimzellen können, wie bei Pflanzen und Pilzen, aus Somazellen hervorgehen (Abbildung 15.2). Ohne externe Induktion bringen Keimzellen Keimzellen und Somazellen Somazellen hervor. Ein Induktor I_2 macht aus somatischen Zellen Keimzellen, I_1 überführt Keimzellen in Somazellen.
- Ein System, das dem vorigen ähnelt, in dem es aber zwei Arten von Somazellen gibt: Typ A wird von I_A induziert, Typ B von I_B (Abbildung 15.3). Einmal differenzierte Somazellen lassen sich nicht in den jeweils anderen Somazelltyp, wohl aber – durch I_1 – in Keimzellen überführen. Die Differenzierungszustände A und B könnten beispielsweise verschiedene Gewebe sein, oder auch verschiedenartige Adulte, die sich während ihrer Entwicklung an unterschiedliche Umweltbedingungen angepaßt haben.
- Ein System, das an *Linum* erinnnert (Abbildung 15.3b). Wie in Abbildung 15.3a können Zellen der Keimlinie 1 (KL1) je nach Art des Induktors jeden der Soma-

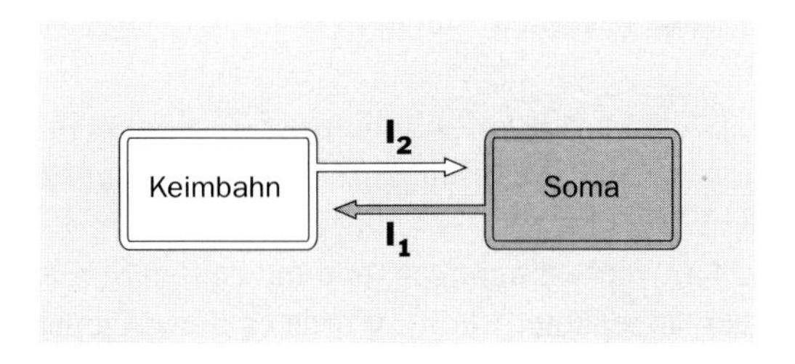

15.2 Das Verhalten eines hypothetischen Kontrollsystems (aus Maynard Smith 1990). Das System erinnert an die Verhältnisse bei Pflanzen: Keimbahnzellen können durch den Induktor I_2 in Somazellen umgewandelt werden, Somazellen durch den Induktor I_1 in Keimbahnzellen.

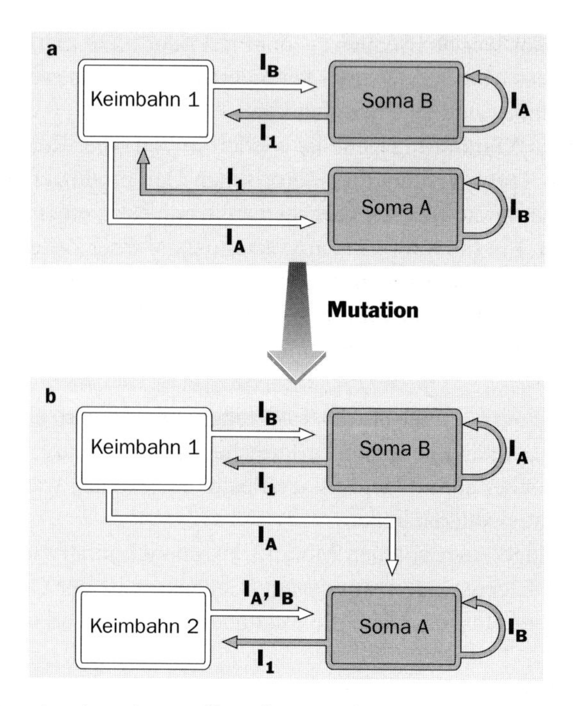

15.3 Das Verhalten eines komplexeren Kontrollsystems (aus Maynard Smith 1990). System a) entspricht einer höheren Pflanze mit zwei Arten differenzierter Somazellen, die beide Keimzellen hervorbringen können. Es kann durch eine einzige Mutation in System b) überführt werden, das an die für Flachs (*Linum*) beschriebene Situation erinnert. I_A und I_B stehen für verschiedene Umweltbedingungen, Soma A und Soma B für verschiedene adulte Phänotypen. Soma B ist unter den Umweltbedingungen I_B reinerbig, unter den Umweltbedingungen I_A entwickeln sich die aus ihm hervorgehenden Keimzellen aber zu Soma A; Soma A ist stets reinerbig. Das System b) illustriert also die „Vererbung einer erworbenen Eigenschaft", die ohne Veränderung der DNA-Sequenz erfolgt.

typen A und B hervorbringen. Auch hier läßt sich Soma B in KL1 überführen, aber Soma A kann lediglich eine anderen Keimzelltyp (KL2) hervorbringen, aus dem unabhängig von der Art des Induktors ausschließlich Soma A hervorgeht. Ausgehend von KL1 produziert der Induktor I_A also einen veränderten Phänotyp, der in der Folgezeit unbegrenzt weitervererbt wird – in diesem System kann eine erworbene Eigenschaft vererbt werden.

Die Evolution von dem System in Abbildung 15.3a zu dem in 15.3b erfordert nur eine einzige Mutation, die die Spezifität eines der Markierungsgene verändert. Was bedeutet dies für die Evolution? Angenommen in Abbildung 15.3 stehen I_A und I_B für unterschiedliche Umweltbedingungen, und die beiden Somatypen A und B sind an diese Bedingungen angepaßte Adulte. Würde es nun angepaßt, unabhängig von den Umweltbedingungen, also ohne Induktion, Soma vom Typ A zu entwickeln, so wäre jede Mutation selektiv begünstigt, durch die aus dem Zustand in Abbildung 15.3a der in 15.3b würde. Aus einer ursprünglich während der Entwicklung auftretenden Anpassung wäre eine genetische Adaptation geworden. Genau daran dachte Waddington (1956), als er den Begriff „genetische Assimilation" prägte.

Diese Überlegungen sind zwar interessant, haben aber keinen großen Einfluß auf unsere Sicht der Evolution. Der entscheidende Prozeß ist immer noch die natürliche Auslese. Die Mutationen, auf die sie wirkt, sind mit größerer Wahrscheinlichkeit unangepaßt als angepaßt. In dem in Abbildung 15.3a dargestellten Ausgangszustand liegt es also nur an der in der vorangegangenen Zeit erfolgten Selektion, daß die Entwicklung angepaßt ist: DNA-Sequenzen könnten ebensogut Kontrollprozesse steuern, die für die Entwicklung von Soma A als Reaktion auf Induktor I_B und von Soma B als Reaktion auf Induktor I_A sorgen würden – also für eine unangepaßte Reaktion. Es sei daran erinnert, daß Waddington bei seiner experimentellen Demonstration der genetischen Assimilation eine unangepaßte Reaktion (ein durch Hitzeschock induziertes Fehlen einer bestimmten Flügelader bei *Drosophila*) untersuchte. Zudem erfolgt die adaptive Evolution von dem Zustand in Abbildung 15.3a zu dem in 15.3b durch Selektion genau der Mutation, die den gewünschten Übergang bewirkt; es sind aber viele Mutationen möglich, die keine angepaßte Reaktion bewirken.

Jablonka et al. (1992) stellten die Stichhaltigkeit der obigen Argumentation in Frage. Sie schlugen einen Mechanismus vor, der die stabile Vererbung epigenetischer Veränderungen durch sexuelle Fortpflanzung erlaubt, ohne daß Änderungen der DNA-Sequenz erforderlich sind. Ihr Modell setzt allerdings die Existenz alternativer, replizierbarer Markierungsmuster voraus, die von dem Inhalt der Gene, die sie markieren, unabhängig sind. Solche Markierungsmuster wären autokatalytisch und hätten ihre eigene Ontogenese. Wir wissen nicht, wie häufig diese Situation in realen Organismen gegeben ist.

15.4 Genhomologie in der Entwicklung

Seit 50 Jahren kennt man „homöotische" Mutanten von *Drosophila*, wie *Antennapedia*, bei der anstelle der Antennen Beine wachsen, oder *Tetraptera*, bei der die Halteren durch ein zweites Flügelpaar ersetzt sind. Charakteristisch für derartige Mutanten ist, daß sich ein für ein bestimmtes Segment typischer Körperteil in einem anderen Segment ausbildet. Neuere molekulare Analysen (siehe Übersichtsartikel von Akam 1989b) haben eine Reihe faszinierender und auf den ersten Blick unerwarteter Fakten enthüllt. Die homöotischen Gene in *Drosophila* liegen eng gekoppelt in zwei Clustern vor, die man zusammen als „homöotischen Genkomplex" (*HOM-C*) bezeichnet. Die Aufspaltung in zwei Cluster ist vermutlich erst vor relativ kurzer Zeit erfolgt, da die homologen Gene bei dem Käfer *Tribolium* ein einziges Cluster bilden.

Alle homöotischen Gene enthalten eine Sequenz, die man als Homöobox bezeichnet. Sie codiert die sogenannte Homöodomäne, eine aus etwa 60 Aminosäuren bestehende DNA-bindende Region. Diese Aminosäuresequenz bildet eine Helix-Knick-Helix-Struktur (*helix-turn-helix*), wie man sie ähnlich auch in bakteriellen Repressorproteinen findet. Die Gene sind in spezifischen Segmenten aktiv, und man nimmt an, daß sie für die korrekte Entwicklung dieser Segmente verantwortlich sind. Die Reihenfolge, in der sie entlang der anteroposterioren Achse des Embryos aktiv sind, ist mit ihrer Reihenfolge auf dem Chromosom identisch.

Eine homologe Gruppe von Genen, die *Hox*-Gene, hat man bei der Maus gefunden. Es gibt vier Cluster von *Hox*-Genen; zwei davon sind komplette Kopien des gesamten Satzes, die anderen beiden sind unvollständig. Die Existenz mehrerer Sätze könnte darauf hindeuten, daß diese Gene an mehr als einem Entwicklungsprozeß beteiligt sind. Bei einem Vergleich der Homöoboxdomänen kann man *Hox*-Gene finden, die bestimmten *HOM-C*-Genen homolog sind. Es zeigt sich, daß die Reihenfolge der *Hox*-Gene auf dem Chromosom mit der der *HOM-C*-Gene identisch ist; das gleiche gilt für die Aktivität der Gene entlang der anteroposterioren Achse des Embryos (Abbildung 15.4).

Inzwischen weiß man, daß Homöoboxdomänen in Genen vorkommen, die die Entwicklung kontrollieren, und daß es ähnliche Domänen in den Genen gibt, die den Paarungstyp von Hefe festlegen. Letzteres ist keineswegs überraschend, da auch die Paarungstypgene andere Gene kontrollieren, und zwar Gene, die für die Produktion und Erkennung von Pheromonen sowie für die Zellerkennung zuständig sind.

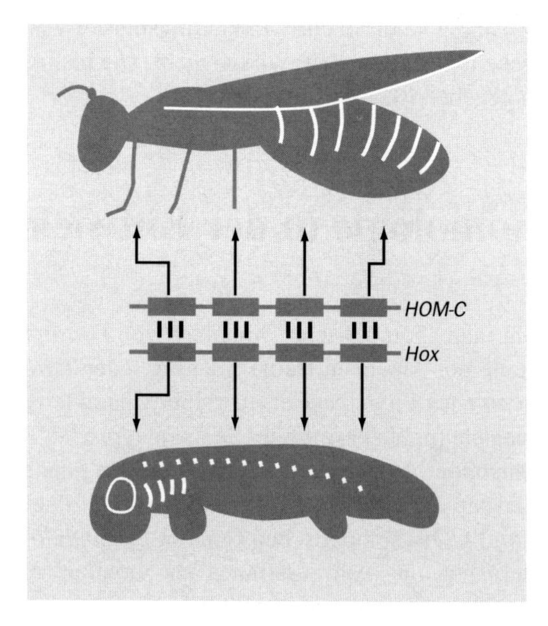

15.4 Beziehung zwischen den *HOM-C*-Genen von *Drosophila* und den *Hox*-Genen der Maus. Die vertikalen Linien geben die engsten Homologien der Homöobox-Domänen an; die Pfeile deuten auf die Bereiche des Embryos, in denen die Gene aktiv sind. Die anteroposteriore Reihenfolge entspricht der Reihenfolge auf dem Chromosom. Die Abbildung zeigt Lagebeziehungen, nicht die genauen Orte der Genaktivität.

Homöoboxdomänen schalten also offensichtlich Kaskaden anderer Gene an und haben diese Funktion schon früh in der Evolution der Eukaryoten übernommen.

Doch warum stimmt die Reihenfolge der homöotischen Gene eines Clusters auf dem Chromosom exakt mit der Reihenfolge überein, in der diese Gene entlang der anteroposterioren Achse des Embryos aktiv sind? Selbst wenn diese Übereinstimmung in einem gemeinsamen Vorfahren existiert haben sollte – wofür es keinen erkennbaren Grund gibt –, stellt sich die Frage, warum die Reihenfolge der Gene beibehalten wurde. Eine Möglichkeit ist, daß es eine in *cis* wirksame Kontrolle gibt, die (mit gradueller Wirkung) entlang dem Chromosom zwischen benachbarten Genen verläuft. Zwei Beobachtungen sprechen jedoch dagegen. Wie bereits erwähnt, wurden die entsprechenden Gene bei den Dipteren in zwei Cluster aufgeteilt, was unwahrscheinlich wäre, wenn in *cis* wirksame Signale eine wichtige Rolle spielen würden. Ein direkteres Gegenargument lieferte die Herstellung transgener Mäuse, bei denen die homöotischen Gene an ungewöhnlichen Chromosomenpositionen liegen. Mit Hilfe von Reportergenen, die vom selben Promotor kontrolliert werden, hat man herausgefunden, daß diese Gene in den richtigen Zellen und nirgendwo sonst aktiv sind. Trotz dieser Beobachtungen ist anzunehmen, daß die Konservierung der Reihenfolge auf dem Chromsom eine funktionelle Bedeutung hat.

Wie wertvoll Genexpressionsexperimente für die Beantwortung alter Fragen der vergleichenden Morphologie sein können, illustriert eine Veröffentlichung, die während der Korrekturphase dieses Buches erschien (Arendt und Nübler-Jung 1994). Die Autoren entdeckten eine Homologie zwischen Anneliden- und Arthropodengenen, die dorsale Strukturen determinieren, und Vertebratengenen, die für ventrale Strukturen verantwortlich sind. Dies läßt eine alte und vielbespöttelte Theorie wiederaufleben, die erstmals Anfang des 19. Jahrhunderts von Geoffroy Saint-Hilaire aufgestellt wurde, nämlich daß die Vertebraten mit ihren dorsalen Nervensträngen und ventralen Herzen auf den Kopf gestellte Abkömmlinge annelidenartiger Vorfahren sind.

15.5 Der Zootyp und die Definition der Tiere

Die Klassifikation eines Organismus als Tier erfolgt in der Regel anhand morphologischer Eigenschaften. Manche Wissenschaftler nehmen an, daß die morphologischen Strukturen, die die Metazoen oder einzelne Tierstämme wie die Arthropoden oder die Vertebraten gemeinsam haben, fundamentale, wenn auch unbekannte „Formgesetze“ offenbaren. Die neueren Erkenntnisse der Entwicklungsgenetik, die im letzten Abschnitt kurz beschrieben wurden, ergeben nun ein ganz anderes Bild. In allen bisher untersuchten Tieren, von den Cnidaria bis hin zu den höheren Metazoen, scheint es ein homologes genetisches Regulationssystem für die relative Positionsinformation zu geben. Am besten illustriert dies das *Hox*-Gencluster oder das homologe *HOM-C*-Cluster, man kennt aber auch andere Beispiele für eine Konservierung des Expressionsmusters positionscodierender Gene. Der entscheidende Punkt ist, daß es in vielen Tierstämmen ein Entwicklungsstadium gibt, in dem eine Reihe homologer Gene entlang der anteroposterioren Achse exprimiert wird, wodurch festgelegt wird, welche morphologischen Strukturen sich dort später entwickeln. Zwar bilden sich bei verschiedenen Stämmen unterschiedliche Strukturen, aber die Signale, die deren Entwicklung bewirken, sind ähnlich.

Aller Wahrscheinlichkeit nach ist dieses System für die Bestimmung der relativen Lage sehr alt und existierte bereits im gemeinsamen Vorfahren aller Tiere. Das veranlaßte Slack et al. (1993) zu dem Vorschlag, es zu der Synapomorphie (dem gemeinsam ererbten Merkmal) zu erklären, die das Reich Animalia definiert, und es als Zootyp (Abbildung 15.5) zu bezeichnen.

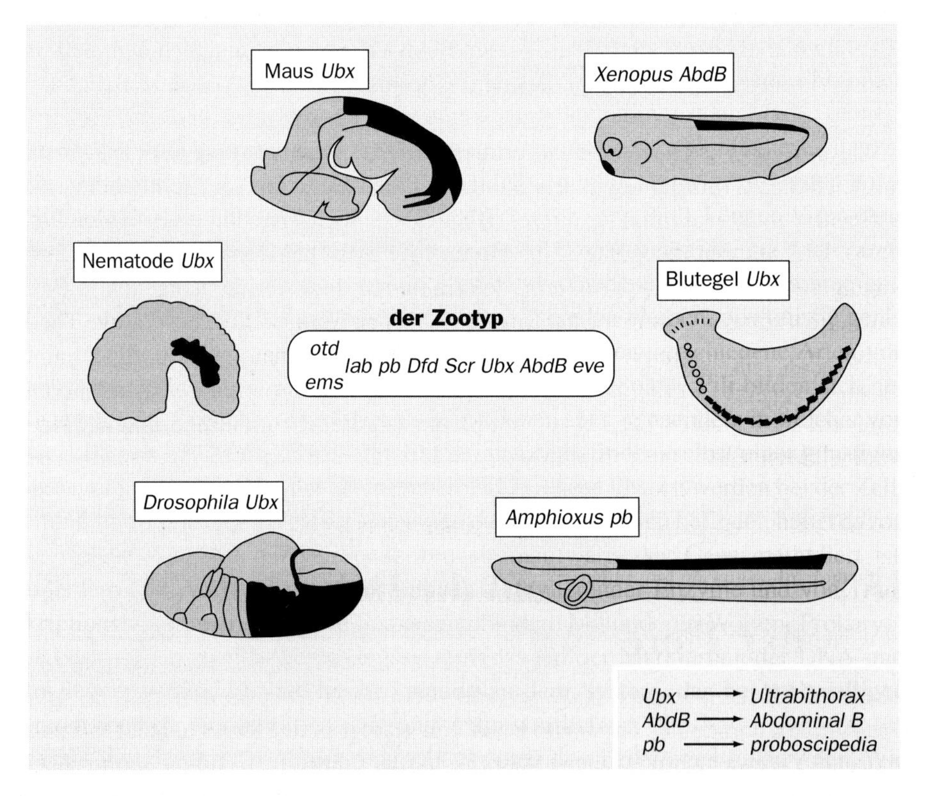

15.5 Der Zootyp (nach Slack et al. 1993). In der Mitte ist das räumliche Aktivitätsmuster der Gene im *Hox*-Gencluster sowie einiger anderer Gene (unter Verwendung der *Drosophila*-Nomenklatur) wiedergegeben. Wie man inzwischen weiß, werden homologe Gene in Embryonen aus verschiedenen Phyla in einem ähnlichen Muster exprimiert. Bei der Maus, *Drosophila*, dem Nematoden und dem Blutegel sind die Bereiche, in denen das Gen *Ubx* und seine Homologe aktiv sind, schwarz dargestellt (so wie man sie in Ganztierpräparaten erkennen kann); die Zeichnungen von *Xenopus* und *Amphioxus* (*Branchiostoma*) zeigen die Aktivität anderer Gene der Serie.

Dieses Signalsystem, das alle Tiere besitzen, wurde erst kürzlich entdeckt. Es muß aber auf irgendeine Weise mit einer schon länger bekannten Eigenschaft der tierischen Entwicklung im Zusammenhang stehen, nämlich mit der Tatsache, daß die Angehörigen eines Phylums während ihrer Entwicklung oft ein gemeinsames Stadium durchlaufen, auch wenn sie dieses Stadium durch unterschiedliche Prozesse erreichen. Ein Beispiel ist die Planulalarve der Cnidaria. Trotz sehr unterschiedlicher Teilungs- und Gastrulationsmuster konvergiert die Entwicklung aller Cnidaria auf diese Form, bevor sie wieder divergiert. Bei Vertebraten gibt es eine ähnliche Konvergenz auf das Pharyngulastadium.

In manchen Fällen ist leicht vorstellbar, warum die Frühstadien sich unterscheiden; beispielsweise kann das Teilungsmuster von der Dottermenge im Ei abhängen. Weniger offensichtlich ist, warum die verschiedenen Typen dann morphologisch konvergieren. Verwirrend ist auch die Tatsache, daß die Form, auf die sie konvergieren, mitunter deutlich an die Adultform eines Vorfahren erinnert. So handelt es sich bei der Planulalarve oft um ein freischwimmendes Stadium, das an einen urtümlichen Cnidarier erinnert, und viele Anatomen glauben, daß die frühen Chordaten schlängelnd schwimmende Filtrierer waren, die anatomisch dem Pharyngulastadiums der heutigen Vertebraten ähnelten.

Slack et al. (1993) schlagen für diese gemeinsame embryonale Form den Begriff Phylotypstadium (*phylotypic stage*) vor und nennen drei Möglichkeiten, dieses Stadium zu charakterisieren:

- alle wichtigen Körperteile liegen als undifferenzierte Zellgruppen an ihren endgültigen Positionen vor;
- die wichtigsten morphogenetischen Zellbewegungen sind abgeschlossen;
- alle Angehörigen eines Phylums ähneln einander maximal.

Ihrer Ansicht nach ist der Phylotyp außerdem dasjenige Stadium, in dem der Zootyp am deutlichsten erkennbar ist, in dem also die in einer Reihe regulatorischer Gene enthaltene Information Gestalt annimmt. Dies scheint zwar richtig zu sein, die Gründe dafür sind jedoch nicht klar, zumindest uns nicht.

Diese Definition der Tiere hat eine Reihe schwerwiegender Konsequenzen. Der Zootyp basiert auf Funktionen informationeller Natur; zur Erfüllung dieser Funktionen hätten sich in verschiedenen Phyla durchaus unterschiedliche Systeme entwickeln können. Demnach ist der Zootyp willkürlich organisiert, was auf eine gemeinsame Abstammung hindeutet und nicht auf konvergente Adaptation oder Entwicklungszwänge. Trotz seines willkürlichen Aufbaus könnte es schwer gewesen sein, ihn zu verändern, nachdem er einmal entstanden war. Andere Teilbereiche der Entwicklung konnten ohne Zerstörung des zugrundeliegenden Systems für die relative Positionierung modifiziert werden, nämlich solche, in denen eher Prozesse als Informationen von der Modifikation betroffen waren.

Das Konzept des Zootyps läßt Geoffroy Saint-Hilaires Vorstellung von einem Archetyp der Tiere wiederaufleben. Dieser Archetyp scheint jedoch kein durch ungewöhnliche Stabilität ausgezeichneter Zustand von Materie zu sein – eine Beobachtung, die einen relativ schweren Schlag gegen die „essentialistische“ oder strukturalistische Auffassung von Bauplänen darstellt: Daß bestimmte Eigenschaften bei allen Tieren anzutreffen sind, beruht auf gemeinsamer Abstammung und nicht auf grundlegenden Formprinzipien.

16. Die Entstehung von Gesellschaften

16.1 Einführung

Die Wärme, die in einem Hügel der Termite *Macrotermes* (Abbildung 16.1) entsteht, wird durch einen zentralen Luftschacht nach oben geleitet. Die Luft strömt dann in engen, dicht unter der Hügeloberfläche gelegenen Kanälen abwärts; dabei wird sie gekühlt, und Sauerstoff und Kohlendioxid werden wie in einer Lunge ausgetauscht. Der Hügel ähnelt zwar in gewisser Hinsicht einem menschlichen Bauwerk, denn er besitzt Eigenschaften, die für das Wohlbefinden seiner Bewohner sorgen, er unterscheidet sich aber insofern von einem solchen, als keiner seiner Erbau-

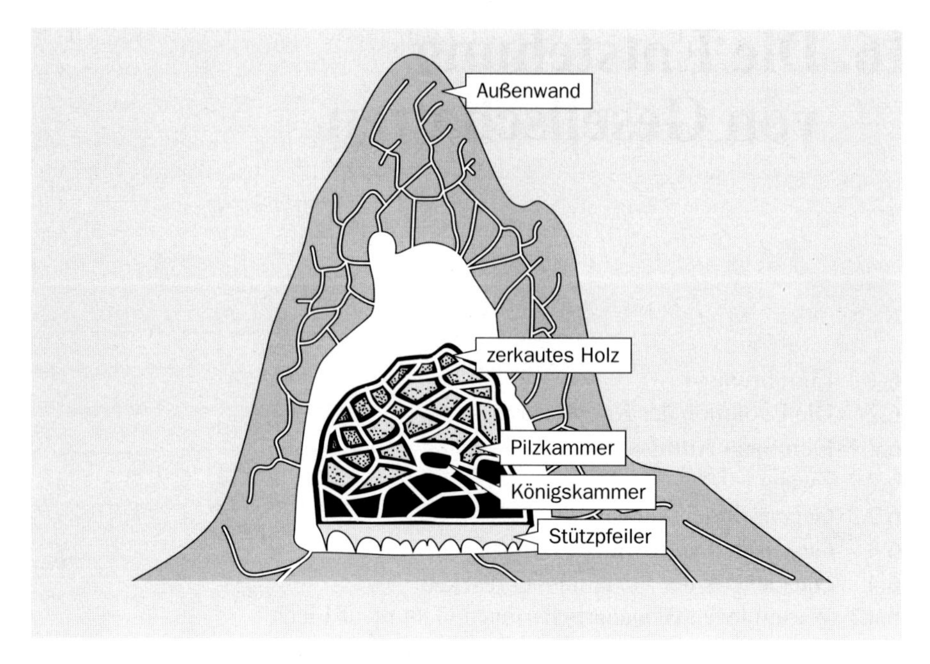

16.1 Schnitt durch einen Termitenhügel (nach Grassé und Noirot 1958).

er vor Baubeginn eine Vorstellung von der fertigen Konstruktion hatte. Diese Konstruktion entstand durch das von starren Regeln gesteuerte Verhalten von zehntausenden zusammenarbeitender Individuen. In dieser Hinsicht erinnert der Termitenhügel eher an einen menschlichen Körper als an ein Gebäude. Der Körper wird durch die geregelten Aktivitäten von Millionen von Zellen aufgebaut. Nirgendwo existiert etwas, das einem Plan des Körpers gliche. Das Genom ist bestenfalls ein Satz von Anweisungen für die Herstellung eines Körpers, aber keine Beschreibung eines Körpers.

Aufgrund der Ähnlichkeit zwischen der Entwicklung von Insektenstaaten und der von Organismen sind erstere auch als „Superorganismen“ bezeichnet worden. Dieser Begriff ist durchaus treffend. Diejenigen Individuen staatenbildender Ameisen-, Bienen- oder Termitenarten, die die Fähigkeit zur Fortpflanzung verloren haben, können ihre Gene nur noch weitergeben, indem sie für den Erfolg der Kolonie sorgen, genau wie Somazellen ihre Gene nur weitergeben können, indem sie für den Erfolg des Organismus sorgen. Folglich ist zu erwarten, daß Kolonien adaptive Eigenschaften aufweisen, die auf die Sicherstellung ihres Erfolgs ausgerichtet sind, und es ist vernünftig, Optimierungskonzepte auf die Kolonie und nicht auf das Individuum anzuwenden, wie es beispielsweise Oster und Wilson (1987) in ihrem Buch über Kastensysteme bei Insekten tun.

Für unsere Zwecke jedoch ist der Begriff Superorganismus von geringem Nutzen. Um zu verstehen, wie Tiergesellschaften entstanden sind, müssen wir uns fragen, wie es dazu kam, daß fortpflanzungsfähige Individuen so stark miteinander kooperierten, daß in späteren Generationen die meisten ihre Fortpflanzungsfähigkeit verloren. Um die fortgesetzte Existenz solcher Gesellschaften zu verstehen, müssen wir erklären, warum sie nicht durch Betrug zerstört werden. Anders als Somazellen sind die einzelnen Arbeiter zwar miteinander verwandt, aber nicht genetisch identisch. Aus diesem Grunde ist damit zu rechnen, daß innerhalb von Kolonien häufig Konflikte auftreten; dies ist auch tatsächlich der Fall. Als Beispiele werden weiter unten eierlegende Arbeiterinnen und Konflikte bezüglich des Geschlechterverhältnisses erörtert. Wie bei den bereits behandelten Übergängen ist auch hier die Frage, wie das Ausmaß dieser Konflikte begrenzt wird.

In Abschnitt 16.2 behandeln wir die drei wichtigsten Prozesse – familiären Altruismus, Zwang und gegenseitigen Nutzen –, die die Kooperation begünstigen. In Abschnitt 16.3 beschreiben wir kurz, welche Arten von Tiergesellschaften es gibt und wie sie taxonomisch verteilt sind, und stellen Vermutungen über die Wege an, auf denen sich Sozialität entwickelt haben könnte. In Abschnitt 16.4 geht es um eine relativ unzusammenhängende Reihe genetischer Fragestellungen. Zunächst befassen wir uns mit der Regulation der Eiablage bei Insektenarbeiterinnen – einem Beispiel dafür, auf welche Weise Familienselektion und Zwang Konflikte begrenzen. Wir wenden uns dann der Rolle zu, die die Haplodiploidie bei der Entstehung des Sozialverhaltens der Hymenopteren spielte, und kommen zu dem Schluß, daß zwischen den beiden Phänomenen durchaus ein kausaler Zusammenhang bestehen könnte. Daraus ergibt sich die Frage, warum die – diploiden – Termiten sozial wurden. Diese Frage ist schwer zu beantworten, denn sämtliche Termitenarten sind eusozial; es gibt keine primitiv sozialen Verwandten, die einen Schlüssel zur Evolution der Sozialität liefern könnten. Schließlich fragen wir uns, ob staatenbildende Insekten ihre Verwandten erkennen können.

In Abschnitt 16.5 untersuchen wir die ökologischen Voraussetzungen für Sozialität. Dieser Punkt wird zwar nur kurz behandelt, ist aber von entscheidender Bedeutung. Die Evolution der Sozialität hängt nicht nur von der Verwandtschaft ab, sondern auch davon, daß Individuen etwas Nützliches füreinander tun können. Schließlich, in Abschnitt 16.6, erörtern wir die Ursprünge der menschlichen Gesellschaft. Als Biologen haben wir nicht vor, ein Buch über Anthropologie oder politische Philosophie zu schreiben, doch können wir den letzten der wichtigen Übergänge nicht einfach auslassen. Wir versuchen aber, uns auf die folgende Frage zu beschränken: Welche biologischen Veränderungen haben es dem Menschen ermöglicht, Gesellschaftsformen zu entwickeln, die sich von allen sonst im Tierreich anzutreffenden Typen unterscheiden? Unserer Ansicht nach war die entscheidende biologische Erfindung die Sprache. Der Sprache selbst werden wir uns erst im nächsten Kapitel zuwenden; in diesem Kapitel befassen wir uns lediglich mit dem Einfluß, den Sprache darauf hat, welche menschlichen Gesellschaftsformen sich entwickeln können.

16.2 Die Evolution der Kooperation

In diesem Abschnitt beschäftigen wir uns eingehender mit den drei Prozessen, die zur Evolution von Kooperation führen können: familiärer Altruismus (*kin-selected altruism*), Zwang (*enforcement*) und gegenseitiger Nutzen (*mutual benefit*). Dabei handelt es sich nicht um Alternativen; alle drei Prozesse spielen – in unterschiedlichem Ausmaß – in allen Gesellschaften einschließlich der menschlichen eine Rolle.

16.2.1 Familiärer Altruismus

Dem Konzept der Familienselektion (auch Verwandten- oder Sippenselektion genannt) liegt der Gedanke zugrunde, daß ein Individuum, das einem Verwandten hilft, damit zur Verbreitung seiner eigenen Gene – genaugenommen von Kopien dieser Gene – beiträgt. Er wurde bereits von Darwin ansatzweise formuliert und von Haldane (1955) in genetische Begriffe gefaßt. Die präzise Formulierung dieser Idee und ihre Anwendung auf Tiergesellschaften verdanken wir jedoch Hamilton (1964 und später). Am leichtesten verständlich ist sie in der Form der sogenannten Hamilton-Ungleichung, die besagt, daß ein Gen, welches ein Individuum zu einer bestimmten Handlung veranlaßt, in der Population häufiger werden wird, wenn $b/c \equiv k > 1/r$. Dabei ist b der Vorteil für den Nutznießer der Handlung, c sind die Kosten für den Handelnden – wie b gemessen als aus der Handlung resultierende Veränderung der zu erwartenden Nachkommenzahl –, und r steht für den Verwandtschaftsgrad zwischen beiden (siehe Exkurs 16A).

Trotz ihrer scheinbaren Einfachheit ist Hamiltons Idee vielfach mißverstanden worden. Zwei Fehlinterpretationen sind häufig genug, um erwähnenswert zu sein. Die erste wird in der Regel als Sahlinsscher Irrtum bezeichnet (1976). Dabei handelt es sich um die Annahme, damit die Familienselektion funktionieren könne, müsse der Handelnde in der Lage sein, seinen Verwandtschaftsgrad zum Nutznießer seiner Handlung zu berechnen. Tatsächlich ist, damit ein Gen die Verbreitung eines Merkmals im Kontext X (etwa unter Nestgenossen) bewirkt, nichts weiter erforderlich, als daß die Ungleichung für den Durchschnittswert von r in diesem Kontext gilt (0,5, wenn Nestgenossen in jedem Fall Vollgeschwister sind, etwas weniger, wenn es Brutparasitismus oder sexuelle Untreue gibt). Außer dem Biologen, der versucht, Hamiltons Idee zu testen, muß niemand den Wert von r kennen. Der zweite Irrtum ist eher entschuldbar. Beispiele sind die Annahme, Menschen müßten besonders nett zu Schimpansen sein, weil sie 98 Prozent ihrer Gene mit ihnen teilen, oder Weibchen der sich ungeschlechtlich vermehrenden Eidechsenart *Cnemidophorus uniparens* müßten besonders freundlich miteinander umgehen, weil sie genetisch identisch sind (tatsächlich attackieren und töten sie einander). Warum dies falsch ist, läßt sich anhand der Vorstellung illustrieren, eine neue Mutation A veranlasse die Eidechsenweibchen zu altruistischem Verhalten. Uns interessiert nur die Ausbreitung von A relativ zu seinem Allel a, der Rest des Genoms ist irrelevant. Wenn das

Gen A seine Trägerinnen dazu bringt, beliebigen Populationsmitgliedern überleben zu helfen, hat dies im Durchschnitt keinen Effekt auf die Häufigkeit von A. Veranlaßt es die Weibchen dagegen, ihren eigenen Nachkommen zu helfen, die mit Sicherheit Träger von A sind, so führt dies zu einer Zunahme der Häufigkeit von A.

In Abschnitt 16.3 zeigen wir, wie sich mit Hilfe des Verwandtschaftsgrades einige überraschende Eigenschaften von Tiergesellschaften erklären lassen.

Exkurs 16A: Die Hamilton-Ungleichung

Man denke sich ein seltenes Gen A, das ein Individuum D (den Donor) zu einer Handlung X veranlaßt. (Diese Formulierung ist als „genetischer Determinismus" kritisiert worden, die Argumentation bleibt jedoch die gleiche, wenn das Gen A lediglich die Wahrscheinlichkeit erhöht, daß D unter bestimmten Umständen X tun wird.) Die Handlung X hat die folgenden Auswirkungen:

- Sie reduziert die zu erwartende Anzahl der Gameten, die D an die nächste Generation weitergibt, um c (die „Kosten"), und
- sie steigert die zu erwartende Anzahl der Gameten, die ein „Empfänger" R (für *recipient*) an die nächste Generation weitergibt, um b (den Nutzen).

Bei einem diploiden Organismus hat X den Effekt, die Kopienzahl des Gens A in der nächsten Generation um $c/2$ zu reduzieren (da jede Gamete eine 50prozentige Chance hat, A zu tragen) und sie gleichzeitig um pb zu steigern, wobei p die Wahrscheinlichkeit ist, daß eine von R produzierte Gamete das Gen A trägt. Ist R nicht mit D verwandt, so ist p null, da wir vorausgesetzt haben, daß A selten ist. Der „Verwandtschaftsgrad" r des Individuums R mit D ist definitionsgemäß der Anteil der Gene von R, die mit Genen von D „durch Abstammung identisch" (*identical by descent*) sind, das heißt von einem wenige Generationen älteren gemeinsamen Vorfahren geerbt wurden. Wenn D diploid ist, ist $p = r/2$, weil ein Zufallsgen am entsprechenden Locus in R die Chance r hat, in D vorzukommen, und damit die Chance $r/2$, durch Abstammung mit A identisch zu sein.

Die Handlung X steigert also die Kopienzahl des Gens A in der nächsten Generation, wenn $rb/2 > c/2$ oder $b/c > 1$; diese Beziehung wird auch als Hamilton-Ungleichung bezeichnet. Die obige Argumentation bezog sich nur auf seltene Gene; Hamilton (1964) zeigte jedoch, daß sie ebenso für Gene gilt, die in der Population häufig sind. Grafen (1985) lieferte hierfür eine einfache geometrische Erklärung.

16.2.2 Zwang

Wenn ein Individuum von einem anderen zur Kooperation gezwungen wird, kann man kaum sagen, es habe altruistisch gehandelt. Alexander (1974) stellte die Behauptung auf, viele soziale Verhaltensweisen ließen sich damit erklären, daß Eltern ihre Nachkommen zur Kooperation zwängen. Zwang kann auch zwischen Geschwistern auftreten. Bei staatenbildenden Insekten sind Dominanzbeziehungen sicherlich von Bedeutung, wie das folgende Zitat (Packer 1986) zeigt: »Große Individuen wurden dabei beobachtet, wie sie kleinere mit ihren Mandibeln am Hals ergriffen. Die kleinen Weibchen wurden dann an die tiefste Stelle des Baues geschleppt und wiederholt in die Erde an dessen Ende gestoßen oder hin und her geschleudert und dabei gegen die Wände geschlagen.«

In einem von Stubblefield und Charnov (1986) entworfenen Modell des Ursprungs von Insektengesellschaften spielen sowohl Dominanz als auch Verwandtschaft eine Rolle. Man denke sich ein weibliches Insekt, dessen Mutter sich nur einmal gepaart hat. Es hat die Wahl, für seine eigenen Nachkommen oder für die seiner Mutter (also seine Vollgeschwister) zu sorgen. Zu beiden beträgt der Verwandtschaftsgrad 0,5, das Weibchen hat also keine Präferenz. Seine Mutter ist jedoch näher mit ihren eigenen Nachkommen verwandt (0,5) als mit denen ihrer Tochter (0,25). Es müßte daher leicht für sie sein, ihre Tochter zur Fürsorge für deren Geschwister zu zwingen, denn die Mutter hat viel zu gewinnen, die Tochter nichts zu verlieren. Wenn die Mutter mehrere Töchter hat, wird diese Tendenz noch stärker sein, denn jede Tochter wird es vorziehen, daß ihre Schwestern für weitere Geschwister sorgen und nicht für Nichten und Neffen.

Diese Argumentation erscheint fast zu überzeugend. Das Problem besteht nicht mehr darin, eine Erklärung für die Sozialität zu finden, sondern zu erklären, warum nicht alle Tiere sozial leben. Eine wichtige Voraussetzung der eben angestellten Überlegungen war, daß die Tochter bei der Aufzucht ihrer eigenen Nachkommen ebenso erfolgreich wäre wie bei der ihrer Geschwister. Dies muß jedoch nicht der Fall sein. Möglicherweise wäre die Aufzucht ihrer Geschwister leichter (etwa weil sie kein neues Nest bauen müßte), möglicherweise aber auch die ihrer eigenen Nachkommen (zum Beispiel weil sie bei der Abwanderung aus ihrem Herkunftsgebiet auf neue Ressourcen stoßen würde). Ob die Hamilton-Ungleichung gilt, hängt nicht nur vom Verwandtschaftsgrad ab, sondern auch von Kosten und Nutzen. Damit kommen wir zum dritten Faktor, der für die Evolution der Sozialität eine Rolle spielt.

16.2.3 Gegenseitiger Nutzen

Wenn ein Individuum allein beispielsweise zwei eigene Nachkommen produzieren kann, eine Gruppe von n kooperierenden Individuen aber in der Lage ist, $3n$ Nachkommen aufzuziehen, lohnt es sich für jedes dieser Individuen, zu kooperieren. Solche synergistischen Effekte werden oft zur Erklärung von Kooperation herangezogen. Beispielsweise leben Löwen möglicherweise sozial, weil die Jagd in der Gruppe effektiver ist als allein. In der Realität scheinen Löwen allerdings – wenn man, wie es der Fall sein sollte, den Erfolg pro Individuum mißt – allein besser zu jagen. Bei der Gruppenjagd zeigen die einzelnen Tiere die Tendenz, zurückzubleiben und die gefährliche Arbeit den anderen zu überlassen (einen Überblick über kooperative Jagd bieten Packer und Ruttan 1988). Dennoch sind es wahrscheinlich synergistische Effekte, die Löwen zu sozialen Katzen machen. Im Gegensatz zu einer einzelnen Löwin kann eine Gruppe von Weibchen eine Beute gegen Hyänen und andere Löwen verteidigen; für Löwinnen lohnt es sich also, in Gruppen zu leben. Anders als ein einzelnes Männchen kann eine Männchengruppe Konkurrenten von einer Weibchengruppe fernhalten, so daß der Fortpflanzungserfolg eines einzelnen Männchens mit der Größe der Gruppe, der es angehört, wächst, obwohl es sich die Weibchen mit anderen Männchen teilen muß (Packer et al. 1985).

Der Haken dabei ist natürlich, daß zur Kooperation immer zwei gehören. Hier muß man zwischen zwei Situationen unterscheiden, die wir als Riemenboot- beziehungsweise Skullboot-Spiel bezeichnen (Abbildung 16.2). Das Skullboot-Spiel ist mit dem bekannten Gefangenendilemma identisch. Wenn beide Spieler kooperieren, ist das für sie günstiger, als wenn beide die Zusammenarbeit verweigern. Unglücklicherweise lohnt es sich jedoch immer – ganz gleich was der andere Spieler tut –

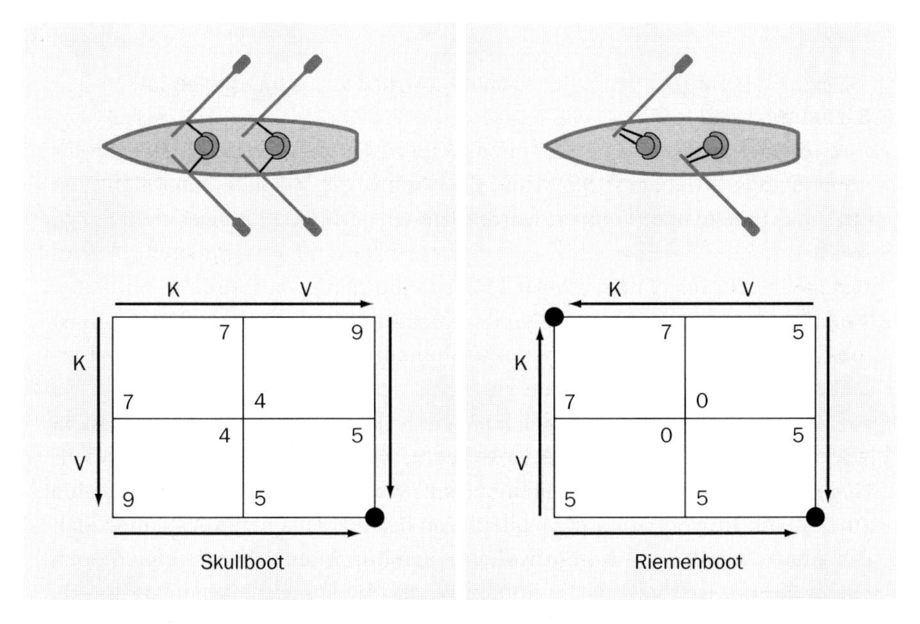

16.2 Das Skullboot- und das Riemenboot-Spiel. Für langsame Vorwärtsbewegung ist eine Prämie von +4 festgesetzt, für schnelle Bewegung +7 und für Schonung der eigenen Kräfte +5. Die möglichen Strategien sind Kooperation (K) und Verweigerung des Ruderns (V). Jedes Quadrat in den Matrizes enthält unten links die Prämie des einen und oben rechts die Prämie des anderen Spielers. Die schwarzen Kreise markieren die evolutionär stabilen Strategien (ESS) des jeweiligen Systems. Das Skullboot-Spiel entspricht dem Gefangenendilemma: Verweigerung ist die einzige ESS. Im Riemenboot-Spiel ist auch Kooperation eine ESS.

zu verweigern, und so läuft es darauf hinaus, daß „vernünftige" Spieler verweigern. Es gibt verschiedene Versuche, die Evolution von Zusammenarbeit in solchen Spielen zu erklären. Wenn das Spiel nur jeweils einmal gegen einen Zufallsgegner gespielt wird, führt die Evolution unvermeidlich zur Verweigerung der Zusammenarbeit. Wird dagegen mehrmals gegen denselben Gegner (Axelrod 1984; zur Theorie des wiederholten Gefangenendilemma-Spiels siehe Exkurs 16B) oder gegen Nachbarn in einer sessilen Population gespielt (Axelrod und Hamilton 1981; May und Nowak 1992), so kann sich kooperativeres Verhalten entwickeln.

Exkurs 16B: Das wiederholte Gefangenendilemma-Spiel

Zwei Individuen spielen zehnmal das in Tabelle 16.1a illustrierte Spiel gegeneinander. Jeder kann zwischen drei Strategien wählen:

- K: immer kooperieren;
- V: immer verweigern;
- TFT: „Wie du mir, so ich dir" (*tit for tat*): Im ersten Spiel wird kooperiert, in allen folgenden Spielen wird der vorhergehende Zug des Gegners kopiert.

Die in Tabelle 16.1 gezeigten Gesamtgewinne aus zehn Spielen lassen sich leicht errechnen.

Im einfachen Gefangenendilemma-Spiel ist Verweigern die einzige evolutionär stabile Strategie (ESS): Eine Population, die V spielt, kann nicht von einer K-Mutante unterwandert werden. Im wiederholten Spiel ist nicht nur V, sondern auch TFT eine ESS, und letztere hat sogar ein größeres „Anziehungsfeld" (*basin of attraction*). TFT ist eine relativ kooperative Strategie, weil zwei Spieler, die sie verfolgen, immer zusammenarbeiten. Demnach ist die Chance für die Evolution von Zusammenarbeit größer, wenn ein Individuum wiederholt mit demselben Partner interagiert.

Das eben beschriebene Spiel hat den Haken, daß die Spieler versucht wären, in der letzten Runde zu verweigern, wenn es stets genau zehn Spielrunden gäbe. Diese Schwierigkeit entfällt, wenn man nicht von einer festen Anzahl von Runden ausgeht, sondern von der realistischeren Annahme, daß die Wahrscheinlichkeit für ein weiteres Spiel nach jeder Runde gleich hoch ist. In diesem Fall wissen die Spieler nicht, ob sie gerade die letzte Runde spielen, und müssen sich entsprechend der erwarteten Anzahl weiterer Spiele verhalten.

Das Problem wird sehr viel komplizierter, wenn weitere Strategien erlaubt sind (Nowak und Sigmund 1993).

Tabelle 16.1: Das wiederholte Gefangenendilemma

		V	K	TFT
a	**V**	2	4	
	K	1	3	
		V	**K**	**TFT**
b	**V**	20	40	22
	K	10	30	30
	TFT	19	30	30

Die intellektuelle Faszination des Gefangenendilemmas könnte uns allerdings verleitet haben, dessen evolutionäre Bedeutung zu überschätzen. Man hat mehrfach festgestellt, daß Tiere zumindest in Versuchssituationen nicht lernen, im wiederholten Gefangenendilemma zu kooperieren. Möglicherweise ist das Riemenboot ein besseres Modell für die Situationen, in denen sich Kooperation entwickelt, als das Skullboot. Wenn sie sich erst einmal in einer Population verbreitet hat, ist Kooperation evolutionär stabil. Die Frage ist, wie es überhaupt zur Verbreitung von Zusammenarbeit kommt, da Verweigerung ebenfalls stabil ist. Denkbar wäre, daß Zusammenarbeit zunächst nur zwischen Verwandten auftritt und später, wenn sie häufig geworden ist, auch auf Nichtverwandte übergreift. Um nochmals auf Löwen zu sprechen zu kommen: Interessanterweise bestehen die Männchengruppen, die sich ein Weibchenrudel teilen, zwar oft aus Verwandten, aber es ist nicht ungewöhnlich, daß sich auch nichtverwandte Männchen zu diesem Zweck zusammentun. Entscheidend ist in jedem Fall, daß Kooperation sich gelegentlich auszahlen muß; wir werden in Abschnitt 16.3 noch auf diesen Punkt zurückkommen.

16.3 Gesellschaftsformen bei Tieren

Gesellschaften wie die von Löwen, Schimpansen oder Pavianen, in denen alle adulten Tiere fortpflanzungsfähig und damit potentielle Eltern sind, lassen sich weitgehend durch unmittelbaren gegenseitigen Nutzen erklären – es handelt sich um Riemenboot-Spiele. Ein weiterer Punkt ist wegen seiner Bedeutung für den Ursprung der menschlichen Gesellschaft erwähnenswert: Bei Säugern sind alle sozialen Gruppen entweder matrilinear (die Männchen verlassen ihre Herkunftsgruppe, bevor sie sich fortpflanzen) oder – seltener – patrilinear. Dieses Verhalten hat sich wahrscheinlich entwickelt, weil es Inzucht verhindert.

Bei manchen Vögeln und Säugern (hauptsächlich Caniden) besteht die soziale Gruppe aus nur einem Zuchtpaar sowie weiteren adulten Individuen, die bei der Jungenaufzucht helfen. Diese „Helfer“ sind in der Regel Nachkommen des Zuchtpaares, ziehen also ihre eigenen Geschwister auf. Aus Helfern können später auch dominante Zuchttiere werden, und die Chance dafür wird möglichweise durch das Dasein als Helfer gesteigert.

Am komplexesten sind jedoch solche Tiergesellschaften, in denen manche Individuen dauerhaft steril sind. Als eusozial bezeichnet man Gruppen, in denen es sterile Arbeiter gibt, die ihren Eltern helfen. Solche Gesellschaften findet man vor allem bei Insekten, aber auch der Nacktmull und verschiedene Spinnenarten haben ähnliche Systeme entwickelt. In diesem und im nächsten Abschnitt, in dem es um soziale Insekten geht, stützen wir uns weitgehend auf die Darstellung von Seger (1991). Unter den Insekten findet man Eusozialität bei Termiten und Hymenopteren. Alle Arten der mit den Schaben verwandten Termiten sind eusozial und gehen daher vermutlich auf einen einzigen Vorfahren zurück. Dagegen gibt es bei den Hymenopteren viele solitäre Arten, und Sozialität hat sich bei ihnen häufig entwickelt. Alle Ameisen sind eusozial; bei den Wespen hat sich die Eusozialität mehrmals und bei den Bienen viele Male ausgebildet.

Da wir uns mit Ursprüngen befassen, interessieren wir uns besonders für Arten, die sich wie die Biene *Halictus rubicundus* sowohl sozial als auch solitär fortpflanzen. Die verwandte Art *H. ligatus* ist von Kanada bis in die neotropische Zone verbreitet. Im Norden ist diese Spezies eusozial, während es im Süden Gemeinschaften sich unabhängig fortpflanzender Weibchen gibt, in denen außerdem brutparasitische Individuen leben, die ihre Eier in die Nester anderer Weibchen legen. Die Ergebnisse einer Untersuchung über solche primitiv sozialen Bienen deuten darauf hin, daß es zwei evolutionäre Wege zur Eusozialität gibt. Der subsoziale Weg geht von dem oben beschriebenen System der „Helfer am Nest" aus und führt zur Eusozialität, wenn die Helfer dauerhaft steril werden. Der parasoziale Weg beginnt mit einer Gruppe fruchtbarer Weibchen, die bei der Ernährung und Verteidigung ihrer Jungen kooperieren, und entwickelt sich über ein Stadium, in dem einige dieser Weibchen zu sterilen Arbeiterinnen werden, zum eusozialen Zustand, in dem viele der Nachkommen ebenfalls Arbeiter sind.

Die Ökonomie des parasozialen Weges ist eingehender untersucht worden. Die zugrundeliegende Logik wurde bereits beschrieben: Wenn ein Weibchen zwei Junge produziert und n Weibchen $3n$ Nachkommen hervorbringen, zahlt sich Zusammenarbeit aus. Damit läßt sich das Zustandekommen einer Gemeinschaft fortpflanzungsfähiger Individuen erklären. Doch angenommen, nachdem das Nest eingerichtet ist, kommt es zu einem Kampf um die Vorherrschaft, aus dem eines der n kooperierenden Weibchen als Königin hervorgeht, während die übrigen $n-1$ zu Arbeiterinnen werden. Auch dann würde es sich lohnen, zu kooperieren, da eine Chance von $1/n$ auf $3n$ Nachkommen besser ist als die Gewißheit, zwei Nachkommen zu haben. Diese Berechnungen wurden von Bartz und Hölldobler (1982) an der Ameise *Myrmecocystus mimicus* überprüft. Unter Laborbedingungen war die Anzahl der Nachkommen pro Gründerweibchen am größten, wenn es drei Gründerinnen gab. In der Natur haben die meisten Kolonien zwei oder vier Gründerinnen.

16.4 Die Genetik der Sozialität bei Insekten

16.4.1 Warum legen Bienenarbeiterinnen nicht mehr Eier?

Bei vielen Ameisen, Bienen und Wespen besitzen die Arbeiterinnen funktionstüchtige Ovarien und sind daher in der Lage, Eier zu legen. Aus diesen Eiern entwickeln sich Männchen – Töchter können die unbefruchteten Arbeiterinnen nicht bekommen. Daß Arbeiterinnen tatsächlich Eier legen, kommt jedoch – außer in Kolonien, die ihre Königin verloren haben oder nie eine besaßen – nur selten vor. Das ist erstaunlich, denn ein Weibchen ist mit seinen eigenen Söhnen näher verwandt als mit den Eiern, die die Königin legt. Die unmittelbare Ursache für dieses Phänomen scheinen Pheromone zu sein, aber sie bieten keine befriedigende Erklärung dafür. Warum beachten die Arbeiterinnen ein bloßes Signal?

Bei der Honigbiene (*Apis mellifera*) besitzen manche Arbeiterinnen funktionstüchtige Ovarien, doch haben elektrophoretische Untersuchungen gezeigt, daß sich nur etwa 0,1 Prozent der Drohnen aus Eiern von Arbeiterinnen entwickeln. Eine Erklärung hierfür bietet Ratnieks (1988) an. Weibliche Bienen paaren sich mit vielen Männchen, bevor sie eine Kolonie gründen. Das hat zur Folge (Abbildung 16.3a), daß eine Arbeiterin mit den Eiern der Königin näher verwandt ist als mit den Eiern anderer Arbeiterinnen. Es würde sich daher für sie lohnen, die Eier anderer Arbeiterinnen zu zerstören. Wenn diese Vermutung zutrifft, ist die effektive Sterilität der Arbeiterinnen eine Folge der Überwachung durch andere Arbeiterinnen und nicht bloß eine Reaktion auf ein Pheromonsignal. Dazu müßten die Arbeiterinnen allerdings fähig sein, zwischen Eiern der Königin und Eiern von Arbeiterinnen zu unterscheiden. Ratnieks und Visscher (1989) beobachteten, daß Arbeiterinnen bevorzugt Eier von Arbeiterinnen zerstörten. Weiterhin müßten bei Arten, deren Königinnen sich nur einmal paaren und deren Arbeiterinnen daher näher mit den Söhnen ihrer Schwestern (3/8) als mit denen ihrer Mutter (1/4) verwandt sind (Abbildung 16.3b), eierlegende Arbeiterinnen häufiger sein. Die vorliegenden Daten scheinen dies zu bestätigen.

16.4.2 Sind Hymenopteren durch ihre Haplodiploidie für Sozialität prädisponiert?

Hymenopteren sind zweifellos für Sozialität prädisponiert; außerdem sind sie haplodiploid. Besteht zwischen beiden Eigenschaften ein kausaler Zusammenhang? Die Leser seien gewarnt: Diese scheinbar einfache Frage gehört zu den schwierigsten der Populationsgenetik. Eine einfache, aber vermutlich falsche Überlegung lautet

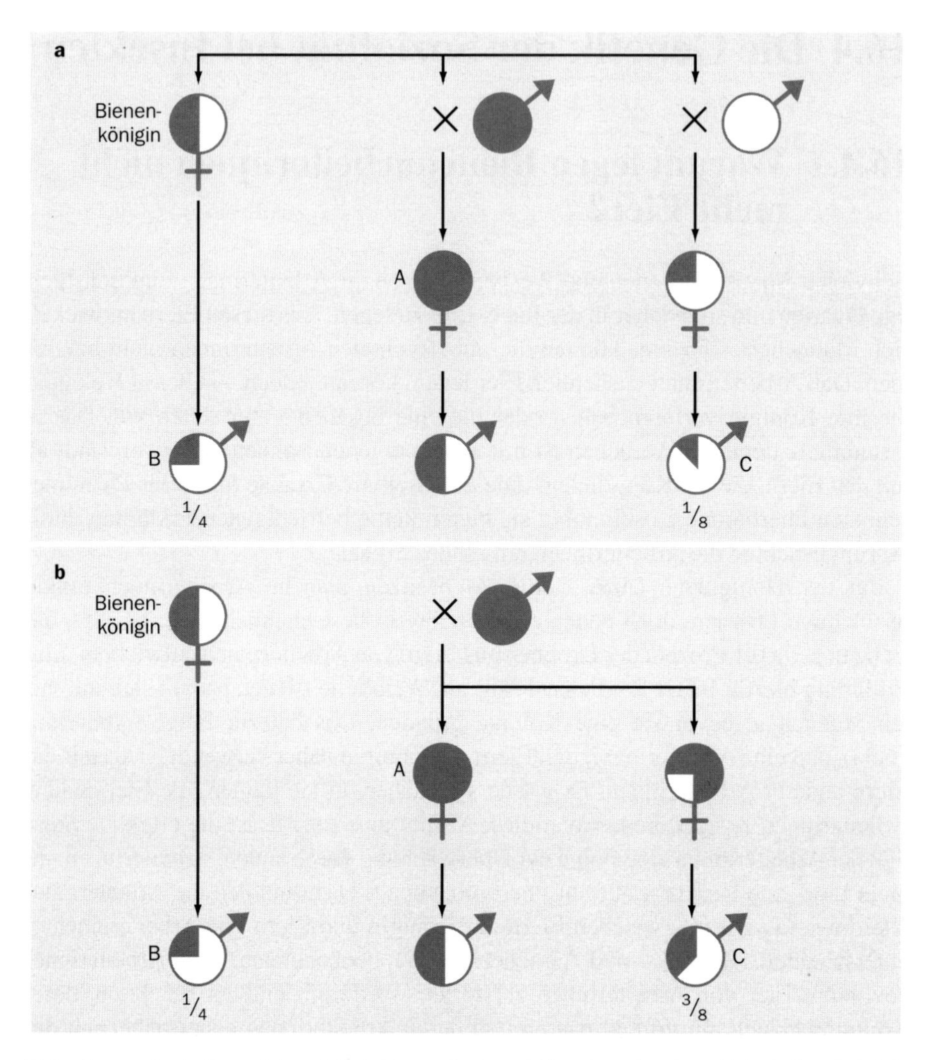

16.3 Verwandtschaftsgrad einer Arbeitsbiene mit einem Männchen derselben Kolonie (aus Ratnieks 1988). In a) paart sich die Königin mit vielen Männchen, in b) nur mit einem. Uns interessiert der Verwandtschaftsgrad zwischen der Arbeiterin A und den unbefruchteten männlichen Eiern in der Kolonie, also der Anteil der Gene in den Eiern, die durch Abstammung mit den Genen in A identisch sind. Solche Gene sind dunkel dargestellt; man beachte, daß die Männchen haploid sind und alle ihre Gene an ihre Töchter weitergeben, während die diploiden Weibchen ihren Nachkommen nur die Hälfte ihrer Gene vererben. In a) ist der Verwandtschaftsgrad der Arbeiterin A mit männlichen Eiern (B) der Königin 1/4, mit Eiern (C) anderer Arbeiterinnen 1/8. Es lohnt sich daher für Arbeiterinnen, die Eier anderer Arbeiterinnen zu zerstören. In b) beträgt der Verwandtschaftgrad der Arbeiterin A mit B 1/4 und mit C 3/8. Hier lohnt es sich also für Arbeiterinnen, die Nachkommen anderer Arbeiterinnen aufzuziehen.

wie folgt: Wenn jedes Weibchen sich nur einmal paart, sind die Weibchen näher mit ihren Schwestern verwandt (3/4) als mit ihren Töchtern (1/2). Für ein solches Weibchen müßte es sich lohnen, zuhause zu bleiben und für seine Schwestern zu sorgen. Der Haken ist, daß es mit seinen Brüdern weniger nah verwandt ist (1/4); der durchschnittliche Verwandtschaftsgrad mit seinen Geschwistern ist also 1/2, genau wie bei einer diploiden Art. Wenn ein Weibchen von der Pflege seiner Geschwister profitieren soll, muß es in der Lage sein, männliche und weibliche Geschwister zu unterscheiden und letztere bevorzugt aufzuziehen. Es ist unwahrscheinlich, daß Weibchen zu Beginn der Evolution von Sozialität diese Fähigkeit besaßen.

Tatsächlich ist die Sachlage jedoch komplizierter. Selbst ein Weibchen, das bevorzugt in weibliche Geschwister investiert, hat nicht unbedingt einen Selektionsvorteil gegenüber einem Weibchen, das seine eigenen Nachkommen aufzieht. Der Grund hierfür ist subtil. Wenn in einer Population die Weibchen überwiegen (wenn mehr in Weibchen investiert wird), sind Weibchen reproduktiv gesehen weniger wertvoll als Männchen, wodurch der Vorteil, den eine Tochter durch bevorzugte Investition in ihre Schwestern erlangt, zunichte wird. Das erste Weibchen, das zuhause bliebe und sich um seine Schwestern kümmerte (vorausgesetzt es könnte sie – wohlgemerkt im Larvenstadium – von seinen Brüdern unterscheiden), würde in der Tat einen Selektionsvorteil erlangen, doch mit der Ausbreitung dieses Merkmals in der Population würde der Vorteil dahinschwinden.

Dies hat manche Wissenschaftler veranlaßt, die Bedeutung der Haplodiploidie für den Ursprung der Sozialität in Situationen zu suchen, in denen Gelege, die zu verschiedenen Jahreszeiten (Seger 1983) oder unter verschiedenen Umständen (Frank und Crespi 1989) produziert werden, sich hinsichtlich des Geschlechterverhältnisses unterscheiden (*split sex ratios*, Grafen 1986). Wenn dies bei einer zunächst solitären Art der Fall wäre, gäbe es eine Selektion zugunsten von Weibchen, die fähig wären, auf den Zeitpunkt oder Umstand, zu dem Weibchen in den Gelegen das Übergewicht hätten, zu reagieren, indem sie bei ihren Müttern blieben, um ihnen zu helfen. Dabei ist es wohlgemerkt nicht erforderlich, daß die Weibchen das Geschlecht einzelner Larven erkennen können.

Wechselnde Geschlechterverhältnisse mögen beim Ursprung der Eusozialität bei Hymenopteren eine Rolle gespielt haben – sicherlich ist schwer vorstellbar, wie ein kausaler Zusammenhang zwischen Haplodiploidie und Sozialität entstehen konnte, wenn nicht auf diese Weise. Bei Insekten, bei denen die Eusozialität etabliert ist, führt die Haplodiploidie zu einem Interessenkonflikt zwischen Königin und Arbeiterinnen hinsichtlich des Geschlechterverhältnisses. Trivers und Hare (1976) machten deutlich, daß für die Königin das Verhältnis 1:1 für die Verteilung der Investitionen auf Weibchen und Männchen am günstigsten ist, für die Arbeiterinnen dagegen das Verhältnis 3:1. Ihrer Ansicht nach entsprachen die damals bekannten Daten über reale Geschlechterverhältnisse eher dem zweiten Wert, deuteten also darauf hin, daß die Arbeiterinnen das Geschlechterverhältnis kontrollieren; neuere Arbeiten scheinen dies zu bestätigen.

16.4.3 Termiten und zyklische Inzucht

Termiten sind eusozial, aber nicht haplodiploid. Ihre Ökologie weist Eigenheiten auf, die Sozialität begünstigen. Sie ernähren sich von Holz und verdauen Cellulose mit Hilfe von Darmsymbioten. Diese müssen sie als Larven, mitunter auch nach jeder Häutung, von anderen Individuen übernehmen. Die Unverdaulichkeit ihrer Nahrung und das damit zusammenhängende Bedürfnis nach Kontakt begünstigen also Sozialität. Aber auch genetische Faktoren könnten an der Entstehung der Sozialität bei Termiten beteiligt gewesen sein. In Termitenkolonien (nicht aber bei staatenbildenden Hymenopteren) gibt es von den Gründern abstammende Ersatz-Geschlechtstiere, die bei Verlust der Gründer deren Rolle übernehmen. Infolgedessen können die Alates (die ausschwärmenden, geflügelten Geschlechtstiere) zu einem gewissen Grad durch Inzucht entstanden sein. Die Paarung erfolgt jedoch zwischen Alates aus verschiedenen Kolonien, so daß die erste Arbeitergeneration einer Kolonie heterozygot, aber untereinander genetisch ähnlich ist. Daher sind diese Arbeiter näher miteinander verwandt als mit ihrem eigenen Nachwuchs. Es ist schwer zu sagen, ob dies bei der Entstehung der Sozialität bei Termiten eine Rolle gespielt hat, denn es gibt heute keine solitären oder primitiv sozialen Termitenarten mehr.

16.4.4 Können soziale Insekten Verwandte erkennen?

Viele eusoziale Hymenopteren können Nestgenossen erkennen. Buckle und Greenberg (1981) untersuchten diese Fähigkeit bei der halictinen Biene *Lasioglossum zephyrum*, wobei sie sich zunutze machten, daß es von dieser Art mehrere genetisch einheitliche, nicht verwandte Laborstämme gibt. Bei *L. zephyrum* wird der Nesteingang von einer einzelnen Biene bewacht; andere Bienen können nur hineingelangen, wenn die Wache sie durchläßt. Im Versuch gewährten Bienen des Stammes X Individuen desselben Stammes den Zutritt, ganz gleich ob diese aus demselben oder einem anderen Nest stammten; Bienen des Stammes Y wurden abgewehrt. Daraufhin konstruierte man ein künstliches Nest, das außer Bienen des Stammes X auch ein Individuum des Stammes Y enthielt. Bewachte eine Biene des Stammes X den Eingang, so wurden Bienen beider Stämme eingelassen. Wenn dagegen die einzige Biene des Stammes Y der Wächter war, durften nur Individuen des Stammes X hinein. Eine Biene lernt also, welchem Genotyp die anderen Bienen in ihrer Kolonie angehören, und akzeptiert Individuen dieses Typs als Nestgenossen; ihren eigenen Genotyp kennt sie nicht.

Diese Fähigkeit ist für die Sicherstellung der Zusammenarbeit von Nestgenossen von offensichtlicher Bedeutung. Es gibt keine überzeugenden Belege dafür, daß eusoziale Insekten Abstammungslinien innerhalb einer Kolonie unterscheiden können, obwohl diese Fähigkeit einen Selektionsvorteil darstellen würde – etwa bei der Entscheidung eines Individuums, ob es in bestimmte Jungtiere investieren oder ob es sie töten soll. Mit anderen Worten: Die Fähigkeit von Bienen, den Genotyp anderer Bienen zu erkennen, trägt zum Überleben der Kolonie bei, nicht jedoch zum Überleben bestimmter Abstammungslinien innerhalb der Kolonie. Diese Schlußfolgerung könnte allerdings durch zukünftige Forschungsergebnisse revidiert werden.

16.5 Arbeitsteilung in Tiergesellschaften

Wir haben bereits Beispiele für Effizienzsteigerung durch Arbeitsteilung kennengelernt, beispielsweise durch die Evolution spezialisierter Enzyme (Kapitel 7) oder durch die Trennung von Keimbahn und Soma bei den Volvocales (Kapitel 12). Ein weiteres Beispiel für dieses Prinzip sind die Kasten der staatenbildenden Insekten. Die folgende Darstellung stützt sich im wesentlichen auf Wilson (1975) und Page und Robinson (1991).

Bei allen eusozialen Insekten gibt es definitionsgemäß eine Arbeitsteilung zwischen Individuen, die die Fortpflanzung übernehmen, und solchen, die das Nest pflegen und Nahrung herbeischaffen. Bei vielen existiert außerdem eine Arbeitsteilung zwischen verschiedenen Gruppen von Arbeitern. Die einfachste Form der Spezialisierung ist der „Alterspolyethismus": Arbeiter verschiedener Altersstufen haben unterschiedliche Aufgaben. Bei der Honigbiene unterscheidet man heute die folgenden Alterskasten:

- Null bis zwei Tage alte Arbeiterinnen reinigen die Zellen.
- Zwei bis elf Tage alte Arbeiterinnen sorgen für die Larven und die Königin.
- Elf bis 20 Tage alte Arbeiterinnen verarbeiten die herbeigeschaffte Nahrung.
- Über 20 Tage alte Arbeiterinnen sammeln eine bis drei Wochen lang Pollen und/oder Nektar, dann sterben sie.

Ein und dieselbe Biene übernimmt also nacheinander verschiedene Aufgaben. Die Kolonie funktioniert nur, weil mehrere Generationen von Arbeiterinnen zusammenleben. Die Einteilung der Aufgaben ist nicht starr, denn die Kolonien können sich an demographische Schwankungen und ein wechselndes Nahrungsangebot anpassen. Diese Flexibilität wird zum Teil durch altersuntypisches Verhalten erreicht. Die Arbeiterinnen können sich beschleunigt oder verlangsamt entwickeln (frühreife Sammlerinnen sind ebenso möglich wie überalterte Ammen) oder auch zu Verhaltensweisen einer früheren Altersstufe zurückkehren (etwa vom Sammeln zur Brutpflege).

Auf welche Weise wird die Arbeitsteilung und die Anpassung des Verhaltens innerhalb der Kolonie gesteuert? Ein wichtiger physiologischer Mechanismus ist die von neurosekretorischen Gehirnzellen ausgeübte Steuerung der Juvenilhormonsekretion durch die Corpora allata. Während der Alterung der adulten Bienen steigt der Titer des Juvenilhormons. Bienen gleichen Alters, die man mit verschiedenen Mengen Juvenilhormon behandelt, zeigen unterschiedliche Verhaltensweisen. Robinson (1987) entwickelte das folgende Modell. Der Juvenilhormontiter steigt durch einen genetisch programmierten Prozeß mit zunehmendem Alter und beeinflußt die zentralnervösen Schwellenwerte für die Reaktion auf mit bestimmten Aufgaben verbundene Reize. Junge Bienen hätten demnach einen niedrigen Schwellenwert für Brutpflege und einen hohen für Nahrungssuche. Die Stärke der entsprechenden Reize hängt von den in der Kolonie herrschenden Bedingungen ab; diese wiederum können auch den Juvenilhormontiter beeinflussen. Ein derartiger Mechanismus könnte dafür sorgen, daß sich das individuelle Verhalten an die Erfordernisse in der Kolonie anpaßt.

Bei Ameisen und Termiten sind die verschiedenen Kasten den differenzierten Zellen eines Organismus analog: Sie erfüllen unabhängig von ihrem Alter stets dieselbe Aufgabe.

Warum ist die Kastenbildung von Vorteil? Daß manche Arbeiter die Pflege und andere die Nahrungsbeschaffung übernehmen, ist an sich noch nicht vorteilhaft. Vielmehr müssen zwei Generalisten, die beide die Aufgaben 1 und 2 erfüllen, weniger effizient arbeiten als zwei zusammenarbeitende Spezialisten, von denen jeder eine der Aufgaben übernimmt. Dies wird der Fall sein, wenn für die verschiedenen Pflichten verschiedene spezialisierte Organe erforderlich sind, deren Unterhaltung kostspielig ist. Der Generalist muß beide Werkzeuge besitzen, diese werden aber nur die Hälfte der Zeit genutzt. Sind sie voll entwickelt, so verursachen sie hohe Kosten; die Alternative sind minderwertige Organe. In der Tat gibt es Hinweise darauf, daß Bienen altersabhängig verschiedene Spezialwerkzeuge besitzen. Wenn sie von der Brutfürsorge zur Nahrungssuche übergehen, degenerieren die Pharynxdrüsen, die Nahrung für die Larven produzieren. Diese Veränderung läßt sich durch eine hohe Dosis Juvenilhormon auslösen. Ein zweites Beispiel sind von Withers et al. (1993) entdeckte altersabhängige Veränderungen in der Strukur einer Gehirnregion, die für Reizverarbeitung und Lernen zuständig ist. Auffälliger sind die spezialisierten Werkzeuge vieler Ameisenarten, deren Arbeiterkasten sich hinsichtlich ihrer Größe und Bewaffnung erheblich unterscheiden.

Da die Arbeiterkasten sich nur durch Königinnen und Männchen „fortpflanzen" können, ist zu erwarten, daß die Mischung der Kasten optimal für die Produktion von Geschlechtstieren ist. Abbildung 16.4 zeigt ein einfaches Modell des entsprechenden Optimierungsprozesses. Durch Erweiterung des Modells läßt sich leicht folgendes zeigen:

- Wenn es zwei Kasten, aber nur eine Aufgabe gibt, wird die weniger effiziente Kaste eliminiert.
- Damit zwei Kasten dauerhaft koexistieren können, muß es mindestens zwei Aufgaben geben, und jede der beiden Kasten muß eine dieser Aufgaben besser erfüllen, als die andere sie erfüllt.
- Die Evolution erlaubt die Ausbildung neuer Kasten, bis deren Anzahl der der vorhandenen Aufgaben entspricht.
- Je effektiver eine Kaste arbeitet, desto geringer wird ihre Gesamtbiomasse innerhalb einer Kolonie sein (anders als es ein simplifizierendes Modell der Individualselektion vielleicht glauben macht).

Offensichtlich besteht hier eine Parallele zur Koexistenz konkurrierender Arten bei begrenztem Ressourcenangebot.

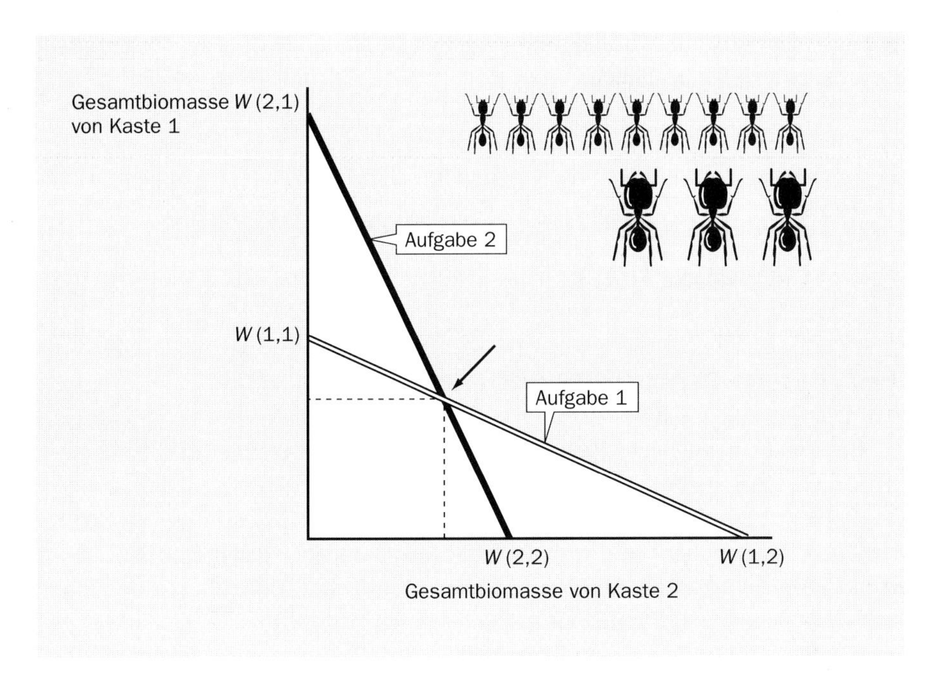

16.4 Die optimale Mischung der Kasten in einer Insektenkolonie (nach Wilson 1975). Damit die Kolonie überlebt, müssen zwei Aufgaben erfüllt werden. Aufgabe 1 kann von der Biomasse $W(1,1)$ der Kaste 1, von der Biomasse $W(1,2)$ der Kaste 2 oder von einer Linearkombination beider erfüllt werden. Da $W(1,1) < W(1,2)$, ist Kaste 1 auf die Aufgabe 1 spezialisiert. Für Aufgabe 2 ist Kaste 2 besser geeignet: $W(2,2) < W(2,1)$. Die minimale Arbeiterbiomasse, die beide Aufgaben bewältigen kann, liegt am Schnittpunkt der beiden Geraden.

16.6 Faktoren, die Insekten für Sozialität prädisponieren

Wir haben uns bereits mit der Frage auseinandergesetzt, ob Hymenopteren durch ihre Haplodiploidie für Sozialität prädisponiert sind. Dabei handelt es sich um ein schwieriges Thema, doch ist eine positive Antwort zumindest denkbar. Die Haplodiploidie allein kann aber nicht ausschlaggebend sein, denn viele Hymenopteren leben solitär. Entscheidend waren vermutlich ökologische Faktoren: Wenn K groß ist, kann r klein sein.

Der wichtigste Faktor ist vielleicht die Existenz eines Nestes, in dem die Jungtiere mit Nahrung versorgt und geschützt werden. Bei juvenilen Insekten sind Parasitoide eine der wichtigsten Todesursachen; wenn zwei Weibchen kooperieren, kann eines das Nest schützen, während das andere Nahrung sammelt. Ein zweiter Faktor ist die Existenz einer räumlich konzentrierten, zu verteidigenden Ressource, sei sie vorgefunden (etwa ein verrottender Baumstamm) oder selbstgebaut (beispielsweise das massive Gemeinschaftsnetz sozialer Spinnen). Bisher sind wir jedoch nicht in der Lage, die notwendigen und hinreichenden Bedingungen für die Evolution der Sozialität präzise zu benennen.

16.7 Die Ursprünge der menschlichen Gesellschaft

16.7.1 Ein einfaches Modell

Das Besondere an menschlichen Gesellschaften ist, wie Gellner (1988) bemerkt, daß es nicht eine, sondern viele Gesellschaftsformen gibt. Biologen sind damit vor das Problem gestellt, die Evolution der Eigenschaften zu erklären, die es dem Menschen ermöglichen, in einer Vielzahl verschiedener Gesellschaftsformen zu leben. In diesem Abschnitt beschreiben wir ein einfaches Modell – wir bezeichnen es aus naheliegenden Gründen als „Gesellschaftsvertrag-Spiel" –, das erklärt, wie eine Gruppe vernunftbegabter, miteinander kommunizierender Organismen sich aus dem Gefangenendilemma befreien kann. Wir betrachten dieses Modell nicht als angemessene Beschreibung irgendeiner menschlichen Gesellschaft, sondern verwenden es für zwei Zwecke. Erstens zeigt es, daß intelligente Wesen zumindest prinzipiell in der Lage sind, dem Gefangenendilemma zu entkommen. Zweitens liefert es einen Hintergrund für unsere später folgende Erörterung des Umstands, daß reale Gesellschaften nicht völlig, ja nicht einmal im Kern rational sind.

Das Modell (Maynard Smith 1983b) ist in Exkurs 16C wiedergegeben. Logischerweise ist der Vertrag gegenüber Verweigerung stabil. Das Modell ist nicht auf eine komplette Gesellschaft anwendbar, wohl aber auf bestimmte Gruppen innerhalb von Gesellschaften, etwa die Freimaurer oder die Mafia. Selbstverständlich ist für ein derartiges Verhalten Sprache erforderlich, da das Wort „zusammenarbeiten" in dem Vertrag sich auf ein bestimmtes Verhalten (etwa den Verzicht auf das Rauchen in öffentlichen Gebäuden) bezieht, das nicht angeboren ist, sondern sprachlich definiert werden muß. Der Einigungsprozeß erfordert außerdem ein relativ hoch entwickeltes Bewußtsein. Die Individuen dürfen sich nicht nur um ihre eigenen zukünftigen Interessen kümmern, sondern müssen andere als gleichartige Individuen mit ähnlicher Motivation wahrnehmen. Warum sonst sollte ein Individuum glauben, es könne ein anderes dazu bewegen, sich dem Vertrag anzuschließen? Nur Organismen, die über Sprache und ein ausreichend entwickeltes Bewußtsein verfügen, wären in der Lage, einen Vertrag auszuhandeln.

Das Modell hat zwei wesentliche Schwachpunkte. Der erste betrifft die Methode, durch die Kooperation erwirkt wird, der zweite die Annahme, daß alle Individuen die gleichen Vorausetzungen mitbringen. Die Annahme, daß soziales Verhalten meist durch Angst vor Strafe motiviert ist, ist vermutlich nicht richtig. Vielmehr spielen oft Rituale eine entscheidende Rolle. Gellner (1988) formulierte es folgendermaßen:

> »Um Menschen von den unterschiedlichsten Dingen abzuhalten, die nicht mit der sozialen Ordnung, der sie angehören, vereinbar sind, muß man sie Ritualen unterwerfen. Die Vorgehensweise ist einfach: Man läßt sie um einen Totempfahl tanzen, bis sie außer sich vor Erregung sind und in der Hysterie des kollektiven Wahns zu knetbarem Wachs werden; man steigert diesen emotionalen Zustand mit allen Mitteln – durch alle lokal verfügbaren audiovisuellen Hilfsmittel, Drogen, Tanz, Musik und ähnliches –, und sobald sie wirklich berauscht sind, hämmert man ihnen die Idee oder die Vorstellung ein, der sie fortan sklavisch folgen werden.«

Exkurs 16C: Das Gesellschaftsvertrag-Spiel (*Social Contract game*)

Die Spieler können zwischen zwei Strategien wählen: Kooperation (K) und Verweigerung der Zusammenarbeit (V). Die Höhe des Gewinns für ein Individuum hängt davon ab, was die anderen Populationsmitglieder tun, und zwar auf folgende Weise:

		Rest der Population	
		K	V
Individuum	K	30	10
	V	40	20

Dies ist ein typisches Gefangenendilemma: Es lohnt sich zu verweigern, ganz gleich was andere tun. Die Populationsmitglieder binden sich daher an den Vertrag: „Ich werde kooperieren; ich werde mich an der Bestrafung derjenigen beteiligen, die die Kooperation verweigern." Die Kosten des Bestraften betragen –50, die der Beteiligung an der Strafe –5. Wenn alle anderen sich an den Vertrag halten, ergeben sich für ein Individuum die folgenden Resultate:

Kooperation und Beteiligung an Strafe	30 – 5 = 25
Verweigerung	40 – 50 = –10
Kooperation ohne Beteiligung an Strafe („Trittbrettfahrer")	30

Auch dieser Vertrag ist also nicht stabil, sondern kann von Trittbrettfahrern unterlaufen werden. Er muß folgendermaßen ergänzt werden: „Ich werde kooperieren; ich werde mich an der Bestrafung von Verweigerern beteiligen; ich werde jeden, der sich nicht an der Bestrafung beteiligt, als Verweigerer behandeln."

Es hat also den Anschein, als müßten Biologen nicht nur den Ursprung der Sprache, sondern auch die Sozialisierbarkeit durch Rituale erklären. Der Inhalt der Rituale variiert je nach Gesellschaft, und gegenüber rationalen Überlegungen und juristischen Sanktionen mögen Rituale im Laufe der Geschichte an Bedeutung verloren haben (vielleicht hoffen wir aber auch nur, daß sie das noch tun werden), aber jeder Mensch ist von ihnen beeinflußt. Daran muß nichts Geheimnisvolles sein. Ein Individuum, das nicht fähig wäre zu lernen, würde geächtet. Trotzdem ist noch unklar, warum die Einprägung richtigen Verhaltens durch Rituale und Mythen erfolgt statt durch explizite Regeln. Wozu Macbeth und die biblische Geschichte von Kain und Abel, anstelle oder zusätzlich zu der einfachen Regel „Du sollst nicht töten"? Es ist leicht, zu sagen, Rituale seien ein wirksames Mittel, um eine über bloße Akzeptanz hinausgehende emotionale Bindung an bestimmte Glaubensinhalte zu schaffen, doch dies ist lediglich die Beschreibung eines Zustands, nicht seine Erklärung.

Vielleicht wurde die angeborene Beeinflußbarkeit durch Rituale individuell selektiert, wenngleich wir nicht sagen können, warum dies der Fall sein sollte. Einmal entstandene Rituale werden aber kulturell, nicht genetisch vererbt. Boyd und Richerson (1985) äußerten die Vermutung, Selektion auf Gruppenebene könne Rituale begünstigt haben, die die Mitglieder einer Gruppe besonders wirksam aneinander binden. Sie behaupten nicht etwa, daß der Inhalt eines Mythos oder eines Rituals genetisch festgelegt ist, sondern daß auch ein kulturell weitergegebenes Merkmal selektiert werden kann. Wenn eine Gruppe von Menschen aufgrund ihres Ritualsystems erfolgreich ist, hat dies zwei Effekte: Durch kulturelle Evolution kommt es zur Ausbreitung bestimmter Glaubensinhalte, und durch genetische Selektion werden Individuen begünstigt, die sich durch diese (und vermutlich alle anderen rituell bekräftigten) Glaubensinhalte stark beeinflussen lassen. Mit anderen Worten, auf der Ebene der Gruppen gibt es eine Selektion kulturell vererbter Glaubenssysteme, die den Erfolg von Gruppen fördern, und auf der Ebene der Individuen eine Selektion der genetisch vererbten Beeinflußbarkeit durch Rituale.

Ein zweiter Schwachpunkt des Modells ist die Annahme, alle Individuen seien zunächst gleich und verfügten über die gleichen strategischen Möglichkeiten. In komplexeren Gesellschaften ist dies eindeutig nicht der Fall. Der Besitz von Land, Fabriken oder Waffen beeinflußt die individuellen Möglichkeiten. An der marxistischen Überzeugung, die politische Ideologie sei von der Stellung innerhalb der Klassengesellschaft abhängig, ist zweifellos etwas Wahres. Leicht verständlich ist auch, warum soziale Gruppen Mythen- und Ritualsysteme aufbauen: Eine Gruppe, die ein solches System besitzt, wird besser in der Lage sein, die Interessen ihrer Mitglieder zu verteidigen. Die Beständigkeit gruppeneigener Mythen ist erstaunlich und mitunter verhängnisvoll. Offenbar fällt es Menschen leicht, eine durch Rituale verfestigte Gruppenidentität zu entwickeln: Die Existenz verschiedener Gruppen mit jeweils eigener Identität ist in heutigen Gesellschaften jedenfalls eine häufige Ursache von Problemen. Für die Entstehung menschlicher Gesellschaften dürften gruppeneigene Mythen- und Ritualsysteme dagegen eine geringere Rolle gespielt haben.

16.7.2 Gesellschaftstheorien

Die existierenden Theorien über die menschliche Gesellschaft unterscheiden sich hauptsächlich in zweierlei Hinsicht:

- Ähnelt die Gesellschaft eher einem Haus oder einem Termitenhügel? Ein Termitenhügel unterscheidet sich insofern von einem Haus, als keine Termite eine Vorstellung von der fertigen Konstruktion besitzt, die, obwohl sie in hohem Maße funktionell ist, durch die Interaktion von Millionen von Individuen entsteht, deren Verhalten von Regeln gesteuert, aber von keiner derartigen Vorstellung beeinflußt ist. Dagegen beginnt ein Architekt mit der Vorstellung des fertigen Gebäudes, und dieses wird aufgrund seiner rationalen Überlegungen funktionell sein – nicht infolge eines durch Selektion herausgebildeten, aber blinden Verhaltens der Erbauer. Ähnelt die Gesellschaft eher einem Haus oder einem Termitenhügel? Wurde ihre Struktur von einer Gruppe vernünftiger Gesetzgeber geplant, wie die Verfassung der Vereinigten Staaten durch ihre Gründerväter? Oder ist sie bloß das ungeplante Resultat des – vernünftigen oder unvernünftigen – Verhaltens ihrer Mitglieder?
- Ist individuelles Verhalten von der Vernunft oder von Ritualen gesteuert?

Die möglichen Antwortkombinationen auf diese beiden Fragen entsprechen vier Gesellschaftstheorien, die wir im folgenden beschreiben. Wir haben sie nach vier berühmten Philosophen benannt. Zweifellos wird man uns beschuldigen, deren Ideen grob vereinfacht zu haben. Das ist vielleicht richtig, muß aber nicht von Nachteil sein. Das Problem mit Gesellschaftstheorien ist, daß sie so weitschweifig und kompliziert formuliert werden, daß sie ebensoschwer zu verstehen wie zu überprüfen sind. Theorien sollten knapp formuliert sein, auch wenn die Tatsachen, auf die sie sich beziehen, ausführlich beschrieben werden müssen. *Der Ursprung der Arten* ist ein dickes Buch, aber kein Biologe hält es für unmöglich, Darwins Theorie in wenigen Sätzen zu umreißen. Zwar erstrecken sich die Beweise mancher mathematischer Theoreme über mehrere hundert Seiten – genaugenommen bilden die Beweise zu den Theoremen gehörende Theorien. Aber mathematische Aussagen sind eindeutig und erlauben daher lange Argumentationsketten. Aussagen über die menschliche Gesellschaft wie über die Evolution zeichnen sich dagegen leider durch eine gewisse Uneindeutigkeit aus. Aufgrund dessen können in diesen Gebieten nur einfache Theorien brauchbar sein, in dem Sinne, daß sie klare Aussagen erlauben. Natürlich könnte es sein, daß in den Sozialwissenschaften keine brauchbaren Theorien möglich sind. Nachdem wir diese Entschuldigung vorausgeschickt haben, schlagen wir die folgende Klassifikation vor:

- *Rousseau und der Gesellschaftsvertrag*. Dieses Modell haben wir bereits erörtert. Seine wesentlichen Merkmale sind, daß die Gesellschaft rational geplant ist und daß ihr Fortbestand vom vernünftigen Verhalten ihrer Mitglieder abhängt.

- *Platons Staat.* Auch in Platons Modell ist die Gesellschaft eher ein Haus als ein Termitenhügel. Sie ist von einem Philosophen geplant und basiert auf einer Arbeitsteilung zwischen Herrschenden, Soldaten und Arbeitern, in deren harmonischem Zusammenwirken sich nach Platons Ansicht „Gerechtigkeit" ausdrückt. Diese Gesellschaft wird jedoch durch Mythen aufrechterhalten, nicht durch vernünftige Überlegung ihrer Mitglieder. Mit bewundernswerter Offenheit schrieb Platon im *Staat* (hier zitiert nach der 1991 in der Reihe *Bibliothek der Antike* bei dtv/Artemis (München) erschienenen Ausgabe von *Der Staat*):

> »Wir haben vorhin gesagt, daß es notwendige Täuschungen gibt ... Was könnte uns nun dazu verhelfen, eine edle Täuschung dieser Art vor allem den Regenten selber glaubhaft zu machen, oder wenn nicht ihnen, dann doch dem übrigen Volk? ... Ihr alle, die ihr in der Stadt lebt, seid nun also Brüder – so werden wir als Mythenerzähler zu ihnen sagen: doch als der Gott euch formte, hat er denen, die zum Regieren fähig sind, bei ihrer Erschaffung Gold beigemischt, und das macht sie besonders wertvoll, allen Gehilfen aber Silber, und den Bauern und sonstigen Handarbeitern Eisen und Erze. Weil ihr nun alle verwandt seid, werdet ihr in der Regel Kinder zeugen, die euch selber ähnlich sind ... Kannst du nun auf irgendeine Art bewirken, daß die Leute an diesen Mythos glauben?«

Daß Gefügigkeit mit Hilfe von Ritualen erreicht werden sollte, beweist der folgende Auszug aus dem zweiten Band der *Gesetze* (zitiert nach dem 1977 bei der Wissenschaftlichen Buchgesellschaft (Darmstadt) erschienenen Band 8 der Ausgabe *Platon – Werke in acht Bänden*):

> »... daher braucht er (der Gesetzgeber) nichts anderes zu erforschen und herauszufinden als dies: was er den Staat glauben machen muß, um ihm die größte Wohltat zu erweisen. Zu diesem Zweck muß er alle erdenklichen Mittel und Wege ausfindig machen, wie eine solche Gemeinschaft in ihrer Gesamtheit hierüber möglichst immer ein und dieselbe Ansicht die ganze Lebenszeit hindurch äußern könnte in Liedern, Sagen und Reden.«

- *Durkheims organische Gesellschaft.* Durkheims Gesellschaft ist ein Termitenhügel. Sie ist funktionstüchtig, aber niemand hat sie geplant. Sie funktioniert, weil ihre Mitglieder von Ritualen beeinflußt sind.
- *Adam Smith und der freie Markt.* Smiths Theorie ist genaugenommen eine Theorie der Wirtschaft, nicht der ganzen Gesellschaft, aber in Anbetracht dessen, daß seine berühmteste Anhängerin unserer Tage verkündete, »So etwas wie eine Gesellschaft gibt es nicht«, braucht uns das vielleicht nicht zu kümmern. Smith geht davon aus, daß eine freie Wirtschaft besser als eine Planwirtschaft in der Lage ist, die von der Bevölkerung gewünschten Waren zu produzieren. Der einzelne handelt rational, aber nur in seinem Eigeninteresse, ohne Ansehen der Folgen für die Allgemeinheit. Das Modell entspricht einem Termitenhügel, keinem Haus, aber einem Termitenhügel, der durch vernünftige Überlegung instandgehalten wird. Die Geschichte der vergangenen 40 Jahre läßt kaum Zweifel daran, daß Smith hinsichtlich der relativen Effizienz von freier und gelenkter Wirtschaft recht hatte. Doch hat er damit nur einen Teil der Wirklichkeit erfaßt. Der Haken an seiner Theorie ist, daß auch die Einleitung giftiger Abwässer in Flüsse oder der Verkauf von Zigaretten und Heroin Gewinn bringt.

Nicht alle Gesellschaftstheorien lassen sich so leicht in das Prokrustesbett dieses Schemas zwängen. Kants Überlegungen dazu sind in folgendem Auszug aus seinem Entwurf *Zum ewigen Frieden* (hier zitiert nach dem 1923 bei Walter de Gruyter & Co. (Berlin, Leipzig) erschienenen Band VIII des Reihenwerks *Kant's gesammelte Schriften*) zusammengefaßt:

> »Das Problem der Staatserrichtung ist, so hart wie es auch klingt, selbst für ein Volk von Teufeln (wenn sie nur Verstand haben) auflösbar und lautet so: ›Eine Menge von vernünftigen Wesen, die insgesammt allgemeine Gesetze für ihre Erhaltung verlangen, deren jedes aber ingeheim sich davon auszunehmen geneigt ist, so zu ordnen und ihre Verfassung einzurichten, daß, obgleich sie in ihren Privatgesinnungen einander entgegen streben, diese einander doch so aushalten, daß in ihrem öffentlichen Verhalten der Erfolg eben derselbe ist, als ob sie keine solche böse Gesinnungen hätten.‹«

Mit anderen Worten, es ist ein Architekt nötig, der die Regeln so gestaltet, daß die jeweils in ihrem Eigeninteresse handelnden Individuen ein gesellschaftlich wünschenswertes Resultat erzielen. Die Gesellschaft ist insofern ein Termitenhügel, als ihre Mitglieder nicht das Ganze sehen. Ihr Verhalten ist jedoch von einem Planer so gesteuert, daß sie die Gesellschaft erschaffen werden, die er bereits vor Augen hat.

In den Modellen von Kant und Rousseau (zumindest in dem oben beschriebenen Gesellschaftsvertrag-Modell) ist das Verhalten des Einzelnen also von rationalem Eigennutz gesteuert. In beiden ist außerdem eine zentrale Planung erforderlich, aber in Kants Modell gibt es keine konkreten Verhaltensregeln, bei deren Überschreitung Strafen drohen, sondern die zentrale Planung beschränkt sich darauf, die Umgangsregeln so festzulegen, daß rationales, eigennütziges Verhalten zum Wohl der Gemeinschaft ausschlägt. Adam Smith könnte für sich beanspruchen, zumindest für die Wirtschaft genau dies vorgeschlagen zu haben, indem er darauf bestand, der Markt solle frei und nicht reglementiert sein.

Im Hinblick auf ihre Vorstellungen von der staatlichen Steuerung des Verhaltens waren auch Marx und Engels Kantianer. Marx' These „Das Sein bestimmt das Bewußtsein" impliziert, daß das Verhalten des Einzelnen von dessen Bedürfnissen beeinflußt ist – ein Modell, das dem Termitenhügel entspricht. Marx und Engels argumentierten aber, wenn das Land und die Produktionsmittel im Besitz der Allgemeinheit wären, würde es sich für den Einzelnen lohnen, sich in sozial wünschenswerter Weise zu verhalten. Der Haken war, daß sie den Trittbrettfahrer nicht berücksichtigten oder nicht voraussahen, daß der Staatsapparat, der ihn hätte disziplinieren sollen, sich zu einer neuen Gesellschaftsklasse entwickeln würde, die in ihrem eigenen Interesse regierte.

Die Ideen von Adam Smith und Karl Marx sind für unsere gegenwärtigen politischen Probleme vielleicht relevanter als für die Ursprünge der Gesellschaft. Die Durkheimsche Sicht einer funktionierenden, aber ungeplanten, von Ritualen beherrschten Gesellschaft ist dem Bild, das die meisten Anthropologen von den frühesten Gesellschaften haben, näher. Eine solche Gesellschaft können nur Individuen bilden, die die genetischen Voraussetzungen für Sprache und Sozialisierbarkeit durch Rituale besitzen. Doch dieses organische Bild gibt die Wirklichkeit nicht komplett wieder. Organismen funktionieren nur deshalb effektiv, weil die natürliche

Selektion die Regeln, die das Verhalten der Zellen steuern, so geformt hat, daß ein funktionierendes Ganzes entsteht. Auf welche Weise erlangen von Ritualen beherrschte Gesellschaften Funktionstüchtigkeit? Schließlich sind sozial zerstörerische Verhaltensweisen vermutlich genauso leicht durch Rituale einzuprägen wie sozial wünschenswerte. Zwei Antworten scheinen möglich. Zum einen könnte der Selektionserfolg kulturell vererbter Glaubensinhalte ausschlaggebend gewesen sein. Zum anderen könnte ein Element rationaler Überlegung die Entscheidung darüber, welche Glaubensinhalte und Praktiken durch Rituale bekräftigt wurden, beeinflußt haben. Platons Gesetzgeber, der Rituale erfindet, um seine „edle Täuschung" zu bekräftigen, geht zu weit, aber vielleicht haben diejenigen, die Rituale und Mythen ersonnen haben, dabei auch die sozialen Folgen ihrer Erfindungen bedacht.

16.7.3 Ursprünge

Was läßt sich aus den fossilen Zeugnissen und den Erkenntnissen der vergleichenden Biologie über die Ursprünge der menschlichen Gesellschaft ableiten? In Abbildung 16.5 ist die Fossilgeschichte der Menschheit zusammengefaßt. Die Australopithecinen gingen vor mindestens vier Millionen Jahren zum aufrechten Gang über, lange bevor die Gehirngröße wesentlich zunahm. Ihre Gehirne waren mit etwa einem Drittel der Masse heutiger Menschengehirne nicht größer als die von Menschenaffen. Im Stadium des *Homo erectus* hatte sich die Gehirnmasse verdoppelt. Dennoch waren die Werkzeuge des *Homo erectus* technisch wenig entwickelt. Das komplizierteste Werkzeug war der Faustkeil, der aus einem einzigen Stein hergestellt wurde und auf beiden Seiten bearbeitet war. Immerhin war er eine einfallsreichere Erfindung als jedes von Schimpansen hergestellte Werkzeug. In manchen Lebensräumen benutzen freilebende Schimpansen Steine als Hammer und Amboß; in Gefangenschaft kann man sie lehren, Feuersteinsplitter herzustellen und zu benutzen.

Es ist erstaunlich, daß Faustkeile nach ihrem ersten Auftauchen vor etwa 1,5 Millionen Jahren über einen Zeitraum von mehr als einer Million Jahren hergestellt wurden. Erst nach der Evolution des frühesten *Homo sapiens* vor etwa 250 000 Jahren gibt es Anzeichen für geringfügig verbesserte Fertigkeiten bei der Werkzeugherstellung und für ein umfangreicheres Werkzeugsortiment. Doch Werkzeuge und Werkzeugmaterialien blieben im großen und ganzen unverändert, selbst nach dem Erscheinen des modernen, mit einem großen Gehirn ausgestatteten Menschen vor ungefähr 100 000 Jahren. Erst vor relativ kurzer Zeit, vor nur etwa 40 000 Jahren, kam es zu einem plötzlichen Schub technischer Neuerungen.

Es ist daher kaum anzunehmen, daß die Zunahme der Gehirngröße nahezu um den Faktor drei eine Reaktion auf die Selektion verbesserter technischer Fertigkeiten war. Doch welche Selektionskraft ließ dann unsere größeren Gehirne entstehen? Es ist denkbar, daß der entscheidende Faktor die Evolution der Sprache war. Wahrscheinlicher ist allerdings, daß Sprache, wie wir sie heute kennen, sich vor relativ kurzer Zeit entwickelt hat und für die dramatischen Veränderungen verantwortlich

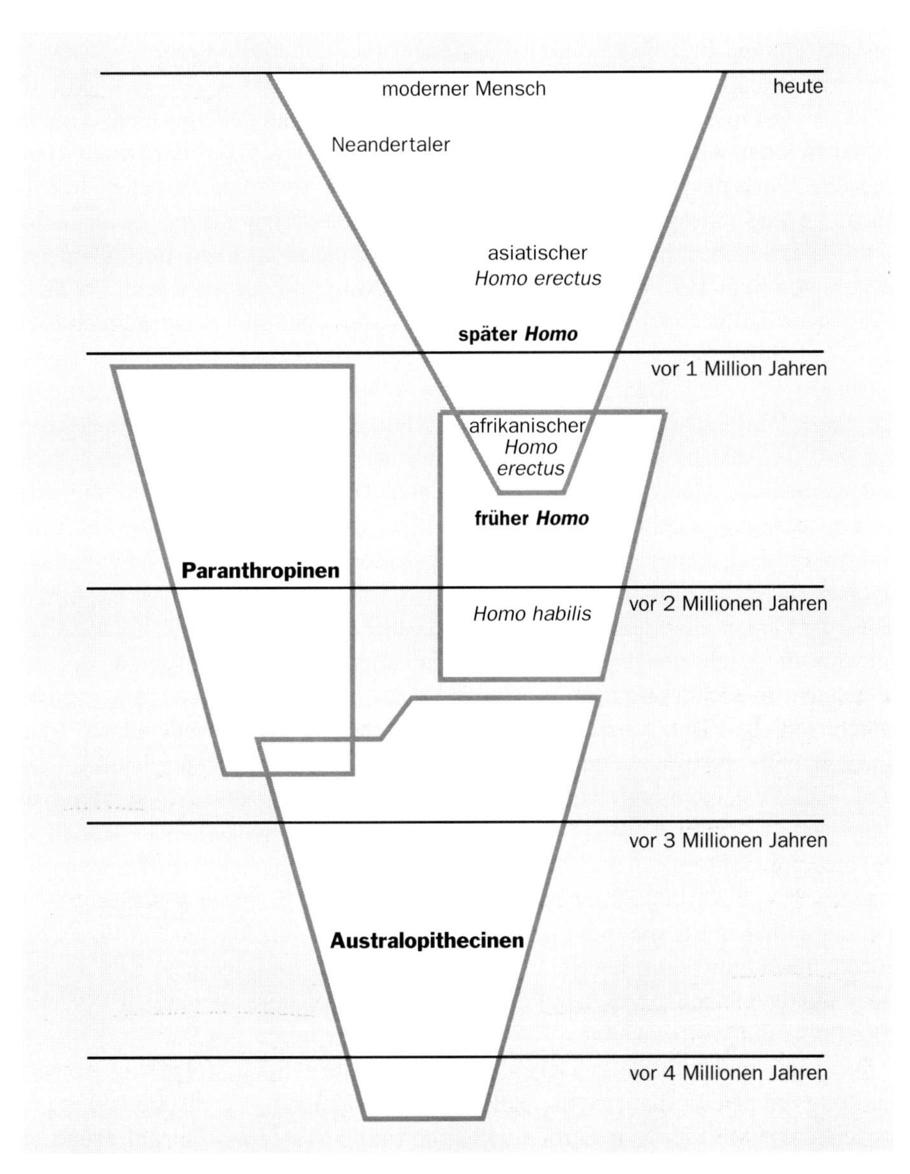

16.5 Die fossilen Zeugnisse der Hominiden (nach Stringer und Gamble 1993). Man unterscheidet vorläufig vier Entwicklungsstufen. Die Australopithecinen waren frühe Hominiden mit kleinem Gehirn, aber bipedem Gang. Später kam es zur Aufspaltung in zwei Haupttypen mit unterschiedlicher Lebensweise: die kräftig gebauten, sich hauptsächlich vegetarisch ernährenden Paranthropinen und die grazilere, mit einem größeren Gehirn ausgestattete Linie *Homo*, die zu den Neandertalern und zum modernen Menschen führte. Zwischen „grazilen" und „robusten" Formen wird bereits bei den späten Australopithecinen unterschieden. Der frühe *Homo* und *Paranthropus* koexistierten mindestens eine Million Jahre lang. Die Anzahl der koexistierenden Arten innerhalb der beiden Linien ist noch umstritten.

war, die innerhalb der vergangenen 100 000 Jahre eingetreten sind, nicht aber für die schon vorher erfolgte Zunahme der Gehirngröße. Wie Dunbar (1992) anhand von Vergleichsdaten darlegte, läßt sich die Entwicklung des Vorderhirns bei den heutigen Primaten am besten anhand der Größe der sozialen Gruppe vorhersagen, in der ein Individuum lebt. Dunbar nimmt daher an, daß die wichtigste Selektionskraft, die bei Primaten die Zunahme der Intelligenz fördert, aus sozialen Interaktionen erwächst. Ein Individuum, das sich in einer Vielzahl sozialer Kontexte angemessen verhalten kann, wird eine höhere Fitneß aufweisen als eines, das dazu nicht in der Lage ist. Wenn man diese Argumentation auf unsere Vorfahren ausdehnt, war die Zunahme der Gehirngröße also eine Anpassung an das Leben in einer Gesellschaft.

Vor einer halben Million Jahren war *Homo erectus* in allen tropischen und gemäßigten Regionen der alten Welt verbreitet. Aufgrund dessen scheiden sich die Meinungen darüber, ob die heutigen Rassen des Menschen sich *in situ* aus den lokalen Populationen von *H. erectus* entwickelt haben, oder ob *H. sapiens* nur einmal entstanden ist – vermutlich (aber nicht mit Sicherheit) in Afrika – und sich dann über die ganze Welt verbreitet hat, wobei er die lokalen *H. erectus*-Populationen verdrängte. Die Ansicht, es gebe nur einen Ursprung, hat durch molekularbiologische Daten erhebliche Unterstützung erfahren (Cann et al. 1987), und zwar mit Hilfe der folgenden Argumentation. Mitochondrien-DNA wird nur in der weiblichen Linie vererbt. Folglich stammen alle existierenden Mitochondrien von den Mitochondrien eines einzigen weiblichen Individuums ab, das irgendwann in der Vergangenheit lebte. Je kleiner die menschliche Bevölkerung war, desto später könnte diese gemeinsame Ahnin gelebt haben. Außerdem läßt sich die Variationsbreite der existierenden Mitochondrien messen, und man kann abschätzen, mit welcher Geschwindigkeit sich Variationen ansammeln (beispielsweise indem man Menschen und Schimpansen vergleicht). Anhand dieser beiden Größen schätzten Cann et al., daß der gemeinsame weibliche Vorfahre vor etwa 200 000 Jahren lebte. Vorausgesetzt dieses Datum ist korrekt, ist auch eine grobe Abschätzung der damaligen Bevölkerungszahl möglich: Sie lag in der Größenordnung von 10 000. Wenn der Schätzwert von 200 000 Jahren auch nur annähernd zutrifft, ist ausgeschlossen, daß die menschlichen Rassen sich unabhängig voneinander aus lokalen *Homo erectus*-Populationen entwickelt haben. Es bleibt also die Schlußfolgerung, daß wir von einer relativ kleinen Menschenpopulation abstammen, die vermutlich vor etwa 200 000 Jahren in Afrika lebte.

Diese aus molekularbiologischen Daten abgeleitete Schlußfolgerung steht im Einklang mit den fossilen und archäologischen Zeugnissen. Vor 40 000 Jahren produzierten die Menschen in Europa und anderswo bereits eine Vielzahl neuartiger Artefakte, beerdigten ihre Toten, bemalten Höhlenwände und trieben Handel. Es scheint, als sei etwas geschehen, das sowohl die geographische Ausbreitung des *Homo sapiens* als auch das plötzliche Aufkommen neuer technischer und kultureller Praktiken ermöglichte. Die Vermutung liegt nahe, daß es sich dabei um den Ursprung der menschlichen Sprache handelte. Mit diesem letzten der entscheidenden Übergänge werden wir uns im nächsten Kapitel auseinandersetzen.

17. Die Entstehung der Sprache

17.1 Einleitung

Die Frage, was Menschen befähigt zu sprechen, war über Jahrzehnte hinweg Gegenstand einer Auseinandersetzung zwischen den Verfechtern zweier sehr unterschiedlicher Ansätze. Die Anhänger des von B. F. Skinner begründeten Behaviorismus behaupten, daß wir das Sprechen auf die gleiche Art und Weise erlernen wie jede andere Fertigkeit. Kinder werden belohnt, wenn sie richtig sprechen, und verbessert, wenn sie Fehler machen. Im Gegensatz zu Schimpansen können wir sprechen, weil wir eine größere Lernfähigkeit besitzen; grundsätzlich ist Sprache jedoch nichts besonderes.

Dagegen vertreten Noam Chomsky und seine Anhänger die Ansicht, daß der Mensch eine spezielle Sprachkompetenz besitzt, die nicht einfach seiner allgemeinen Intelligenz zuzurechnen ist. Wir lernen, eine beliebig große Anzahl grammatisch richtiger Sätze zu formulieren und zu verstehen und eine noch größere Anzahl grammatisch falscher Sätze zu vermeiden. Das Erlernen aller richtigen Sätze durch Versuch und Irrtum dürfte also unmöglich sein; statt dessen müssen wir uns die Regeln aneignen, denen grammatische Sätze gehorchen. Diese Regeln sind so kompliziert, daß wir, obwohl wir sie erlernen und anwenden, nicht in der Lage sind, sie explizit zu formulieren. Betrachten wir beispielsweise die beiden folgenden Sätze:

Woher weißt du, wen er sah? (1)
Wen weißt du, woher er sah? (2)

Jeder, dem die deutsche Sprache geläufig ist, weiß sofort, daß der erste Satz grammatisch ist, der zweite dagegen ungrammatisch. Aber welche Regel sagt uns das? Diese Frage könnte wohl nur ein Linguist beantworten; jedem anderen erginge es wie einem biologischen Laien, der sagen sollte, auf welche Weise die Herzfrequenz an wechselnde Belastungen angepaßt wird. In Abschnitt 17.3 beschreiben wir eine Hypothese über die Regel, die uns sagt, daß Satz 2 ungrammatisch ist. Diese Regel ist kompliziert, aber bisher hat niemand eine einfachere ersonnen. Es ist schwer vorstellbar, daß wir solche Regeln so problemlos beherrschen, ohne genetisch dafür prädisponiert zu sein. In die gleiche Richtung weist auch die Tatsache, daß es die Fähigkeiten von Linguisten und Computerfachleuten immer noch übersteigt, ein brauchbares Übersetzungsprogramm zu schreiben, während es viele Fünfjährige gibt, die zwei Sprachen beherrschen, sie nicht miteinander vermischen und von einer in die andere übersetzen können.

Ein zweiter Grund für die Annahme, daß wir das Sprechen nicht durch Versuch und Irrtum erlernen, liegt in der Begrenztheit der Information, auf die ein Kind zurückgreifen kann. Nachdem es eine endliche Menge von Äußerungen gehört hat, lernt es, eine unbegrenzte Anzahl grammatischer Sätze zu formulieren. Das bedeutet, daß das Kind Regeln erlernt und nicht einfach ein Kontingent an Sätzen. Wie wir bereits gesehen haben, sind diese Regeln äußerst kompliziert. Erschwerend kommt hinzu, daß nicht alle Sätze, die ein Kleinkind hört, grammatisch sind und daß Eltern ungrammatische Äußerungen ihrer Kinder meist nicht korrigieren. In Abschnitt 17.8 führen wir ein drittes und für uns ausschlaggebendes Argument dafür an, daß die Fähigkeit, sprechen zu lernen, unabhängig von der allgemeinen Intelligenz ist.

Wir sind davon überzeugt, daß die Debatte zwischen den Behavioristen und den Wissenschaftlern, die an eine spezielle Sprachkompetenz des Menschen glauben, von letzteren gewonnen wurde. Aber es ist schwer zu sagen, worin diese angeborene Begabung eigentlich besteht. Es ist nicht die Fähigkeit, eine bestimmte Sprache zu sprechen, sondern die Fähigkeit, *jede* Sprache zu erlernen. Wenn wir uns unterhalten, setzen wir das, was wir ausdrücken wollen, in eine lineare Abfolge von Lauten (oder – in Zeichensprachen – von Gebärden) um; Chomsky bezeichnet diese Lautfolge als „Oberflächenstrukur“. Es ist vielleicht erwähnenswert, daß Linearität keine notwendige Eigenschaft von Kommunikationssystemen ist: Unsere Mitteilungen könnten prinzipiell auch auf mehreren Kanälen (Harrison 1985) oder in zwei Dimensionen gleichzeitig erfolgen. Bevor wir jedoch kommunizieren können, müssen wir etwas zu sagen haben. Um denken zu können, müssen wir in der Lage sein, die Welt in unseren Köpfen zu repräsentieren und die entstandenen Vorstellungen zu manipulieren – das Denken erfordert eine Art mentale Grammatik. Die Tatsache, daß das griechische Wort *logos* sowohl „Rede" als auch „Vernunft" bedeutet, unterstreicht die enge Beziehung zwischen Kommunikation und Denken. In Abschnitt 17.2 stellen wir die Behauptung auf, daß die Evolution der Sprachkompetenz den Erwerb von zwei Fähigkeiten voraussetzte: erstens der sowohl für das Sprechen als auch für das Denken notwendigen Fähigkeit, in unserer Vorstellung komplexe Repräsentationen der Welt entstehen zu lassen, und zweitens der – stärker der Kommunikation zuzuordnenden – Fähigkeit, diese Repräsentationen in eine lineare Abfolge von Symbolen umzusetzen.

In Abschnitt 17.3 wenden wir uns dem Problem der Syntax zu: Wie können Vorstellungen in eine Abfolge von Lauten umgesetzt werden? Wir können keine komplette Darstellung der modernen generativen Grammatik liefern, aber wir versuchen, einen Eindruck zu vermitteln, worum es dabei geht. Erst wenn wir die Grammatik der menschlichen Sprache verstehen, können wir den in der Evolution aufgebauten Unterschied zwischen Menschen und Tieren erfassen. In Abschnitt 17.4 erörtern wir kurz, wie Kinder sprechen lernen. Anhand eines Beispiels zeigen wir, daß Kinder beim Sprechenlernen keine Daumenregel befolgen, sondern die grammatische Struktur eines Satzes erlernen.

In Abschnitt 17.5 legen wir dar, daß die Sprachkompetenz sich wie jedes andere komplexe und angepaßte Merkmal durch natürliche Auslese entwickelt hat, und befassen uns kurz mit den Einwänden, die Linguisten gegen diese Vorstellung geäußert haben. In Abschnitt 17.6 ziehen wir eine Parallele zwischen der Entwicklung der Sprache und der des Werkzeuggebrauchs, indem wir die Fähigkeiten von Tieren und von Kindern verschiedenen Alters miteinander vergleichen. Es hat den Anschein, als bestünde nicht nur eine formale Ähnlichkeit zwischen der Konstruktion von Sätzen und der Ausführung manueller Tätigkeiten, sondern als könne es eine gemeinsame physiologische Basis für diese beiden Fertigkeiten geben. Insbesondere gibt es ein Indiz dafür, daß Sprachtraining die Fähigkeit zur Manipulation von Objekten verbessert. Vielleicht haben sich Werkzeuggebrauch und Sprache bei unseren Vorfahren gegenseitig gefördert.

In den Abschnitten 17.7 und 17.8 beschreiben wir Beeinträchtigungen der sprachlichen Fähigkeiten, welche die Folge von Verletzungen oder genetischen Veränderungen sind. Vor allem die genetischen Daten sind hochinteressant, da sie Anlaß zu der Hoffnung bieten, daß wir eines Tages in der Lage sein werden, die Sprachkompetenz zu analysieren, so wie wir jetzt schon die Embryonalentwicklung untersuchen können.

In Abschnitt 17.9 beschreiben wir die „Protosprache" von Tieren und Kleinkindern sowie von Erwachsenen, die ohne sprachlichen Input aufgewachsen sind, und die Pidgin-Sprachen, in denen sich Erwachsene unterhalten, die keine gemeinsame Sprache beherrschen. In Abschnitt 17.10 diskutieren wir den Übergang von Protosprache zu voll entwickelter Sprache und fragen, ob es funktionierende Übergangsformen zwischen ihnen gegeben haben kann.

Zwischen der Rolle der Sprache für die Entstehung der menschlichen Gesellschaft und früheren Übergängen in der Evolution bestehen zwei erstaunliche Analogien. Auf die erste machte Jablonka (unveröffentlicht 1994) aufmerksam. Für die

Entstehung der mehrzelligen Organismen war ein zweites Vererbungssystem notwendig, das auf der Methylierung und anderen Methoden der Markierung von DNA basiert. Es ermöglichte eine Arbeitsteilung zwischen verschiedenen Zellen, und vielleicht trug es auch dazu bei, Zellen zu Verbänden zusammenzuschließen, so daß anstelle der Zelle der Organismus zum Objekt der Selektion wurde. In der menschlichen Gesellschaft stellt die Sprache das zweite Vererbungssystem dar. Sie ermöglicht eine Arbeitsteilung und verbindet Menschen durch Mythen und Rituale zu Gruppen.

Die zweite Analogie ist vielleicht noch grundlegender. Chomsky hat wiederholt darauf hingewiesen, daß die wesentliche Eigenschaft von Sprache in der Möglichkeit besteht, eine unbegrenzt große Anzahl sinnvoller Sätze hervorzubringen. Wie wir in Kapitel 3 dargelegt haben, waren für die Entstehung des Lebens Replikatoren notwendig, die in einer unbegrenzt großen Zahl von Formen existieren und kopiert werden konnten.

Abschließend sei betont, daß keiner der Autoren des vorliegenden Buches auf dem in diesem Kapitel behandelten Gebiet Fachmann ist. Wir haben uns weitgehend auf zwei Quellen verlassen: das Buch von Bickerton (1990) und den Übersichtsartikel von Pinker und Bloom (1990).

17.2 Sprache und Repräsentation

Die ostafrikanische Vervetmeerkatze hat drei Warnrufe: einen für Pythons, einen für Kampfadler und einen für Leoparden. Sobald eine Meerkatze eines dieser Tiere erblickt, stößt sie den entsprechenden Ruf aus, und andere Meerkatzen, die ihn hören, reagieren mit dem passenden Verhalten. Der Leopardenruf beispielsweise veranlaßt sie, die höheren Äste eines Baumes zu erklimmen – eine Reaktion, die bei Bedrohung durch einen Adler nicht sinnvoll wäre. Manche Autoren sind der Ansicht, daß Sprache auf ein solches Warnsystem zurückgeht. Das hieße, daß das Alarmsignal tatsächlich ein Wort ist, so wie *Python*; der Ruf wäre also ein Zeichen für eine Python.

Ist das der Fall? Es könnte sein, daß ein Warnruf lediglich eine gewisse Gefahr anzeigt und daß eine Meerkatze, die ihn hört, sich umsieht, eine Python oder einen Leoparden erblickt und entsprechend reagiert. Seyfarth und Cheney (1992) schlossen diese Erklärung aus, indem sie zeigten, daß Vervetmeerkatzen auf Tonbandaufnahmen von Warnrufen genau so wie auf echte Rufe reagieren.

Als Nagelprobe für den semantischen Charakter dieser Rufe wurden Gewöhnungs-(Habituations-)Experimente durchgeführt. Wenn auf ein Warnsignal keine objektive Bedrohung folgt, gewöhnen sich die Tiere daran und reagieren nicht mehr darauf. Vervetmeerkatzen benutzen zwei verschiedene Rufe – als *wrr* und *chutter* bezeichnet –, um auf andere Affengruppen aufmerksam zu machen. Wird eine Vervetmeerkatze, die an einen dieser beiden Rufe gewöhnt worden ist, die Gewöhnung auf den anderen übertragen? Wenn ja, wäre dies ein Indiz für semantische Repräsentation: Die Übertragung erfordert, daß der Affe *wrr* und *chutter* gleichermaßen als Zeichen für eine andere Affengruppe interpretiert.

Die Antwort auf diese Frage wird dadurch kompliziert, daß Vervetmeerkatzen, wie zahlreiche andere Säugetiere und viele Vögel, Artgenossen und deren Stimmen persönlich erkennen. Wenn eine Gewöhnung an das *wrr* einer bestimmten Meerkatze eingetreten ist, wird sie auf das *chutter* desselben Individuums übertragen, nicht jedoch auf das *chutter* anderer.

Seyfarth und Cheney schließen daraus, daß diese Rufe semantische Repräsentationen sind. Allerdings ist der Wortgebrauch bei Vervetmeerkatzen sehr beschränkt; insbesondere benutzen diese Affen Rufe nicht zur Bezeichnung nichtgegenwärtiger Objekte (Premack 1985).

Nach Bertrand Russell gibt es eine Zuordnung zwischen Objekten „da draußen" und Wörtern beziehungsweise – in unserem Beispiel – Warnrufen. Dabei handelt es sich allerdings nicht um eine direkte Verbindung. Zunächst wird dem Objekt Python die Vorstellung „Python" zugeordnet und dann dieser Vorstellung das Wort *Python*, was bereits de Saussure erkannt hatte. Vervetmeerkatzen müssen in ihren Köpfen eine Vorstellung von Pythons haben, sonst könnten sie diese nicht erkennen. Tatsächlich müssen junge Vervetmeerkatzen den Bedeutungsumfang ihrer Rufe genauso erlernen wie Kleinkinder den von Wörtern.

Menschen verwenden Wörter wie „Einhorn" oder „Eldorado" zur Benennung von Objekten, die in Wirklichkeit gar nicht existieren und für die es daher keine sinnliche Erfahrung gibt. Keine Tierart besitzt einen Warnruf für Einhörner. Allerdings benutzen Vervetmeerkatzen Alarmrufe, um Artgenossen zu täuschen, beispielsweise um sie von einer Futterstelle zu vertreiben. Die Täuschung ist jedoch nicht besonders raffiniert: Der betrügerische Affe zeigt keinerlei Anzeichen von Furcht, selbst wenn die anderen genau sehen können, was er tut. Zudem haben Tiere nur für solche Objekte Rufe, die von unmittelbarem biologischem Interesse sind, während Menschen sich über alles unterhalten können. Für unseren evolutionären Erfolg war der Besitz eines potentiell vollständigen Repräsentationssystems ausschlaggebend.

Hier stoßen wir auf eine wichtige Analogie. Am Anfang des Buches haben wir festgestellt, daß der Beginn des Lebens durch einen Übergang von erblichen Replikatoren mit begrenzten Möglichkeiten zu solchen mit unbegrenzten Möglichkeiten gekennzeichnet war. Es hat nun den Anschein, als sei der Ursprung menschlichen Lebens durch den Übergang von begrenzter zu unbegrenzter semantischer Repräsentation gekennzeichnet gewesen.

Menschen bedienen sich der Sprache zur Kommunikation, aber es kann gut sein, daß die wichtigste Funktion von Sprache darin besteht, interne Repräsentationen im Gehirn zu ermöglichen. Allerdings können auch Tiere, die über keinerlei sprachliche Fähigkeiten verfügen, ein Repräsentationssystem besitzen. Im Lebensraum der Seeanemone *Stomphia coccinea* beispielsweise kommen elf Seesternarten vor, von denen zwei Jagd auf sie machen. Wenn ein Seestern einer ungefährlichen Spezies eine Anemone berührt, geschieht nichts; bei Berührung durch eine räuberische Art dagegen zieht sich die Anemone sofort zurück. Die Seeanemone kann also zwischen verschiedenen Seesternarten unterscheiden – es gibt eine Verbindung zwischen Information und Verhalten (Ward 1962).

Die Existenz von Repräsentationen führt unweigerlich zur Bildung von Kategorien, etwa zur Kategorisierung in gefährliche und ungefährliche Seesterne. Kategorienbildung bedeutet, Repräsentationen, die ähnliche Reaktionen erforderlich machen, in Gruppen zusammenzufassen – unabhängig davon, ob die Repräsentationen angeboren sind oder nicht. Eine Kategorie ist ein wortloser Begriff; aus diesem Grunde muß man Tieren die Fähigkeit zur Begriffsbildung zugestehen (Bickerton 1990). Sprache liefert lediglich Etiketten für Begriffe, die vorsprachlicher Erfahrung entstammen.

Kategorien werden häufig in eine hierarchische Ordnung gebracht, vor allem wenn sie mit Wörtern assoziiert sind. Alle lexikalisierten Elemente einer Sprache sind Teil einer hierarchischen Struktur (Abbildung 17.1). Wenn wir nach der Bedeutung eines Wortes gefragt werden, folgt unsere Antwort in der Regel einer derartigen Hierarchie: „Der Bluthund ist eine Hunderasse, die man bei der Jagd einsetzt."

Eine grundlegende Eigenschaft von Sprache ist die Unterscheidung zwischen Subjekt und Prädikat. Beispielsweise haben wir nicht etwa vier verschiedene Begriffe und entsprechende Wörter der Art „Laufhund", „Schlafhund", „Lauflöwe" und „Schlaflöwe", sondern wir verfügen über zwei Substantive, *Hund* und *Löwe*, und zwei Verben, *laufen* und *schlafen*. „Der Hund schläft" ist eine sogenannte prädikative Aussage, mit der einem Hund der Zustand des Schlafens „prädiziert" wird.

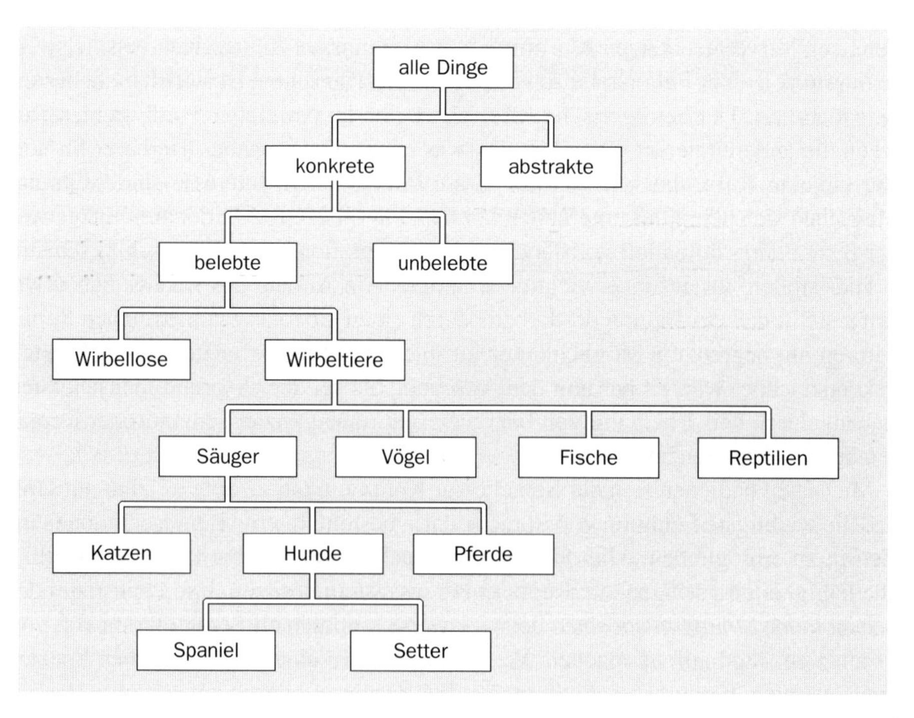

17.1 Die hierarchische Ordnung der Begriffe (nach Bickerton 1990).

Da jeder Entität viele Eigenschaften und Zustände prädiziert werden können, ist die Anzahl der Aussagen, die auf diese Weise mit einem Vokabular bestimmten Umfangs möglich sind, wesentlich größer, als wenn es ein eigenes Wort für jedes Paar aus einer Entität und ihrer Zustandsqualität gäbe. Die Unterscheidung zwischen Subjekt und Prädikat ist eine universelle Eigenschaft von Sprache und die Grundlage unserer Fähigkeit, eine unbegrenzte Anzahl von Sätzen zu formulieren und zu verstehen. Überdies ist sie ein wertvolles Hilfsmittel des Denkens.

Für das menschliche Denken ist mehr nötig als die Bildung hierarchisch geordneter Kategorien und die Prädikation. Es erfordert außerdem, daß wir strukturierte Repräsentationen der Welt bilden, die wir dann gedanklich manipulieren können. Beispielsweise können wir denken: „Gestern sind zwei Leoparden auf diesen Baum geklettert; nur einer ist wieder heruntergekommen, also ist noch ein Leopard auf dem Baum. Wenn ich unter dem Baum hindurchgehe, könnte er mich angreifen." Solche Gedanken würden uns einen Selektionsvorteil verschaffen, selbst wenn wir sie nicht in Worte fassen könnten. Diese Art des Denkens erfordert nicht nur den Besitz von Nominalkonzepten (Leopard, Baum) und Verbkonzepten (klettern, angreifen), sondern auch die Fähigkeit, diese Konzepte zu einem Muster zu ordnen und dieses Muster dann zu verändern. Letztere Fähigkeit ist analog zur Grammatik, wie aus dem Gebrauch der Wörter *also*, *wenn*, *auf* und *unter* in der Beschreibung des Gedachten hervorgeht.

Tatsächlich besteht die menschliche Sprache etwa zur Hälfte aus rein grammatischen Einheiten wie *also* und *wenn*, die keine Referenzobjekte haben. Hierher gehören auch die Endungen und Vorsilben der flektierten Formen von Wörtern, wie *-en* (zum Ausdruck des Plurals) oder *ge-* (zum Ausdruck des Perfekts). Beispielsweise müssen Substantive entweder im Singular oder im Plural stehen, und Verben haben im Präsens eine andere Form als im Imperfekt. Grammatische Einheiten halten die stärker bedeutungstragenden Teile von Sätzen zusammen. Sie geben die relative Anzahl an, die relative Zeit, relative Richtung, relative Vertrautheit, relative Möglichkeit, Besitz, Notwendigkeit, Existenz und vieles andere. Bemerkenswert ist, daß solche grammatischen Einheiten nur einige der möglichen Beziehungen wiedergeben und daß es dabei in verschiedenen Sprachen Unterschiede gibt. Beispielsweise existieren sowohl im Türkischen als auch in der Hopi-Sprache im Gegensatz zum Deutschen flektierte Formen von Verben, die angeben, ob eine Aussage auf persönlicher Erfahrung oder auf Erzählungen Dritter basiert. In keiner Sprache gibt es jedoch eine grammatische Unterscheidung zwischen eßbar und nicht eßbar oder zwischen feindlich und freundlich.

Rein grammatische Einheiten sind also für das Sprechen erforderlich; darüber hinaus benötigen wir die Beziehungen, die sie ausdrücken, aber auch zum Denken, wie das Beispiel mit den beiden Leoparden auf dem Baum illustriert. Dies läßt sich anhand einer Beschäftigung zeigen, bei der wir vielleicht stärker nonverbal denken als bei jeder anderen Tätigkeit – beim Schachspiel. Ein Schachspieler könnte beispielsweise denken: »Wenn ich mit dem Bauer seinen König schlage, könnte er Sb6 ziehen und so meinen König und meine Dame gleichzeitig bedrohen; also darf ich den Läufer nicht schlagen.« Beim Denken würden die Substantive und Verben durch visuelle Bilder des Schachbrettes ersetzt, aber die rein grammatischen Einheiten *wenn*, *dann* und *also* blieben bestehen. Natürlich hat keiner unserer Hominidenvorfahren mehr Nachkommen hinterlassen, weil er Schach spielen konnte. Vielmehr geht es darum, daß dieselben Prozesse, die zum Sprechen erforderlich sind – Begriffsbildung, Prädikation und das Erkennen von Beziehungen zwischen Begriffen – auch für das Denken benötigt werden. Die entsprechenden geistigen Fähigkeiten haben sich in der Evolution vielleicht in erster Linie für das Denken und nicht für die Kommunikation herausgebildet, oder zumindest für beides gleichermaßen.

Kommunikation erfordert allerdings nicht nur eine adäquate Repräsentation der Welt im Gehirn. Vielmehr muß diese Repräsentation auch in eine lineare Folge von Lauten (beziehungsweise – bei der Rezeption – eine lineare Lautfolge in eine Repräsentation im Gehirn) umgewandelt werden. Dies ist der Gegenstand des nächsten Abschnitts. Für eine vollständige Darstellung der generativen Grammatik fehlt uns – abgesehen von der Fachkompetenz – der Raum, aber wir hoffen, dem Leser einen Eindruck von den zugrundeliegenden Ideen vermitteln zu können.

17.3 Syntax

Das Duden-Wörterbuch definiert Syntax als die »in einer Sprache übliche Verbindung von Wörtern zu Wortgruppen und Sätzen« beziehungsweise die »korrekte Verknüpfung sprachlicher Einheiten im Satz«. Die Syntax wird vielfach als Schlüsselkomponente einer jeden Sprache angesehen. Als Beispiel denke man sich einen gewöhnlichen, zehn Wörter langen Satz. Es gibt 3 628 800 verschiedene Möglichkeiten, diese zehn Wörter aneinanderzureihen, aber nur wenige dieser Sequenzen sind grammatisch. Es besteht keine Möglichkeit, ungrammatische Sätze anhand negativer Beispiele vermeiden zu lernen; statt dessen müssen wir uns ein Rezept für die Konstruktion von Sätzen erarbeiten.

Die modernen Ansichten über die Syntax und das Angeborensein einer universalen Grammatik gehen größtenteils auf Chomsky (1957, 1968, 1975) und seine Kollegen zurück. Chomsky unterschied als erster systematisch zwischen semantisch unsinnigen Sätzen wie *farblose grüne Ideen schlafen ungestüm* (im Gegensatz zu *revolutionäre neue Ideen sind selten*) und syntaktisch falschen Sätzen wie *neue sind revolutionäre selten Ideen*. Im folgenden geben wir eine – natürlich unvollständige – Darstellung der generativen Grammatik, angelehnt an Bickerton (1990) und Aoun (1992). Der Leser sei gewarnt: Es handelt sich um keine ganz leichte Materie.

Nehmen wir als Beispiel die beiden folgenden Sätze:

Die Kuh fraß das Gras. (3)

Die Kuh mit dem verwachsenen Horn fraß das Gras. (4)

„Die Kuh" in (3) wurde in (4) durch die Nominalphrase „Die Kuh mit dem verwachsenen Horn" ersetzt. Die Phrasenstruktur ist das vielleicht wichtigste Element der Syntax (Jackendoff 1977). Die Struktur dieser Nominalphrase ist in Abbildung 17.2 dargestellt, die generelle Struktur einer Phrase in Abbildung 17.3. Ein als universal angesehenes Merkmal dieser Struktur ist, daß von einem Knoten nie mehr als zwei Äste ausgehen. Bei der Konstruktion von Sätzen können Phrasen wie russische Puppen ineinandergeschachtelt werden. Ein extremes Beispiel ist der folgende englische Satz: „This is the man all tattered and torn, who loved the maiden all forlorn, who milked the cow with the crumpled horn, that kicked the dog that chased the cat that killed the rat that ate he malt that lay in the house that Jack built." (Deutsch etwa: „Dies ist der völlig zerlumpte Mann, der die verlassene Maid liebte, die die Kuh mit dem verwachsenen Horn melkte, die den Hund trat, der die Katze jagte, die die Ratte tötete, die das Malz fraß, das in dem Haus lag, das Jack gebaut hatte".) Die Tatsache, daß Kinder solche Reime mögen, zeigt, daß die Beherrschung der Grammatik ihnen Freude bereitet, auch wenn es sie verwirren würde zu hören, daß ein Satz aus hierarchisch ineinandergeschachtelten Phrasen besteht. Natürlich gibt es bei diesen Überlegungen eine Schwierigkeit: Linguisten mögen in der Lage sein, Sätze auf diese Weise zu zergliedern, aber worauf ließe sich die Annahme stützen, daß man beim Sprechen, wenn auch unbewußt, das gleiche tut? In Abschnitt 17.5 wird ein Grund für diese Annahme angeführt, nämlich das allgemeinere Argument, daß nur das Erkennen der Phrasenstruktur es uns ermöglicht, grammatische Sätze von ungrammatischen zu unterscheiden.

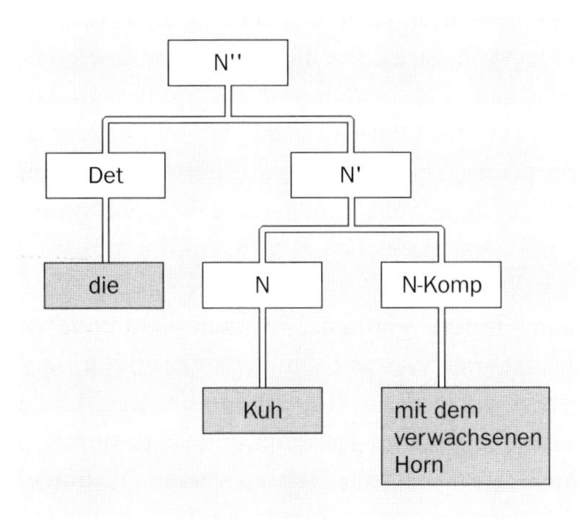

17.2 Die Struktur einer Nominalphrase (nach Bickerton 1990). N (*Kuh*) ist das Trägerelement (*head*) der Phrase und muß ein einzelnes Wort sein. Zunächst wird N über den Knoten N′ mit seinem (Nominal-)Komplement (*mit dem verwachsenen Horn*) verbunden, dann N′ mit dem Determinator (*die*), und zwar über den Knoten N″, der die gesamte Phrase repräsentiert. Im Gegensatz zum Trägerelement N kann das Komplement eine eigene Phrase sein, wie in diesem Beispiel. Phrasen lassen sich also ineinanderschachteln.

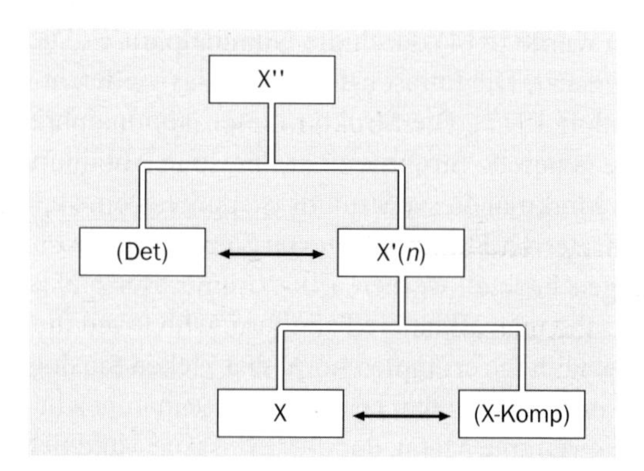

17.3 Die universale Phrasenstruktur (nach Bickerton 1990). X steht für eine beliebige lexikalische Kategorie (Substantiv, Verb, Adjektiv, Präposition, ...), die sich zu einer Phrase erweitern läßt. Das *n* nach X′ zeigt an, daß diese Ebene im Gegensatz zu X und X″ wiederholt werden kann (wie in *großer böser Wolf*). Der Determinator und das Komplement stehen in Klammern, da diese Einheiten nicht obligatorisch sind. Die waagerechten Pfeile deuten an, daß die Positionen der betreffenden Einheiten austauschbar sind.

Eine zweite Eigenschaft der Grammatik hat mit der sogenannten Argumentstruktur von Verben zu tun. Die Sätze

John schläft. Mary läuft. (5)
Der Hund biß John. John aß den Kuchen. (6)
John gab Mary ein Buch. (7)

machen deutlich, daß manche Verben (*schlafen*, *laufen*) nur ein „Agens" besitzen, andere (*beißen*, *essen*) ein Agens und ein „Patiens" und wieder andere (*geben*) ein Agens, ein Patiens und ein „Ziel". Man sagt auch, ein Verb hat ein, zwei oder drei Argumente. Alle Sprachen besitzen eine ähnliche Argumentstruktur. Wenn wir eine Fremdsprache erlernen, machen wir keine diesbezüglichen Fehler, indem wir beispielsweise versuchen, *schlafen* ein Patiens zu geben. Aufgrund dessen gehen Linguisten davon aus, daß dem Menschen eine Kenntnis der Argumentstruktur angeboren ist.

Was ist hier mit „angeboren" gemeint? Es kann nicht angeboren sein, daß *schlafen* ein Argument hat und *beißen* zwei. Kinder müssen die Bedeutung dieser Wörter erlernen, also lernen, auf welche Vorgänge in der Realität sich bestimmte Wörter beziehen. Es ist eine natürliche Tatsache und nicht durch die Grammatik oder unsere genetische Ausstattung bedingt, daß beißen stets jemanden oder etwas beißen bedeutet, daß man aber nicht etwas schlafen kann. Wenn man die Bedeutung von *schlafen* kennt und erfährt, daß das französische Wort für schlafen *dormir* ist, wird man sich kaum vorstellen können, daß *dormir* ein Patiens haben könnte. Mit anderen Worten, angeboren ist nur die Fähigkeit, zu lernen, wie man – in einer beliebigen Sprache – die Vorstellung von einem Hund, der John beißt, in *der Hund biß John* umsetzt.

Eine dritte Eigenschaft der Grammatik ist die Möglichkeit, die Bedeutung eines Satzes zu verändern, indem man Wörter verschiebt. Beispielsweise kann man durch Umstellen der Wörter aus der Aussage *John ist hungrig* die Frage *Ist John hungrig?* machen. Linguisten bestehen darauf, daß dieser Prozeß eine seltsame Eigenschaft hat, nämlich daß wir die ursprüngliche Position von Wörtern, die an eine andere Stelle bewegt werden, weiterhin berücksichtigen. Beispielsweise muß es in dem Satz *Was hast du gesehen?* ein sogenanntes Nullelement geben: *Was hast du — gesehen?* Dahinter steht der Gedanke, daß dem Verb *sehen* im Perfekt das Patiens unmittelbar vorausgeht. Das Wort *was* hat die thematische Rolle des Patiens, wurde aber an den Anfang des Satzes gerückt. (Man kann die obige Frage nicht in der Form *Hast du was gesehen?* formulieren.) Das Nullelement markiert die Stelle, von der *was* wegbewegt wurde. Welchen Grund könnte es geben, an die Richtigkeit dieser auf den ersten Blick abwegig erscheinenden Überlegungen zu glauben? Als Sprecher ist man sich jedenfalls nicht bewußt, daß man Nullelemente zurückläßt.

Die Antwort lautet, daß wir grammatische Fertigkeiten besitzen, die sich nur durch Nullelemente erklären lassen. Wer die deutsche Sprache beherrscht, weiß – wie schon am Anfang dieses Kapitels erwähnt –, daß

Woher weißt du, wen er sah? (1)

eine mögliche Frage ist,

Wen weißt du, woher er sah? (2)

dagegen nicht. Dies läßt sich mit Hilfe von Nullelementen folgendermaßen erklären. Die zweite Frage müßte *Wen weißt du, woher er — sah?* geschrieben werden, wobei — die Stelle markiert, von der das Objekt von *sah*, das nun durch *wen* vertreten wird, wegbewegt wurde. Die Möglichkeiten, Wörter zu verschieben, unterliegen jedoch gewissen Beschränkungen; unter anderem darf ein Fragepronomen nicht über die Stelle eines anderen Fragewortes hinwegbewegt werden. Dieses Wissen sagt uns, daß (2) ungrammatisch ist.

Für Laien ist schwer zu entscheiden, wie plausibel diese Argumentation ist. Wir wissen, daß (1) grammatisch ist, (2) dagegen nicht. Linguisten behaupten, daß sich diese grammatische Einsicht (sowie natürlich auch andere) am leichtesten durch die Postulierung von Nullelementen erklären läßt. Wie Biologen aus eigener Erfahrung wissen, ist Plausibilität ein unsicheres Argument. Es könnte eine noch einfachere Möglichkeit geben, die uns nicht eingefallen ist, oder die natürliche Selektion könnte einen anderen als den einfachsten Weg eingeschlagen haben. Die einfachste Möglichkeit, Segmente auszubilden, dürfte beispielsweise die von Turing (Abschnitt 14.2) erdachte sein; es scheint jedoch, daß die Tiere diesen Weg nicht beschritten haben. Wir haben uns dennoch mit Nullelementen auseinandergesetzt, weil wir zeigen wollten, wie subtil die grammatischen Regeln sein können. Wir folgen beim Sprechen – genau wie bei der Verdauung oder der Bildung von Segmenten – komplizierten Regeln, die uns nicht bewußt sind.

17.4 Spracherwerb

Der Hauptgrund für die Annahme, die Fähigkeit, sprechen zu lernen, sei dem Menschen angeboren, ist die Tatsache, daß Kinder komplexe grammatische Regeln beherrschen lernen, indem sie anderen beim Sprechen zuhören. Im folgenden ein Beispiel zur Erläuterung (Crain 1991). Auf welche Weise lernen Kinder, Ja/Nein-Fragen zu formulieren? Dazu die beiden folgenden Transformationen:

John ist groß. Ist John groß? (8)
Mary kann gut singen. Kann Mary gut singen? (9)

Ein Kind, das solche Sätze hört, könnte für die Konstruktion von Ja/Nein-Fragen als einfachste Regel erlernen: „Verschiebe das erste *ist* (oder *kann*, *wird*, ...) an den Anfang des Satzes.“ Diese Regel versagt jedoch schon beim folgenden, etwas komplizierteren Beispiel:

Der Mann, der gut singen kann, ist groß.
Kann der Mann, der gut singen, ist groß? (10)

Die einfache Regel versagt, weil sie die Phrasenstruktur des Satzes ignoriert: *Der Mann, der gut singen kann* ist eine Nominalphrase, die nicht zerlegt werden darf, indem man *kann* aus ihr entfernt. Nur ein Sprecher, der diese Phrasenstruktur erkennt, kann die Frage richtig formulieren:

Ist der Mann, der gut singen kann, — groß? (11)

Von Crain untersuchte drei- bis fünfjährige englischsprachige Kinder produzierten unter Versuchsbedingungen niemals Fragen nach dem Muster von (10).

17.5 Selektion der Sprache

Der wichtigste Architekt der Theorie der universalen Grammatik, Chomsky, hat mit Nachdruck die Auffassung vertreten, unser Spracherwerbsapparat sei angeboren. Aufgrund dessen könnte man vermuten, daß die Mehrzahl der heutigen Linguisten von einem evolutionären Ursprung der Sprache überzeugt ist. Dies ist jedoch nicht der Fall. Chomsky sagte einmal, wir besäßen zwar ein „Sprachorgan“, über dessen Ursprung zu spekulieren sei aber so nutzlos wie eine Spekulation über den Ursprung jedes anderen Organs, etwa des Herzens. Für Evolutionsbiologen ist dies verblüffend; sie würden die Dinge genau anders herum sehen und die Ansicht vertreten, man solle über den Ursprung jedes Organs einschließlich unseres Sprachapparats nachdenken.

In diesem Abschnitt gehen wir der Frage nach, ob sich der Ursprung der Sprache durch natürliche Selektion erklären läßt. Dabei lehnen wir uns relativ eng an Pinker und Bloom (1990) an. Wir gehen von der Annahme aus, daß natürliche Selektion die einzige plausible Erklärung für angepaßte Strukturen ist. Welche Erklärung könnte es sonst dafür geben? Dem berühmten Aufsatz von Gould und Lewontin (1979) zufolge läßt sich Sprache mit einem als Gewölbezwickel *(spandrel)* bekannten architektonischen Element gleichsetzen – einem unselektierten Nebenprodukt einer Konstruktion, die einem anderen Zweck dient. Sprache könnte entweder ein modifizierter oder ein unmodifizierter „Gewölbezwickel" sein. Wenn es nur um die Frage geht, ob Sprache eine modifizierte Version von etwas ist, das einst einer anderen Funktion diente, kann man dies (fast trivialerweise) bejahen – das trifft für die meisten komplexen Strukturen zu. Wenn Sprache aber modifiziert ist, dann war natürliche Selektion die modifizierende Kraft. Die einzige interessante nichtselektionistische Alternative wäre, daß Sprache ein unmodifizierter „Gewölbezwickel" ist – eine perfekte Präadaptation. Auf dieser Grundlage wurde bisher keine ernstzunehmende Theorie entworfen.

Nichtselektionistische Theorien dieser Art funktionieren nur, wenn man etwas Komplexes anstelle von etwas Einfacherem benutzen möchte. Man könnte einen vom Netz getrennten Computer als Briefbeschwerer oder als Aquarium benutzen, ein normaler Briefbeschwerer oder ein gewöhnliches Aquarium könnte aber niemals als Computer dienen. Da Sprache eine sehr späte und sehr komplizierte evolutionäre Erfindung ist, kann sie kein unmodifizierter „Gewölbezwickel" sein.

Unserer Ansicht nach gibt es geistige Fähigkeiten, die unselektierte Nebenprodukte unserer allgemeinen kognitiven Leistungen sind, beispielsweise die bereits erwähnte Fähigkeit, Schach zu spielen. Wenn wir glauben würden, daß die Sprachkompetenz lediglich eine Folge einer allgemeinen Zunahme der Intelligenz ist, wären wir bereit, sie als „Gewölbezwickel" zu behandeln – als eine Eigenschaft, deren Ursprung kaum erklärungsbedürftig ist. Doch genau dies bestreiten Chomsky und seine Mitstreiter: Sie beharren darauf, daß Sprache etwas Besonderes ist. Wenn der Standpunkt, den wir bis hierher vertreten haben, korrekt ist, entwickelte sich ein Aspekt der Sprachkompetenz, nämlich die Fähigkeit, mentale Repräsentationen zu bilden und zu manipulieren, durch Selektion der generellen kognitiven Fähigkeiten, und nur die spezifische Fähigkeit, gedankliche Inhalte in Oberflächenstrukturen umzusetzen, entstand durch Selektion der Kommunikationsfähigkeit.

Es wäre schwierig, überzeugend die Ansicht zu vertreten, Sprache sei nicht zweckmäßig beschaffen. Sprache löst sowohl das Problem der internen Repräsentation als auch das der interindividuellen Kommunikation. Grammatik überträgt eine hierarchische Propositionsstruktur auf eine serielle Struktur, und zwar in einer Weise, die trotz der Begrenztheit unseres Kurzzeitgedächtnisses funktioniert. Natürlich ist Sprache nicht perfekt: Emotionen lassen sich mit ihrer Hilfe ebensoschlecht wiedergeben wie Einzelheiten euklidischer Objekte; bei letzteren ersetzt eine Abbildung tausend Worte. Doch fehlende Perfektion spricht nicht gegen das Wirken natürlicher Selektion, wie jedem einsichtig sein wird, der einmal eine Blinddarmentzündung oder einen Hexenschuß hatte.

Warum ist nur die Fähigkeit angeboren, eine Sprache zu erlernen, und nicht mehr? Wäre es nicht sinnvoll, wenn wir unser gesamtes Vokabular genetisch erwerben würden und nicht erlernen müßten? Eine mögliche Antwort lautet, daß das Erlernen des Vokabulars uns den Erwerb von Bezeichnungen für kulturelle Neuerungen wie etwa den *Schraubenzieher* ermöglicht. Da die kulturelle Evolution schneller voranschreitet als die genetische, gab es wahrscheinlich schon lange, bevor eine nennenswerte Anzahl von Wörtern hätte genetisch erworben werden können, Dialekte und verschiedene Sprachen. Tooby J. und Cosmides L. M. (1990) verwenden die Formulierung, das Genom könne das Vokabular ebensogut in der „kulturellen Umwelt" speichern.

Von Piatelli-Palmarini M. (1989) stammt ein weiterer Einwand: Da Grammatik viele willkürliche Elemente enthält, ist sie keine vorhersagbare Adaptation an Kommunikation und kann daher kein Produkt der natürlichen Selektion sein. Hier liegt ein Mißverständnis der Evolution durch natürliche Selektion vor: Deren Ergebnisse sind niemals vorhersagbar. Beispielsweise ist der Galopp des Leoparden ebenso eine Anpassung an die schnelle Fortbewegung in relativ ebenem Terrain wie der Lauf des Straußes oder das Hüpfen von Känguruhs. Aus der Tatsache, daß diese Fortbewegungsarten sich unterscheiden, kann man nicht schließen, daß sie nicht durch Evolution entstanden sind.

P. Lieberman (1989) behauptete, die universale Grammatik könne nicht das Produkt natürlicher Selektion sein, weil sie keine genetische Variation aufweist. Dieses Argument ist jedoch falsch. In Abschnitt 17.8 beschreiben wir ein Beispiel für einen qualitativen Unterschied, der fast mit Sicherheit genetisch bedingt ist. Die Erinnerung an die Schulzeit führt uns die Existenz quantitativer Unterschiede bezüglich der sprachlichen Fähigkeiten vor Augen: Manche Menschen können sich gut ausdrücken, andere weniger gut. Beweise für die Beteiligung einer genetischen Komponente an der Erzeugung derartiger quantitativer Unterschiede fehlen und wären auch schwer zu erbringen, da Kinder ihren Eltern sowohl aus kulturellen als auch aus genetischen Gründen ähneln. Dies rechtfertigt jedoch nicht die Annahme, daß es keine entsprechende genetische Varianz gibt.

Ein anderes Argument lautet, Sprache sei unnötig kompliziert: Eine einfache bedeutungstragende semantische Sprache ohne komplexe grammatische Regeln hätte ausgereicht, um sich gegen andere Spezies zu behaupten. Das ist zwar richtig, aber Selektion wirkt nicht hauptsächlich interspezifisch. Der Mensch ist ein soziales Tier. In Abschnitt 16.7 erwähnten wir Dunbar R. I. M. Belege dafür, daß die treibende Kraft für die Zunahme der Gehirngröße bei Primaten die Selektion sozialer Fertigkeiten gewesen sein könnte.

Unter Menschen hätte die Kommunikation über Zeit, Besitz, Glauben, Wünsche, Neigungen, Verpflichtungen, Wahrheit, Wahrscheinlichkeit, Mutmaßungen und offene Möglichkeiten einen Selektionsvorteil bedeutet. Das intellektuelle Wettrüsten fand innerhalb der Art statt. Auch die biologische Bedeutung des „Anquatschens" von Personen des anderen Geschlechts ist in diesem Zusammenhang bedenkenswert.

Wir wenden uns nun zwei Einwänden zu, auf die wir etwas ausführlicher eingehen müssen. Der erste lautet, eine „Mutation", die eine bessere Syntax zur Folge hätte, würde sich nicht ausbreiten, da sie anfangs nicht verstanden würde. Dieses Argument läßt sich mit dem Hinweis auf die Verbreitung neuer Wörter teilweise entkräften. Das englische Wort *gay* („fröhlich") wurde nicht deshalb zu einem Ausdruck für homosexuell, weil eine Kommission für Sprachregelungen dies verfügte. Der neue Gebrauch breitete sich aus, weil erst ein einzelner Mensch und dann eine kleine Gruppe *gay* in diesem Sinne gebrauchte und andere dies kopierten. Auf einen uns unbekannten Ausdruck reagieren wir nicht, indem wir uns darüber beschweren, daß wir ihn nicht verstehen, sondern indem wir versuchen, seine Bedeutung herauszufinden. Europäer, die in den USA mit Phrasen wie *there you go* oder *full of shit* konfrontiert werden, erlernen deren Bedeutung, indem sie feststellen, wie sie gebraucht werden, und, ebenso wichtig, indem sie sie versuchsweise benutzen und von der Reaktion der Zuhörer darauf schließen, ob der Gebrauch korrekt war. Neue Wörter und Phrasen sind Meme, die sich schnell ausbreiten können, selbst wenn sie zunächst nicht verstanden werden.

Damit ist der erste Einwand jedoch nur teilweise beantwortet. Uns interessieren Veränderungen der grammatischen Kompetenz, die genetisch programmiert und nicht erlernt sind. In diesem Zusammenhang könnte der Prozeß der „genetischen Assimilation" von Bedeutung sein. Waddington (1956) führte aus, ein Merkmal, das zunächst als Reaktion auf einen Umweltreiz auftritt, könne genetisch assimiliert werden und dann auch ohne den Reiz auftreten, falls es einen Selektionsvorteil mit sich bringt. Die Richtigkeit dieser Behauptung ist inzwischen experimentell belegt. Der Prozeß ist im wesentlichen darauf zurückzuführen, daß die Selektion diejenigen Genotypen begünstigt, die am leichtesten auf den Reiz reagieren.

Hinton und Nowlan (1987) simulierten die genetische Assimilation. Sie gingen von einer Fertigkeit aus, die zunächst durch Versuch und Irrtum erlernt werden muß, aber allmählich genetisch programmiert wird, so daß entsprechende Aufgaben spontan bewältigt werden können. Die Population kann diese Fertigkeit nicht ausschließlich durch das Wirken der natürlichen Selektion auf Zufallsmutationen entwickeln, also ohne Beteiligung individuellen Lernens, weil zu viele Mutationen gleichzeitig erfolgen müssen. Eine Kombination von Lernen und natürlicher Selektion macht jedoch eine entsprechende Evolution möglich. Wie Pinker und Bloom (1990) darlegten, ist die Evolution der Sprache ein ideales Feld für das Wirken eines solchen Prozesses. Einerseits erlernen wir verbale Fertigkeiten, andererseits wissen wir, daß heutzutage viele verbale Fähigkeiten genetisch assimiliert sind.

Eine zweite Schwierigkeit (Chomsky 1975 und viele andere) besteht darin, daß Grammatik als Ganzes wirken muß; Veränderungen können drastische Folgen haben. Dies impliziert einen plötzlichen, der Saltations- oder Typensprungtheorie entsprechenden Ursprung der Grammatik. Dazu schrieben Bates et al. (1989):

> »Wenn die grundlegenden Strukturprinzipien von Sprache nicht (durch Bottom-up-Prozesse) gelernt oder (durch Top-down-Prozesse) abgeleitet werden können, gibt es für ihre Existenz nur zwei mögliche Erklärungen: Entweder wurde die universale Grammatik uns direkt vom Schöpfer mitgegeben, oder in unserer Spezies hat es eine Mutation beispiellosen Ausmaßes gegeben, ein kognitives Äquivalent des Urknalls.«

Diese Argumentation kann bei Evolutionsbiologen kaum Anklang finden. Man hat uns zu oft gesagt, das Auge könne sich nicht durch natürliche Selektion entwickelt haben, weil jede Veränderung seine Funktion zerstöre. Dennoch kennen wir viele funktionstüchtige Übergangsformen zwischen einem einfachen Pigmentfleck und dem Wirbeltierauge. Das Problem bei der Sprache ist, daß die Übergangsformen nicht mehr existieren. Bevor wir mögliche Intermediärformen diskutieren, beschreiben wir die Kluft zwischen Tiersprachen und menschlicher Sprache genauer. Vorerst wollen wir nur eines festhalten. Die meisten Einwände von Linguisten gegen denkbare Übergangsformen lauten in etwa: „wenn es die grammatische Eigenschaft X nicht gäbe, könnte man nicht Y sagen". Das ist in der Regel ebenso wahr wie irrelevant. Die Frage ist nicht, ob man Y sagen könnte, sondern ob eine Grammatik ohne X besser wäre als gar keine Grammatik. Ein Auge mit Iris ist zwar besser als eines ohne, aber ein Auge ohne Iris ist sehr viel besser als gar kein Auge.

17.6 Werkzeuggebrauch und Sprache: hierarchisch organisierte Verhaltenssequenzen

Greenfield (1991) vermutete eine Beziehung zwischen Werkzeuggebrauch und Sprachentwicklung. Tatsächlich besteht eine formale Ähnlichkeit zwischen „Handlungsgrammatik" und Protosprache (Abbildungen 17.4 bis 17.6). Die Entwicklung der Handlungsgrammatik läßt sich anhand der Art und Weise illustrieren, wie Kleinkinder mit einem Satz ineinanderpassender Becher umgehen (Abbildung 17.4). Sie durchlaufen dabei drei Entwicklungsstadien; erst im dritten zeigen sie ein Verhalten, bei dem die Becher hierarchisch gehandhabt werden: die Subgruppierungsstrategie (*subassembly strategy*). Bei dieser Strategie wird eine Struktur (zwei ineinandergestellte Becher), die durch eine Aktion entstanden ist, in einer zweiten Aktion als Einheit behandelt. Die Analogie zwischen diesen Stadien und verschiedenen Satztypen zeigt Abbildung 17.5. Auch hier ist nur das dritte Stadium hierarchisch. Abbildung 17.6 zeigt dies noch deutlicher: Die beiden Wörter *mehr Saft* bilden eine Einheit, auf die sich *will* bezieht.

Die strukturelle Analogie ist überzeugend. Überdies eignen sich Kinder diese Strategien in der Handlungsgrammatik wie auch bei der Satzkonstruktion nacheinander an, und zwar in derselben Reihenfolge. Allerdings scheinen für die beiden Bereiche unterschiedliche neurale Strukturen zuständig zu sein, da sie sich nicht simultan entwickeln: Das Auftreten der Subgruppierungsstrategie im Spiel geht der Fähigkeit voraus, Dinge wie *will mehr Saft* zu sagen. Greenfield vermutet daher, daß die eigentliche Parallele zwischen Handlungsgrammatik und Wortbildung besteht.

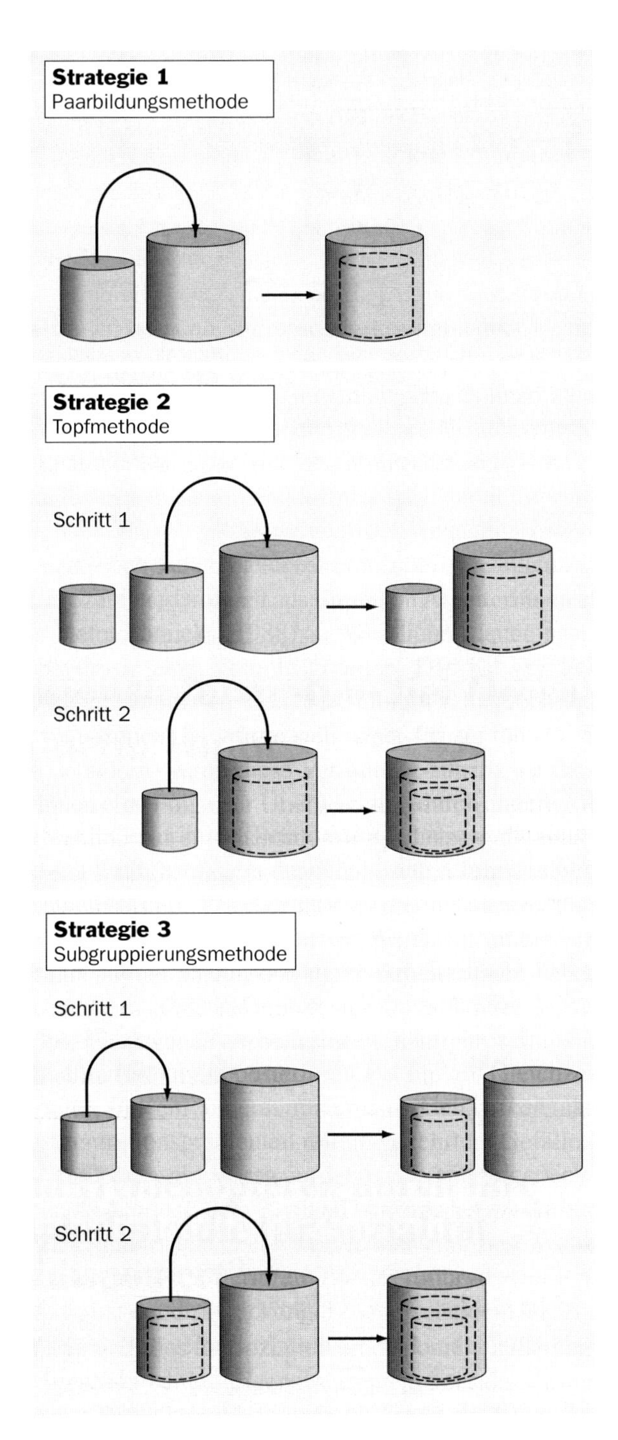

17.4 Strategien für die Manipulation ineinanderpassender Becher.

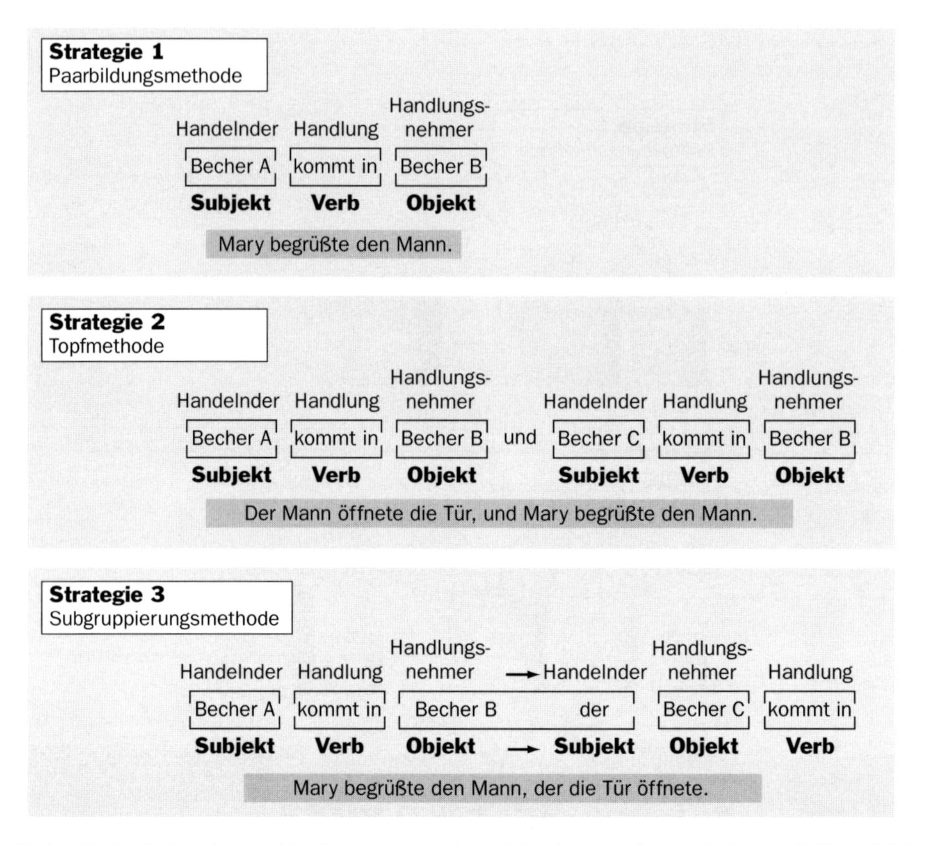

17.5 Die Analogie zwischen Handlungsgrammatik und Satzkonstruktion (verändert nach Greenfield 1991; englische Sätze durch neue deutsche Version ersetzt).

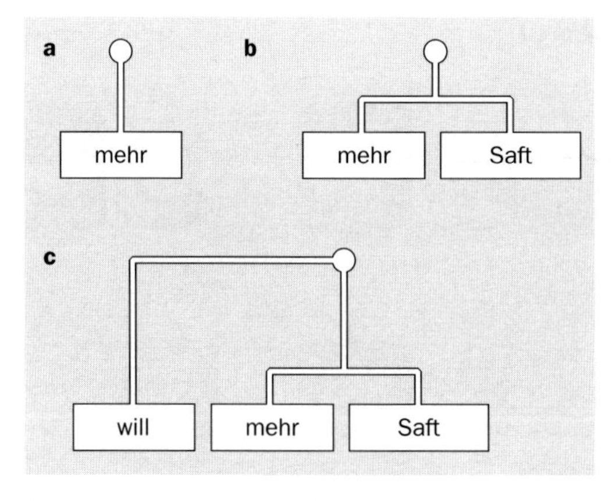

17.6 Zunehmende Komplexität der Syntax bei Kleinkindern. In c) bilden *mehr* und *Saft* einen Komplex, auf den *will* wirkt.

Kinder durchlaufen bei der Wortbildung die folgenden Stadien:

- Die ersten Wörter, gegen Ende des ersten Lebensjahres, sind verdoppelte Konsonant-Vokal-Silben wie *dada* und *mama*, bei denen ein einzelner Konsonant wiederholt mit demselben Vokal kombiniert wird. Bei Kindern in diesem Alter ist das wiederholte Aufeinanderschlagen zweier Gegenstände häufig (Piaget 1952).
- Ein einzelner Konsonant wird mit einem einzigen Vokal kombiniert, wie in *na* (für „nein"). In diesem Alter wird ein Gegenstand mit einem anderen kombiniert, wie in der Paarbildungssstrategie (*pairing strategy*) beim Ineinanderstellen von Bechern.
- Derselbe Konsonant wird nacheinander mit zwei verschiedenen Vokalen kombiniert, wie in *Baby*. In diesem Alter stellen Kinder einen bestimmten Becher mit zwei verschiedenen anderen Bechern zusammen, ohne aber jemals alle drei Becher miteinander zu kombinieren.
- Der Anfangskonsonant wechselt, der Vokal bleibt der gleiche, wie in *kye-bye* (für „car bye-bye"; sinngemäß etwa „Auto winke-winke"). Dies entspricht der Topfstrategie (*pot strategy*) für das Ineinanderstellen von Bechern.
- Schließlich werden bereits entwickelte Silben-Teilgruppierungen kombiniert, wie in *Ball*.

Weitere Indizien für eine Verbindung zwischen den beiden Prozessen liefern Aphasien (Sprachstörungen), die auf Verletzungen des im linken Frontallappen der Hirnrinde gelegenen Broca-Areals zurückgehen. Erwachsene, bei denen diese Hirnregion verletzt wurde, sind oft nicht mehr in der Lage, syntaktisch organisierte Sprache hervorzubringen; ihren Äußerungen fehlt jede Spur einer hierarchischen Struktur. Viele versagen bei der Manipulation von Gegenständen in ähnlicher Weise (Abbildung 17.7). Hinsichtlich der bereits angesprochenen Parallele zwischen Handlungsgrammatik und Wortbildung ist Liebermans (1984) Vermutung interessant, daß die Broca-Region nicht nur für die Syntax, sondern auch für die phonologische Äußerungsplanung zuständig ist. Die Unfähigkeit, mit Hierarchien umzugehen, ist zwar mit Verletzungen des Broca-Areals und nicht mit der Schädigung anderer Hirnregionen assoziiert, dennoch lassen sich daraus keine einfachen Schlüsse ziehen. Die Parallele zwischen Objekt- und Satzmanipulation ist bei Kindern ausgeprägter als bei Erwachsenen; bei manchen Erwachsenen ist die Syntax kaum, die Handlungsgrammatik dagegen stark beeinträchtigt, bei anderen verhält es sich umgekehrt. Greenfield nimmt an, daß in frühen Entwicklungsphasen beide Funktionen vom Broca-Areal erfüllt werden, daß sie jedoch später getrennt werden und die eine von einem Areal in der präfrontalen Region übernommen wird.

Auf welcher Stufe der Skala „Paarbildung-Topf-Subgruppierung" sind Menschenaffen einzuordnen? Zwar benutzen viele Primaten Werkzeuge, aber nur Schimpansen gebrauchen dasselbe Werkzeug für mehrere Objekte sowie zwei Werkzeuge nacheinander für dasselbe Objekt. Diese „Topfstrategie" zeigt sich auch dann, wenn sie einen Stein verwenden, um eine auf einem Amboß plazierte Nuß zu knacken (Sugiyama und Koman 1979). Die Jungtiere erlernen die Technik von ihren Müttern,

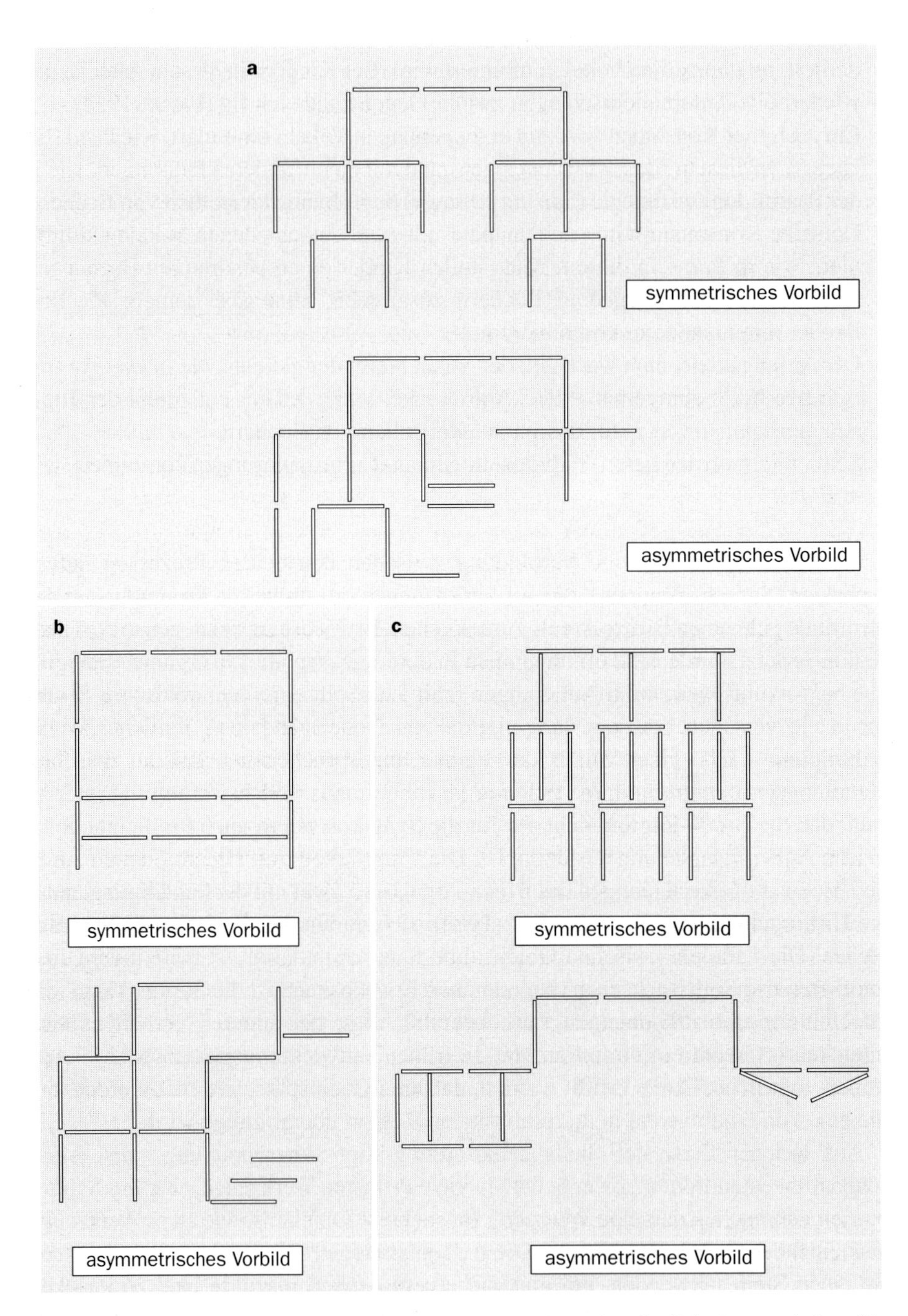

17.7 Von Broca-Aphasikern b) und Wernicke-Aphasikern c) aus dem Gedächtnis reproduzierte Diagramme. In beiden Fällen sollten die Vorbilder in a) exakt kopiert werden.

und der Unterricht ist von Gebärdenkommunikation begleitet (Boesch 1993). Dies ist das einzige bekannte Beispiel für Pädagogik bei Tieren in freier Wildbahn.

Die Subgruppierungsstrategie hat man bei freilebenden Schimpansen bisher nicht beobachten können, in Gefangenschaft kennt man jedoch einige Fälle. Als erster berichtete Koehler (1925) von einem Schimpansen, der zwei Stöcke zusammensteckte und auf diese Weise ein Werkzeug herstellte, das lang genug war, um eine außerhalb des Käfigs liegende Banane zu erreichen. Matsuzawa (1991) studierte an Schimpansen unterschiedlichen Alters und verschiedener sprachlicher Erfahrung die Manipulation ineinanderpassender Becher. Die Affen eigneten sich die Strategien in der gleichen Reihenfolge an wie Kinder, blieben aber in der Regel auf dem „Topf"-Stadium stehen. Zwei Individuen, die einem intensiven Sprachtraining unterzogen worden waren, kamen jedoch auch auf die Subgruppierungsstrategie. Dieser Hinweis auf eine eventuelle gegenseitige Verstärkung der Fähigkeiten bei der Manipulation von Wörtern und der Handhabung von Gegenständen ist hochinteressant.

Beim Werkzeuggebrauch eignen sich Schimpansen in freier Wildbahn also die „Topf"-Strategie an, in Gefangenschaft bringen es einige auch bis zur Subgruppierungsstrategie. Ihre sprachlichen Leistungen sind vermutlich vergleichbar, die entsprechenden Daten – beziehungsweise deren Interpretation – sind allerdings umstritten. Plooij (1978) berichtete von freilebenden Schimpansen, die sich gelegentlich mit Gebärden – darunter auch Kombinationen aus zwei Elementen – verständigten; die gleiche Ebene beobachtete Boesch zwischen Mutter und Kind. Bei Schimpansen in Gefangenschaft wurden solche Zwei-Element-Kombinationen mit Sicherheit beobachtet. Der Gebrauch von Sätzen mit einer primitiven hierarchischen Struktur, wie in *will mehr Saft*, ist umstrittener. Greenfield und Savage-Rumbaugh (1991) berichten von derartigen Sätzen. Beispielsweise verwendete ein Schimpanse nach einem Versteckspiel mit flüssigkeitsgefüllten Ballons den Satz *Ballon Wasser verstecken*, in dem *Ballon* von *Wasser* modifiziert wird. Die Subgruppierung *Ballon Wasser* fungiert als Objekt von *verstecken*.

Eine Vorstellung von der maximal erlernbaren Beherrschung der Syntax durch Tiere, die in Gefangenschaft einem Sprachtraining unterzogen werden, vermittelt die Untersuchung von Herman et al. (1984) an zwei Großen Tümmlern. Einer dieser Delphine, Phoenix, wurde darauf trainiert, auf akustische, von einem Tongenerator erzeugte Signale zu reagieren, der andere, Akeakamai, auf Gesten. Die Tiere agierten nur als Empfänger, nicht als Sender von Signalen. Phoenix, ein Weibchen, hatte ein Vokabular von über 30 Wörtern (Tabelle 17.1), und sie lernte, zwischen Verben mit einem und mit zwei Argumenten zu unterscheiden. Beide Delphine reagierten auf Sätze von zwei bis fünf Wörtern Länge; einige Beispiele zeigt Tabelle 17.2. Ihre syntaktischen Fähigkeiten lassen sich folgendermaßen zusammenfassen:

- Sie verwenden die Subgruppierungsstrategie, etwa indem sie *Wasseroberfläche Rohr* als Einheit behandeln.
- Die Reihenfolge der Wörter hat für sie Bedeutung; beispielsweise interpretieren sie *Reifen holen Rohr* und *Rohr holen Reifen* verschieden. Dabei lehrte man Phoenix eine andere Interpretation der Wortreihenfolge als Akeakamai. So benötigt

Tabelle 17.1: Das Vokabular von Phoenix, einem Großen Tümmler

Objekte
1. Beckeneinrichtung: *Tor, Beckenrand*
2. Objekte, die von den Trainern bewegt werden können: *Lautsprecher, Wasser* (aus dem Schlauch), *Netz, Akeakamai* (der andere Delphin)
3. Objekte, die Phoenix bewegen kann: *Ball, Reifen, Rohr, Fisch, Frisbeescheibe, Surfbrett, Korb, Mensch*

Aktionen
1. nur mit einem direkten Objekt: (mit der) *Schwanzflosse berühren,* (mit der) *Brust berühren, Schnauze* (mit der Schnauze fassen), *unter* (etwas hindurchschwimmen), *über* (etwas hinwegspringen), *durch* (etwas hindurchschwimmen oder -springen), *werfen, spritzen*
2. mit direkten und indirekten Objekten: *holen, in* (plaziere ein Objekt in oder auf einem anderen)

Modifikatoren
rechts oder *links, Wasseroberfläche* oder *Beckenboden* (jeweils vor einem Objekt, um dessen Position anzugeben)

Akteure
Phoenix, Akeakamai (steht am Anfang jedes Satzes; ruft den Delphin zur Trainerplattform; sagt an, welcher Delphin einen Fisch als Belohnung erhält)

weitere Wörter
löschen (hebt vorangehende Wörter auf)
ja (nach richtig ausgeführtem Kommando)
nein (gelegentlich nach falsch ausgeführtem Kommando; kann emotionales Verhalten auslösen)

Nach Herman et al. 1984.

Tabelle 17.2: Von Phoenix verstandene Sätze

Regel	Beispiel (Bedeutung)
Zwei-Wort-Satz	
direktes Objekt + Aktion (DO + A)	*Korb Schwanzflosse berühren* (berühre den Korb mit der Schwanzflosse)
Drei-Wort-Satz	
DO + A + indirektes Objekt (DO + A + IO)	*Reifen holen Rohr** (hole/bringe den Reifen zum Rohr)
Vier-Wort-Satz	
Modifikator + DO + A + IO (M + DO + A + IO)	*Beckenboden Reifen holen Beckenrand** (hole/bringe den Reifen vom Beckenboden zum Beckenrand)
Fünf-Wort-Satz	
(M + DO + A + M + IO)	*Wasseroberfläche Rohr holen Beckenboden Reifen** (hole/bringe das Rohr von der Wasseroberfläche zum Reifen am Beckenboden)

* Bei einer Umkehrung der Reihenfolge von direktem und indirektem Objekt kehrt sich die Bedeutung um.
Nach Herman et al. 1984.

Akeakamai die Anweisung *Rohr Reifen holen* (und nicht *Reifen holen Rohr*), um den Reifen zum Rohr zu bringen.

- Offenbar sind sie in der Lage, die Bedeutung eines Satzes durch Analyse der gesamten Struktur und nicht nur durch einfache sequentielle Verarbeitung zu erschließen, denn weiter hinten im Satz stehende Wörter können die Bedeutung vorangehender Wörter modifizieren. Beispielsweise ist für Akeakamai „Korb" in dem Satz *Korb über* ein direktes Objekt, in *Korb Reifen holen* dagegen ein Ziel.
- Sie hatten eine gute Auffassungsgabe für neuartige Sätze und Satzkonstruktionen. Beispielweise hatte man Phoenix darauf trainiert, die Syntaxform Modifikator + direktes Objekt + *holen* + indirektes Objekt zu verstehen. Später konfrontierte man sie mit der Form direktes Objekt + *holen* + Modifikator + indirektes Objekt, ohne sie vorher darauf trainiert zu haben. Sie reagierte bereits auf den ersten Satz dieses Typs richtig.
- Es gibt erste Hinweise darauf, daß Delphine aneinandergereihte Sätze verstehen können, etwa *Phoenix Rohr Schwanzflosse berühren Rohr über* als „berühre zunächst das Rohr mit dem Schwanz und springe dann über es hinweg". Interessanterweise vollführte Phoenix die beiden Aktionen gelegentlich in umgekehrter Reihenfolge.

Angesichts dieser Beobachtungen kann man nicht behaupten, daß Tiere generell keine syntaktische Kompetenz besitzen. Allerdings erstreckte sich das faktische Sprachverhalten von Phoenix und Akeakamai nur auf den Empfang und nicht auf das Senden von Signalen, und es handelte sich bei den beiden um in Gefangenschaft gehaltene Tiere, die einem Sprachtraining unterzogen worden waren. Wir wissen nur wenig darüber, wie freilebende Delphine miteinander kommunizieren.

17.7 Hirnverletzungen und Sprachstörungen

Den Verlust der grammatischen Kompetenz infolge einer Verletzung des Broca-Areals haben wir bereits erwähnt. Ganz andere Symptome weisen die „Wernicke-Aphasiker" auf, bei denen das Wernicke-Areal geschädigt wurde. Diese Patienten bringen ein sinnloses, aber syntaktisch korrektes Geplapper hervor – sie bilden korrekte Strukturen, sind aber nicht fähig, sich an Inhalte zu erinnnern. Wie Abbildung 17.7b zeigt, haben sie bei der Manipulation von Gegenständen ähnliche Schwierigkeiten. Daneben kennt man andere Beispiele für Schädigungen bestimmter Hirnregionen, die mit spezifischen Beeinträchtigungen der Sprachkompetenz einhergehen (einen neueren Überblick bieten Damasio und Damasio 1992). In diesem Abschnitt beschränken wir uns auf einen bestimmten Typ von Sprachstörung. Die Benennung von Begriffen erfordert drei Fähigkeiten: die Bildung von Begriffen, die Bildung von Wörtern und die Herstellung passender Verknüpfungen zwischen Wörtern und

Begriffen. Im folgenden erörtern wir lediglich Aphasien, bei denen die Verbindung zwischen Wort und Begriff gestört ist.

Patienten mit Verletzungen der Temporalregion des linken lingualen Gyrus leiden unter „Farbanomie“. Sie nehmen Farben normal wahr, und beherrschen die formale Wortbildung, aber sie vermögen Farben nicht mit den dazugehörigen Farbnamen in Verbindung zu bringen. Beispielsweise könnten sie Gras die Bezeichnung gelb oder einer Banane grün zuordnen. Nennt man solchen Patienten einen Farbnamen, so deuten sie auf die falsche Farbe. Die Verknüpfung von Wort und Begriff ist beeinträchtigt.

Patienten mit Verletzungen des anterioren oder des mittleren temporalen Cortex erkennen Gegenstände gut, können sie aber nicht benennen. Ein solcher Patient könnte beispielsweise sagen: »Ich weiß, was es ist, aber ich kann nicht sagen, wie es heißt.« Seltsamerweise ist diese Unfähigkeit, Dinge zu benennen, in bezug auf natürliche Objekte ausgeprägter als in bezug auf Gegenstände, die von Menschen hergestellt wurden. Möglicherweise sind Objekte aus diesen beiden Kategorien in verschiedenen Hirnregionen repräsentiert.

Verletzungen des linken anterioren Temporallappens können die Fähigkeit beeinträchtigen, sich an die Namen von Personen zu erinnern.

Solche Hinweise auf eine Assoziation bestimmter sprachlicher Fähigkeiten mit bestimmten Gehirnregionen stützen die Annahme, daß es eine spezifische Sprachkompetenz gibt und die Sprechfähigkeit nicht lediglich ein Teilaspekt unserer allgemeinen kognitiven Fähigkeiten ist. Wir wenden uns nun einigen genetischen Belegen zu, die einen noch direkteren Bezug zum Wesen und zur Evolution der Sprache haben.

17.8 Die Genetik von Sprachstörungen

Gopnik (1990; siehe auch Gopnik und Crago 1991) beschreibt eine Englisch sprechende Familie, in der bei 16 von 30 Familienmitgliedern aus drei Generationen eine bestimmte Sprachstörung (Dysphasie) aufgetreten ist (Abbildung 17.8). Die Daten stehen in Einklang mit der Ansicht, daß Dysphasie durch ein einzelnes dominantes autosomales Gen verursacht wird. Auf eine genetische Ursache deutet auch hin, daß es unter Geschwistern gesunde und dysphasische Individuen geben kann: Damit ist ausgeschlossen, daß die Eigenschaft familiär gehäuft auftritt, weil Kinder von ihren Eltern lernen. Dysphasiker verlieren ihre Störung auch dann nicht, wenn sie ein spezielles Sprachtraining erhalten und ein Elternteil normal ist. Es gibt keine Hinweise darauf, daß andere kognitive Fähigkeiten beeinträchtigt sind: Die Betroffenen erzählen Witze, unterhalten sich und können sogar mathematisch begabt sein. Sie sind nicht generell unfähig, hierarchische Strukturen zu handhaben.

Gopnik verwendete zur Diagnose der Erbkrankheit eine Reihe von Tests, aber am besten läßt sich die Art der Störung anhand einiger Sätze demonstrieren, die betrof-

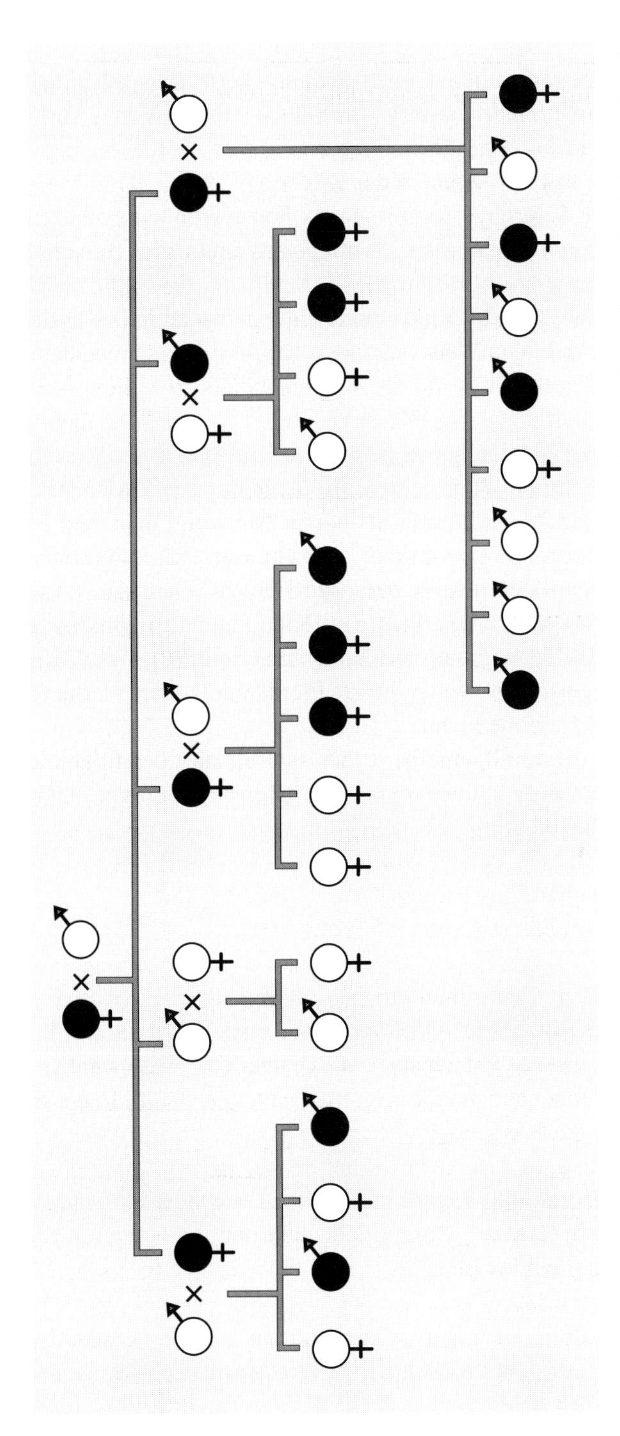

17.8 Stammbaum einer Familie mit einer spezifischen Sprachstörung. Betroffene Individuen sind als schwarze Kreise dargestellt. (Daten aus Gopnik 1990.)

fene Kinder geschrieben haben. Teilweise haben wir die Sätze geringfügig gekürzt – wie wir hoffen, ohne ihre Bedeutung zu verändern. (In Klammern ist jeweils die ungefähre deutsche Entsprechung angegeben.)

> She remembered when she hurts herself the other day.
> (Sie erinnerte sich daran, wie sie sich am Vortag verletzt.)
> Carol is cry in the church.
> (Carol ist weinen in der Kirche.)
> On Saturday I went to nanny house with nanny and Carol.
> (Am Samstag ging ich mit Nanny und Carol zu Nanny Haus.)

In jedem dieser Sätze hat das Kind einen Fehler gemacht, indem es die Form eines Wortes nicht in der richtigen Weise verändert hat. In den ersten beiden Sätzen wäre jeweils eine Veränderung nötig, um die Vergangenheits- beziehungsweise die Partizipform des Verbs (hurt, cying) zu bilden, im dritten Satz fehlt der Genitiv (nanny's). Die gleichen Schwierigkeiten haben betroffene Kinder mit der Pluralbildung. Beispielweise könnte man ein Kind lehren, die Abbildung eines Buches als *book* zu bezeichnen und die mehrerer Bücher als *books*. Nun zeigt man dem Kind das Bild eines imaginären Tieres und sagt ihm, dies sei ein *wug*. Präsentiert man ihm daraufhin eine Abbildung, auf der mehrere derartige Tiere zu sehen sind, so weiß es nicht, daß das richtige Wort dafür *wugs* wäre. Das Kind kann also konkrete Beispiele für Singular und Plural oder für grammatische Zeiten erlernen, genau wie jeder von uns die Bedeutung der einzelnen Wörter, etwa „Pferd" oder „Kuh", lernen muß, aber es verallgemeinert das Gelernte nicht.

Die Unfähigkeit zu verallgemeinern läßt sich anhand der folgenden Anekdote illustrieren. In einem Bericht über seine Aktivitäten am vorangegangenen Wochenende schrieb ein Mädchen:

> On Saturday I watch TV.
> (Am Samstag sehe ich fern.)

Zugegebenermaßen könnte man dies als als grammatisch richtige Ausage über das ansehen, was dieses Mädchen normalerweise samstags tut. Vernünftigerweise interpretierte der Lehrer es jedoch als Aussage über das, was es am vorangegangenen Wochenende getan hatte, und korrigierte „watched" (sah). In der darauffolgenden Woche schrieb das Kind:

> On Saturday I wash myself and I watched TV and I went to bed.
> (Am Samstag wasche ich mich und dann sah ich fern und dann ging ich ins Bett.)

Daraus läßt sich dreierlei folgern. Das Kind hat gelernt, daß das Imperfekt von „watch" „watched" ist; es hat nicht auf „wash" („washed") verallgemeinert; und es wußte bereits, daß das Imperfekt von „go“ „went“ ist – was jeder andere ebenfalls nur als konkreten Fall und nicht durch Verallgemeinerung lernen kann.

Die bisherigen Erkenntnisse über Dysphasie haben einige wichtige Implikationen. Erstens sind die betroffenen Personen zwar beeinträchtigt, aber sie sind nicht ohne Grammatik. Es geht ihnen sehr viel besser als jemandem, der überhaupt nicht sprechen kann. Mit anderen Worten, zwischen perfekter und völlig fehlender Sprachkompetenz kann es Übergangsformen geben. Zweitens ist die Beeinträchtigung auf die Sprache beschränkt; ansonsten sind die geistigen Fähigkeiten normal. Dies unterstützt Chomskys Ansicht, daß die Sprachkompetenz kein bloßes Nebenprodukt der allgemeinen Intelligenz ist. Drittens ist man hier auf eine Möglichkeit gestoßen, die Evolution von Sprache genauer verstehen zu lernen. Dazu benötigen wir allerdings dringend weitere vergleichbare Genloci. Leider werden diese, falls die mutierten Allele nicht dominant vererbt werden, wesentlich schwerer zu finden sein.

17.9 Protosprache

Sprache versteinert nicht. Es gibt jedoch vier Quellen, die uns vielleicht eine Vorstellung von primitiver Sprache vermitteln können: die Sprache von Menschenaffen, von Kleinkindern, von „Kaspar-Hauser-Kindern“ sowie die Pidgin-Sprachen. Wir werden sie der Reihe nach besprechen.

Die folgenden Äußerungen stammen aus zwei verschiedenen Quellen (in Klammern beim ersten Beispiel die ungefähren deutschen Entsprechungen):

Big train. Red book. (12)
(Zug groß. Buch rot)
Adam checker. Mommy lunch.
(Adam Dame spielt. Mami Mittagessen.)
Walk street. Go store.
(Straße gehen. Geschäft gehen.)
Adam put. Eve read.
(Adam legen. Eve lesen.)
Put book. Hit ball.
(Buch hinlegen. Ball schlagen.)

Getränk rot. Kamm schwarz. (13)
Kleider Mrs. G. Du Hut.
Gehen hinein. Schauen heraus.
Roger Karte. Du Getränk.
Washoe kitzeln. Decke aufschlagen.

Trotz der bemerkenswerten Ähnlichkeit stammen die Sätze unter (12) von Kindern im Zwei-Wort-Stadium, die unter (13) dagegen von der Schimpansin Washoe, welche die amerikanische Zeichensprache (ASL) verwendete (Gardner und Gardner 1974). Es handelt sich jeweils um Äußerungen über die folgenden Sachverhalte: die Qualität von Objekten, den Besitz unbelebter Objekte durch Lebewesen, den Ort von Handlungen und die Beziehung eines Agens beziehungsweise Patiens zu einer Handlung. Die beiden Gruppen von Äußerungen sind formal identisch.

Sowohl bei Menschenaffen als auch bei Kindern unter zwei Jahren dominieren Ein-Wort-Äußerungen. Es gibt keine grammatischen Einheiten und keine Spur von Struktur. Der einzige echte Unterschied zwischen (12) und (13) besteht darin, daß Kinder um der Kategorisierung willen zu kategorisieren scheinen, während Affen nur über Objekte sprechen, die sie haben wollen, sowie über Handlungen, die sie ausführen möchten oder die andere ausführen sollen. Kinder wollen offenbar mehr über ihre Umwelt erfahren.

Es gibt viele Beispiele von Kindern, die isoliert von der Außenwelt aufgewachsen sind, doch der lingustisch am besten dokumentierte Fall ist der von „Genie", einem dreizehnjährigen Mädchen, das im Jahre 1970 in Kalifornien entdeckt wurde. Ihr Vater hatte sie in ihrem Zimmer gefangengehalten, seit sie etwa 18 Monate alt war. Als man sie auffand, konnte sie nicht sprechen. Obwohl ihre Fähigkeit zur Begriffsbildung normal war, entwickelte sie sich sprachlich nicht über die durch die folgenden Sätze illustrierte Ebene hinaus (in Klammern jeweils die ungefähre deutsche Entsprechung):

Want milk. (Will Milch.) (14)
Mike paint. (Mike malen.)
Applesauce buy store. (Apfelmus kaufen Laden.)
At school wash face. (In Schule waschen Gesicht.)
Very sad, climb mountain. (Sehr traurig, Berg klettern.)
I want Curtiss play Piano. (Ich will Curtiss Klavier spielen.)

Genies Äußerungen sind etwas weiter entwickelt als die in (12) und (13): Sie enthalten immerhin eine grammatische Einheit (*at*), und der letzte Satz ist eine relativ komplizierte Proposition. Aber der Unterschied ist nur geringfügig – Genie scheint etwas erworben zu haben, das weniger als menschliche Sprache ist und als Protosprache bezeichnet werden kann. In Anbetracht der Ähnlichkeit zur Sprache von Menschenaffen ist Protosprache offensichtlich phylogenetisch alt. Anscheinend gibt es keine kritische Phase, in der sie erlernt werden muß.

Pidgin-Sprachen schließlich entwickeln sich, wenn Menschen, die keine gemeinsame Sprache sprechen, miteinander kommunizieren müssen, ohne daß eine bestimmte Sprache als Verständigungsmittel naheliegt. Ein gutes Beispiel sind Sklaven aus unterschiedlichen Herkunftsländern, die in Inselkolonien aufeinandertrafen. Das folgende Zitat stammt aus Bickerton (1990):

Luna, hu *hapai*? *Hapai* awl, hemo awl.
Foreman, who carry? Carry all, cut all.
(Aufseher, wer tragen? Tragen alle, schneiden alle.)

(„Wer wird es tragen, Aufseher? Alle werden es tragen, und alle werden es schneiden.") Der Sprecher der ersten Zeile war Filipino, die kursiv gedruckten Wörter sind jedoch Hawaiianisch. Es gibt zwar einige wenige grammatische Einheiten wie *hu*, aber keine Artikel, Präpositionen oder tempusanzeigende Flexionen.

Manchmal bleibt eine Pidgin-Sprache über mehrere Generationen hinweg auf primitivem Niveau. Ein Beispiel ist Russonorsk oder Russenorsk, das russische (R) und norwegische (N) Seeleute benutzten, um untereinander Handel zu treiben (hier ein ins Deutsche übertragener Dialog):

R: Was sagen? Ich nicht verstehen.
N: Teuer, Russe – Wiedersehen.
R: Nichts. Vier halbe.
N: Geben vier, nichts gut.
R: Nein Bruder. Wie ich verkaufen billig? Groß teuer Mehl in Rußland dies Jahr.
N: Du nicht sagen wahr.
R: Doch. Groß wahr, ich nicht lügen, Mehl teuer.
N: Wenn du kaufen – bitte vier Pud. Wenn du nicht kaufen – dann Wiedersehen.
R: Nein, nichts, Bruder, bitte werfen auf Deck.

Diese Sprache ist etwas weiter entwickelt als (12) und (13), aber es kommen nur wenige grammatische Einheiten vor, die längste Äußerung enthält kein Verb, *geben* fehlt ein Ziel und *werfen* ein Patiens. Das Bemerkenswerte an Pidgin ist, wie wenig sprachliches Wissen seine Verwender bei der Kommunikation über Sprachgrenzen hinweg anwenden konnten.

Die entscheidenden Unterschiede zwischen den verschiedenen Formen von Protosprache und echter Sprache sind:

- Die Reihenfolge der Wörter in Protosprache hat nichts mit Syntax zu tun.
- In normaler Sprache lassen sich Satzstellen benennen und durch Nullelemente kennzeichnen, an denen ein dort real nicht vorhandener Satzteil gedanklich präsent ist. In Protosprache können in nicht vorhersagbarer Weise an jeder Stelle beliebige Elemente fehlen.
- In Protosprache gibt es fast keine Phrasenstruktur. Die wenigen scheinbaren Gegenbeispiele könnten auswendig gelernt sein, so wie Wörter und idiomatische Wendungen.
- In Protosprache gibt es keine oder nur wenige grammatische Einheiten.

17.10 Von Protosprache zu Sprache

Bevor wir den evolutionären Übergang von Protosprache zu Sprache erörtern, beschreiben wir einen vergleichbaren Übergang, der innerhalb einer einzigen Generation auftreten kann – den Übergang von Pidgin zu Kreolisch (Bickerton 1983).

Kreolisch ist ein umgewandeltes Pidgin, das von Kindern entwickelt wird, die von Erwachsenen Pidgin lernen. Kinder von hawaiianischen, Pidgin sprechenden Eltern äußern Sätze wie:

They wen go up early in the morning—go plant. (15)

(„They went up there early in the morning to plant (crops)." – „Sie gingen frühmorgens hinauf, um (Feldfrüchte) zu pflanzen.") Das Nullelement steht für das fehlende Subjekt (*they*).

Kreolsprachen entwickelten sich unter den Kindern von Einwanderern, die nicht unter dem Einfluß einer natürlichen Sprache aufwuchsen, sondern nur Pidgin kennenlernten. Tabelle 17.3 enthält einige Beispiele für den Komplexitätssprung zwischen hawaiianischem Pidgin-Englisch und der englischen Kreolsprache von Hawaii. Während fast jeder Pidginsprecher anders spricht, folgt das Kreolisch festen, vom Sprecher unabhängigen Regeln. Man könnte erwarten, daß die Grammatik entweder fast ausschließlich aus einer Quellsprache stammt, oder daß sie eine Mischung aus den Grammatiken aller verfügbaren Quellsprachen ist. Dies ist jedoch nicht der Fall. Das hawaiianische Kreolisch unterscheidet sich vom Chinesischen, Hawaiianischen, Koreanischen, Portugiesischen und Philippinischen; einige Unterschiede zwischen Englisch und hawaiianischem Kreolisch zeigt Tabelle 17.4.

Tabelle 17.3: Zwei Sätze mit identischer Bedeutung in Pidgin und in der englischen Kreolsprache von Hawaii (mit deutscher Übersetzung)

Pidgin	Hawaii-Kreolisch	Deutsch
Building – high place – wall part – time – now-time – and then – now temperature every time give you.	Get one electric sign high up on da wall of da building show you what time an temperature get right now.	Hoch oben an der Mauer des Gebäudes befindet sich eine elektrische Einrichtung, die angibt, wieviel Uhr es gerade ist und welche Temperatur gerade herrscht.
Now days ah house ah inside wash clothes machine get, no? Before time ah no more, see? And then pipe no more water pipe no more.	Those days bin get no more washing machine no more pipe water like get inside house nowadays ah?	Damals gab es im Haus keine Waschmaschine und kein Leitungswasser wie heutzutage.

Aus Bickerton 1983.

Tabelle 17.4: Grammatische Unterschiede zwischen Sätzen in Englisch und in der englischen Kreolsprache von Hawaii (mit deutscher Übersetzung)

Englisch	Hawaii-Kreolisch	Deutsch
The two of us had a hard time raising dogs.	Us two bin get hard time raising dogs.	Wir beide hatten es schwer damit, Hunde aufzuziehen.
John and his friends are stealing the food.	John-them stay cockroach the kaukau.	John und seine Freunde stehlen gerade Essen.
How do you expect to finish your house?	How you expect for make pay you house?	Wie wirst du deiner Meinung nach dein Haus fertigstellen?
There was a woman who had three daughters.	Bin get one wahine she get three daughter.	Es gab eine Frau, die drei Töchter hatte.
She can't go because she hasn't any money.	She no can go, she no more money, a's why.	Sie kann nicht fahren, weil sie kein Geld hat.

Aus Bickerton 1983.

Kreolsprachen sind mehrfach in verschiedenen Regionen der Erde entstanden. Sie unterscheiden sich im Vokabular erheblich, während sich ihre grammatische Struktur überraschend ähnelt. Ein charakteristisches Merkmal dieser Sprachen (und übrigens auch des Ungarischen) ist, daß sie die doppelte Verneinung erlauben („Ich will keinen Kohl nicht.") Eine zweite (ebenfalls mit dem Ungarischen geteilte) Gemeinsamkeit besteht darin, daß zwischen Aussagen und Fragen einzig durch die Betonung unterschieden wird. Überdies gleichen sich viele Kreolsprachen hinsichtlich der Art und Weise der Konjugation von Verben (Tabelle 17.5). Bickerton (1983) machte darauf aufmerksam, daß zwei- bis vierjährige Kinder, die Englisch lernen, manchmal Fehler machen, die in Kreolisch grammatisch richtig wären. Beispielsweise versuchen Kinder häufig die doppelte Verneinung.

Kreolsprachen sind richtige Sprachen, der Anteil der rein grammatischen Einheiten beispielsweise beträgt etwa 50 Prozent. Offenbar haben die Hawaiianer den Sprung von Protosprache zu Sprache in einer einzigen Generation vollzogen. Dieser schnelle Übergang war möglich, weil dazu keine genetische Veränderung erforderlich war; ein derartig schneller phylogenetischer Wandel wäre nicht möglich gewesen.

Angesichts der relativ scharfen Unterscheidung zwischen Protosprache und Sprache müssen wir auf die Frage zurückkommen, ob es funktionstüchtige Übergangsformen zwischen beiden geben kann. Wir sind versucht, es bei einem Hinweis auf Gopniks Dysphasiker zu belassen, denen eine bestimmte grammatische Fähigkeit fehlt, denen es aber offenbar besser ergeht als Sprechern wie Genie. Linguisten sprechen diesen Punkt jedoch so oft an, daß wir noch etwas genauer darauf eingehen werden.

Das Problem entsteht unserer Ansicht nach nur dadurch, daß die falsche Frage gestellt wird, nämlich: Gibt es eine grammatische Regel, auf die man verzichten

Tabelle 17.5: Gemeinsamkeiten der Konjugation von Verben in haitianischem Kreolisch und Srana (einem in Surinam gesprochenen, auf Englisch basierenden Kreolisch); das hawaiianische Kreolisch ist ähnlich

Englisch	Haiti-Kreolisch	Srana
Grundform („He walked“)	Li mache	A waka
vorzeitig („He had walked“)	Li te mache	A ben waka
irreal („He will/would walk“)	L'av(a) mache	A sa waka
nichtpunktuell („He is/was walking“)	L'ap mache	A e waka
vorzeitig + irreal + nichtpunktuell („He would have been walking“)	Li t'av ap mache	A ben sa e waka

Nach Bickerton 1983.

Man beachte die identische Reihenfolge der Partikel für Vorzeitigkeit (*ben* beziehungsweise *te*), irrealen Modus (*sa* beziehungsweise *av*) und nichtpunktuellen Aspekt (*e* beziehungsweise *ap*) in den beiden kreolischen Entsprechungen zum englischen *he would have been walking* („er wäre gerade gegangen“). Bickerton macht auf weitere Übereinstimmungen bei der Konjugation von Verben in verschiedenen Kreolsprachen aufmerksam.

könnte, ohne daß die Ausdruckskraft der Sprache darunter leiden würde? Die Antwort lautet vermutlich „nein“, allerdings ist die Frage irrelevant. Statt dessen sollte man fragen: Gibt es eine grammatische Regel, bei deren Wegfall eine Sprachkompetenz bestehenbliebe, die höher ist als die bloßer Protosprache? Die Antwort auf diese Frage lautet offensichtlich „ja“.

Als Beispiel sei ein Vorschlag von Premack (1985) erwähnt: eine Sprache, in der thematische Rollen direkt auf die Anordnung der Wörter auf der sprachlichen Oberfläche abgebildet würden. Man könnte dann zwar sagen *der Hund biß John*, aber nicht *John wurde von dem Hund gebissen*. Eine solche Grammatik böte weniger Ausdrucksmöglichkeiten als beispielsweise die bestehende deutsche, wäre aber besser als gar keine Grammatik. Noch einfacher wäre eine Sprache, die nur Verben mit zwei Argumenten – Agens und Patiens – erlauben würde. *Der Hund biß John* wäre möglich, nicht aber *John schläft* oder *John gab Mary das Buch*; auch diese Beschränkungen sind nicht besonders schwerwiegend.

Betrachten wir nun die folgenden Erweiterungsmöglichkeiten für Protosprache:

- Einheiten für die Verneinung von Information, wie zum Beispiel *nein*;
- „W-Fragen“, zum Beispiel *was*, *wer* und *wo*;
- Pronomen (anstelle der Wiederholung von Namen: *John bat Bill um das Buch, und Bill gab es ihm*, statt *John bat Bill um das Buch, und Bill gab es John*);
- Hilfsverben wie *können* und *müssen*;
- Ausdrücke für früher und später (wie *vor* und *nach*);
- Ausdrücke für die räumliche Orientierung (wie *oben*, *unten* und *hinein*);
- Mengenangaben wie *viele* und *wenige*.

Es gibt keinen ersichtlichen Grund für die Annahme, daß diese Eigenschaften nicht einzeln erworben worden sein könnten. Schwierig zu beantworten ist dagegen die Frage, wie es dazu kam, daß wir eine dreischichtige Phrasenstruktur verwenden (Abbildungen 17.2 und 17.3) und Sätze durch wiederholtes Ineinanderschachteln von Phrasen konstruieren. Die entscheidende Erfindung war eine Schablone für den Zusammenbau von Phrasen. Die drei Schichten (Abbildung 17.3) repräsentieren eine allgemeine Klasse (*Kuh*), Eigenschaften ganz bestimmter Mitglieder dieser Klasse (*mit dem verwachsenen Horn*) sowie die Determination des aus diesen beiden Aspekten zusammengesetzten Individuums (*die*). Phrasen sind also Apparate, um von der Klasse zum Individuum zu gelangen – eine Fähigkeit, die für das Denken ebenso wichtig ist wie für die Kommunikation. Zunächst könnte es nur eine Schablone für Nominalphrasen gegeben haben, die dann später auf andere Einheiten ausgedehnt wurde, so daß man in einer bestimmten Entwicklungsphase zwar *die Kuh mit dem verwachsenen Horn*, aber noch nicht *die Kuh mit dem verwachsenen Horn trat den Hund* sagen konnte, da dieser Satz eine Verbalphrase enthält.

Der Versuch, exakt zu rekonstruieren, auf welchem Weg aus Protosprache Sprache wurde, ist wahrscheinlich unsinnig, zumindest solange wir nicht über umfangreichere genetische Daten verfügen. Wir wollten nichts weiter zeigen, als daß es prinzipiell nicht besonders schwierig ist, sich einen schrittweisen Übergang vorzustellen.

17.11 Schlußfolgerungen

Während der Evolution vom Affen zum Menschen nahmen sowohl die allgemeinen kognitiven Fähigkeiten als auch die spezifische Sprachkompetenz zu. Die stetige Vergrößerung des Gehirns im Verlauf der vergangenen zwei Millionen Jahre läßt vermuten, daß die Zunahme der kognitiven Fähigkeiten in eben diesen Zeitraum fiel. Selektionsvorteile ergaben sich dabei vor allem durch eine gesteigerte Geschicklichkeit bei der Herstellung und beim Gebrauch von Werkzeugen sowie durch Zunahme der sozialen Kompetenz. Bei anderen Primaten hat man bereits Hinweise auf einen Zusammenhang zwischen der Größe des Gehirns und der Komplexität des Gesellschaftssystems gefunden, und dieser Zusammenhang dürfte fast mit Sicherheit auch bei unseren Vorfahren bestanden haben.

Schwieriger ist zu bestimmen, wann die Evolution der Sprache begann. Die im vorigen Kapitel erörterte enorme Zunahme des technischen Erfindungsreichtums während der vergangenen 40 000 Jahre läßt sich jedoch am leichtesten erklären, wenn man davon ausgeht, daß die Sprachkompetenz zu jener Zeit ihre jetzige Ausprägung erreichte. Menschen und Menschenaffen unterscheiden sich nicht nur hinsichtlich ihrer grammatischen Kompetenz, die das Hauptthema dieses Kapitels war, sondern auch in der Fähigkeit, Laute zu erzeugen und wahrzunehmen. Menschenaffen das Sprechen beizubringen, ist unter anderem deshalb nicht möglich, weil sie nicht alle Laute der menschlichen Sprache hervorbringen können. Die Evolution des Menschen erforderte sowohl anatomische Veränderungen als auch eine Leistungssteigerung bei den zerebralen Vorgängen, die für die Bildung und Wahrnehmung von Lauten verantwortlich sind (Lieberman 1989). Durch Absenkung des Kehlkopfs wurde es dem Menschen möglich, eine größere Vielfalt von Lauten zu erzeugen, allerdings stieg damit die Gefahr, sich beim Essen oder Trinken zu verschlucken. Es wäre hilfreich, wenn die fossilen Zeugnisse uns eine Datierung dieser Veränderung erlauben würden, aber unter Anatomen herrscht keine Einigkeit darüber, inwieweit dies möglich ist. Leider fossilisiert das Zungenbein, dem man diese Information entnehmen könnte, nur selten.

Ebenso wichtig sind die Veränderungen der zerebralen Vorgänge. Im Prinzip ist der Geräuschinput zwar eine kontinuierliche Variable, aber wir ordnen ankommende Sprachlaute unbewußt in verschiedene Kategorien ein. Mit anderen Worten, wir behandeln den Geräuschinput als digital. Wir sind in der Lage, lautliche „Segmente" (die in etwa den Buchstaben des Alphabets entsprechen) mit der erstaunlich hohen Geschwindigkeit von 25 pro Sekunde zu erzeugen und wahrzunehmen. Diese schnelle Übertragung ist notwendig, denn andernfalls hätten wir den Anfang eines Satzes vergessen, bevor sein Ende erreicht wäre.

Die Entwicklung der menschlichen Sprache erforderte also Veränderungen der Anatomie, der motorischen Steuerung, der Lautwahrnehmung und der grammatischen Kompetenz. Diese Veränderungen konnten nicht von einem Tag auf den anderen erfolgen, liefen aber möglicherweise sehr schnell ab. Sie müssen der höchstwahrscheinlich von Afrika ausgehenden Ausbreitung von *Homo sapiens* über die gesamte Erde vorangegangen sein, denn alle heutigen Populationen des Menschen gleichen sich in dieser Hinsicht. Von dieser Einschränkung abgesehen, können die Ereignisse aber relativ kurze Zeit zurückliegen.

Dieses Buch handelte von den wichtigsten evolutionsgeschichtlichen Veränderungen in der Art und Weise, wie Information codiert und von einer Generation an die nächste weitergegeben wird. Die Entstehung der Sprache ist der bisher letzte derartige Übergang, der eine genetische Grundlage hatte, aber sie ist nicht der letzte Übergang überhaupt. Die Erfindung der Schrift ermöglichte die Entstehung moderner, vielköpfiger Gemeinwesen sowie den Übergang von Gesellschaften, in denen Magie und Rituale eine dominierende Rolle spielen, zu Gesellschaften, in denen Vernunft und Wissenschaft zunehmend an Bedeutung gewinnen (Goody 1977). Heute befinden wir uns mitten in einem weiteren wichtigen Übergang, nämlich dem zu einer Gesellschaft, in der Informationen elektronisch gespeichert und übermittelt werden. Niemand kann vorhersagen, wohin diese jüngste Neuerung führen wird. Aber das Aufkommen von Computerviren könnte eine erste Warnung sein: Wir müssen aufpassen, daß wir nicht durch neuartige selbstreplizierende Einheiten ersetzt werden.

Literatur

Adams, J.; Hansche, P. E. (1974) *Population in microorganisms. I. Evolution of diploidy in* Saccharomyces cerevisiae. In: *Genetics* 76, S. 327–338.

Akam, M. (1989a) *Making stripes inelegantly*. In: *Nature* 341, S. 282–283.

Akam, M. (1989b) Hox *and* Hom*: homologous gene clusters in insects and vertebrates*. In: *Cell* 57, S. 347–349.

Alexander, R. D. (1974) *The evolution of social behavior*. In: *Annual Review of Ecology and Systematics* 5, S. 325–383.

Anxolabehere, D; Kidwell, M. G.; Periquer, G. (1988) *Molecular characteristics of diverse populations are consistent with the hypothesis of a recent invasion of* Drosophila melanogaster *by mobile P elements*. In: *Molecular Biology and Evolution* 5, S. 252–269.

Aoun, J. (1992) *A brief representation of the generative enterprise*. In: Hawkins, J. A.; Gell-Mann, M. (Hrsg.) *The Evolution of Human Languages; SFI Studies in the Science of Complexity, Proc. Bd. X*, S. 121–135. Reading, Mass. (Addison-Wesley).

Arendt, D.; Nübler-Jung, K. (1994) *Inversion of dorso-vental axis?* In: *Nature* 371, S. 26.

Axelrod, R. (1984) *The Evolution of Cooperation*. New York (Basic Books). [Deutsch: (1995) *Die Evolution der Kooperation*. 3. Aufl., München (R. Oldenbourg).]

Axelrod, R.; Hamilton, W. D. (1981) *The evolution of cooperation*. In: *Science* 211, S. 1390–1296.

Bachmann, P. A.; Luisi, P. L., Lang, J. (1992) *Autocatalytic self-replicating micelles as models for prebiotic structures*. In: *Nature* 357, S. 57–59.

Baker, A.; Schatz, G. (1987) *Sequences from a prokaryotic genome or the mouse dehydrofolate reductase gene can restore the import of a truncated precursor protein into yeast mitochondria*. In: *Proceedings of the National Academy of Sciences, USA* 84, S. 3117–3121.

Bangham, A. D.; Horne, R. W. (1964) *Negative staining of phosholipids and their structural modification by surface-active agents as observed in the electron microscope*. In: *Journal of Molecular Biology* 8, S. 660–668.

Bartz, S. H.; Hölldobler, B. (1982) *Colony founding in* Myrmecocystus mimicus *Wheeler (Hymenoptera, Formicidae) and the evolution of foundress associations*. In: *Behavioural Ecology and Sociobiology* 10, S. 137–147.

Bates, E.; Thal, D.; Marchmann, V. (1989) *Symbols and syntax: a Darwinian approach to language development*. In: Krasnegor, N.; Rumbaugh, D.; Studdert-Kennedy, M.; Schiefelbusch, R. (Hrsg.) *The Biological Foundations of Language Development*. S. 29–65. Oxford (Oxford University Press).

Bateson, W. (1984) *Materials for the Study of Variation*. London (Macmillan).

Beardsley, T. (1991) *Smart genes*. In: *Scientific American* 265 (2), S. 86–95. [Deutsch: (1991) *Intelligente Gene*. In: *Spektrum der Wissenschaft* 10, S. 64–74.]

Beeby, R.; Kacser, H. (1990) *Metabolic constraints in evolution*. In: Maynard Smith, J.; Vida, G. (Hrsg.) *Organizational Constraints on the Dynamics of Evolution*, S. 57–75. Manchester (Manchester University Press).

Bell, G. (1982) *The Masterpiece of Nature*. London (Croom Helm).

Bell, G. (1985) *The origin and early evolution of germ cells as illustrated by the Volvocales*. In: Halverson, H.; Mornoy, A. (Hrsg.) *The Origin and Evolution of Sex*, S. 221–256. New York (Alan R. Liss).

Bell, G.; Burt, A. (1990) *B-chromosomes: germ-line parasites which induce changes in host recombination*. In: *Parasitology* 100: S19–S26.

Bell, G.; Koufopanou, V. (1991) *The architecture of the life cycle in small organisms.* In: *Philosophical Transactions of the Royal Society of London* B332, S. 81–89.

Bell, G.; Maynard Smith, J. (1987) *Short-term selection for recombination among antagonistic species.* In: *Nature* 328, S. 66–68.

Bengtsson, B. O. (1985) *Biased conversion as the primary function of recombination.* In: *Genetical Research, Cambridge* 47, S. 77–80.

Benner, S. A.; Allemann, R. K.; Ellington, A. D.; Ge, L.; Glasfeld, A.; Leanz, G. F. et al. (1987) *Natural selection, protein engineering, and the last ribo-organism: rational model building in biochemistry.* In: *Cold Spring Harbor Symposia on Quantitative Biology* 52, S. 56–63.

Benner, S. A.; Ellington, A. D.; Tauer, A. (1989) *Modern metabolism as a palimpsest of RNA world.* In: *Proceedings of the National Academy of Sciences, USA* 86, S. 7054–7058.

Bernstein, H.; Byers, G. S.; Michod, R. E. (1981) *Evolution of sexual reproduction: importance of DNA repair, complementation, and variation.* In: *American Naturalist* 117, S. 537–549.

Bernstein, H.; Hopf, F. A.; Michod, R. E. (1988) *Is meiotic recombiantion an adaption for repairing DNA, producing genetic variation or both?* In: Michod, R. E.; Levin, B. R. (Hrsg.) *Evolution of Sex: An Examination of Current Ideas*, S. 106–125. Sunderland, Mass. (Sinauer).

Bickerton, D. (1983) *Creole languages.* In: *Scientific American* 249 (1), S. 108–115. [Deutsch: (1983) *Kreolensprachen.* In: *Spektrum der Wissenschaft* 9, S. 110–118.]

Bickerton, D. (1990) *Language and Species.* Chicago (Unversity of Chicago Press).

Biebricher, C. K.; Eigen, M.; Luce, R. (1981) *Product analysis of RNA generated* de novo *by Q-beta replicase.* In: *Journal of Molecular Biology* 148, S. 369–390.

Biebricher, C. K.; Eigen, M.; Gardiner, W. C. Jr. (1985) *Kinetics of RNA replication competition and selection among self-replicating RNA species.* In: *Biochemistry* 24, S. 6550–6560.

Blake, C. C. F. (1985) *Introns and the evolution of proteins.* In: *International Review of Cytology* 93, S. 149–185.

Blobel, G. (1980) *Intracellular membrane topogenesis.* In: *Proceedings of the National Academy of Sciences, USA* 77, S. 1496.

Boerlijst, M. C.; Hogeweg, P. (1991) *Spiral wave structure in pre-biotic evolution – hypercycles stable against parasites.* In: *Physica* D48, S. 17–28.

Boesch, C. (1993) *Aspects of transmission of tool-use in wild chimpanzees.* In: Gibson, K. R.; Ingold, T. (Hrsg.) *Tools, Language and Cognition in Human Evolution.* S. 171–183. Cambridge (Cambridge University Press).

Bonner, J. T. (1982) *Evolutionary strategies and developmental constraints in the cellular slime molds.* In: *American Naturalist* 119, S. 530–552.

Boyd, R.; Richerson, P. J. (1985) *Culture and the Evolutionary Process.* Chicago (University of Chicago Press).

Bresch, C.; Niesert, V.; Harnasch, D. (1980) *Hypercycles, parasites and packages.* In: *Journal of Theoretical Biology* 85, S. 399–405.

Briggs, D.; Walters, S. M. (1984) *Plant Variation and Evolution.* Cambridge (Cambridge University Press).

Broek, D.; Bartlett, R.; Crawford, K.; Nurse, P. (1991) *Involvement of p34cdc2 in establishing the dependency of S phase on mitosis.* In: *Nature* 349, S. 388–393.

Brookfield, J. F. (1991) *Models of repression of transposition in P-M hybrid disgenesis by P cytotype and by zygotically encoded repressor proteins.* In. *Genesis* 128, S. 471–486.

Bryant, P. J. (1993) *The polar coordinate model goes molecular.* In: *Science* 259, S. 471–472.

Bryant, S. V.; French, V.; Bryant, P. J. (1981) *Distal regeneration and symmetry.* In: *Science* 212, S. 993–1002.

Buckle, G. R.; Greenberg, L. (1981) *Nestmate recognition in sweat bees (*Lasioglossum zephyrum*): does an individual recognize its own odour or only odour of its nestmates?* In: *Animal Behaviour* 29, S. 802–809.

Bull, J. J.; Molineux, L. L.; Rice, W. R. (1991) *Selection of benevolence in a host-parasite system.* In: *Evolution* 45, S. 875–882.

Bulnheim, H. P. (1978) *Interaction between genetic, external, and parasitic factors in sex determination of the crustacean amphipod* Gammarus duebeni. In: *Helgoländer wissenschaftliche Meeresuntersuchungen* 31, S. 1–33.

Buss, L. W. (1987) *The Evolution of Individuality*. Princeton (Princeton University Press).

Butlerow, A. (1861) *Formation synthétique d'une substance sucrée*. In: *Comptes rendus de l'Académie des Sciences, Paris* 53, S. 145–147.

Cairns-Smith, A. G. (1971) *The Life Puzzle*. Edinburgh (Oliver & Boyd).

Campbell, A. M. (1993) *Genome organization in prokaryotes*. In: *Current Opinion in Genetics and Development* 3, S. 837–844.

Cann, R. L.; Stoneking, M.; Wilson, A. C. (1987) *Mitochondrial DNA and human evolution*. In: *Nature* 325, S. 31–36.

Canning, E. U. (1988) *Nuclear division and chromosome cycles in microsporidia*. In: *Biosystems* 21, S. 333–340.

Carpenter, A. T. C. (1987) *Gene conversion, recombination nodules, and the initiation of meiotic synapsis*. In: *BioEssays* 6, S. 232–236.

Castets, V.; Dulos, E.; Boissonade, J.; De Kepper, E. (1990) *Experimental evidence of a sustained standing Turing-type nonequilibrium chemical pattern*. In: *Physical Review Letters* 64, S. 2953–2956.

Cavalier-Smith, T. (1985) *The Evolution of Genome Size*. Chichester (Wiley).

Cavalier-Smith, T. (1987a) *The origin of eukaryotic and archaebacterial cells*. In: *Annals of the New York Academy of Sciences* 503, S. 17–54.

Cavalier-Smith, T. (1987b) *Bacterial DNA segregation: its motors and positive control*. In: *Journal of Theoretical Biology* 127, S. 361–372.

Cavalier-Smith, T. (1987c) *The origin of cells; a symbiosis between genes, catalysts, and membranes*. In: *Cold Spring Harbor Symposia on Quantitative Biology* 52, S. 805–842.

Cavalier-Smith, T. (1987d) *The simultaneous symbiotic origin of mitochondria, chloroplasts, and microbodies*. In: *Annals of the New York Academy of Science* 503, S. 55–71.

Cavalier-Smith, T. (1988) *Eukaryote cell evolution*. In: *Proceedings 13th International Botanical Congress*, S. 203–223.

Cavalier-Smith, T. (1991a) *The evolution of cells*. In: Osawa, S.; Honjo, T. (Hrsg.) *Evolution of Life: Fossils, Molecules and Culture*, S. 271–304. Tokyo (Springer-Verlag).

Cavalier-Smith, T. (1991b) *Intron phylogeny: a new hypothesis*. In: *Trends in Genetics* 7, S. 145–148.

Charlesworth, B.; Hartl, D. L. (1978) *Population dynamics of the segregation distorter polymorphism of* Drosophila melanogaster. In: *Genetics* 89, S. 171–192.

Charlesworth, B.; Langley, C. H. (1989) *The population genetics of* Drosophila *transposable elements*. In: Annual Review of Genetics 23, S. 251–287.

Chomsky, N. (1957) *Syntactic Structures*. The Hague (Mouton). [Deutsch: (1973) *Strukturen der Syntax*. Berlin (Mouton de Gruyter).]

Chomsky, N. (1968) *Language and Mind*. New York (Harcourt, Brace and World). [Deutsch: (1973) *Sprache und Geist*. Frankfurt/Main (Suhrkamp).]

Chomsky, N. (1975) *Reflections on Language*. New York (Pantheon Books). [Deutsch: (1977) *Reflexionen über Sprache*. Frankfurt/Main (Suhrkamp).]

Chyba, C. F.; Thomas, P. J.; Brookshaw, L.; Sagan, C. (1990) *Cometary delivery of organic molecules to the early Earth*. In: *Science* 249, S. 366–373.

Clausen, J.; Hiesey, W. M. (1958) *Experimental studies on the nature of species. IV. Genetic structure of ecological races*. In: *Carnegie Institution of Washington Publication* No. 615.

Clay, K. (1988) *Clavipitaceous fungal epiphytes of grasses: coevolution and the change from parasitism to mutualism.* In: Pirozynski, K. A.; Hawksworth, D. L. *Coevolution of Fungi with Plants and Animals.* S. 79–105.

Cleveland, L. R. (1947) *The origin and evolution of meiosis.* In: *Science* 105, S. 287–289.

Coen, E. S.; Meyerowitz, E. M. (1991) *The war of the whorls: genetic interactions controlling flower development.* In: *Nature* 353, S. 31–37.

Cohan, F. M.; Roberts, M. S.; King, E. C. (1991) *The potential for genetic exchange by transformation within a natural population of* Bacillus subtilis. In: *Evolution* 45, S. 1393–1421.

Conway Morris, S. (1993) *The fossil record and the early evolution of the metazoa.* In: *Nature* 361, S. 219–225.

Cosmides, L. M.; Tooby, J. (1981) *Cytoplasmic inheritance and intragenomic conflict.* In: *Journal of Theoretical Biology* 89, S. 83–129.

Couvet, D.; Bonnemaison, F.; Gouyon, P. H. (1986) *The maintenance of females among hermaphrodites: the importance of nuclear-cytoplasmic interactions.* In: *Heredity* 57, S. 325–330.

Cowan, G. A. (1976) *A natural fission reactor.* In: *Scientific American* 235 (1), S. 36–47.

Coyne, J. A.; Orr, H. A. (1989) *Patterns of speciation in* Drosophila. In: *Evolution* 43, S. 362–381.

Crain, S. (1991) *Language acquisition in the absence of experience.* In: *Behavioral Brain Science* 14, S. 597–650.

Crick, F. H. C. (1968) *The origin of the genetic code.* In: *Journal of Molecular Biology* 38, S. 367–379.

Crow, J. F. (1991) *Why is Mendelian segregation so exact?* In: *BioEssays* 13, S. 305–312.

Cullis, C. A. (1983) *Variable DNA.* In: Chater, K. F. et al. (Hrsg.) In: *Genetic Rearrangements.* S. 253–264. London (Croom Helm).

Damasio, A. R.; Damasio, H. (1992) *Brain and language.* In: *Scientific American* 267 (3), S. 89–95. [Deutsch: (1992) *Sprache und Gehirn.* In: *Spektrum der Wissenschaft* 11, S. 80–92.]

Darlington, C. D. (1939) *Evolution of Genetic Systems.* Cambridge (Cambridge University Press).

Darnell, J. E.; Doolittle, W. F. (1986) *Speculations on the early course of evolution.* In: *Proceedings of the National Academy of Sciences, USA* 83, S. 1271–1275.

Darnell, J. E.; Lodish, H. ; Baltimore, D. (1986) *Molecular Cell Biology.* New York (W. H. Freeman). [Deutsch: (1994) *Molekulare Zellbiologie.* Berlin (de Gruyter).]

Darwin, C. (1877) *The Different Forms of Flowers on Plants of the Same Species.* London (John Murray).

Davidson, E. H. (1990) *How embryos work: a comparative view of diverse modes of cell fate specification.* In: *Development* 108, S. 365–389.

Dawkins, R. (1976) *The Selfish Gene.* Oxford (Oxford University Press). [Deutsch: (1994) *Das egoistische Gen.* Neuaufl. Heidelberg (Spektrum Akademischer Verlag).]

Derry, L. A.; Kaufman, A. J.; Jacobsen, S. B. (1992) *Sedimentary cycling and environmental change in the late Proterozoic – evidence from stable and radiogenic isotopes.* In: *Geochimica et Cosmochimica Acta* 56, S. 1317–1329.

Di Giulio, M. (1989) *The extension reached by the minimization of the polarity distances during the evolution of the genetic code.* In: *Journal of Molecular Evolution* 29, S. 288–293.

Dobzhansky, Th. (1951) *Genetics and the Origin of Species*, 3. Aufl. New York (Columbia University Press).

Domingo, E.; Davila, M.; Ortin, J. (1980) *Nucleotide sequence heterogeneity of the RNA from a natural population of foot-and-mouth-disease virus.* In: *Gene* 11, S. 333–346.

Doolittle, W. F.; Sapienza, C. (1980) *Selfish genes, the phenotype paradigm and genome evolution.* In: *Nature* 284, S. 601–603.

Doudna, J. A.; Szostak, J. W. (1989) *RNA-catalysed synthesis of complementary-strand RNA.* In: *Nature* 339, S. 519–552.

Doudna, J. A.; Couture, S.; Szostak, J. W. (1991) *A multisubunit ribozyme that is a catalyst of and template for complementary strand RNA synthesis.* In: *Science* 251, S. 1605–1608.

Douglas, A. E.; Smith, D. C. (1989) *Are endosymbioses mutualistic?* In: *Trends in Ecology and Evolution* 4, S. 350–352.

Douglas, A. E.; Murphy, C. A.; Spencer, D. F.; Gray, M. W. (1991) *Cryptomonad algae are evolutionary chimaeras of two phylogenetically distinct unicellular eukaryotes.* In: *Nature* 350, S. 148–151.

Drake, J. W. (1991) *A constant rate of spontaneous mutation in DNA-based microbes.* In: *Proceedings of the National Academy of Sciences, USA* 88, S.7160–7164.

Driever, W.; Nüsslein-Volhard, C. (1988) *The bicoid protein determines position in the* Drosophila *embryo in a concentration-dependent manner.* In: *Cell* 54, S. 95–104.

Dubos, R. (1965) *Man Adapting.* New Haven (Yale University Press).

Dunbar, R. I. M. (1992) *Neocortex size as a constraint on group size in primates.* In: *Journal of Human Evolution* 20, S. 469–493.

Durrant, A. (1962) *The environmental induction of heritable change in Linum.* In: *Heredity* 17, S. 27–61.

Dyson, F. J. (1985) *Origins of Life.* Cambridge (Cambridge University Press).

Eichberg, J.; Sherwood, E.; Epps, D. E.; Oró, J. (1977) *Cyanamide mediated synthesis under plausible primitive Earth conditions IV. The synthesis of acyglycerols.* In: *Journals of Molecular Evolution* 10, S. 211–230.

Eigen, M. (1971) *Self-organization of matter and the evolution of biological macro-molecules.* In: *Naturwissenschaften* 58, S. 465–523.

Eigen, M.; Schuster, P. (1977) *The hypercycle. A principle of natural self-organization Part A: emergence of the hypercycle.* In: *Naturwissenschaften* 64, S. 541–565.

Eigen, M.; Schuster, P.; Gardiner, W.; Winkler-Oswatitsch, R. (1981) *The origin of genetic information.* In: *Scientific American* 244 (4), S. 78–94. [Deutsch: (1981) *Ursprung der genetischen Information.* In: *Spektrum der Wissenschaft* 6, S. 36–56.]

Eigen, M.; Lindemann, B. F.; Tietze, M.; Winkler-Oswatitsch, R.; Dress, A.; Haeseler, A. v. (1989) *How old is the genetic code? Statistical geometry of tRNA provides an answer.* In: *Science* 244, S. 673–679.

Ellington, A. D.; Szostak, J. W. (1990) In vitro *selection of RNA molecules that bind specific ligands.* In: *Nature* 346, S. 818–822.

Engebrecht, J.; Hirsch, J.; Roeder, G. S. (1990) *Meiotic gene conversion and crossing over: their relationship to each other and to chromosome synapsis and segregation.* In: *Cell* 62, S. 927–937.

Engels, W. R. (1989) *P elements in* Drosophila. In: Berg, D.; Howe, M. (Hrsg.) *Mobile DNA.* Washington, DC (ASM Publications).

Epps, D. E.; Sherwood, E.; Eichberg, J. E.; Oró, J. (1978) *Cyanamide mediated synthesis under plausible primitive Earth conditions V. The synthesis of phosphatic acids.* In: *Journal of Molecular Evolution* 11, S. 279–292.

Eshel, I. (1985) *Evolutionary genetic stability of Mendelian segregation and the role of free recombination in the chromosomal system.* In: *American Naturalist* 125, S. 412–420.

Ewald, P. W. (1983) *Host-parasite relations, vectors, and the evolution of disease severity.* In: *Annual Review of Ecology and Systematics* 14, S. 465–485.

Famulok, M. (1994) *Molecular recognition of amino acids by RNA-aptamers: an L-citrulline binding RNA motif and its evolution into an L-arginine binder.* In: *Journal of the American Chemical Society* 116, S. 1698–1706.

Ferat, J.-L.; Michel, F. (1993) *Group II self-splicing introns in bacteria.* In: *Nature* 364, S. 358–361.

Ferris, J. P. (1987) *Prebiotic synthesis: problems and challenges*. In: *Cold Spring Harbor Symp. Quant. Biol.* 52, S. 29–35.

Fisher, R. A. (1930) *The Genetical Theory of Natural Selection*. Oxford (Oxford University Press).

Fisher, R. A. (1931) *The evolution of dominance*. In: *Biological Reviews* 6, S. 345–386.

Fox, S. W. (1984) *Proteinoid experiments and evolutionary theory*. In: Ho, M. W.; Saunders, P. T. (Hrsg.) In: *Beyond Neo-Darwinism*, S. 15–60. New York (Academic Press).

Fox, S. W.; Dose, K. (1977) *Molecular Evolution and the Origin of Life*. New York (Marcel Dekker).

Frank, S. A.; Crespi, B. J. (1989) *Synergism between sib-rearing and sex ratio in Hymenoptera*. In: *Behavioural Biology and Sociobiology* 24, S. 155–162.

French, V.; Bryant, P. J.; Bryant, S. V. (1976) *Pattern regulation of epimorphic fields*. In: *Science* 193, S. 969–981.

Gánti, T. (1974) *Theoretical deduction of the function and structure of the genetic material*. In: *Biológia* 22, S. 17–35 [auf Ungarisch].

Gánti, T. (1975) *Organisation of chemical reactions into dividing and metabolizing units: the chemotons*. In: *Biosystems* 7, S. 189–195.

Gánti, T. (1978) *Chemical systems and supersystems III. Models of self-reproducing chemical supersystems: the chemotons*. In: *Acta Chimica Academiae Scientiarum Hungarica* 98, S. 265–283.

Gánti, T. (1979) *A Theory of Biochemical Supersystems and its Application to Problems of Natural and Artificial Biogenesis*. Budapest (Akadémiai Kiadó). Baltimore (University Park Press).

Gánti, T. (1983) *The origin of the earliest sequences*. In: *Biológia* 31, S. 47–54 [auf Ungarisch].

Gánti, T. (1984) *Chemoton Theory I*. In: *Theoretical Foundations of Fluid Machineries*. Budapest (OMIKK) [auf Ungarisch].

Gánti, T. (1987) *The Principle of Life*. Budapest (OMIKK).

Garcia-Fernàndez, J.; Holland, P. W. H. (1994) *Archetypal organization of the amphioxus* Hox *gene cluster*. In: *Nature* 370, S. 563–566.

Gardner, B. T.; Garndner „A. R. (1974) *Comparing the early utterances of child and chimpanzee*. In: Pick, A. (Hrsg.) *Minnesota Symposium on Child Psychology*, S. 3–23. Minneapolis (University of Minnesota Press).

Gause, G. F. (1934) *The Struggle for Existence*. Baltimore (Williams & Wilkins).

Gellner, E. (1988) *Origins of society*. In: Fabian, A. C. (Hrsg.) *Origins*, S. 128–140. Cambridge (Cambridge University Press).

Gilbert, W. (1978) *Why genes in pieces?* In: *Nature*, 271, S. 501.

Go, M. (1991) *Module organization in proteins and exon shuffling*. In: Ozawa, S.; Honjo, T. (Hrsg.) *Evolution of Life: Fossils, Molecules, and Culture*, S. 109–122. Tokyo (Springer Verlag).

Goody, J. (1977) *The Domestication of the Savage Mind*. In: Cambridge (Cambridge University Press).

Gopnik, M. (1990) *Feature-blind grammar and dysphasia*. In: *Nature* 344, S. 715.

Gopnik, M.; Crago, M. B. (1991) *Familial aggregation of a developmental language disorder*. In: *Cognition* 39, S. 1–50.

Gould, S. J.; Lewontin, R. C. (1979) *The spandrels of San Marco and the Panglossian paradigm: a critique of the adaptionist programme*. In: *Proceedings of the Royal Society of London*, B205, S. 281–288.

Grafen, A. (1985) *A geometric view of relatedness*. In: *Oxford Surveys in Evolutionary Biology* 2, S. 28–89.

Grafen, A. (1986) *Split sex ratios and the evolutionary origin of eusociality*. In: *Journal of Theoretical Biology* 122, S. 95–121.

Grassé, P. P.; Noirot, C. (1958) *Construction et architecture chez les termites champignonnistes (Macrotermitinae).* In: *Proceedings 10th International Congress of Entomology* 1956 2, S. 515–520.
Gray, M. W. (1989) *The evolutionary origins of organelles.* In: *Trends in Genetics* 5, S. 294–299.
Gray, M. W.; Doolittle, W. F. (1982) *Has the endosymbiotic hypothesis been proven?* In: *Microbiological Reviews* 46, S. 369–390.
Green, J. B. A.; Smith, J. C. (1990) *Graded changes in dose of a* Xenopus *activin A homologue elicit stepwise transitions in embryonic cell fate.* In: *Nature* 347, S. 391–394.
Greenfield, P. M. (1991) *Language, tools and brain: the ontogeny and phylogeny of hierarchically organized sequential behavior.* In: *Behavioral Brain Science* 14, S. 531–595.
Greenfield, P. M.; Savage-Rumbaugh, E. S. (1991) *Imitation, grammatical development, and the invention of protogrammar.* In: Krasnegor, N.; Rumbaugh, M.; Studdert-Kennedy, M.; Schiefelbusch, R. L. (Hrsg.) *Biological and Behavioral Determinants of Language Development.* S. 235–258. Hillsdale, New Jersey (Erlbaum).
Grime, J. P. (1983) *Prediction of weed and crop response to climate based upon measurements of nuclear DNA content.* In: *Aspects of Biology 4. Influence of Environmental Factors on Herbicide Performance and Crop and Weed Biology*, S. 87–98.
Grun, P. (1976) *Cytoplasmic Genetics and Evolution.* New York (Columbia University Press).
Guerrier-Takada, C.; Gardiner, T.; Marsh, N.; Pace, S.; Altman, S. (1983) *The RNA moiety of ribonuclease p is the catalytic subunit of the enzyme.* In: Cell 35, S. 849–857.
Hadorn, E. (1965) *Problems of determination and transdetermination.* In: *Brookhaven Symposia in Biology* 18, S. 148–161.
Haig, D. (1993) *Alternatives to meiosis: the unusual genetics of red algae, microsporidia and others.* In: *Journal of Theoretical Biology* 153, S. 531–558.
Haig, D.; Hurst, L. (1991) *A quantitative measure of error minimization of the genetic code.* In: *Journal of Molecular Evolution* 33, S. 412–417.
Haldane, J. B. S. (1929) *The origin of life.* In: *Rationalist Annual* 1929, S. 148–169.
Haldane, J. B. S. (1955) *Population genetics.* In: *Penguin New Biology* 15, S. 44.
Hall, J. L.; Ramanis, Z.; Luck, D. J. L. (1989) *Basal body / centriolar DNA: molecular genetic studies in Chlamydomonas.* In: *Cell* 59, S. 121–132.
Hamilton, W. D. (1964) *The genetical evolution of social behaviour.* In: *Journal of Theoretical Biology* 7, S. 1–52.
Hamilton, W. D. (1967) *Extraordinary sex ratios.* In: *Science* 156, S. 477–488.
Hamilton, W. D. (1980) *Sex versus non-sex versus parasite.* In: *Oikos* 35, S. 282–290.
Hardin, J. W. (1975) *Hybridisation and introgression in* Quercus alba. In: *Journal of the Arnold Arboretum, Harvard University* 56, S. 336–363.
Harold, F. M. (1990) *To shape a cell: an inquiry into the causes of morphogenesis of microorganisms.* In: *Microbiologica Reviews* 54, S. 381–431.
Harrison, H. (1985) *West of Eden.* London (Pantheon Books). [Deutsch: (1992) *Rückkehr nach Eden.* München (Goldmann).]
Hartl, D. L.; Hiraizumi, Y. (1976) *Segregation distortion.* In: Ashburner,M.; Novitski, E. (Hrsg.) *Genetics and Biology of Drosophila, I*, S. 615–666. New York (Academic Press).
Hartmann, H. (1975) *Speculations on the origin and evolution of metabolism.* In: *Journal of Molecular Evolution* 4, S. 359–370.
Hawksworth, D. L. (1988) *Coevolution of fungi with algae and cyanobacteria in lichen symbioses.* In: Pirozynski, K. A.; Hawksworth, D. L. *Coevolution of Fungi with Plants and Animals.* S. 125–148.
Heijne, G. (1986) *Why mitochondria need a genome.* In: *FEBS Letters* 198, S. 1–4.
Helfrich, W. (1973) *Elastic properties of lipid bilayers: theory and possible experiments.* In: *Zeitschrift für Naturforschung* 28c, S. 693–703.

Herman, L. M.; Richards, D. G.; Wolz, J. P. (1984) *Comprehension of sentences by bottlenosed dolphins*. In: *Cognition* 16, S. 129–219.

Herre, E. A. (1993) *Population structure and the evolution of virulence in nematode parasites of fig wasps*. In: *Science* 259, S. 1442–1445.

Herskowitz, I. (1988) *Life cycle of the budding yeast* Saccharomyces cerevisiae. In: *Microbiological Reviews* 52, S. 536–553.

Hewitt, G. M. (1973) *Evolution and maintenance of B-chromosomes*. In: *Chromosomes Today* 4, S. 351–369.

Hickey, D. A.; Rose, M. R. (1988) *The role of gene transfer in the evolution of sex*. In: Michod, R. E.; Levin, B. R. (Hrsg.) *The Evolution of Sex: An Examination of Current Ideas*, S. 161–193. Sunderland, Mass. (Sinauer).

Hinkle, G. (1991) *Status of the theory of the symbiotic origin of undulipodia (cilia)*. In: Margulis, L.; Fester, R. (Hrsg.) *Symbiosis as a Source of Evolutionary Innovation*. S. 135–142.

Hinton, G. E.; Nowlan, S. J. (1987) *How learning can guide evolution*. In: *Complex Systems* 1, S. 495–502.

Hiraga, S. (1993) *Chromosome partition in* Escherichia coli. In: *Current Opinion in Genetics and Development* 3, S. 789–801.

Ho, C. K. (1988) *Primitive ancestry of transfer RNA*. In: *Nature* 333, S. 24.

Hoekstra, R. F. (1982) *On the asymmetry of sex: evolution of mating types in isogamous populations*. In: *Journal of Theoretical Biology* 87, S. 785–793.

Hoekstra, R. F. (1987) *The evolution of sexes*. In: Stearns, S. C. (Hrsg.) *The Evolution of Sex and its Consequences*. S. 59–91. Basel (Birkhäuser).

Hoekstra, R. F. (1990) *The evolution of male-female dimorphism: older than sex?* In: *Journal of Genetics* 69, S. 11–15.

Hollande, A.; Carruette-Valentin, J. (1970) *Appariement chromosomique et complexes synaptomatiques dans les noyaux en cour de depolyploidisation chez* Pyrsonympha flagellata*: le cycle evolutif des Pyrsonymphines symbiontes de* Reticulotermes lucifugus. In: *Comptes Rendus de l'Académie des Sciences, Paris* D270, S. 2550–2553.

Holliday, R. (1987) *The inheritance of epigenetic defects*. In: *Science* 238, 163–170.

Holman, E. W. (1987) *Recognizability of sexual and asexual species of rotifers*. In: *Systematic Zoology* 36, S. 381–386.

Hopf, F. A.; Hopf, F. W. (1985) *The role of the Allee effect in species packing*. In: *Theoretical Population Biology* 27, S. 27–50.

Hurst, L. D. (1990) *Parasite diversity and the evolution of diploidy, multicellularity and anisogamy*. In: *Journal of Theoretical Biology* 144, S. 429–443.

Hurst, L. D. (1993) *The incidences, mechanisms and evolution of cytoplasmic sex ratio distorters in animals*. In: *Biological Reviews* 68, S. 121–194.

Hurst, L. D.; Hamilton, W. D. (1992) *Cytoplasmic fusion and the nature of the sexes*. In: *Proceedings of the Royal Society of London* B247, S. 189–194.

Hurst, L. D.; Nurse, P. (1991) *A note on the evolution of meiosis*. In: *Journal of Theoretical Biology* 150, S. 561–563.

Hurst, L. D.; Pomiankowski, A. N. (1991a) *Causes of sex ratio bias within species may also account for unisexual sterility in species hybrids: a new explanation of Haldanés rule and related phenomena*. In: *Genetics* 128, S. 841–858.

Hurst, L. D.; Pomiankowski, A. N. (1991b) *Maintaining Mendelism: prevention is better than cure*. In: *BioEssays* 13, S. 489–490.

Ingham, P. W. (1988) *The molecular genetics of embryonic pattern formation in* Drosophila. In: *Nature* 335, S. 24–34.

Jablonka, E.; Lamb, M. J. (1989) *The inheritance of acquired epigenetic variations*. In: *Journal of Theoretical Biology* 139, S. 69–83.

Jablonka, E.; Lachmann, M.; Lamb, M. J. (1992) *Evidence, mechanisms and models for the inheritance of acquired characters.* In: *Journal of Theoretical Biology* 158, S. 245–268.
Jackendoff, R. (1977) *X-bar Syntax: A Study of Phrase Structure*. Cambridge, Mass. (MIT Press).
Jacob, F.; Monod, J. (1961) *On the regulation of gene activity.* In: *Cold Spring Harbor Symposia on Quantitative Biology* 26, S. 193–211.
Jacob, F.; Brenner, S.; Cutzin, F. (1963) *On the regulation of DNA replication in bacteria.* In: *Cold Spring Harbor Symposia on Quantitative Biology* 28, S. 329–348.
Johnson, K. A.; Rosenbaum, J. L. (1991) *Basal bodies and DNA.* In: *Trends in Cell Biology* 1, S. 145–149.
Jones, R. N.; Rees, H. (1982) *B-Chromosomes*. New York (Academic Press).
Jones, R. N. (1975) *B chromosome systems in flowering plants and animal species.* In: *International Review of Cytology* 40, S. 1–100.
Joyce, G. F.; Schwartz, A. W.; Orgel, L. E.; Miller, S. L. (1987) *The case for an ancestral genetic system involving simple analogues of the nucleotides.* In: *Proceedings of the National Academy of Sciences, USA* 84, S. 4398–4402.
Joyce, G. G. (1989) *RNA evolution and the origins of life.* In: *Nature* 338, S. 217–224.
Jukes, T. H.; Osawa, S. (1991) *Recent evidence for the evolution of the genetic code.* In: Osawa, S.; Honjo, T. (Hrsg.) *Evolution of Life: Fossils, Molecules, and Culture*, S. 79–95. Tokyo (Springer Verlag).
Jukes, T. H.; Holmquist, R.; Moise, H. (1975) *Amino acid composition of proteins: selection against the genetic code.* In: *Science* 189, S. 50–51.
Kacser, H.; Beeby, R. (1984) *Evolution of catalytic proteins: or, on the origin of enzyme species by means of natural selection.* In: *Journal of Molecular Evolution* 20, S. 38–51.
Kacser, H.; Burns, J. A. (1973) *The control of flux.* In: *Symposia of the Society for Experimental Biology* 32, S. 65–104.
Kacser, H.; Burns, J. A. (1979) *Molecular democracy: who shares the controls?* In: *Biochemical Society Transactions* 7, S. 1149–1160.
Kacser, H.; Burns, J. A. (1981) *The molecular basis of dominance.* In: Genetics 97, S. 639–666.
Kaiser, D. (1986) *Control of multicellular development:* Dictyostelium *and* Myxococcus. In: *Annual Review of Genetics* 20, S. 539–566.
Kaler, E. W.; Murthy, A. K.; Rodriguez, B E.; Zasadzinski, J. A. N. (1989) *Spontaneous vesicle formation in aqueous mixtures of single-tailed surfactants.* In: *Science* 245, S. 1371–1374.
Kasting, J. F.; Ackerman, T. P. (1986) *Climatic consequences of very high carbon dioxide levels in the Earth's early atmosphere.* In: *Science* 234, S. 1383–1385.
Kauffman, S. A. (1986) *Autocatalytic sets of proteins.* In: *Journal of Theoretical Biology* 119, S. 1–24.
Kaufman, M. H. (1972*) Non-random segregation during mammalian oogenesis.* In: *Nature* 238, S. 465–466.
Kazakov, S.; Altman, S. (1992) *A trinucleotide can promote metal ion-dependent specific cleavage of RNA.* In: *Proceedings of the National Academy of Sciences, USA* 89, S. 7939–7943.
Kendrick, B. (1991) *Fungal symbioses and evolutionary innovation.* In: Margulis, L.; Fester, R. (Hrsg.) *Symbiosis as a Source of Evolutionary Innovation.* S. 249–261.
Kiedrowski, G. von (1986) *A self-replicating hexadeoxy nucleotide.* In: *Angewandte Chemie, International Edition* 25, [auf Englisch] S. 932–935.
Kiedrowski, G. von (1993) *Minimal replicator theory I: parabolic versus exponential growth.* In: *Bioorganic Chemistry Frontiers* 3: S. 113–146.
King, G. A. M. (1980) *Evolution of the coenzymes.* In: *Biosystems* 13, S. 23–45.
King, G. A. M. (1982) *Recycling, reproduction and life's origins.* In: *Biosystems* 15, S. 89–97.
King, G. A. M. (1986) *Was there a prebiotic soup?* In: *Journal of Theoretical Biology* 123, S. 493–498.

Kirk, D. L. (1988) *The ontogeny and phylogeny of cellular differentiation in* Volvox. In: *Trends in Genetics* 4, S. 32–36.

Kirk, D. L.; Harper, J. F. (1986) *Genetic, biochemical, and molecular approaches to* Volvox *development and evolution*. In: *International Review of Cytology* 99, S. 217–293.

Knowlton, N. (1974) *A note on the evolution of gamete dimorphism*. In: *Journal of Theoretical Biology* 46, S. 283–285.

Koch, A. L. (1985) *Primeval cells: possible energy-generating and cell-division mechanisms*. In: *Journal of Molecular Evolution* 21, S. 270–277.

Kochanski, R. S.; Borisy, G. G. (1990) *Mode of centriole duplication and distribution*. In: *Journal of Cell Biology* 110, S. 1599–1605.

Koehler, W. (1925) *The Mentality of Apes*. New York (Harcourt, Brace & World).

Kondrashov, A. S. (1982) *Selection against harmful mutations in large sexual and asexual populations*. In: *Genetical Research, Cambridge* 40, S. 325–332.

Kondrashov, A. S. (1988) *Deleterious mutations and the evolution of sexual reproduction*. In: *Nature* 336, S. 435–440.

Konecny, J; Eckert, E.; Schöninger, M.; Hofacker, G. L. (1993) *Neutral adaptation of the genetic code to double-strand coding*. In: *Journal of Molecular Evolution* 36, S. 407–416.

Kozo-Polyanski, B. M. (1924) *New Principles of Biology*. Moscow (Puchina) [auf Russisch].

Kruger, K.; Grabowski, P. J.; Zaug, A. J.; Sands, J.; Gottschling, D. E.; Cech, T. R. (1982) *Self-splicing RNA: autoexcision and autocyclization of the ribosomal intervening sequences of* Tetrahymena. In: *Cell* 31, S. 147–157.

Kunz, B. A.; Haynes, R. H. (1981) *Phenomenology and genetic control of mitotic recombination in yeast*. In: *Annual Review of Genetics* 15, S. 57–89.

Kuroda, P. K. (1983) *The Oklo Phenomenon*. In: *Naturwissenschaften* 70, S. 536–539.

Lake, J. A.; Rivera, M. C. (1994) *Was the nucleus the first endosymbiont?* In: *Proceedings of the National Academy of Sciences, USA* 91, S. 2880–2881.

Landmann, O. E. (1991) *The inheritance of acquired characteristics*. In: *Annual Review of Genetics* 25, S. 1–20.

Langley, C. H.; Montgomery, E.; Hudson, R.; Kaplan, N.; Charlesworth, B. (1988) *On the role of unequal exchange in the containment of transposable element copy number*. In: *Genetical Research, Cambridge* 52, S. 223–235.

Law, R. (1991) *The symbiotic phenotype: origins and evolution*. In: Margulis, L.; Fester, R. (Hrsg.) *Symbiosis as a Source of Evolutionary Innovation*. S. 57–71.

Law, R.; Lewis, D. H. (1983) *Biotic environments and the maintenance of sex: some evidence from mutualistic symbioses*. In: *Biological Journal of the Linnean Society* 20, S. 249–276.

Lawrence, P. A. (1992) *The Making of a Fly*. Oxford (Blackwell).

Lazcano, A.; Guerrero, R.; Margulis, L.; Oró, J. (1988) *The evolutionary transition from RNA to DNA in early cells*. In: *Journal of Molecular Evolution* 27, S. 283–290.

Leigh, E. G. (1971) *Adaptation and Diversity*. San Francisco (Freeman, Cooper and Co.).

Lengyel, I.; Epstein, I. R. (1991) *Modeling of Turing structures in the chlorite-iodide-malonic acid-starch reaction system*. In: *Science* 251, S. 650–652.

Lewis, D. (1941) *Male sterility in natural populations of hermaphrodite plants*. In: *New Phytologist* 40, S. 158–160.

Lewis, D. H. (1991) *Mutualistic symbioses in the origin and evolution of land plants*. In: Margulis, L.; Fester, R. (Hrsg.) *Symbiosis as a Source of Evolutionary Innovation*, S. 288–300.

Lewis, W. M. Jr. (1985) *Nutrient scarcity as an evolutionary cause of haploidy*. In: *American Naturalist* 125, S. 692–701.

Lieberman, P. (1984) *The Biology and Evolution of Language*. Cambridge, Mass. (Harvard University Press).

Lieberman, P. (1989) *The origin of some aspects of human language and cognition.* In: Mellars, P.; Stringer, C. B. (Hrsg.) *The Human Revolution: Behavioural and Biological Perspectives in the Origins of Modern Humans.* S. 391–414. Edinburgh (Edinburgh University Press).

Lipowsky, R. (1991) *The conformation of membranes.* In: *Nature* 349, S. 475–481.

Macgregor, H. C. (1982) *Big chromosomes and speciation among amphibia.* In: Dover, G. A.; Flavell, R. B. (Hrsg.) *Genome Evolution.* S. 325–341. London (Academic Press).

Magee, T. R.; Asai, T.; Malka, D.; Kogoma, T. (1992) *DNA damage-inducible origins of DNA replication in* Escherichia coli. In: *EMBO Journal* 11, S. 4219–4225.

Maher, K. A.; Stevenson, D. J. (1988) *Impact frustration of the origin of life.* In: *Nature* 331, S. 612–614.

Malagolowkin, C.; Poulson, D. F. (1957) *Infective transfer of maternally inherited sex ratio in Drosophila paulistorum.* In: *Science* 126, S. 32.

Maniotis, A.; Schliwa, M. (1991) *Microsurgical removal of centrosomes blocks cell reproduction and centriole generation in Bsc-1 cells.* In: *Cell* 67, S.495–504.

Margulis, L. (1970) *Origin of Eukaryotic cells.* New Haven (Yale University Press).

Margulis, L. (1981) *Symbiosis in Cell Evolution.* San Francisco (W. H. Freeman).

Margulis, L. (1991) *Symbiosis in evolution: origin of cell motility.* In: Osawa, S.; Honjo, T. (Hrsg.) *Evolution of Life: Fossils, Molecules, and Culture.* S. 305–324. Tokyo (Springer Verlag).

Margulis, L.; Fester, R. (Hrsg.) (1991) *Symbiosis as a Source of Evolutionary Innovation.* Cambridge, Mass. (MIT Press).

Margulis, L.; Sagan, D. (1986) *Origins of Sex: Three Billion Years of Recombination.* New Haven (Yale University Press).

Margulis, L.; Chase, D.; To, L. (1978) *Microtubules in prokaryotes.* In: *Science* 200, S. 1118–1123.

Margulis, L.; Chase, D.; To, L. (1979) *Possible evolutionary significance of spirochetes.* In: *Transactions of the Royal Society of London* B204, S. 189–198.

Martin, W.; Somerville, C. C.; Loiseaux-de Goer, S. (1992) *Molecular phylogenies of plastid origins and algal evolution.* In: *Journal of Molecular Evolution* 35, S. 385–404.

Matsuzawa, T. (1991) *Nesting cups and metatools in chimpanzees.* In: *Behavioral Brain Science* 14, S. 570–571.

May, R. M.; Anderson, R. M. (1982) *Coevolution of hosts and parasites.* In: *Parasitology* 85, S. 411–426.

May, R. M.; Anderson, R. M. (1983) *Epidemiology and genetics in the coevolution of parasites and hosts.* In: *Proceedings of the Royal Society of London.* B219, S. 281–313.

May, R. M.; Nowak, M. (1992) *Evolutionary games and spatial chaos.* In: *Nature* 359, S. 826–829.

Maynard Smith, J. (1966) *Sympatric speciation.* In: *American Naturalist* 100, S. 637–650.

Maynard Smith, J. (1971) *The origin and maintenance of sex.* In: Williams, G. C. (Hrsg.) *Group Selection.* S. 163–175. Chicago (Aldine-Atherton).

Maynard Smith, J. (1978) *The Evolution of Sex.* Cambridge (Cambridge University Press).

Maynard Smith, J. (1979a) *Hypercycles and the origin of life.* In: *Nature* 20, S. 445–446.

Maynard Smith, J. (1979b) *The effect of normalizing and disruptive selection on genes for recombination.* In: *Genetical Research, Cambridge* 33, S. 121–128.

Maynard Smith, J. (1983a) *Models of Evolution.* In: *Proceedings of the Royal Society of London.* B219, S. 315–325.

Maynard Smith, J. (1983b) *Game theory and the evolution of cooperation.* In: Bendall, D. S. (Hrsg.) *Evolution from Molecules to Man.* S. 445–456. Cambridge (Cambridge University Press).

Maynard Smith, J. (1988a) *Evolutionary progress and the levels of selection.* In: Nitecki, M. H. (Hrsg.) *Evolutionary Progress.* S. 219–230. Chicago (Chicago University Press).

Maynard Smith, J. (1988b) *Selection for recombination in a polygenic model – the mechanism.* In: *Genetical Research, Cambridge* 51, S. 59–63.

Maynard Smith, J. (1990) *Models of a dual inheritance system.* In: *Journal of Theoretical Biology* 143, S. 41–53.

Maynard Smith, J. (1991) *A Darwinian view of symbiosis.* In: Margulis, L.; Fester, R. (Hrsg.) *Symbiosis as a Source of Evolutionary Innovation.* S. 26–39.

Maynard Smith, J.; Sondhi, K. C. (1961) *The arrangement of bristles in* Drosophila. In: *Journal of Embryology and Experimental Morphology* 9, S. 611–672.

Maynard Smith, J.; Szathmáry, E. (1993) *The origin of chromosomes I. Selection for linkage.* In: *Journal of Theoretical Biology* 164, S. 437–466.

Maynard Smith, J.; Dowson, C. G.; Spratt, B. G. (1991) *Localized sex in bacteria.* In: *Nature* 349, S. 29–31.

Mayr, E. (1942) *Systematics and the Origin of Species.* New York (Columbia University Press).

McFall-Ngai, M. J. (1991) *Luminous bacterial symbioses in fish evolution: adaptive radiation among the leiognathid fishes.* In: Margulis, L.; Fester, R. (Hrsg.) *Symbiosis as a Source of Evolutionary Innovation.* S. 380–409.

Meinhardt, H. (1982) *Models of Biological Pattern Formation.* London (Academic Press).

Mereschowsky, C. (1910) *Theorie der Zwei Pflanzenarten als Grundlage der Symbiogenesis, einer neuen Lehre der Entstehung der Organismen.* In: *Biologisches Zentralblatt* 30, S. 278–303, 321–347, 353–367.

Michod, R. (1983) *Population biology of the first replicators: the origin of genotype, phenotype and organism.* In: *American Zoologist* 23, S. 5–14.

Miller, S. L. (1953) *A production of amino acids under possible primitive Earth conditions.* In: *Science* 117, S. 528–529.

Miller, S. L. (1987) *Which organic compounds could have occurred on the prebiotic earth?* In: *Cold Spring Harbor Symposia on Quantitative Biology* 52, S. 17–27.

Miyata, T; Iwabe, N.; Kuma, K.-I.; Kawanishi, Y.-I.; Hasegawa, M.; Kishino, H. et al. (1991) *Evolution of archaebacteria: phylogenic relationships among archaebacteria, eubacteria, and eukaryotes.* In: Osawa, S.; Honjo, T. (Hrsg.) *Evolution of Life: Fossils, Molecules, and Culture.* S. 337–351. Tokyo (Springer Verlag).

Mohr, G.; Caprara, M. G.; Guo, Q.; Lambowitz, A. M. (1994) *A tyrosyl-tRNA synthetase can function similarly to an RNA structure in the Tetrahymena ribozyme.* In: *Nature* 370, S. 147–150.

Molnár, I. (1993) *A conception of development and its evolutionary significance.* In: *Abstracta Botanica (Budapest)* 17, S. 207–224.

Molnár, I. (1994) *The division of labour in evolution.* In: *Természet Világa* 125, S. 146–151. [In Ungarisch.]

Molnár, I. (1995) *Developmental realiability and evolution.* In: Beysens, D.; Forgacs, G.: Gaill, F. (Hrsg.) *Interplay of genetic and physical processes in the development of biological form.* Singapur (World Scientific) (1995).

Montgomery, E.; Charlesworth, B.; Langley, C. H. (1987) *A test for the role of natural selection in the stabilisation of transposable element copy number in* Drosophila melanogaster. In: *Genetical Research, Cambridge* 49, S. 31–41.

Muller, C. H. (1951) *The oaks of Texas.* In: *Contribution of the Texas Research Foundation* 1, S. 21–323.

Muller, H. J. (1932) *Some genetic aspects of sex.* In: *American Naturalist* 66, S. 118–138.

Muller, H. J. (1964) *The relation of recombination to mutational advance.* In: *Mutation Research* 1, S. 2–9.

Muller, H. J. (1966) *The gene material as the initiator and organizing basis of life.* In: *American Naturalist* 100, S. 493–517.

Munson, M. A.; Baumann, P.; Clark, M. A.; Baumann, L.; Moran, N. A.; Voegtlin, D. J.; Campbell, B. C. (1991) *Evidence for the establishment of aphid-eubacterium endosymbiosis in an ancestor of four aphid families*. In: *Journal of Bacteriology* 173, S. 6321–6324.

Murray, A. W. (1992) *Creative blocks: cell-cycle checkpoints and feedback controls*. In: *Nature* 359, S. 599–604.

Murray, J. D. (1990) *Discussion: Turing's theory of morphogenesis – its influence on modelling biological pattern and form*. In: *Bulletin of Mathematical Biology* 52, S. 119–152.

Myles, D. G. (1975) *Structural changes in the sperm of* Marsilea vestita *before and after fertilization*. In: Duckett, J.G.; Racey, P. A. (Hrsg.) *The Biology of the Male Gamete, Biological Journal of the Linnean Society* 7. Erg.-Bd. 1, S. 129–134. London (Academic Press).

Nardon, P.; Grenier, A.-M. (1991) *Serial endosymbiosis theory and weevil evolution: the role of symbiosis*. In: Margulis, L.; Fester, R. (Hrsg.) *Symbiosis as a Source of Evolutionary Innovation*. S. 153–169.

Nealson, K. H. (1991) *Luminescent bacteria symbiotic with entomopathogenic nematodes*. In: Margulis, L.; Fester, R. (Hrsg.) *Symbiosis as a Source of Evolutionary Innovation*. S. 205–218.

Nee, S.; Maynard Smith, J. (1990) *The evolutionary biology of molecular parasites*. In: *Parasitology* 100, S. S5–S18.

Niesert, V.; Harnasch, D.; Bresch, C. (1981) *Origin of life between Scylla and Charybdis*. In: *Journal of Molecular Evolution* 17, S. 348–353.

Noller, H. F.; Hoffarth, V.; Zimnniak, L. (1992) *Unusual resistence of peptidyl transferase to protein extraction procedures*. In: *Science* 256, S. 1416–1424.

Nowak, M.; Sigmund, K. (1993) *A strategy of win-stay, lose-shift that outperforms tit-for-tat in the Prisoner's Dilemma game*. In: *Nature* 364, S. 56–57.

Nurse, P. (1985) *The genetic control of cell volume*. In: Cavalier-Smith, T. (Hrsg.) *The Evolution of Genome Size*. S. 185–196. Chichester (Wiley).

Oberbeck, V. R.; Marshall, J.; Shen, T. (1991) *Prebiotic chemistry in clouds*. In: *Journal of Molecular Evolution* 32, S. 296–303.

Ochman, H.; Whittam, T. S.; Caugant, D. A.; Selander, R. K. (1983) *Enzyme polymorphism and genetic population structure in* Escherichia coli *and* Shigella. In: *Journal of General Microbiology* 129, S. 2715–2726.

Ohama, T.; Osawa, S.; Watanabe, K.; Jukes, T. H. (1990) *Evolution of the mitochondrial genetic code IV. AAA is an asparagine codon in some animal mitochondria*. In: *Journal of Molecular Evolution* 30, S. 329–332.

Ohno, S. (1987) *Evolution from primordial oligomeric repeats to modern coding sequences*. In: *Journal of Molecular Evolution* 25, S. 325–329.

Ono, B. et al. (1990) *Alternative self-diploidization or 'ASD' homothallism in* Saccharomyces cerevisiae*: isolation of a mutant, nuclear-cytoplasmic interaction and endomitotic diploidization*. In: *Genetics* 125, S. 729–738.

Oparin, A. I. (1924) *Proiskhozhdenie Zhizny [The Origin of Life]*. Izd. Moscow (Moskovskiy Rabochiy).

Orgel, L. E. (1963) *The maintenance of the accuracy of protein synthesis and its relevance to ageing*. In: *Proceedings of the National Academy of Sciences, USA* 49, S. 517–521.

Orgel, L. E. (1968) *Evolution of the genetic apparatus*. In: *Journal of Molecular Biology* 38, S. 381–393.

Orgel, L. E. (1979) *Selection* in vitro. In: *Proceedings of the Royal Society of London*. B205, S. 435–442.

Orgel, L. E. (1987) *Evolution of the genetic apparatus: a review*. In: *Cold Spring Harbor Symposia on Quantitative Biology* 52, S. 9–16.

Orgel, L. E. (1989) *The origin of polynucleotide-directed protein synthesis*. In: *Journal of Molecular Evolution* 29, S. 465–474.

Orgel, L. E. (1990) *Adding to the genetic alphabet*. In: *Nature* 343, S. 18–20.
Orgel, L. E.; Crick, F. H. C. (1980) *Selfish DNA: the ultimate parasite*. In: *Nature* 284, S. 604–607.
Oró, J. (1961) *Comets and the formation of biochemical compounds on the primitive Earth*. In: *Nature* 190, S. 389.
Osawa, S.; Jukes, T. H. (1988) *Evolution of the genetic code as affected by anticodon content*. In: *Trends in Genetics* 4, S. 191–198.
Osawa, S.; Jukes, T. H. (1989) *Codon reassignment (codon capture) in evolution*. In: *Journal of Molecular Evolution* 28, S. 271–278.
Osawa, S.; Jukes, T. H.; Wanatabe, K.; Muti, A. (1992) *Recent evidence for evolution of the genetic code*. In: *Microbiological Reviews* 56, S. 229–264.
Oster, G. F.; Wilson, E. O. (1978) *Caste and Ecology in the Social Insects*. Princeton (Princeton University Press).
Owen, D. F. (1970) *Inheritance of the sex ratio in the butterfly* Acraea encedon. In: *Nature* 225, S. 662–663.
Packer, C.; Ruttan, L. (1988) *The evolution of cooperative hunting*.In: *American Naturalist* 132, S. 159–198.
Packer, C.; Herbst, L.; Pusey, A. E.; Bygott, J. D.; Cairns, S. J.; Borgerhoff-Mulder, M. (1985) *Reproductive success in lions*. In: Clutton-Brock, T. H. (Hrsg.) *Reproductive Success*. S. 363–383. Chicago (University of Chicago Press).
Packer, L. (1986) *Multiple-foundress association in a temperate population of* Halictis ligatus (Hymenoptera, Halictidae). In: *Canadian Journal of Zoology* 64, S. 2325–2332.
Page, J. R. Jr.; Robinson, G. E. (1991) *The genetics of division of labour in honeybees*. In: *Advances in Insect Physiology* 23, S. 117–169.
Palmer, J. D. (1993) *A genetic rainbow of plastids*. In: *Nature* 364, S. 762–763.
Palmer, J. D.; Logsdon, J. M. (1991) *The recent origin of introns*. In: *Current Opinion in Genetics and Development* 1, S. 470–477.
Parker, G. A.; MacNair, M. R. (1978) *Models of parent-offspring conflict, I. Monogamy*. In: *Animal Behaviour* 26, S. 97–110.
Parker, G. A.; Baker, R. R.; Smith, V. G. F. (1972) *The origin and evolution of gamete dimorphism and the male-female phenomenon*. In: *Journal of Theoretical Biology* 36, S. 529–553.
Penrose, L. S. (1959) *Self-reproducing machines*. In: *Scientific American* 200 (6), S. 105–114.
Peterson, S. P.; Berns, M. W. (1980) *The centriolar complex*. In: *International Review of Cytology* 64, S. 82–106.
Piaget, J. (1952) *The Origins of Intelligence in Children*. International University Press.
Piatelli-Palmarini, M. (1989) *Evolution, selection and cognition: from 'learning' to parameter setting in biology and the study of language*. In: *Cognition* 31, S. 1–44.
Piccirilli, J. A.; McConnell, T. S.; Zaug, A. J.; Noller, H. F.; Cech, T. R. (1992) *Aminoacyl esterase activity of the* Tetrahymena *ribozyme*. In: *Science* 256, S. 1420–1424.
Pimm, S. L.; Lawton, J. H. (1977) *The number of trophic levels in ecological communities*. In: *Nature* 268, S. 329–331.
Pinker, S.; Bloom, P. (1990) *Natural language and natural selection*. In: *Behavioral Brain Science* 13, S. 707–784.
Pirozynski, K. A.; Hawksworth, D. L. (Hrsg.) (1988) *Coevolution of Fungi with Plants and Animals*. London (Academic Press).
Plooij, F. X. (1978) *Some basic traits of language in wild chimpanzees*. In: Lock, A. W. (Hrsg.) *Action, Gesture, and Symbol: The Emergence of Language*. S. 111–131. New York (Academic Press).
Pollack, S. J.; Jacobs, J. W.; Schultz, P. G. (1986) *Selective chemical catalysis by an antibody*. In: *Science* 234, S. 1570–1573.
Pool, R. (1990) *The third kingdom of life*. In: *Science* 247, S. 158–160.

Premack, D. (1985) *'Gavagai!' or the future history of the animal language controversy.* In: *Cognition* 19, S. 207–296.

Prudent, J. R.; Uno, T.; Schultz, P. G. (1994) *Expanding the scope of RNA catalysis.* In: *Science* 264, S. 1924–1927.

Raikov, I. B. (1982) *The Protozoan Nucleus.* Heidelberg, New York (Springer Verlag).

Ramanis, Z.; Luck, D. J. L. (1986) *Loci affecting flagellar assembly and function map to an unusual linkage group in* Chlamydomonas reinhardtii. In: *Proceedings of the Natural Academy of Sciences, USA* 83, S. 423–426.

Rashevsky, N. (1938) *Mathematical Biophysics.* Chicago (University of Chicago Press).

Ratnieks, F. L. W. (1988) *Reproductive harmony via mutual policing by workers in eusocial Hymenoptera.* In: *American Naturalist* 132, S. 217–236.

Ratnieks, F. L. W.; Visscher, P. K. (1989) *Worker policing in the honeybee.* In: *Nature* 342, S. 796–797.

Raven, P. (1970) *A multiple origin for plastids and mitochondria.* In: *Science* 169, S. 641–646.

Rebek, J. (1994) *Synthetic self-replicating molecules.* In: *Scientific American* 271(1), S. 34–40. [Deutsch: (1994) *Künstliche Moleküle, die sich vermehren.* In: *Spektrum der Wissenschaft* 9, S. 66–73.]

Robinson, G. E. (1987) *Regulation of honey bee age polyethism by juvenile hormone.* In: *Behavioural Ecology and Sociobiology* 20, S. 329–338.

Rodin, S.; Ohno, S.; Rodin, A. (1993) *Transfer RNAs with complementary anticodons: could they reflect early evolution of discriminative genetic code adaptors?* In: *Proceedings of the National Academy of Sciences, USA* 90, S. 4723–4727.

Rogers, J. H. (1990) *The role of introns in evolution.* In: *FEBS Letters* 268, S. 339–343.

Roth, G.; Rottluff, B; Linke, R. (1988) *Miniaturization, genome size and the origin of functional constraints in the visual system of salamanders.* In: *Naturwissenschaften* 75, S. 297–304.

Roughgarden, J. A. (1979) *Theory of Population Genetics and Evolutionary Ecology: An Introduction.* New York (Macmillan).

Safran, S. A.; Pincus, P.; Andelman, D. (1990) *Theory of spontaneous vesicle formation in surfactant mixtures.* In: *Science* 248, S. 354–356.

Sager, R. (1977) *Genetic analysis of chloroplast DNA in Chlamydomonas.* In: *Advances in Genetics* 19, S. 287–340.

Sahlins, M. (1976) *The Use and Abuse of Biology.* Ann Arbor (University of Michigan Press).

Schwartz, A. W.; Orgel, L. E. (1985) *Template-directed synthesis of novel, nucleic acid-like structures.* In: *Science* 228, S. 585–587.

Seger, J. (1983) *Partial bivoltinism may cause alternating sex-ratio biases that favour eusociality.* In: *Nature* 301, S. 59–62.

Seger, J. (1991) *Cooperation and conflict in social insects.* In: Krebs, J. R.; Davies, N. B. (Hrsg.) *Behavioural Ecology.* 3. Aufl., S. 338–373. Oxford (Blackwell).

Seilacher, A. (1992) *Vendobionta and psammocorallia – lost constructions of Precambrian evolution.* In: *Journal of the Geological Society of London* 149, S. 607–613.

Seyfarth, R. M.; Cheney, D. L. (1992) *Meaning and mind in monkeys.* In: *Scientific American* 267 (6), S. 122–128. [Deutsch: (1993) *Wie Affen sich verstehen.* In: *Spektrum der Wissenschaft* 2, S. 88–95.]

Sharp, P. M. (1991) *Determinants of DNA sequence divergence between* Escherichia coli *and* Salmonella typhimurium *– codon usage, map position and concerted evolution.* In: *Journal of Molecular Evolution* 33, S. 23–33.

Shih, M.-C.; Heinrich, P.; Goodman, H. M. (1988) *Intron existence predated the divergence of eukaryotes and prokaryotes.* In: *Science* 242, S. 1164–1166.

Shimizu, M. (1982) *Molecular basis for the genetic code.* In: *Journal of Molecular Evolution* 18, S. 297–303.

Shimkets, L. J. (1990) *Social and developmental biology of myxobacteria.* In: *Microbiological Reviews* 54, S. 473–501.

Shvedova, T. A.; Korneeva, G. A.; Otroshchenko, V. A.; Venkstern, T. V. (1987) *Catalytic activity of the nucleic acid component of the 1,4-a-glucan branching enzyme from rabbit muscles.* In: *Nucleic Acid Research* 14, S. 1745–1752.

Silver, L. M. (1985) *Mouse t haplotypes.* In: *Annual Review of Genetics* 19, S. 179–208.

Slack, J. M. W.; Holland, P. W. H.; Graham, C. F. (1993) *The zootype and the phylotypic stage.* In: *Nature* 361, S. 490–492.

Smith, D. A. S. (1975) *All-female broods in the polymorphic butterfly* Danaus chrysippus L. *and their ecological significance.* In: *Heredity* 34, S. 363–371.

Smith, M. W.; Feng, D.-F.; Doolittle, R. F. (1992) *Evolution by acquisition: the case for horizontal gene transfers.* In: *Trends in Biochemical Sciences* 17, S. 489–493.

Smithies, D.; Powers, P. A. (1986) *Gene conversions and their relationship to homologous pairing.* In: *Philosophical Transactions of the Royal Society of London.* B312, S. 291–302.

Sogin, M. L. (1991) *Early evolution of eukaryotes.* In: *Current Opinion in Genetics and Development* 1, S. 457–63.

Sogin, M. L.; Gundersdon, J. H.; Elwood, H. J.; Alonso, R. A.; Peattie, D. A. (1989) *Phylogenetic meaning of the kingdom concept: an unusual ribosomal RNA from* Giardia lamblia. In: *Science* 243, S. 75–77.

Sonea, S. (1991) *Bacterial evolution without speciation.* In: Margulis, L.; Fester, R. (Hrsg.) *Symbiosis as a Source of Evolutionary Innovation.* S. 95–105.

Sonea, S.; Panisset, M. (1983) *A New Bacteriology.* Boston, Mass. (Jones & Bartlett).

Sonneborn, T. M. (1965) *Degeneracy of the genetic code: extent, nature, and genetic implications.* In: Bryson, V.; Vogel, J. H. (Hrsg.) *Evolving Genes and Proteins.* S. 377–379. New York (Academic Press).

Sonnenfeld, E. M.; Koch, A. L.; Doyle, R. J. (1985) *Cellular location of origin and terminus of replication in* Bacillus subtilis. In: *Journal of Bacteriology* 163, S. 895–899.

Spiegelman, S. (1970) *Extracellular evolution of replicating molecules.* In: Schmitt, F. O. (Hrsg.) *The Neuro Sciences: A Second Study Program.* S. 927–945. New York (Rockefeller University Press).

Stern, D. B.; Lonsdale, D. M. (1982) *Mitochondrial and chloroplast genomes of maize have a 12-kilobase DNA sequence in common.* In: *Nature* 299, S. 698–702.

Stilwell, W. (1976) *Facilitated diffusion of amino acids across biomolecular lipid membranes as a model for selective accumulation of amino acids in a primordial protocell.* In: *Biosystems* 8, S. 111–117.

Stoltzfus, A.; Spencer, D. F.; Zuker, M.; Logsdon, J. M.; Doolittle, W. F. (1994) *Testing the exon theory of genes: the evidence from protein structure.* In: *Science* 265, S. 202–207.

Stouthamer, R.; Luck, R. F.; Hamilton, W. D. (1990) *Antibiotics cause parthenogenetic* Trichogramma *(Hymenoptera, Trichogrammatidae) to revert to sex.* In: *Proceedings of the National Academy of Sciences, USA* 87, S. 2424–2427.

Stringer, C.; Gamble, C. (1993) *In Search of the Neanderthals: Solving the Puzzle of Human Origins.* London (Thames and Hudson).

Stubblefield, J. W.; Charnov, E. L. (1986) *Some conceptual issues in the origin of eusociality.* In: *Heredity* 57, S. 181–187.

Sugiyama, Y.; Koman, J. (1979) *Tool-using and -making behavior in wild chimpanzees in Bossou, Guinea.* In: *Primates* 20, S. 513–524.

Sumper, M.; Luce, R. (1975) *Evidence for* de novo *production of self-replicating and environmentally adapted RNA structures by bacteriophage Qb replicase.* In: *Proceedings of the National Academy of Sciences, USA* 72, S. 162–166.

Swanson, R. (1984) *A unifying concept for the amino acid code*. In: *Bulletin of Mathematical Biology* 46, S. 187–203.
Swetina, J.; Schuster, P. (1982) *A model for polynucleotide replication*. In: *Biophysical Chemistry* 16, S. 329–345.
Szathmáry, E. (1984) *The roots of individual organization*. In: Vida, G. (Hrsg.) *Evolution IV: Frontiers of Evolution Research*. S. 37–157. Budapest (Natura) [auf Ungarisch].
Szathmáry, E. (1986) *The eukaryotic cell as an information integrator*. In: *Endocytobiological Cell Research* 3, S. 113–132.
Szathmáry, E. (1987) *Early evolution of microtubules and undulipodia*. In: *Biosystems* 20, S. 115–131.
Szathmáry, E. (1989a) *The integration of the earliest genetic information*. In: *Trends in Ecology and Evolution* 4, S. 200–204.
Szathmáry, E. (1989b) *The emergence, maintenance, and transitions of the earliest evolutionary units*. In: *Oxford Surveys in Evolutionary Biology* 6, S. 169–205.
Szathmáry, E. (1990a) *Towards the evolution of ribozymes*. In: *Nature* 344, S. 115.
Szathmáry, E. (1990b) *Coding coenzyme handles: useful coding before translation*. In: Lukács, B. et al. (Hrsg.) *Evolution: From Cosmogenesis to Biogenesis*. S. 77–83. KFKI-1990-50/C Neuauflage. Budapest.
Szathmáry, E. (1991a) *Simple growth laws and selection consequences*. In: *Trends in Ecology and Evolution* 6, S. 366–370.
Szathmáry, E. (1991b) *Four letters in the genetic alphabet: a frozen evolutionary optimum?* In: *Proceedings of the Royal Society of London*. B245, S. 91–99.
Szathmáry, E. (1991c) *Codon swapping as a possible evolutionary mechanism*. In: *Journal of Molecular Evolution* 32, S. 178–182.
Szathmáry, E. (1992) *What is the optimum size for the genetic alphabet?* In: *Proceedings of the National Academy of Sciences, USA* 89, S. 2614–2618.
Szathmáry, E. (1993a) *Coding coenzyme handles: a hypothesis for the origin of the genetic code*. In: *Proceedings of the National Academy of Sciences, USA* 90, S. 9916–9920.
Szathmáry, E. (1993b) *Do deleterious mutations act synergistically? Metabolic control theory provides a partial answer*. In: *Genetics* 133, S. 127–132.
Szathmáry, E. (1994) *Toy models for simple forms of multicellularity, soma and germ*. In: *Journal of Theoretical Biology* 169, S. 125–132.
Szathmáry, E.; Demeter, L. (1987) *Group selection of early replicators and the origin of life*. In: *Journal of Theoretical Biology* 128, S. 463–486.
Szathmáry, E.; Gladkih, I. (1989) *Coexistence of non-enzymatically replicating templates*. In: *Journal of Theoretical Biology* 138, S. 55–58.
Szathmáry, E.; Maynard Smith, J. (1993a) *The origin of chromosomes II. Molecular mechanisms*. In: *Journal of Theoretical Biology* 164, S. 447–454.
Szathmáry, E.; Maynard Smith, J. (1993b) *The origin of genetic systems*. In: *Abstracta Botanica* (Budapest) 17, S. 197–206.
Szathmáry, E.; Maynard Smith, J. (1996) *From replicators to reproducers: the first major transitions leading to life*. In: *Journal of Theoretical Biology* (im Druck).
Szathmáry, E.; Scheuring, I.; Kotsis, M.; Gladkih, I. (1990) *Sexuality of eukaryotic unicells: hyperbolic growth, coexistence of facultative parthenogens, and the repair hypothesis*. In: Maynard Smith, J.; Vida, G. (Hrsg.) *Organizational Constraints on the Dynamics of Evolution*. S. 279–287. Manchester (Manchester University Press).
Szathmáry, E.; Zintzaras, E. (1992) *A statistical test of hypotheses on the organisation and origin of the genetic code*. In: *Journal of Molecular Evolution* 35, S. 185–189.
Tarumi, K.; Schwegler, H. (1987) *A non-linear treatment of the protocell model by a boundary layer approximation*. In: *Bulletin of Mathematical Biology* 47, S. 307–320.

Taylor, F. J. R.; Coates, D. (1989) *The code within the codons.* In: *Biosystems* 22, S. 177–187.
Thomas, C. A. (1971) *The genetic organisation of chromosomes.* In: *Annual Review of Genetics* 5, S. 237–256.
Thomson, K. S. (1972) *An attempt to reconstruct evolutionary changes in the cellular DNA content of lungfish.* In: *Journal of Experimental Zoology* 180, S. 363–372.
Tooby, J.; Cosmides, L. (1990) *Toward an adaptionist psycholinguistics.* In: *Behavioral Brain Science* 13, S. 760–762.
Tramontano, A.; Janda, K. D.; Lerner, R. A. (1986) *Catalytic antibodies.* In: *Science* 234, S. 1566–1570.
Trench, R. K. (1991) Cyanophora paradoxa *and the origins of chloroplasts.* In: Margulis, L.; Fester, R. (Hrsg.) *Symbiosis as a Source of Evolutionary Innovation.* S. 143–150.
Trivers, R. L. (1974) *Parent-offspring conflict.* In: *American Zoologist* 14, S. 249–264.
Trivers, R. L.; Hare, H. (1976) *Haplodiploidy and the evolution of the social insects.* In: *Science* 191, S. 249–263.
Tuerk, C.; Gold, L. (1990) *Systematic evolution of ligands by exponential enrichment: RNA ligands to bacteriophage T4 DNA polymerase.* In: *Science* 249, S. 505–510.
Turing, A. M. (1952) *The chemical basis of morphogenesis.* In: *Philosophical Transactions of the Royal Society of London.* B237, S. 37–72. Neuveröffentlicht in: *Bulletin of Mathematical Biology* 52, S. 153–197 (1990).
Van der Woude, M. W.; Braaten, B. A.; Low, D. A. (1992) *Evidence of global regulatory control of pilus expression in* Escherichia coli *by* Lrp *and DNA methylation: model building based on analysis of* pap. In: *Molecular Microbiology* 6, S. 2429–2435.
Vetter, R. D. (1991) *Symbiosis and the evolution of novel trophic strategies: thiotrophic organisms in hydrothermal vents.* In: Margulis, L.; Fester, R. (Hrsg.) *Symbiosis as a Source of Evolutionary Innovation*, S. 219–245.
Vossbrinck, C. R.; Maddox, J. R.; Friedman, S.; Debrunner-Vossbrinck, B. A.; Woese, C. R. (1987) *Ribosomal RNA sequence suggests microsporidia are extremely ancient eukaryotes.* In: *Nature* 326, S. 411–414.
Wächtershäuser, G. (1988) *Before enzymes and templates: theory of surface metabolism.* In: *Microbiological Reviews* 52, S. 452–484.
Wächtershäuser, G. (1990) *Evolution of the first metabolic cycles.* In: *Proceedings of the National Academy of Sciences, USA* 87, S. 200–204.
Wächtershäuser, G. (1992) *Groundworks for an evolutionary biochemistry: the iron-sulphur world.* In: *Progress in Biophysics and Molecular Biology* 58, S. 85–201.
Waddington, C. H. (1956) *Genetic assimilation of the bithorax phenotype.* In: *Evolution* 10, S. 1–13.
Ward, J. (1962) *A further investigation of the swimming reaction of* Stomphia coccinea. In: *American Zoologist* 2, S. 567.
Webster, G. (1984) *The relations of natural forms.* In: Ho, M.-W.; Saunders, P. (Hrsg.) *Beyond Neo-Darwinism.* S. 193–217. London (Academic Press).
Weiner, A. M.; Maizels, N. (1987) *3' terminal t-RNA-like structures tag genomic RNA molecules for replication: implication for the origin of protein synthesis.* In: *Proceedings of the National Academy of Sciences, USA* 84, S. 7383–7387.
Weismann, A. (1889) *Essays upon Heredity.* London (Oxford University Press, Clarendon).
Weiss, R. L.; Kukora, J. R.; Adams, J. (1975) *The relationship between enzyme activity, cell geometry, and fitness in* Saccharomyces cerevisiae. In: *Proceedings of the National Academy of Sciences, USA* 72, S. 794–798.
Whatley, J. M. (1982) *Ultrastructure of plastid inheritance: green algae to angiosperms.* In: *Biological Reviews* 57, S. 525–569.

Whitcomb, R. F. (1981) *The biology of spiroplasms.* In: *Annual Review of Entomology* 26, S. 397–425.

White, H. B. (1976) *Coenzymes as fossils of an earlier metabolic stage.* In: *Journal of Molecular Evolution* 7, S. 101–104.

White, H. B. III (1982) *Evolution of coenzymes and the origin of pyridine nucleotides.* In: Everse, J.; Anderdson, B.; You, K. (Hrsg.) *The Pyridine Nucleotide Coenzymes.* S. 1–17. New York (Academic Press).

Williams, G. C. (1966) *Adaption and Natural Selection.* Princeton (Princeton University Press).

Wilson, D. S. (1980) *The Natural Selection of Populations and Communities.* Menlo Park, California (Benjamin Cummings).

Wilson, E. O. (1975) *Sociobiology: The New Synthesis.* Cambridge, Mass. (Harvard University Press).

Withers, G. S.; Fahrbach, S. E.; Robinson, G. E. (1993) *Selective neuroanatomical plasticity and division of labour in the honeybee.* In: *Nature* 364, S. 238–240.

Woese, C. R. (1965) *On the evolution of the genetic code.* In: *Proceedings of the National Academy of Sciences, USA* 77, S. 1083–1086.

Woese, C. R. (1967) *The Genetic Code: the Molecular Basis for Genetic Expression.* New York (Harper & Row).

Woese, C. R. (1979) *A proposal concerning the origin of life on the planet Earth.* In: *Journal of Molecular Evolution* 13, S. 95–101.

Woese, C. R. (1987) *Bacterial evolution.* In: *Microbiological Review* 51, S. 221–271.

Woese, C. R.; Fox, G. E. (1977) *Phylogenetic structure of the prokaryotic domain: the primary kingdoms.* In: *Proceedings of the National Academy of Sciences, USA* 74, S. 5088–5090.

Wolpert, L. (1969) *Positional information and the spatial pattern of cellular differentiation.* In: *Journal of Theoretical Biology* 25, S. 1–447.

Wolpert, L. (1990) *The evolution of development.* In: *Biological Journal of the Linnean Society* 39, S. 109–124.

Wolpert, L. (1991) *The Triumph of the Embryo.* Oxford (Oxford University Press). [Deutsch: (1993) *Regisseure des Lebens.* Heidelberg (Spektrum Akademischer Verlag).]

Wong, J. T.-F. (1975) *A co-evolution theory of the genetic code.* In: *Proceedings of the National Academy of Sciences, USA* 72, S. 1909–1912.

Wong, J. T.-F. (1980) *Role of minimization of chemical distances between amino acids in the evolution of the genetic code.* In: *Proceedings of the National Academy of Sciences, USA* 77, S. 1083–1086.

Wong, J. T.-F. (1988) *Evolution of the genetic code.* In: *Microbiological Science* 5, S. 174–181.

Wood, R. J. (1976) *Between-family variation in sex ratio in the Trinidad (T-30) strain of* Aedes aegypti (L.) *indicating differences in sensitivity to the meiotic drive gene M^D.* In: *Genetics* 46, S. 345–361.

Wright, S. (1934) *Molecular and evolutionary theories of dominance.* In: *American Naturalist* 63, S. 24–53.

Wright, S. (1939) *The distribution of self-sterility alleles in populations.* In: *Genetics* 24, S. 538–552.

Yanagawa, H.; Ogawa, Y.; Ueno, M.; Sasaki, K.; Sato, T. (1990) *A novel minimum ribozyme with oxidoreduction activity.* In: *Biochemistry* 29, S. 10585–10589.

Zaug, A. J.; Cech, T. R. (1986) *The intervening sequence RNA of* Tetrahymena *is an enzyme.* In: *Science* 231, S. 470–475.

Zielinski, W. S.; Orgel, L. E. (1987) *Autocatalytic synthesis of a tetranucleotide analogue.* In: *Nature* 327, S. 346–347.

Zull, J. E.; Smith, S. K. (1990) *Is genetic code redundancy related to retention of structural information in both DNA strands?* In: *Trends in Biochemical Sciences* 15, S. 257–261.

Index

A

B

C

D

E

F

G

H

L

M

N

O

P

Q

R

S

T

U

V

W

Y

Z